世纪英才高等职业教育课改系列规划教材（电子信息类）

国家级精品课程配套教材

# 电子电路分析与调试

余红娟　杨承毅　编　著

人民邮电出版社
北　京

**图书在版编目（CIP）数据**

电子电路分析与调试 / 余红娟，杨承毅编著. -- 北京 : 人民邮电出版社，2010.4
（世纪英才高等职业教育课改系列规划教材. 电子信息类）
ISBN 978-7-115-22412-5

Ⅰ. ①电… Ⅱ. ①余… ②杨… Ⅲ. ①电子电路－电路分析－高等学校：技术学校－教材②电子产品－调试－高等学校：技术学校－教材 Ⅳ. ①TN710

中国版本图书馆CIP数据核字(2010)第031306号

## 内 容 提 要

本书借鉴德国基于工作过程系统化的课程开发方法，整合了高职高专模拟电子技术、高频电子线路、数字电子技术等课程的知识，以开发典型的单元电路和典型的企业产品作为理论知识的载体，通过选择电子元器件、使用常用工具、使用常用仪表、识读电路、安装电路、测试电路、处理电路故障、查询技术资料等基本技能训练的过程中来学习电子技术基础理论知识，训练过硬的电子技术职业技能。本书有配套的辅助教材《电子电路分析与调试实践指导》，以便于引导读者完成本书的学习内容和工作页。

本书共有 5 个项目，通过校企合作开发了便携式喊话器、音频功率放大器、无线发射机和接收机、数字电子琴 4 个教学载体。内容深入浅出，通俗易懂。风格上图文并茂，易于理解，特别是工作页部分突出了鲜明的职业教育特色，实用性较强。

本书可供高职院校电子信息类专业及相关专业作为教材使用，同时也可作为其他职业学校或无线电短训班的培训教材，对于电子爱好者来说也不失为一本较好的自学读物。

世纪英才高等职业教育课改系列规划教材（电子信息类）

国家级精品课程配套教材

**电子电路分析与调试**

◆ 编　　著　余红娟　杨承毅
　责任编辑　丁金炎
　执行编辑　洪　婕

◆ 人民邮电出版社出版发行　　北京市崇文区夕照寺街 14 号
　邮编　100061　　电子函件　315@ptpress.com.cn
　网址　http://www.ptpress.com.cn
　三河市海波印务有限公司印刷

◆ 开本：787×1092　1/16
　印张：16
　字数：368 千字　　2010 年 4 月第 1 版
　印数：1 – 3 500 册　　2010 年 4 月河北第 1 次印刷

ISBN 978-7-115-22412-5

定价：32.00 元

**读者服务热线：(010)67132692　印装质量热线：(010)67129223**
**反盗版热线：(010)67171154**

# 前 言

*Foreword*

本书是金华职业技术学院国家示范性高职院校建设项目成果之一，《电子电路分析与调试》是2009年国家级精品课程“电子电路调试与应用”（http://jpkc1.jhc.cn/aspnet/dzdl/）的配套主教材。

本教材借鉴德国基于工作过程系统化的课程开发方法，将传统模拟电子技术、高频电子线路、数字电子技术按照企业和高职学生实际需要进行重构，形成两层课程架构。

第一层是基本技术技能训练，要求学生每个人单独训练过关，内容包括器件选择、工具使用、仪器使用、器件测试与安装、电路识读并制作、电路调试、故障分析、资料收集与管理，其配套教材《电子技术基本技能》（ISBN 978-115-20031-0）已由人民邮电出版社出版，该教材主要让学生获得初步的基本技术技能，构建了电子信息类专业电子技术的基本技能平台。

第二层是单元电子电路分析与调试，实施过程中要求以理论实践一体化的教学形式，主要让学生获得电子技术初步的基础理论知识。

为了使教学更加贴近就业岗位，我们将电子技术基础理论知识应用于4个真实的企业产品：便携式喊话器、音频功率放大器、无线发射机和接收机、数字电子琴，让学生在实际产品应用中学习电子技术基础理论，改变过去脱离实践空谈理论的倾向。书中标题前有“*”号的部分为选学内容。

为了贴近学校的实际，本教材立足电子技术的基础知识和基本技能，注意到把教材的深广度控制在与高职培养目标相适应的层面上，其中典型任务的提出仅为抛砖引玉，不同的院校可以根据自身的条件自主开发新的教学载体。

另外，我们将同时出版本书的配套教材《电子电路分析与调试实践指导》，它要求学生记录自己的学习过程，它指导学生动手操作，它要求学生认真完成理论和实践的练习。一方面它可作为学生学业评价的依据，同时也便于教师及时了解学生的学习效果。经过两年教学实践的探索，我们认为这种配套教材的设计取得了比较好的教学效果。

由于本书是通过与企业合作，通过对形形色色的电子产品的分析、归纳和提炼基础上编写的，体现了企业对高技能人才的需求。同时，我们与企业合作开发了完整的实训套件，可供选用。

本书由浙江省金华职业技术学院余红娟老师和武汉铁路职业技术学院杨承毅老师编著，得到了杭州康芯电子有限公司潘松教授的指导和合作，本书的产品主要来自于浙江省金华市灵声电子有限公司，得到了该公司的陈宝成总经理、赵震技术经理、陈龙斌工程师的技术支持，武汉铁路职业技术学院陈晓明老师、金华职业技术学院赵敏笑、陈桂兰老师参与了本书的编写，全书由余红娟、杨承毅统稿。

由于编写时间紧迫，更由于我们对“基于工作过程课程开发”的先进理念理解得不透，书中错误和疏漏之处在所难免，望各位老师、读者批评指正。书中大量的电路图由江婷、郝彩红录排和制作，在此一并表示深切的谢意。

编 者

# 目 录
Contents

# 项目一　便携式喊话器的制作与调试

本项目要求使用分立元件在 PCB 板上制作一个便携式喊话器，通过该产品的制作过程，使学生理解放大器及其电路的工作原理，并熟悉放大电路的一般调试方法。便携式喊话器实物如图 1-1 所示。市面上两种常用的便携式喊话器的产品如图 1-1（a）、（b）所示。

为配合电子技术基础知识的学习，本项目要求制作并调试晶体管分立元器件便携式喊话器电路板（可以不采用建议电路），产品如图 1-1（c）所示。

类型一：贴片元件

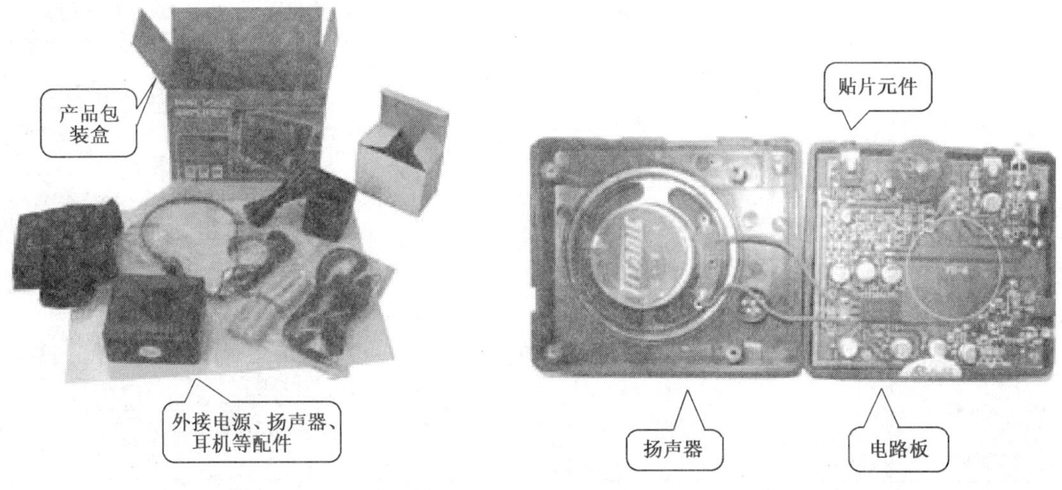


图 1-1（a）贴片元件喊话器

类型二：集成器件

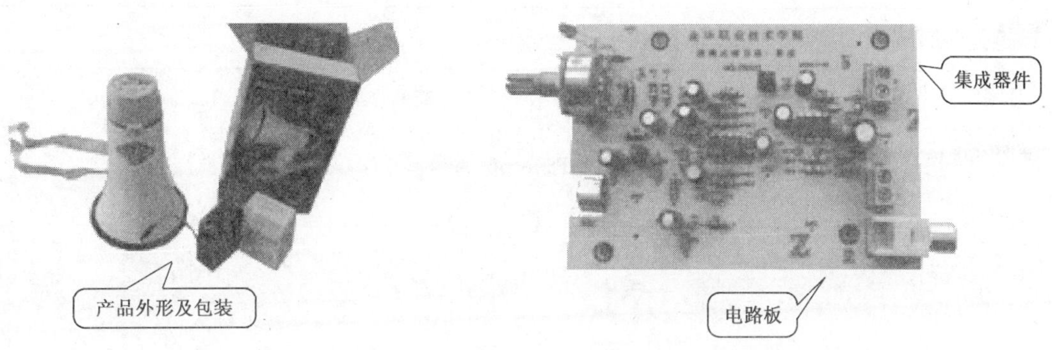


图 1-1（b）集成器件喊话器

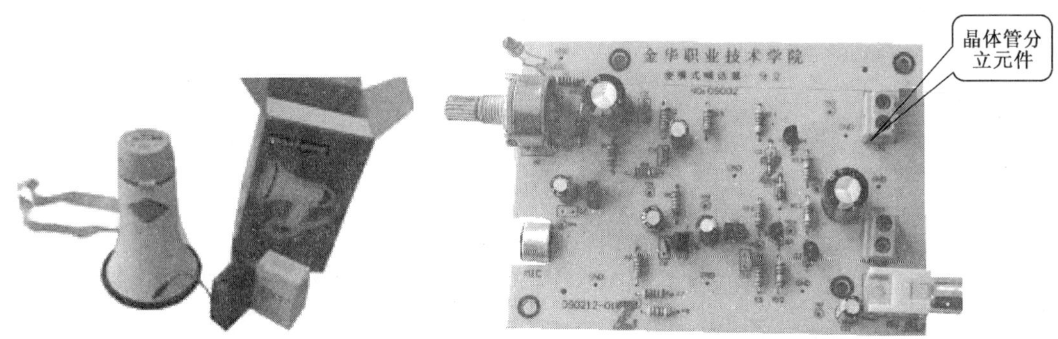


图 1-1（c）分立元件喊话器

## 项目描述

| 课程名称 | 电子电路分析与调试 | 建议总学时 | 230 学时 |
|---|---|---|---|
| 项目一 | 便携式喊话器的制作与调试 | 建议学时 | 40 学时 |
| 建议电路原理图 | | | |
| 学习目标 | （1）进一步提高常用仪表的使用能力；<br>（2）进一步了解电子元器件询价、购买的途径和方法；<br>（3）理解基本放大电路、负反馈放大电路、功率放大电路的基本概念，并熟悉电路的一般测试和调试方法 | | |
| 需提交的表单 | 完成配套教材相关内容 | | |
| 学时安排建议 | （1）项目任务、目标的领会和探讨（5 学时）；<br>（2）试制准备（20 学时）；<br>（3）安装和调试实践，具体内容见配套教材（10 学时）；<br>（4）项目评价（5 学时） | | |

## 第一部分　引　导　文

图 1-2 所示是一种扩音设备，由图 1-2 可知，在话筒（信号源）和扬声器（负载）之

间插入了放大器这一电路环节。

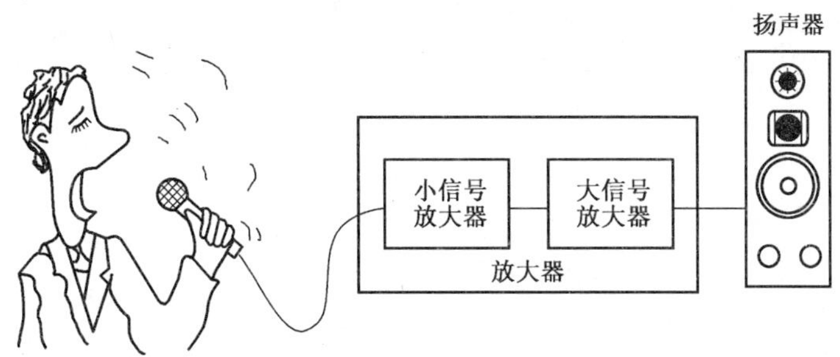


图 1-2 扩音设备

放大器是模拟电子线路中最基本的电路形式，同时也是其他功能电路的核心基础。

放大器的主要任务是将微小的电信号放大到负载所需的数值。一般而言，放大器要求放大后的信号与输入信号的变化保持一致，这也就是“模拟电子技术”课程名称的由来。在电子设备中，放大器是应用得最广泛、最基本的组成部件。

## 1.1 放大器的分类

放大器的类型很多，也很复杂，本节首先从全局的角度来介绍放大器的种类，就是希望初学者从学习伊始能对放大器有一个大致的了解。

（1）放大器按信号大小的分类，如表 1-1 所示。

表 1-1 放大器按信号大小的分类

| 放大器的名称 | 简　介 |
|---|---|
| 小信号放大器和大信号放大器 | 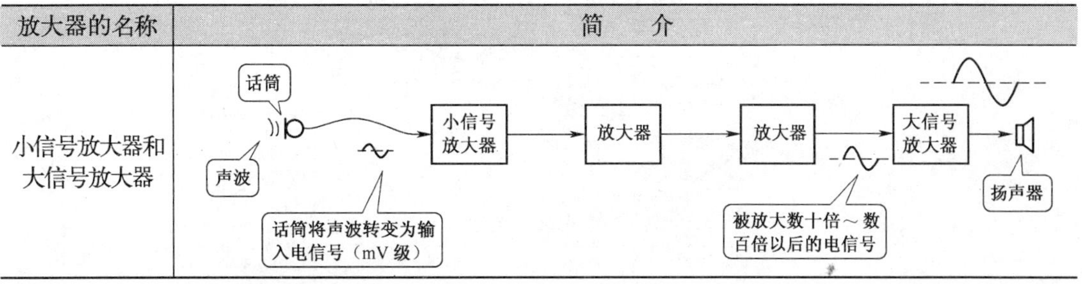 |



（2）按放大器的工作位置分类，如表 1-2 所示。

表 1-2 按放大器的工作位置分类

| 放大器名称 | 简　介 |
|---|---|
| 前置放大器等 | 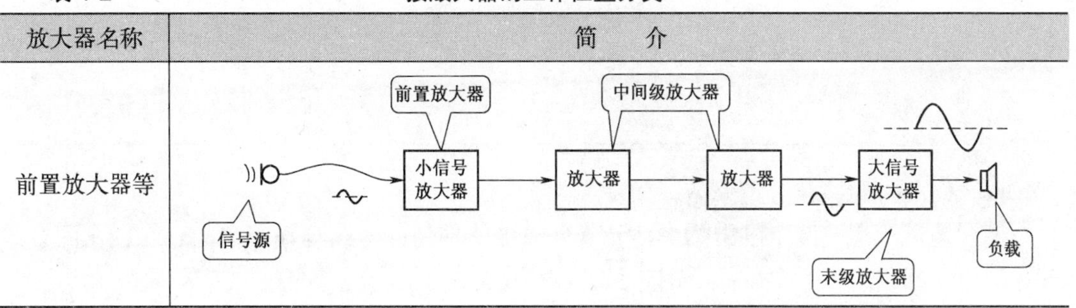 |

（3）按元件性质分类，如表 1-3 所示。

表 1-3　按放大器按元件性质分类

<table>
<tr><th>放大器名称</th><th>简　介</th></tr>
<tr><td>分立元件放大器</td><td>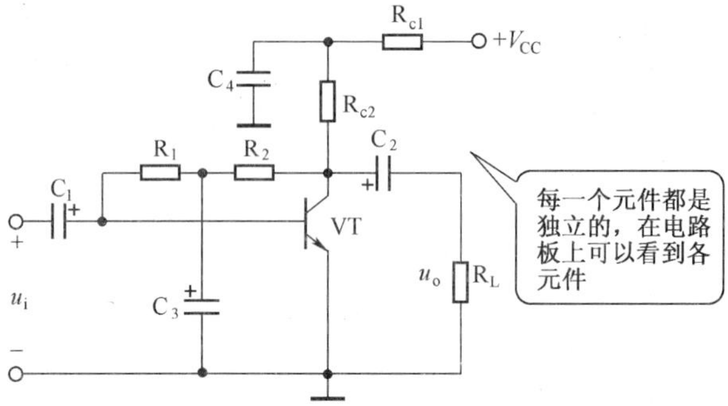
每一个元件都是独立的，在电路板上可以看到各元件</td></tr>
<tr><td>集成电路放大器</td><td>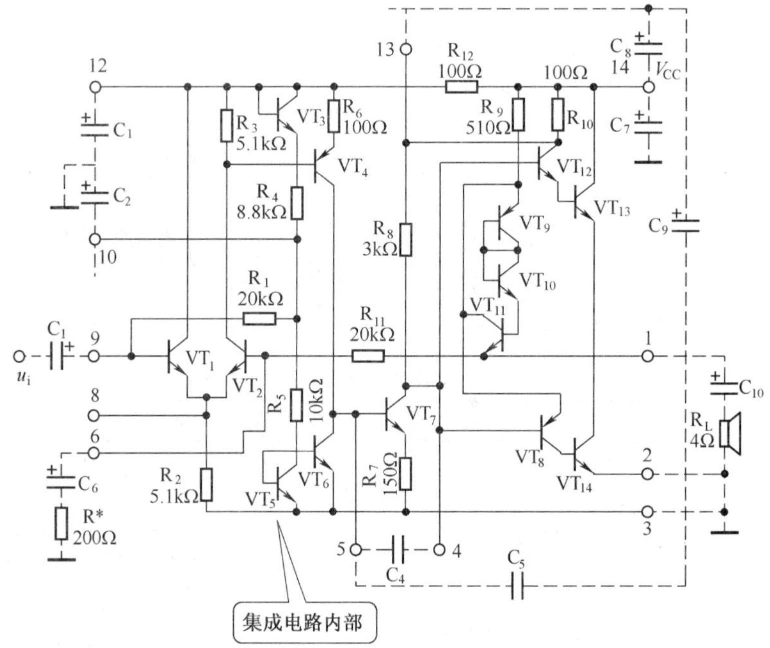
集成电路内部
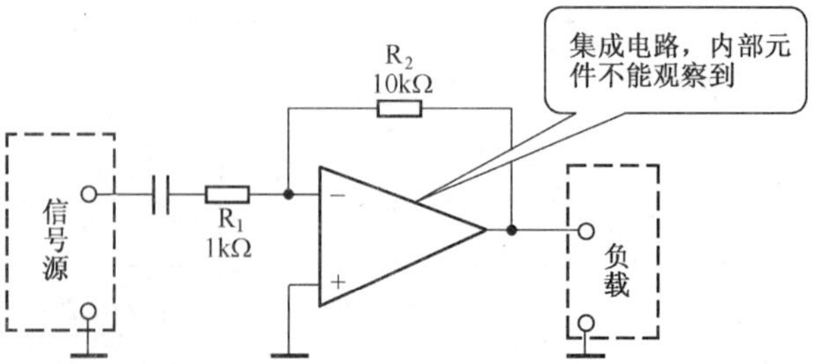
集成电路，内部元件不能观察到
信号源
负载</td></tr>
</table>

（4）按电路的耦合方式分类，如表 1-4 所示。

耦合是指两个或两个以上的电路元器件或电路网络的输入与输出之间存在紧密配合或互相影响，并通过相互作用从一侧向另一侧传输能量的现象。

表 1-4　　放大器按耦合方式分类

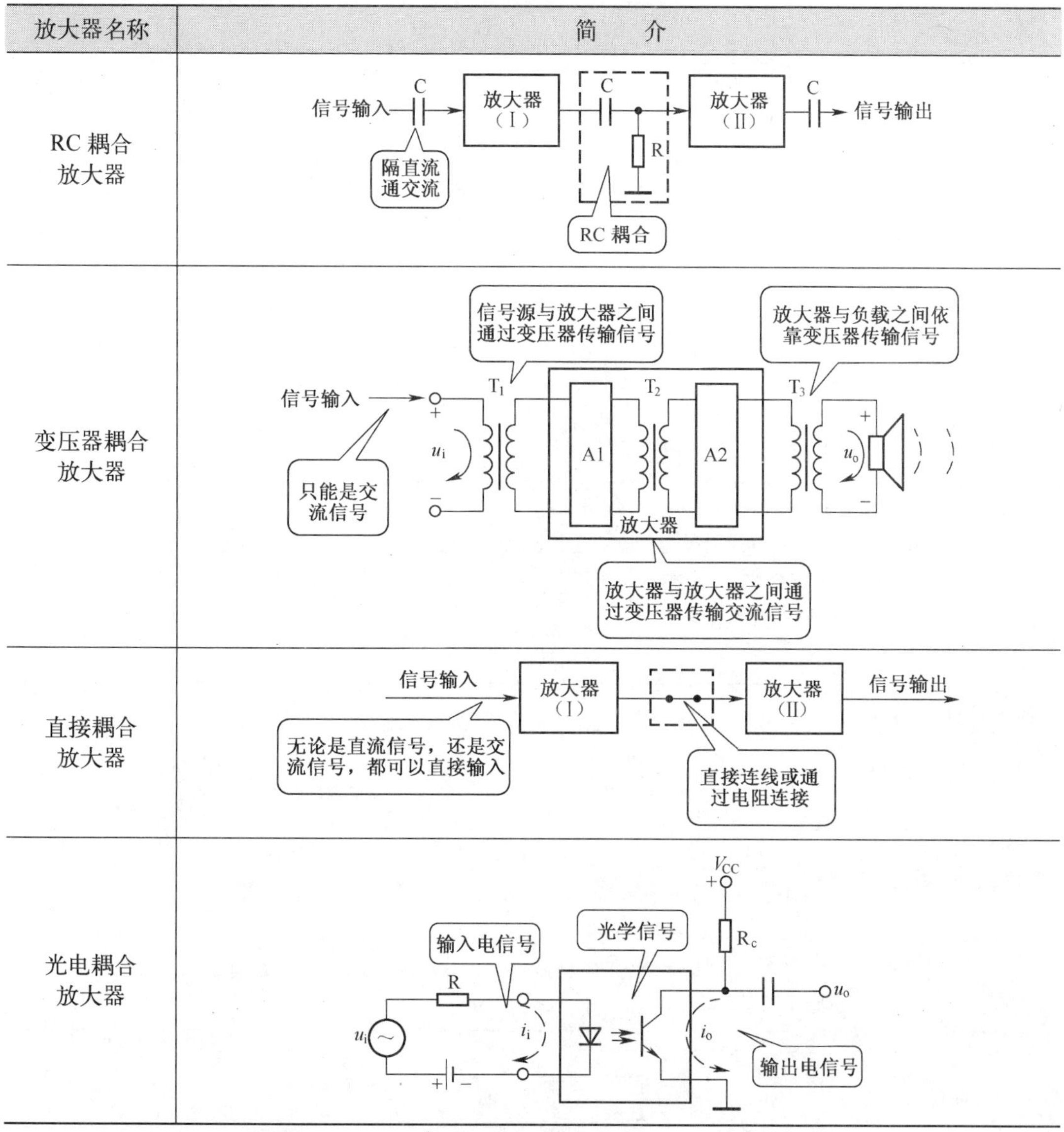

| 放大器名称 | 简　　介 |
|---|---|
| RC 耦合放大器 | 信号输入<br>C<br>放大器（Ⅰ）<br>C<br>R<br>放大器（Ⅱ）<br>C<br>信号输出<br>隔直流通交流<br>RC 耦合 |
| 变压器耦合放大器 | 信号源与放大器之间通过变压器传输信号<br>放大器与负载之间依靠变压器传输信号<br>信号输入<br>$T_1$<br>$T_2$<br>$T_3$<br>$u_i$<br>A1<br>A2<br>$u_o$<br>放大器<br>只能是交流信号<br>放大器与放大器之间通过变压器传输交流信号 |
| 直接耦合放大器 | 信号输入<br>放大器（Ⅰ）<br>放大器（Ⅱ）<br>信号输出<br>无论是直流信号，还是交流信号，都可以直接输入<br>直接连线或通过电阻连接 |
| 光电耦合放大器 | $V_{CC}$<br>$R_c$<br>光学信号<br>输入电信号<br>R<br>$u_o$<br>$u_i$<br>$i_i$<br>$i_o$<br>输出电信号 |

（5）按信号的频率分类，如表 1-5 所示。

表 1-5　　按信号的频率分类

| 放大器名称 | 简　　介 |
|---|---|
| 直流放大器 | 可能是直流信号<br>（放大对象）<br>信号输入<br>直流放大器<br>信号输出（接负载）<br>可能是频率很低的信号<br>也可能是频率很高的交流信号 |

续表

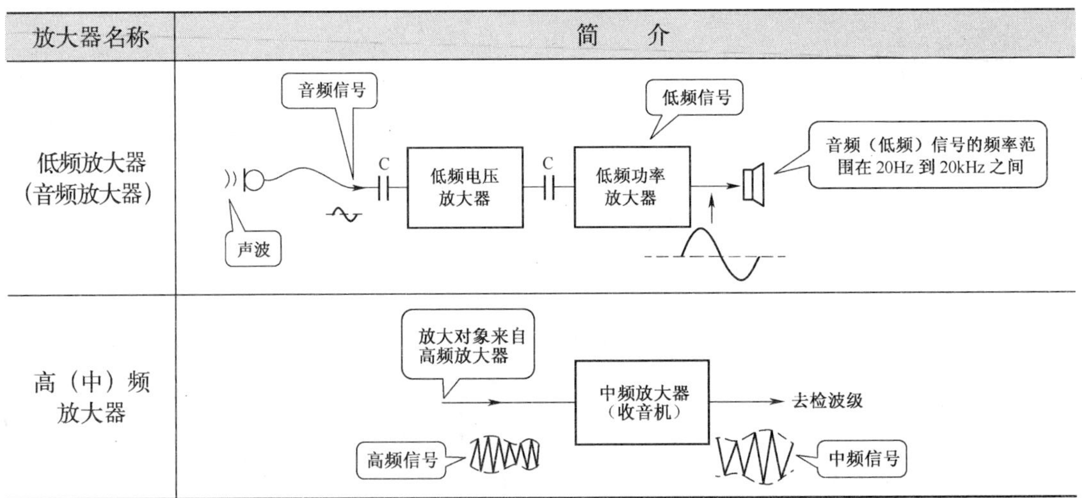


| 放大器名称 | 简　　介 |
|---|---|
| 低频放大器（音频放大器） | |
| 高（中）频放大器 | |

（6）按频带分类。放大器的通频带用于衡量放大电路对不同频率信号的放大能力。根据放大器的通带宽窄的分类，如表 1-6 所示。

表 1-6　　放大器按频带分类

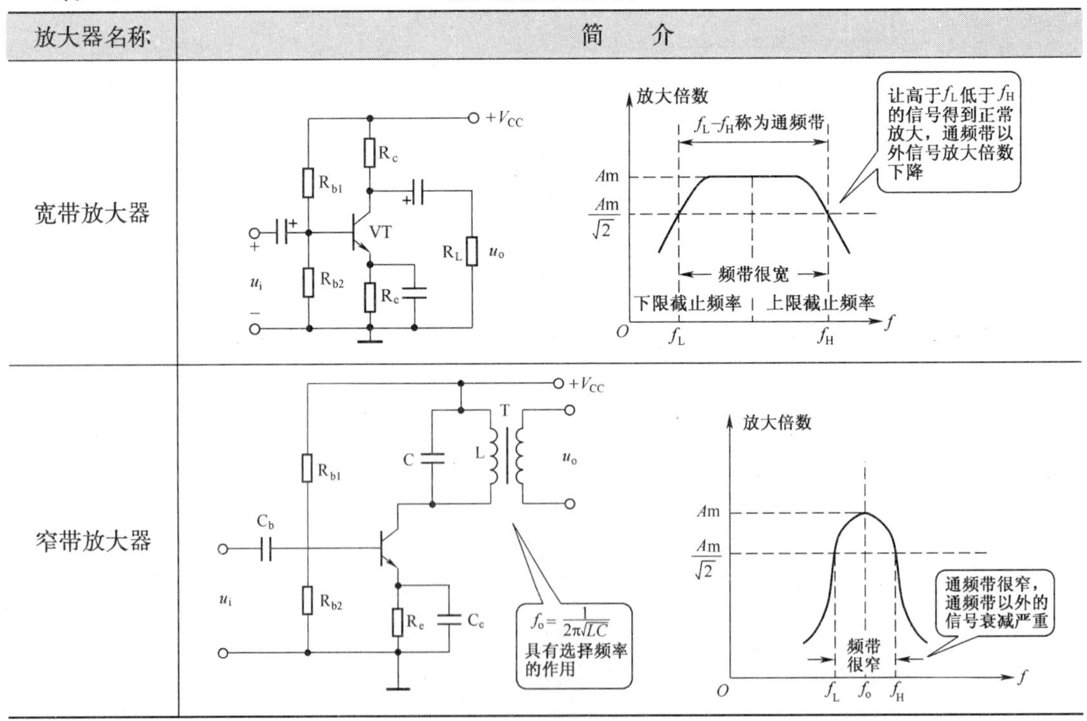


| 放大器名称 | 简　　介 |
|---|---|
| 宽带放大器 | |
| 窄带放大器 | |

（7）按工作点位置分类。在晶体管放大电路中，当未加输入信号时（即 $u_i$=0），其内部也有直流电流和相应的端电压存在，根据这些初始值的大小，放大器有如下的一些分类（见表 1-7）。

表 1-7 放大器按工作点位置分类

| 放大器名称 | 简 介 |
|---|---|
| 甲类放大器<br>(class A) | $I_B$ 静态工作点 静态电流 $I_{Ba}$ Q $i_B$ 正、负半波信号都能完整输出 O 输入偏置电压 $V_{BE}$ 输入信号正半波 输入信号负半波 $u_i$ |
| 乙类放大器<br>(class B) | $I_B$ 静态电流为 0 Q O $V_{BE}$ 只有正半波部分输出 输入信号 |
| 甲乙类放大器<br>(class AB) | $I_B$ 静态电流很小 Q O $V_{BE}$ 正半波完全输出 负半波不输出（或很小部分输出） |

## 1.2 放大器的主要性能指标

为了便于电路分析，常把放大器画成图 1-3 所示的等效形式。

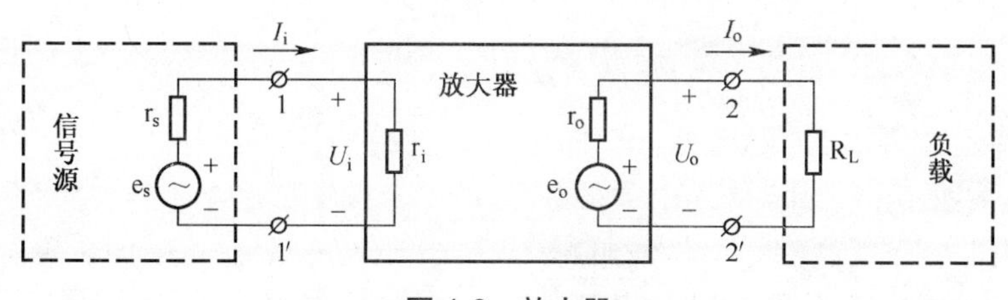


图 1-3 放大器

图 1-3 中，1-1′ 端称为放大器的输入端；2-2′ 端称为放大器的输出端，其他符号和参数的意义如下所述。

1. 电路符号的意义（见表 1-8）

表 1-8 电路符号的意义

| 电路符号 | 实际意义 | 电路符号 | 实际意义 |
|---|---|---|---|
| $e_s$ | 信号源电动势 | $r_s$ | 信号源内阻 |
| $U_i$ | 输入电压的有效值 | $I_i$ | 输入电流的有效值 |
| $U_o$ | 输出电压的有效值 | $I_o$ | 输出电流的有效值 |
| $r_i$ | 放大器的输入电阻 | $r_o$ | 放大器的输出电阻 |
| $e_o$ | 放大器的输出电动势 | $R_L$ | 负载电阻 |
| $u_i$ | 输入电压瞬时值 | $u_o$ | 输出电压瞬时值 |
| $i_i$ | 输入电流瞬时值 | $i_o$ | 输出电流瞬时值 |

2. 电路参数的意义

(1) 放大器的放大倍数与增益表示法。

① 电压放大倍数 $A_u$。

电压放大倍数表示放大器放大信号电压的能力。定义为放大器输出端电压 $U_o$ 和输入端电压 $U_i$ 的比值，用 $A_u$ 表示，即 $A_u=U_o/U_i$。

② 电流放大倍数 $A_i$。电流放大倍数表示放大器放大信号电流的能力。与电压放大倍数类似，放大器的电流放大倍数表示为

$$A_i=I_o/I_i$$

③ 功率放大倍数 $A_p$。表示放大器放大信号功率的能力，即

$$A_p=\frac{p_o}{p_i}=\left|\frac{U_oI_o}{U_iI_i}\right|=|A_u\cdot A_i|$$

以上 3 种放大倍数都是无量纲的。

在工程上常把放大器的放大倍数（增益）用对数形式表示，增益值通常用“分贝（dB）”作单位，表达式如下：

$$A_p(\mathrm{dB})=10\lg\frac{p_o}{p_i}(\mathrm{dB})$$

$$A_u(\mathrm{dB})=20\lg\frac{U_o}{U_i}(\mathrm{dB})$$

$$A_i(\mathrm{dB})=20\lg\frac{I_o}{I_i}(\mathrm{dB})$$

在工程上利用对数表示增益有如下的理由：(1) 在通信及电子设备中，往往电路增益很大，用一般坐标系难以图示，但用对数坐标绘图则可行。(2) 人耳的听觉与音响强度不成线性关系而呈对数关系，因此，采用对数表示放大器的增益符合人的切身感受。(3) 由于数学上乘积的对数等于各分量对数之和，因此计算多级放大器的增益可化乘除法为加减法，计算十分方便。

（2）放大器的输入电阻和输出电阻。

对于维修电子设备的技术人员，要看懂电子设备的电路图需要的知识很多，但关键的问题应该是看清、看懂放大器与信号源、负载之间的连接关系，其中也包括放大器与放大器之间、放大器与其他电子器件之间的连接。

从技术的角度看，了解各种元器件、电路、仪器的输入、输出电阻（或等效电阻），同时了解与其他参数之间的关系，对于透彻地理解电路有着十分重要的意义，如图 1-4 所示。

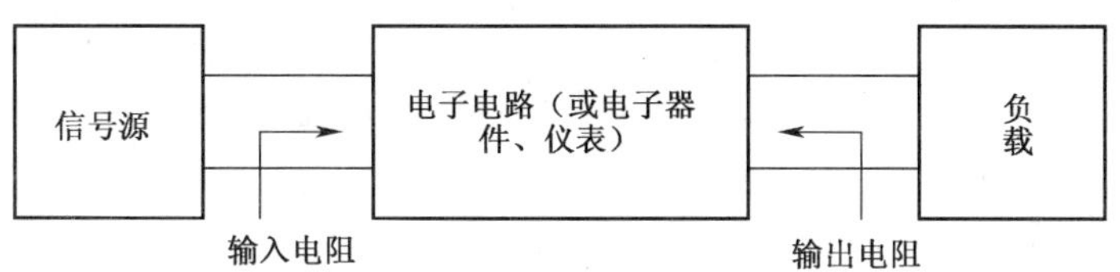


图 1-4　电阻

① 放大器的输入电阻 $r_i$。

a．基本概念。

对一个放大器而言（在放大状态），信号输入端可等效为一个电阻，如图 1-5 所示。根据欧姆定律可知 $u_i/i_i$ 的比值就是放大器的输入电阻。

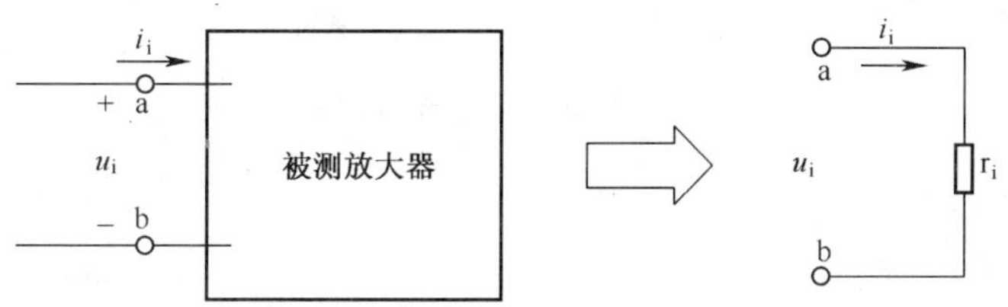


图 1-5　放大器

在以往的教材中，常使用公式法计算电路参数。但由于各种因素的影响，电路参数的计算结果往往既繁琐又不准确，不如实验测量的方法来得简洁且准确，故而实验测试法得到了人们广泛的认可。

b．$r_i$ 的测量方法。

测试原理如图 1-6 所示。$e_s$、$r_s$ 为信号电动势和信号源内阻。a、b 两端电压是 $e_s$ 通过 $r_s$ 在 $r_i$ 上的分压，当开关打到 1 时读取 a、b 两端电压为 $u_i$。将 S 置 2 点时调节电阻 $R_p$ 使 a、b 两端电压仍为 $u_i$，则 $R_p$ 的值就是输入电阻 $r_i$ 的电阻值。

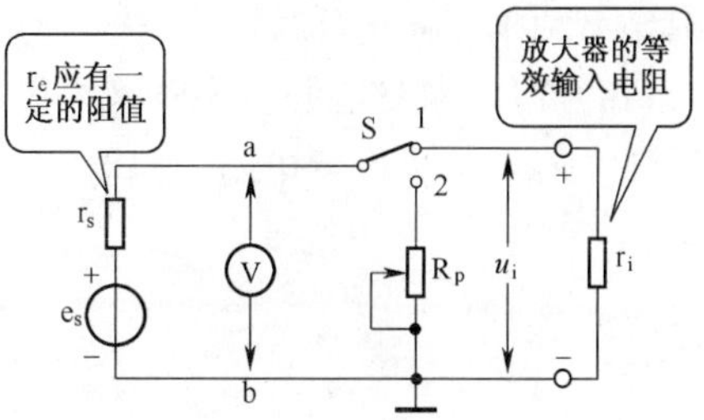

图 1-6　测试原理

② 放大器的输出电阻的测量。

同理，对一个放大器而言，其输出端也看成是由一个输出电压 $e_o$ 和一个等效内阻 $r_o$ 所组成，电路等效图如图 1-7 所示。

当 $R_p$ 未接入时，电压表读数为 $e_o$，当 $R_p$ 接入后，调节 $R_p$ 使 $U_O=\dfrac{e_o}{2}$，不难理解，此时的 $R_p$ 即为放大器的等效电阻 $r_o$。

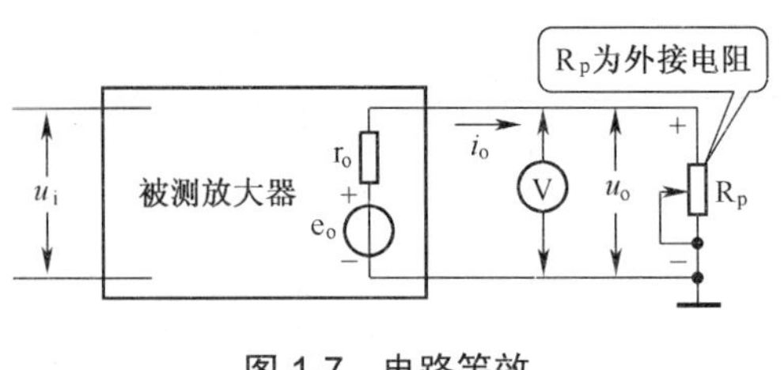


图 1-7　电路等效

## 1.3　放大器的组成

采用 NPN 型晶体管的放大电路如图 1-8 所示。

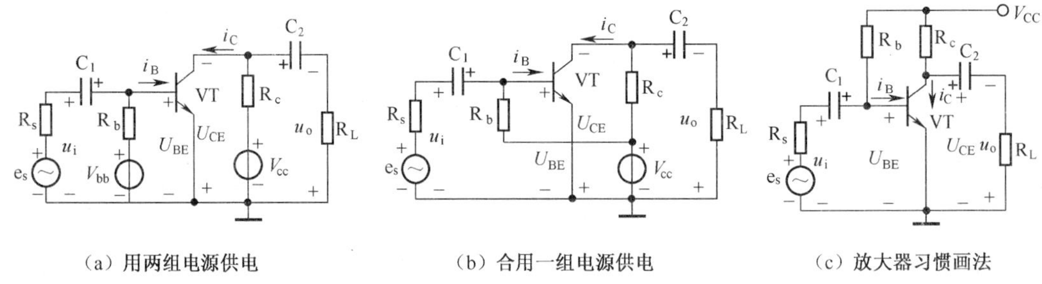


图 1-8　采用 NPN 型晶体管的放大电路

如图 1-8（a）所示的电路采用 $V_{CC}$、$V_{BB}$ 两组直流电源供电，使用不方便。由于这两组电源负极接在一起，故可用一组电源代替，如图 1-8（b）所示。

为了进一步简化放大电路的画法，通常不直接将直流电源画出，而用标有“$V_{CC}$”的端点和“地”端表示直流电源，如图 1-8（c）所示。

在图中，电路元器件作用有如下表述。

(1) 晶体管 VT：放大器的核心器件，具有电流放大作用。为使晶体管工作在放大状态，发射结必须加正向电压，集电结必须加反向电压。

(2) $V_{CC}$：回路电源，为电路提供能量。

(3) $R_b$：基极偏置电阻，电源 $V_{CC}$ 通过它给晶体管提供基极电流。

(4) $R_C$：集电极偏置电阻，通过它可以把晶体管电流的变化转换为电压的变化形式表示出来。

(5) $C_1$、$C_2$：分别为输入、输出耦合电容，基本作用是“隔直通交”。鉴于 $C_1$ 和 $C_2$ 起隔离直流和让信号交流顺利通过的作用，故称为隔直电容或耦合电容。

(6) $R_L$ 是放大器的负载电阻或负载的等效电阻。

注：晶体管的工作原理已在系列教材《电子技术基本技能》（余红娟、杨承毅编著）中介绍。

## 1.4　放大器的直流通路

放大器无外信号输入时的状态，称为静态。静态时直流电流流过的路径称为放大器的直流通路。

需要强调指出的是，在分析检修各种电子设备时，首先应分析和检查直流通路是否正常，分析放大器的直流通道看似简单，实际上它是检修工作中最重要的环节。在分析直流等效电路时，一般把电容视作开路，把电感和变压器线圈视为短路，根据以上说明，可画出基本放大器[见图 1-9（a）]的直流通路[见图 1-9（b）]。

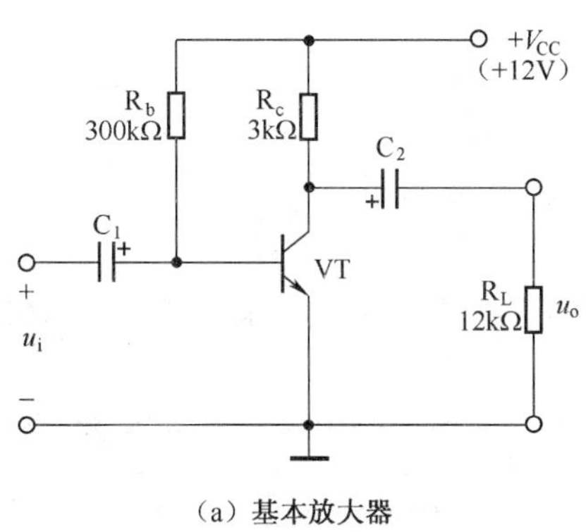

（a）基本放大器

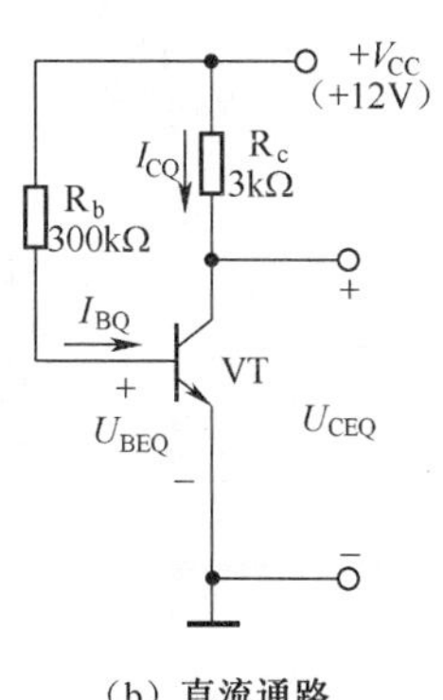

（b）直流通路

图 1-9 直流通路

图 1-9 中，晶体管各极直流电压和各极直流电流分别用 $U_{BEQ}$、$U_{CEQ}$、$I_{BQ}$ 和 $I_{CQ}$ 表示。（Q-quiescent point 静态工作点）同时由图 1-9（b）可列出

（1）输入回路方程

$$V_{CC} = I_{BQ}R_b + U_{BEQ} \qquad I_{BQ} = \frac{V_{CC} - U_{BEQ}}{R_b}$$

一般情况下，$U_{BEQ}$=–（0.2～0.3）V（锗管）

$U_{BEQ}$=（0.6～0.7）V（硅管）

若 $V_{CC}$>>$V_{BEQ}$ 时

$$I_{BQ} \approx \frac{V_{CC}}{R_b}$$

由上式可知，改变 $R_b$ 的数值，$I_{BQ}$ 就会随之变化，如图 1-10 所示。

换一个角度说，当 $V_{CC}$ 和 $R_b$ 确定后，$I_{BQ}$ 即为固定值，也就是说放大器输入回路的工作点就确定了，因此该放大器又被称为固定偏置放大器。

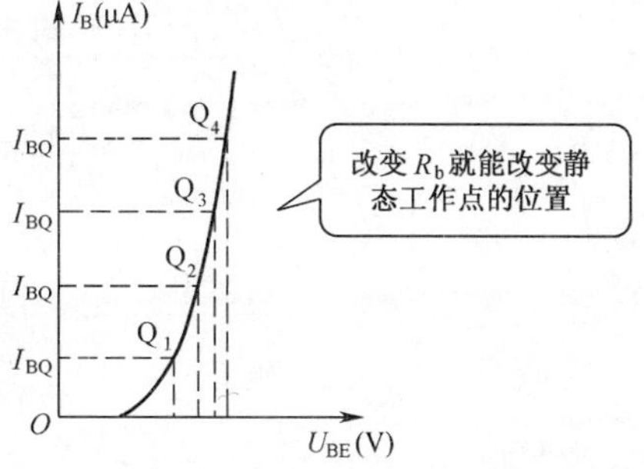

图 1-10 电路中 $I_{BQ}$ 随 $R_b$ 的数值变化图

（2）输出回路方程

$$V_{CC}=I_{CQ}R_C+U_{CEQ}$$

式中，$I_{CQ}=\beta I_{BQ}+I_{CEO}$

$\beta$ 是晶体管放大系数，$I_{CEO}$ 是晶体管的穿透电流。

由输出方程可得 $U_{CEQ}=V_{CC}-I_{CQ}R_C$

该方程为一直线方程，因此也可用图解的方式来表达放大器静态电压随静态电流变化的规律，如图 1-11 所示。具体的画法是：

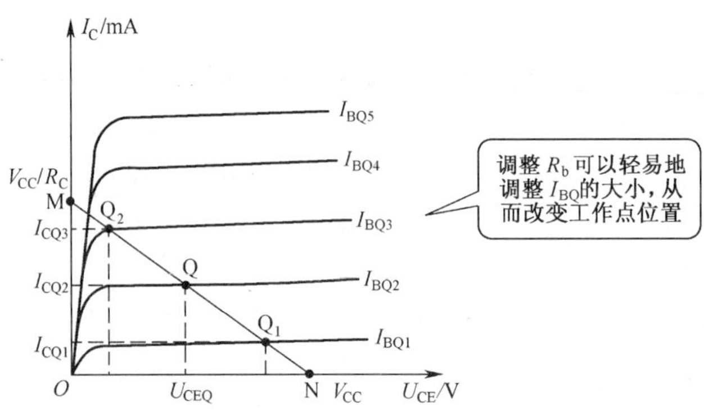


图 1-11　放大器静态电压随静态电流变化图

设 $I_C$=0 时，$U_{CE}$=$V_{CC}$，得 $N$ 点；当 $U_{CE}$=0 时，$I_C=\dfrac{V_{CC}}{R_C}$，得 $M$ 点。二点确定一线，连接 $N$（$V_{CC}$，0）；$M$（0，$\dfrac{V_{CC}}{R_C}$）两点，即为直线 MN，由于该条直线表达了放大器静态电压、电流随 $R_b$ 变化的规律，所以往往称为放大器的直流负载线。

由上可知，调节 $R_b$ 的参数，就可以改变放大器静态电流 $I_{BQ}$、$I_{CQ}$，从而使放大器的静态工作点位置发生变化。

## 1.5　放大电路的工作原理

放大电路的工作原理如图 1-12 所示。

当输入交流信号 $u_i$ 时，电路中的电流和电压都是以静态工作电压、电流为基点（工作点）而上下波动。

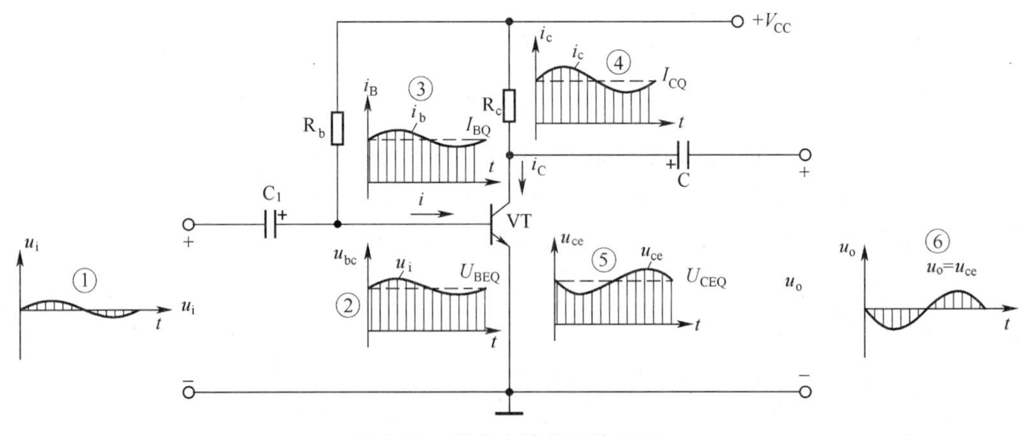


图 1-12　放大电路的工作原理

具体说明如下。

① 交流信号 $u_i$ 输入。

② $u_i$ 使晶体管基一射极的电压以 $U_{BEQ}$ 为基点上下波动。

③ 基—射电压的波动使基极电流以 $I_{BQ}$ 为基点上下波动。

④ 基极电流的波动使集电极电流以 $I_{CQ}$ 为基点上下波动。

⑤ 集电极电流的波动使集电极电阻 $R_C$ 上的压降发生波动，从而使 $U_{CE}$ 发生变化。

⑥ 通过 $C_2$ 将直流量 $U_{CEQ}$ 隔离，而把交流信号耦合输出。

如果电路元件选择合适，输出信号电压 $u_o$ 就会比输入信号电压 $u_i$ 要大得多，从而体现了放大器的电压放大作用。

在大量的实践过程中，人们深切地体会到放大器能否放大和放大质量的高低，都与静态工作点是否恰当密切相关。例如，工作点过低，将会造成截止失真，如图 1-13 所示。

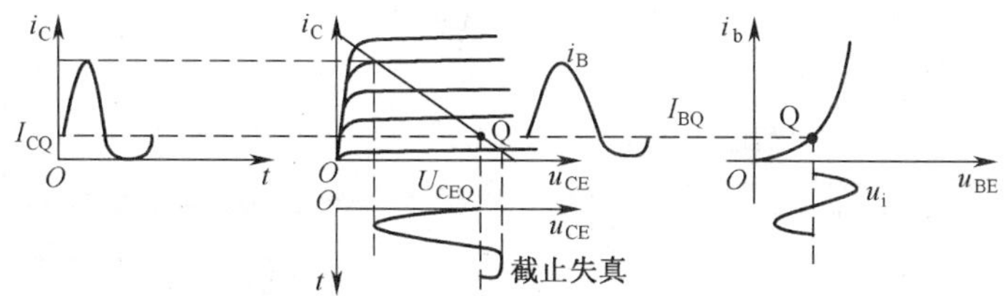


图 1-13 工作点过低造成截止失真

工作点过高，又会造成饱和失真，如图 1-14 所示。

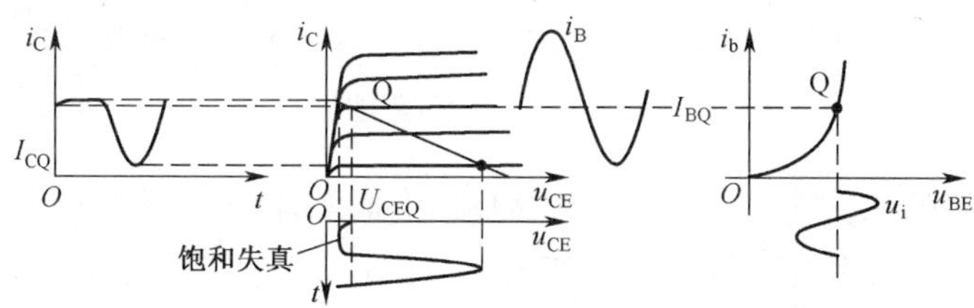


图 1-14 工作点过高造成饱和失真

显然，放大器应该根据信号的大小设置工作点。

## 1.6 半导体器件的热敏及光敏特性

1. 光敏电阻器的特性

图 1-15 所示为光敏电阻器在不同强度的光照射下其阻值的测试示意图。

说明：①亮电阻（$R_L$），光敏电阻器在受到光照时所具有的阻值；②暗电阻（$R_D$），光敏电阻器在光照较弱时所具有的阻值。

光敏电阻器的阻值可通过元器件手册来查，也可通过实际测量来了解。

2. 热敏电阻器的特性

图 1-16 所示为热敏电阻器在加温时其阻值的测试示意图。

说明：①正温度系数（PTC）电阻，温度上升，阻值随之上升；②负温度系数（NTC）

电阻，温度上升，阻值下降。

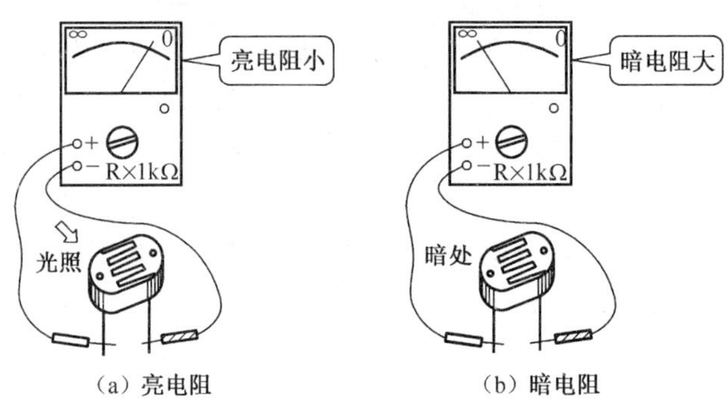


图 1-15　测试示意图

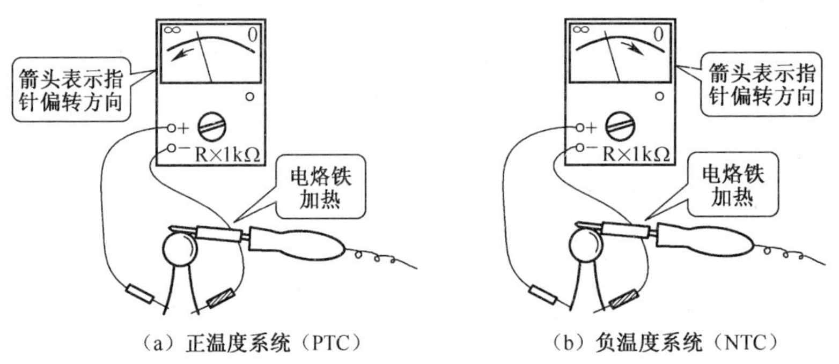


图 1-16　测试示意图

3. 半导体二极管正、反向电阻大小与环境温度的关系

图 1-17 所示为二极管在不同环境温度下正、反向电阻阻值的测试示意图。

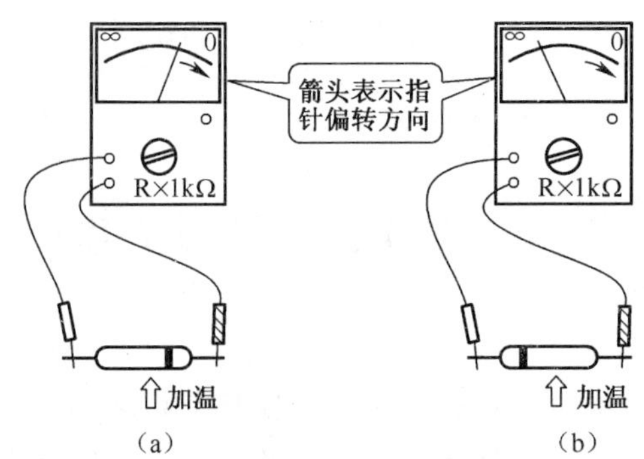


图 1-17　测试示意图

图 1-17（a）为反向电阻测试，图 1-17（b）为正向电阻测试。当环境温度上升时，二极管的正、反向电阻均逐渐减小。

4. 晶体管穿透电流 $I_{CEO}$ 与温度的关系

图 1-18 所示为测试晶体管穿透电流 $I_{CEO}$ 随环境温度变化关系的示意图。

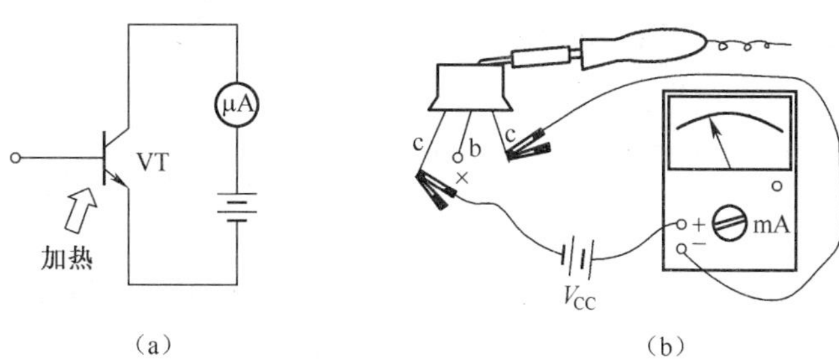


图 1-18 晶体管穿透电流 $I_{CEO}$ 随环境温度变化关系的测试示意图

当环境温度上升时，晶体管穿透电流 $I_{CEO}$ 也随之升高。

从上述 4 个示意图中，可以很清楚地看到：用半导体材料制造的元器件的导电性（电阻）与环境温度高低、光照的强弱有一定关联。如图所示的简单偏置电路，在电路参数 $V_{CC}$、$R_b$ 和晶体管选定后，在一定的环境温度下，基极偏流 $I_{BQ}$ 固定不变。如图 1-19 所示。

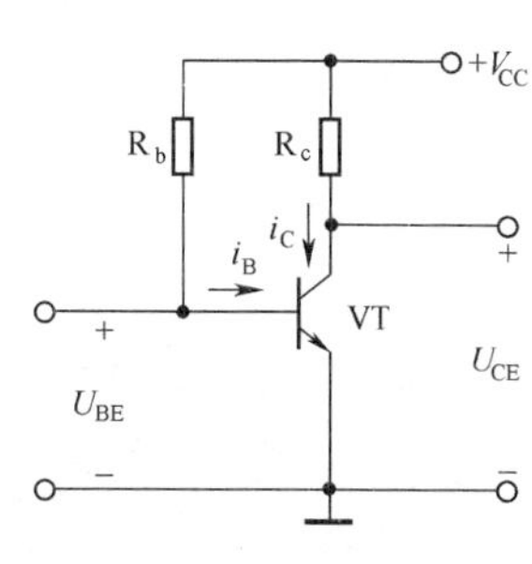


图 1-19 偏置电路

但是，由于环境温度变化或更换晶体管时，管子的参数将发生变化，从而导致 $I_C$ 发生变化，电路的 Q 点也随之变动，致使在常温下设置好的合适静态工作点在温度变化后有可能迁移到不合适的位置上。

## 1.7 放大器的偏置电路

一个性能良好的放大器不仅要有一个合适的静态工作点 Q，而且要求当外界条件变化时 Q 点能保持相对稳定。由于电路参数变化和环境温度变化的影响，简单偏置电路的静态工作点会产生变化，因此，要维持 Q 点稳定还需采取一定的措施。

在分立元件组成的电路中，工作点稳定的偏置电路形式很多，但相对简单实用的稳定 Q 点的方法大都采用直流反馈法和温度补偿法。其基本工作原理是：在温度升高，$I_{CQ}$ 增大的同时，设法使 $I_{BQ}$ 相应地减小，通过牵制 $I_{CQ}$ 的增大，来达到稳定静态工作点的目的。

1. 分压式电流负反馈偏置电路

分压式电流负反馈偏置电路是分立电路广泛采用的一种偏置电路，举例电路如图 1-20 所示。图中，$R_{b1}$ 为上偏置电阻，$R_{b2}$ 为下偏置电阻，$R_e$ 为发射极电阻，它们和电源等元件共同组成放大器的偏置电路。

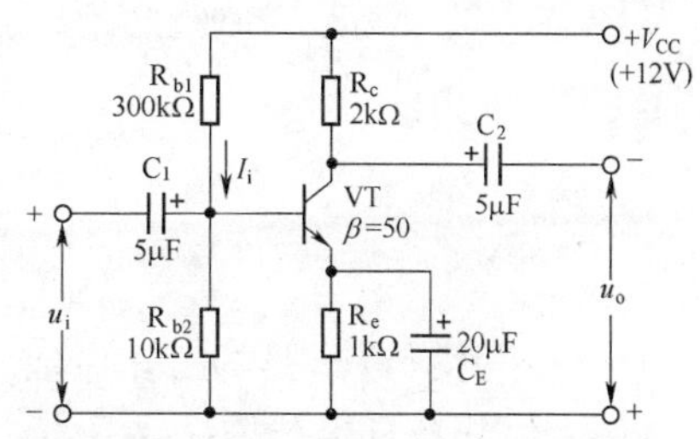


图 1-20 分压式电流负反馈偏置电路

（1）引导分析。

图 1-21 所示分别给出了几个电阻分压式电路以及输出电压 $U_o$ 的计算值。

通过以上的计算值可以看到：当与 $R_2$ 并联的电阻 $R_3$ 阻值逐渐加大到足够大时（如图 1-21（e）所示）时，输出电压 $U_o$ 的值越接近图 1-21（a）中仅有 $R_1$ 与 $R_2$ 串联时 $U_o$ 的值，亦即

当 $R_3$>>$R_2$ 时，$R_1$ 与 $R_2$ 近似于串联，此时，$I_2$>>$I_3$。

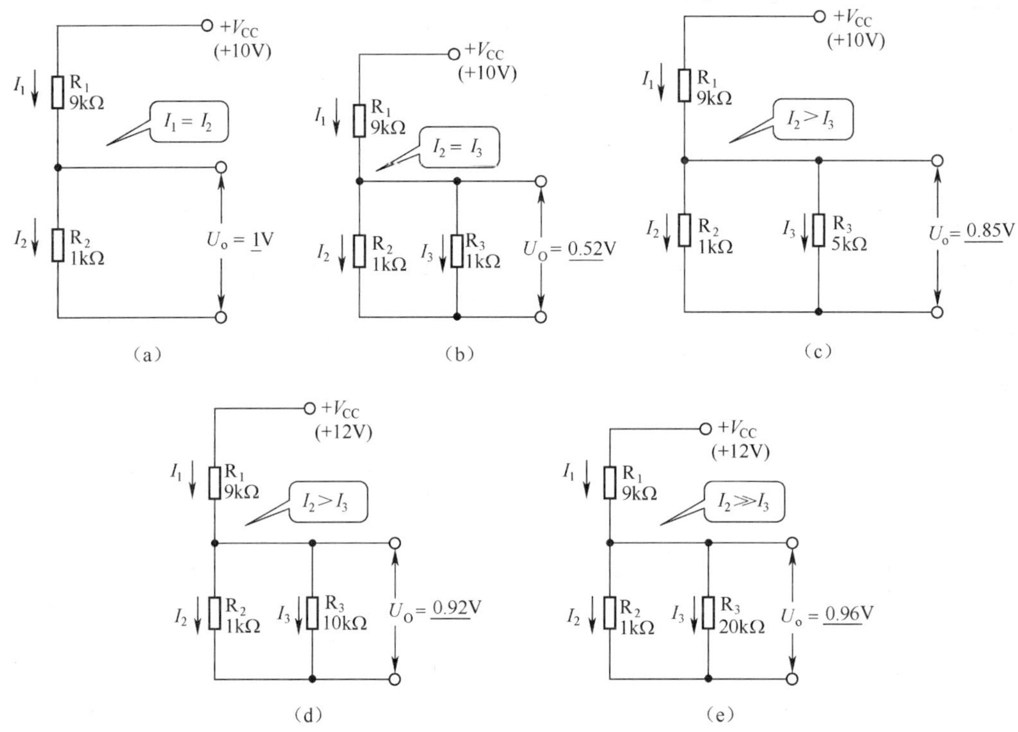

图 1-21　电阻电压电路

（2）分压式稳 Q 电路。

分压式稳 Q 电路图（直流通路）及设计要点如图 1-22 所示。

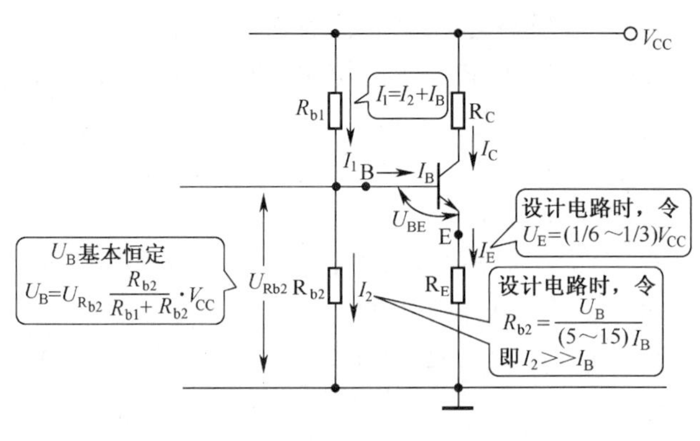

图 1-22　电路图

（3）分压式稳 Q 电路的工作原理。

分压式电流负反馈偏置电路具有自动调节集电极电流的能力，对各种因素引起 $I_{CQ}$ 的变化均有自动稳定作用。

例如：

$T^{\circ}$（温度）↑ →①$I_C$↑ ⟶ ②$U_{R_E}$↑ ③因为 $U_B$ 恒定 ⟶ ④$U_{BE}$↓($U_{BE}=U_{Rb_2}-U_{R_E}$)

⟶ ⑤ $I_B$↓ ⟶ ⑥$I_C$↓

请按照图 1-23 所示的顺序去理解该电路稳定 Q 点的工作原理。

2. 温度补偿电路

图 1-24 所示是采用热敏电阻的偏置电路。通常将热敏电阻 $R_t$（负温度系数）和普通电阻并联后组成一个总电阻 $R'_{b2}$，总电阻值随温度升高而减小。其补偿过程是：温度升高，$I_c$ 增大；同时，$R_{b2}$ 随着温度升高而减小，相应地，$U_B$ 也跟着减小。放大器通过 $U_B$ 的减小来抵消 $I_c$ 的增大的方式来稳定工作点 Q。

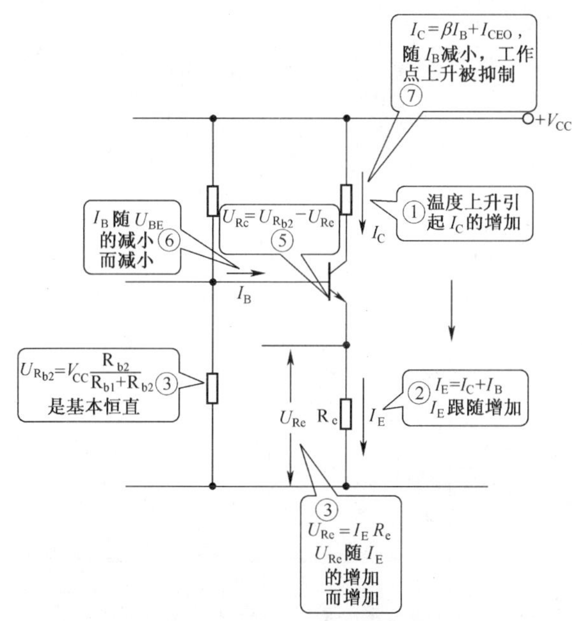

图 1-23　电路稳 Q 的工作原理

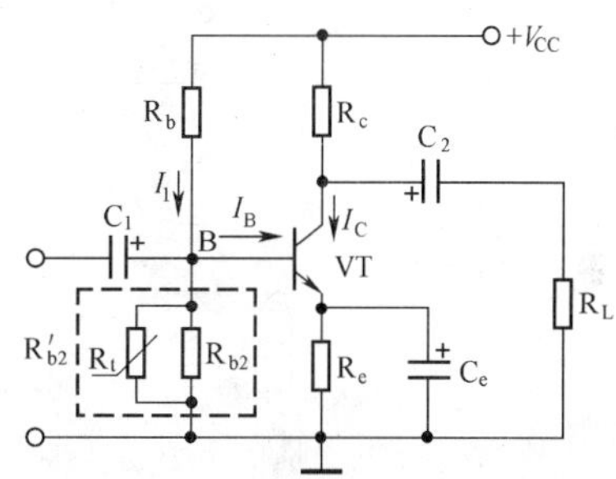

图 1-24　采用热敏电阻的偏置电路

## 1.8　放大器的 3 种基本组态

本节比较详细地分析放大器 3 种基本组态的性质，其目的不是引导读者去计算，而是通过分析基本计算的过程来比较 3 种基本组态的差异和应用场合。

根据输入、输出回路公共端的不同，放大电路有共射极放大器外、共集电极放大器和共基极放大器 3 种基本组态，其简化电路模型如图 1-25 所示。

需要进一步指出的是，晶体管只有 3 个引脚，不论实际电路如何复杂，其本质上都可以看成是图 1-25 所示的变形或组合体。因此画出放大器的交流通路后，任何晶体管放大电路都是 3 种基本组态其中的一种。故而了解了晶体管 3 种组态的基本特点，也就认清了很多看似复杂电路的本质。

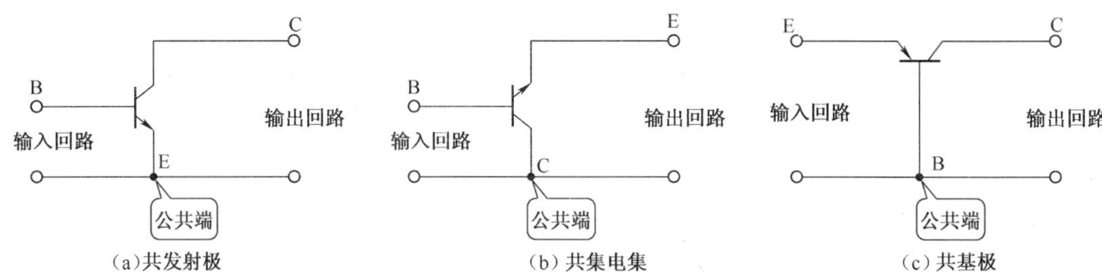

(a)共发射极　(b)共集电集　(c)共基极

图 1-25　放大器 3 种基本组态的简化电路模型

关于交流通路的说明：所谓交流通路是指在输入信号的作用下，放大器动态量（交流量）所流经的路径。因此电路中的大容量电容（如耦合电容、旁路电容、去耦电容）和内阻极小的直流电源一般都可以视为短路，但某些具有电路功能任务的电容除外，比如振荡电容、移相电容等。

1．共射极放大器

共发射极放大器的基本特点如表 1-9 所示，请读者拿笔跟着算一算，画一画。

表 1-9　共发射极放大器的基本特点

| | | | |
|---|---|---|---|
| ① 典型电路 | 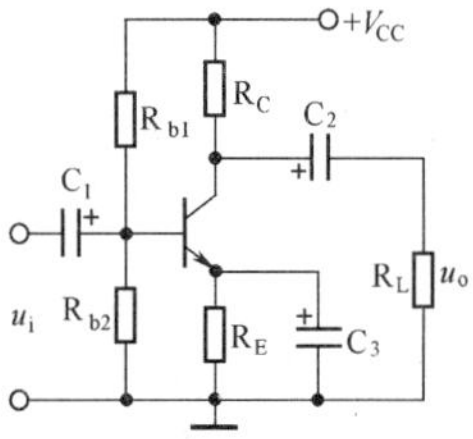 $+V_{CC}$, $R_{b1}$, $R_C$, $C_2$, $C_1$, $u_i$, $R_{b2}$, $R_E$, $C_3$, $R_L$, $u_o$ | ② 直流等效图及静态值估算 | 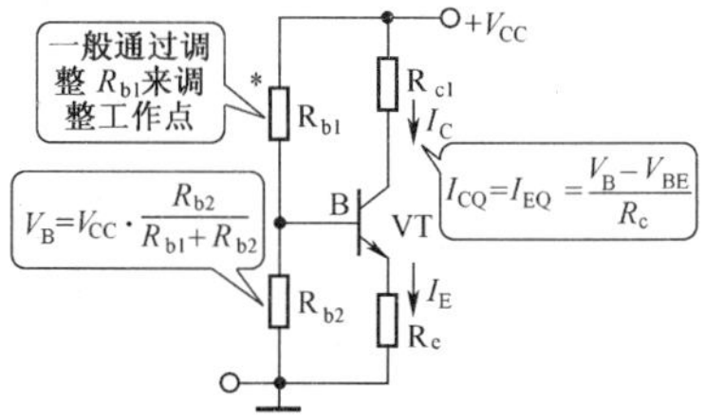 一般通过调整 $R_{b1}$ 来调整工作点；$V_B=V_{CC}\cdot\frac{R_{b2}}{R_{b1}+R_{b2}}$；$I_{CQ}=I_{EQ}=\frac{V_B-V_{BE}}{R_e}$（$+V_{CC}$, $R_{b1}$, $R_{c1}$, $I_C$, B, VT, $R_{b2}$, $I_E$, $R_e$） |
| ③ 交流等效电路 | 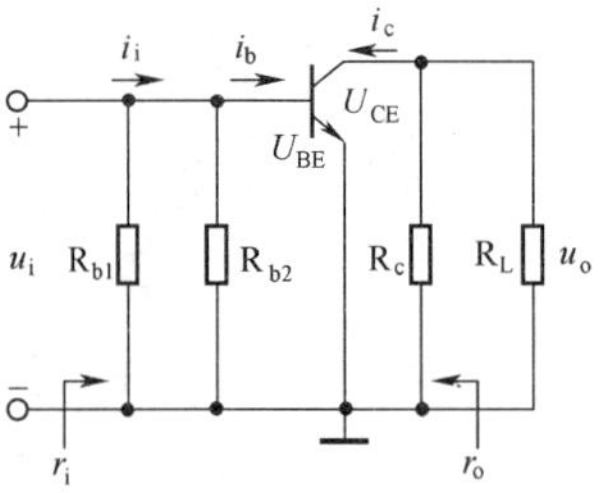 $i_i$, $i_b$, $i_c$, $U_{BE}$, $U_{CE}$, $u_i$, $R_{b1}$, $R_{b2}$, $R_c$, $R_L$, $u_o$, $r_i$, $r_o$ | ④ 电路增益的计算 | A. $r_{be}=\frac{u_{be}}{i_b}=\frac{u_i}{i_b}$<br>B. $u_i=i_b\cdot r_{be}$<br>C. $u_o=i_c\cdot(R_c//R_L)=i_c\cdot R_L'$<br>D. $A_u=\frac{u_o}{u_i}=-\frac{i_c\cdot R_L'}{i_b\cdot r_{be}}=-\beta\frac{R_L'}{r_{be}}$（其中 $R_L'=R_C//R_L$，一般 $A_u$ 有几十倍）<br>E. $A_i=\frac{i_o}{i_i}\approx\frac{i_c}{i_b}=\beta$（其中 $A_i$ 有几十倍，注意 $A_i$ 与 $\beta$ 物理意义上的区别）<br>F. $A_p=\lvert A_u\cdot A_i\rvert$（一般 $A_p$ 都在几百倍之上） |
| ⑤ $r_i$（输入电阻） | 通过理论分析，晶体管的输入电阻 $r_{be}$ 的大小和很多因素有关，其中与晶体管的静态电流大小关联最大，其基本公式为 $r_{be}\approx 300+\beta\frac{26(\text{mV})}{I_{EQ}(\text{mA})}$（$r_{be}$ 是晶体管发射结交流等效阻抗），在一般低频小信号放大器中 $I_{CQ}$ 的工作范围内（为零点几毫安～几个毫安），故而 $r_{be}$ 为几百欧～几千欧。由③图可知，整个电路的输入电阻 $r_i=R_{b1}//R_{b2}//r_{be}$ | ⑥ $r_o$（输出电阻） | 由③可知，$r_o=r_{ce}//R_c\approx R_c$（其中 $r_{ce}=\frac{u_{ce}}{i_c}$），一般 $r_{ce}>10^4\Omega$，因而一般情况下，可认为 $r_{ce}>>R_c$。 |

续表

| ⑦ $u_o$和$u_i$相位关系 | 反相 | ⑧ 特点及应用场合 | 共射电路具有较高的功率增益，广泛地应用在中间级放大电路中 |
|---|---|---|---|

2. 共集电极放大器

共集电极放大器的基本特点如表 1-10 所示。

表 1-10　　共集电极放大器的基本特点

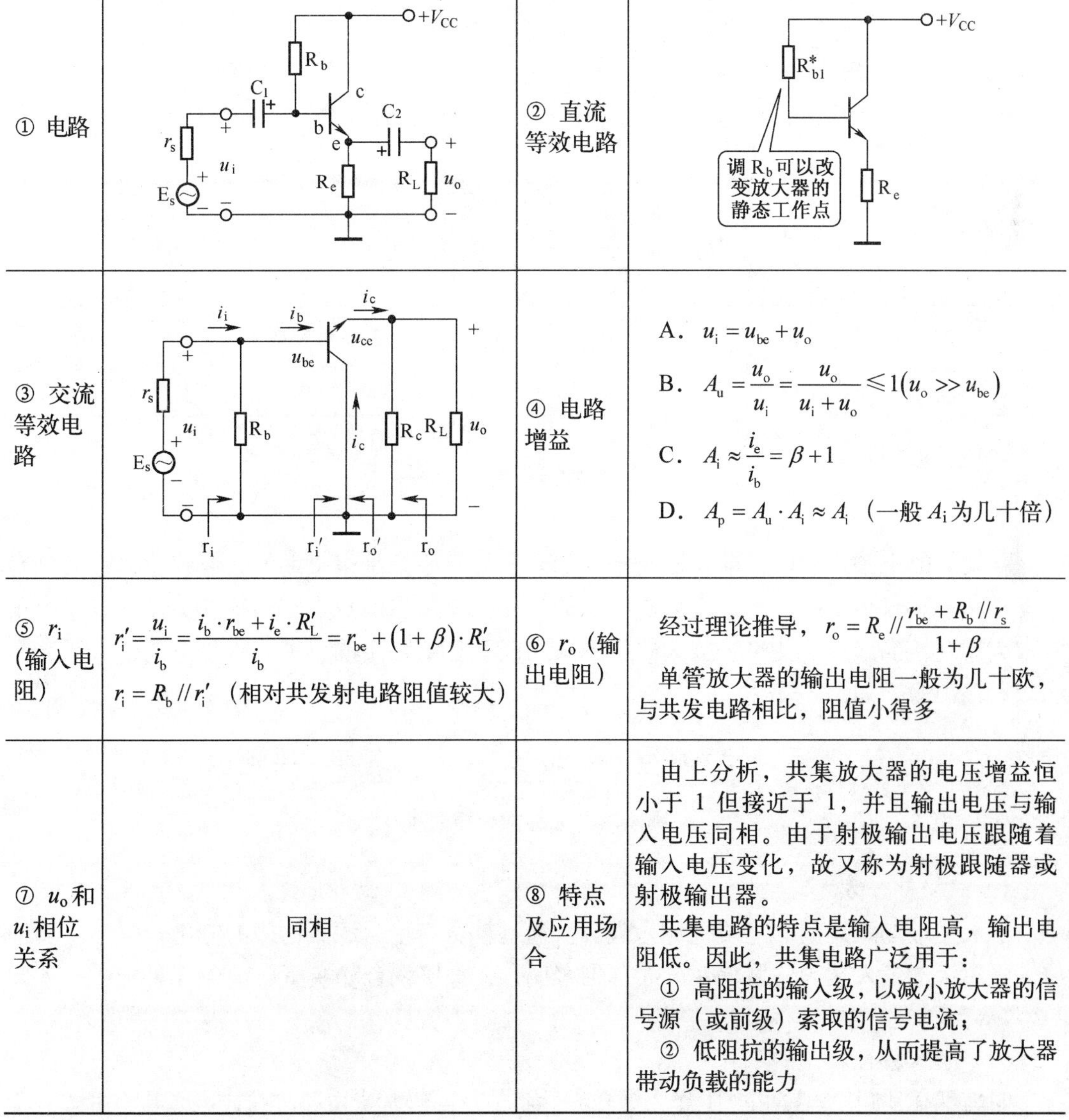

| ① 电路 | | ② 直流等效电路 | 调 $R_b$ 可以改变放大器的静态工作点 |
|---|---|---|---|
| ③ 交流等效电路 | | ④ 电路增益 | A. $u_i = u_{be} + u_o$<br>B. $A_u = \frac{u_o}{u_i} = \frac{u_o}{u_i + u_o} \leqslant 1 (u_o >> u_{be})$<br>C. $A_i \approx \frac{i_e}{i_b} = \beta + 1$<br>D. $A_p = A_u \cdot A_i \approx A_i$（一般 $A_i$ 为几十倍） |
| ⑤ $r_i$（输入电阻） | $r_i' = \frac{u_i}{i_b} = \frac{i_b \cdot r_{be} + i_e \cdot R_L'}{i_b} = r_{be} + (1+\beta) \cdot R_L'$<br>$r_i = R_b // r_i'$（相对共发射电路阻值较大） | ⑥ $r_o$（输出电阻） | 经过理论推导，$r_o = R_e // \frac{r_{be} + R_b // r_s}{1+\beta}$<br>单管放大器的输出电阻一般为几十欧，与共发电路相比，阻值小得多 |
| ⑦ $u_o$和$u_i$相位关系 | 同相 | ⑧ 特点及应用场合 | 由上分析，共集放大器的电压增益恒小于 1 但接近于 1，并且输出电压与输入电压同相。由于射极输出电压跟随着输入电压变化，故又称为射极跟随器或射极输出器。<br>共集电路的特点是输入电阻高，输出电阻低。因此，共集电路广泛用于：<br>① 高阻抗的输入级，以减小放大器的信号源（或前级）索取的信号电流；<br>② 低阻抗的输出级，从而提高了放大器带动负载的能力 |

3. 共基极放大器

共基极放大器的基本特点如表 1-11 所示。

表 1-11　　共基极放大器的基本特点

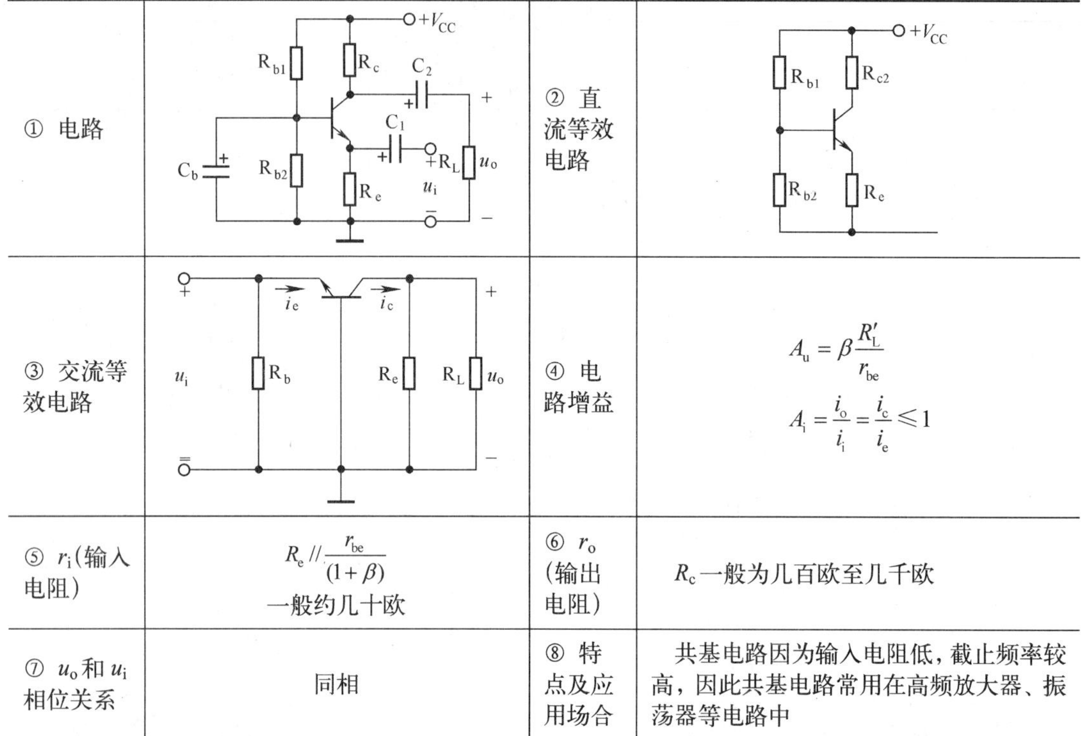

| | | | |
|---|---|---|---|
| ① 电路 | | ② 直流等效电路 | |
| ③ 交流等效电路 | | ④ 电路增益 | $A_u=\beta\dfrac{R'_L}{r_{be}}$<br>$A_i=\dfrac{i_o}{i_i}=\dfrac{i_c}{i_e}\leqslant 1$ |
| ⑤ $r_i$（输入电阻） | $R_e//\dfrac{r_{be}}{(1+\beta)}$<br>一般约几十欧 | ⑥ $r_o$（输出电阻） | $R_c$一般为几百欧至几千欧 |
| ⑦ $u_o$和$u_i$相位关系 | 同相 | ⑧ 特点及应用场合 | 共基电路因为输入电阻低，截止频率较高，因此共基电路常用在高频放大器、振荡器等电路中 |

## 1.9　多级放大器

在实际的电子设备中，前置放大器的输入信号一般都是很微弱的，要将信号放大到足以推动负载，仅用单级放大是不可能实现的，必须使用多级放大。多级放大器由若干个单级放大器连接而成，这些单级放大器根据其功能和在电路中的位置，可划分为输入级、中间级和输出级，如图 1-26 所示。

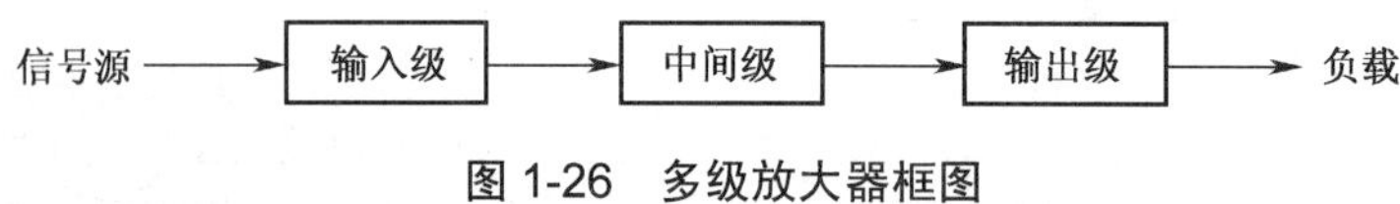


图 1-26　多级放大器框图

1. 级间耦合方式

放大器级与级之间的连接也称为耦合。通过耦合将信号源或前级的输出信号不失真地传输到后级的输入端。常用耦合方式有阻容耦合、直接耦合和变压器耦合 3 种形式，如图 1-26 所示。

（1）阻容耦合。

阻容耦合是利用电容和电阻作为耦合元件将前后两级放大电路连接起来。其中电容器称为耦合电容，典型的两级阻容耦合放大器如图 1-27 所示。图中的第一级输出信号通过电容 $C_2$、$R_{b2}$ 和第二级的输入端相连接。阻容耦合的优点是：前级和后级直流通路彼此隔开，各级的静态工作点相互独立，互不影响。这就给分析、设计和调试电路带来很大的方便。此外，阻容耦合还具有体积小、重量轻的优点，因此在多级交流放大电路中得到了广泛应用。

阻容耦合的缺点是：因电容对交流信号具有一定的容抗，在传输过程中信号会受到衰减；对变化缓慢的信号容抗很大，也不便于传输；另外，在集成电路中，制造大电容很困难，不利于集成化。

（2）直接耦合。

将前级放大电路和后级放大电路直接相连的耦合方式称为直接耦合，如图 1-28 所示。直接耦合所用元件少，体积小，低频特性好，便于集成化。直接耦合既可以放大交流信号，也可以放大直流信号。其缺点是：由于前级和后级的直流通路相通，使得各级静态工作点相互影响。另外，由于温度变化等原因，使放大电路在输入信号为零时，输出端出现信号不为零的现象，这种现象称之为零点漂移。零点漂移严重时将会影响放大器的正常工作，必须采取措施予以解决。直接耦合放大器多用于直流放大器。

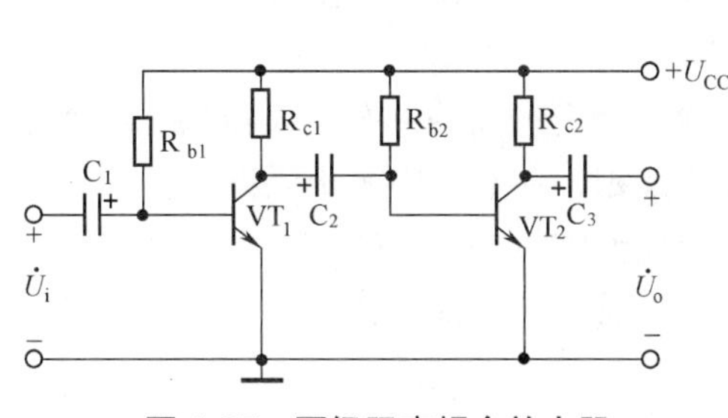


图 1-27 两级阻容耦合放大器

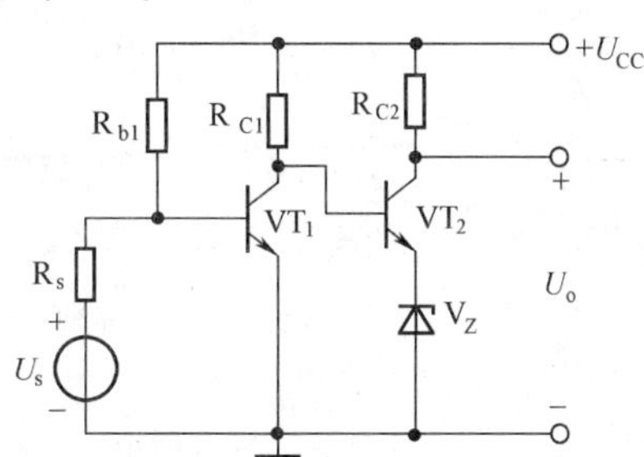


图 1-28 直接耦合放大器

（3）变压器耦合。

利用变压器将前级的输出端与后级的输入端连接起来方式称为变压器耦合，如图 1-29 所示。将 $VT_1$ 的输出信号经过变压器 $T_1$ 送到 $VT_2$ 的基极和发射极之间。$VT_2$ 的输出信号经 $VT_2$ 耦合到负载 $R_L$ 上。$R_{b11}$、$R_{b12}$ 和 $R_{b21}$、$R_{b22}$ 分别为 $VT_1$ 管和 $VT_2$ 管的偏置电阻，$C_{b2}$ 是 $R_{b21}$ 和 $R_{b22}$ 的旁路电容，用于防止信号被偏置电阻所衰减。

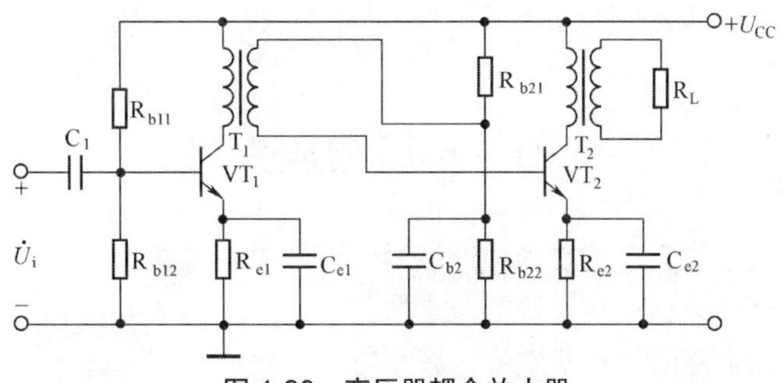


图 1-29 变压器耦合放大器

变压器耦合的优点是：由于变压器不能传输直流信号，有隔直作用，因此各级静态工作点相互独立，互不影响。变压器在传输信号的同时还能够进行阻抗、电压、电流变换。变压器耦合的缺点是：体积大、笨重等，不便于实现集成化。

2. 多级放大电路的指标估算

计算多级放大器的电压放大倍数时，应考虑到前后级之间的相互影响。此时可把后级的输入电阻看成前级的负载，也可以把前级等效成一个具有内阻的信号源，经过这样处理，将多级放大器化为单级放大器，便可应用单级放大器的计算公式来计算，如图 1-30 所示。

对于图中的两级放大器，前级的放大倍数为 $A_{u1}=\dfrac{U_{o1}}{U_{i1}}$；

后级的放大倍数为 $A_{u2}=\dfrac{U_{o2}}{U_{i2}}$；

两级总的放大倍数为 $A_u=\dfrac{U_{o2}}{U_{i1}}=\dfrac{U_{o2}}{U_{i2}}\times\dfrac{U_{o1}}{U_{i1}}=A_{u1}\times A_{u2}$。

上述表明，总的电压放大倍数等于两级电压放大倍数的乘积。由此可以推出 $n$ 级放大器总的电压放大倍数为 $A_u=A_{u1}A_{u2}\cdots A_{un}$。

多级放大器的输入电阻就是第一级放大器的输入电阻，其输出电阻就是最后一级放大器的输出电阻。

图 1-31 所示为两级放大器的幅频特性。两个参数完全相同的单级放大器在组成两级放大器后，其总的放大倍数等于两个单级放大倍数的乘积，在重新确定上限频率和下限频率后，可以看出，中频段的放大倍数与高、低频段的放大倍数的差值变大，即两级放大器比单级放大器的通频带窄。显然，放大器的级数越多，通频带越窄。为了满足多级放大器通频带的要求，必须把每个单级放大器的通频带选得更宽一些。

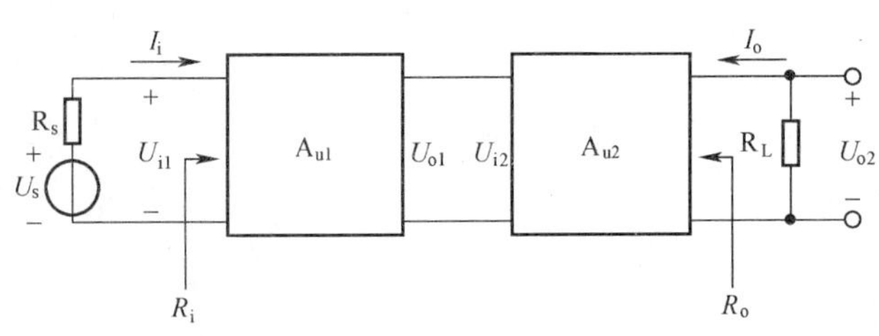


图 1-30　两级放大器计算

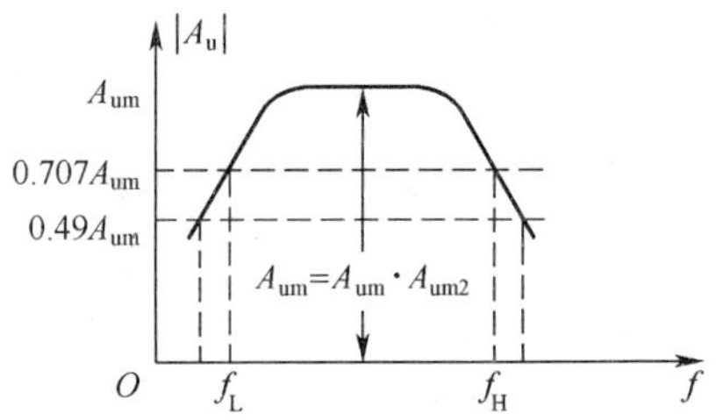


图 1-31　放大器的幅频特性

## 1.10　负反馈放大器

利用负反馈来改变放大器的性能或改变放大器的电路参数，是放大器适应实际需要的一种基本方法。负反馈以损失放大器的一定增益为代价，换取了提高电路的增益稳定度，减小电路失真，改变输入、输出电阻等一系列好处，可以毫不夸张地说，几乎所有实用的放大器都是负反馈放大器。

1. 反馈的概念

反馈放大器的电路简化模型图如图 1-32 所示。由于放大器输入端和输出端的信号，可以是

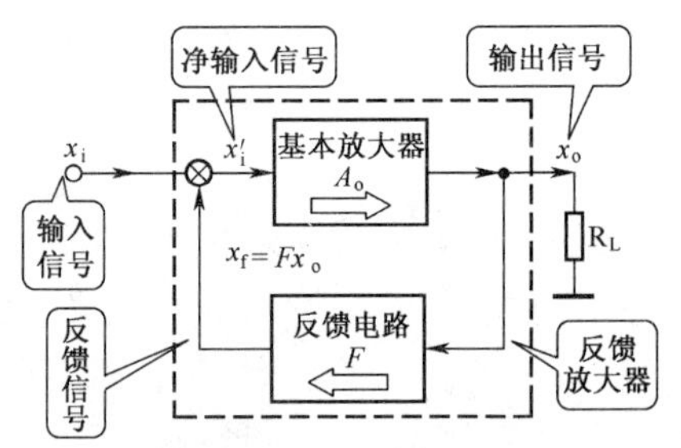


图 1-32　反馈放大器的电路简化模型图

电压信号，也可以是电流信号，故用一般化符号 $x$ 来表示信号量。

所谓反馈，系指将放大电路的输出量（电压或电流信号）的部分或全部，通过一定方式返送到输入回路的过程。那么具有反馈功能的放大器则称为反馈放大器。其相关概念和公式的介绍如表 1-12 所示。

表 1-12 反馈放大器的基本概念

| 名 称 | 公 式 | 说 明 |
|---|---|---|
| 正反馈 | $X_i' > X_i$ | 反馈使放大器净输入信号增强，主要应用于振荡器 |
| 负反馈 | $X_i' < X_i$ | 反馈使放大器净输入信号减小，主要应用于改善放大器的性能 |
| 开环增益 | $A_o = \dfrac{x_o}{x_i'}$ | $A_o$ 表示基本放大器的增益（或称为反馈放大器的开环增益）<br>放大器开环时 $x_i' = x_i$ |
| 反馈系数 | $F = \dfrac{x_F}{x_o}$ | $F$ 表示反馈网络的反馈系数 |
| 闭环增益（负反馈） | $A_f = \dfrac{A_o}{1+A_oF}$ | 由图 1-32 可见，反馈放大器是由 $A_o$ 和 $F$ 所组成的闭合系统（或称为闭合环路）。因此将负反馈的增益称为闭环增益，将基本放大器和反馈网络组成的闭合环路叫做反馈环路 |
| 反馈深度 | $1+A_oF$ | 负反馈放大器的 $(1+A_oF)$ 越大，它的闭环增益下降越多，因此 $(1+A_oF)$ 是衡量负反馈作用强弱程度的量，通常称为反馈深度 |
| 深度负反馈 | $A_f = \dfrac{1}{F}$ | 当 $1+A_oF>>1$ 时（一般认为 10 倍以上），$A_f = \dfrac{A_o}{1+A_oF} \approx \dfrac{A_o}{A_oF} = \dfrac{1}{F}$，这是一个很重要的表达式，它表明在深度负反馈情况下，负反馈放大器的闭环增益与晶体管的参数以及基本放大器的增益无关，仅取决于反馈网络的反馈系数，给我们在调整、分析和计算负反馈电路相关参数时带来了极大的方便 |

2. 反馈放大器的 4 种基本结构

反馈放大器的基本结构如表 1-13 所示。

表 1-13 反馈放大器的基本结构

| 反馈组态 | 电路结构与说明 | 反馈组态 | 电路结构与说明 |
|---|---|---|---|
| 电压串联 | 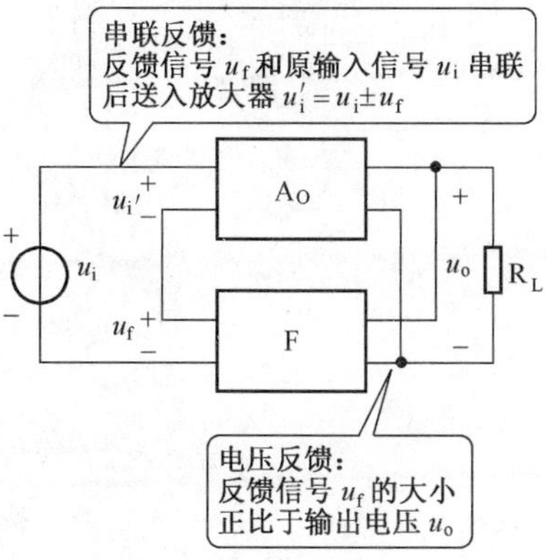 串联反馈：反馈信号 $u_f$ 和原输入信号 $u_i$ 串联后送入放大器 $u_i' = u_i \pm u_f$<br>$u_i'$ $u_i$ $u_f$ Ao F $u_o$ $R_L$<br>电压反馈：反馈信号 $u_f$ 的大小正比于输出电压 $u_o$ | 电压并联 | 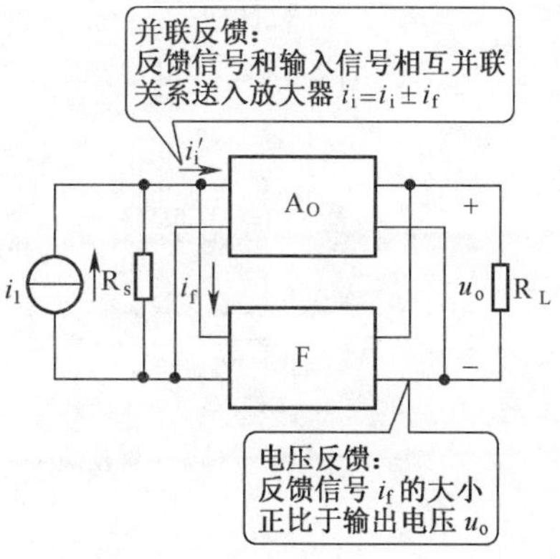 并联反馈：反馈信号和输入信号相互并联关系送入放大器 $i_i = i_i \pm i_f$<br>$i_i'$ $i_1$ $R_s$ $i_f$ Ao F $u_o$ $R_L$<br>电压反馈：反馈信号 $i_f$ 的大小正比于输出电压 $u_o$ |

续表

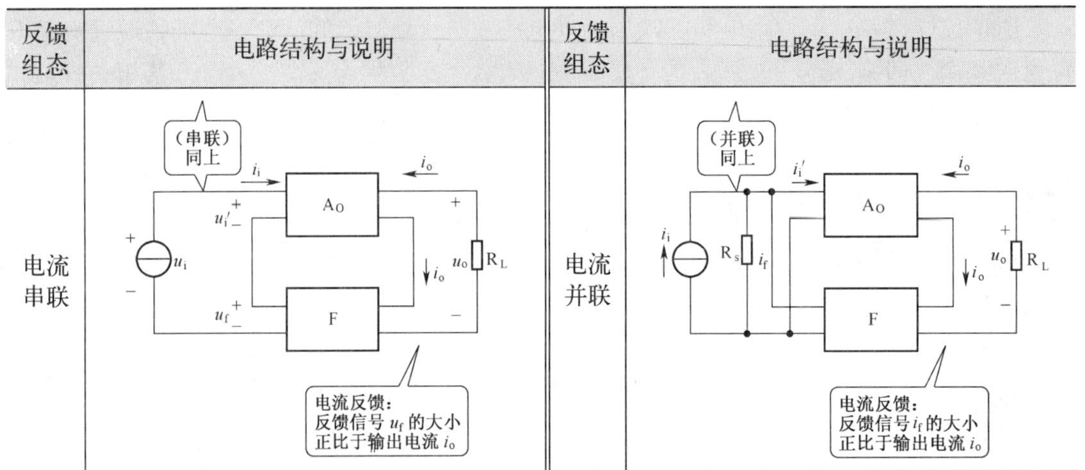

| 反馈组态 | 电路结构与说明 | 反馈组态 | 电路结构与说明 |
|---|---|---|---|
| 电流串联 | （串联）同上；电流反馈：反馈信号 $u_f$ 的大小正比于输出电流 $i_o$ | 电流并联 | （并联）同上；电流反馈：反馈信号 $i_f$ 的大小正比于输出电流 $i_o$ |



注：从充分发挥负反馈性能的角度出发，串联负反馈对信号源的要求为恒压源，并联负反馈对信号源的要求为恒流源。

3. 反馈类型的认识

分析一个放大器是否存在反馈，首先可通过分析该放大器有无反馈通路来判定，即从电路中看能否找到联系输出端和输入端的反馈元件。若存在反馈元件，就存在反馈；否则，就没有反馈。

至于确认反馈电路的具体类型，则需一步步来进行分析，大致步骤如下。

（1）确认反馈元件。

根据反馈的定义可知：反馈元件必然跨接在放大器输入、输出回路之间（输入、输出回路的公共元件），根据这个特点可迅速地确认反馈元件。

**【例 1】** 本级反馈（1）[见图 1-33（a）]。

**【例 2】** 本级反馈（2）[见图 1-33（b）]。

**【例 3】** 越级反馈（1）（级间反馈）[见图 1-33（c）]。

**【例 4】** 越级反馈（2）[见图 1-33（d）]。

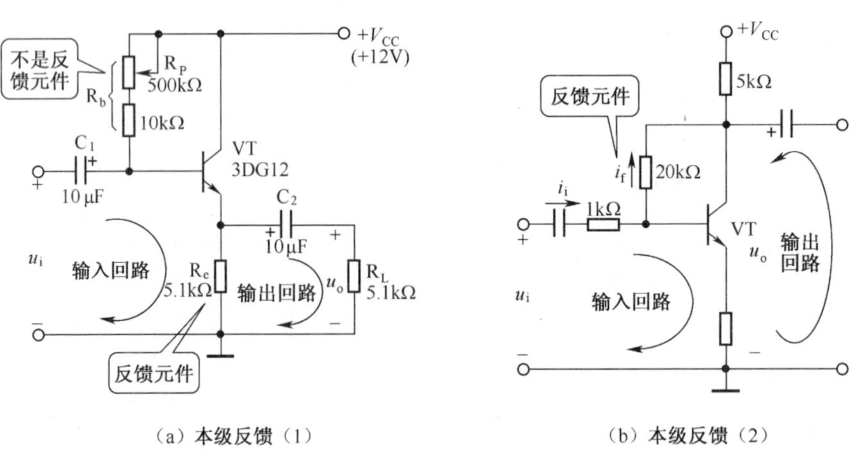


图 1-33　反馈电路

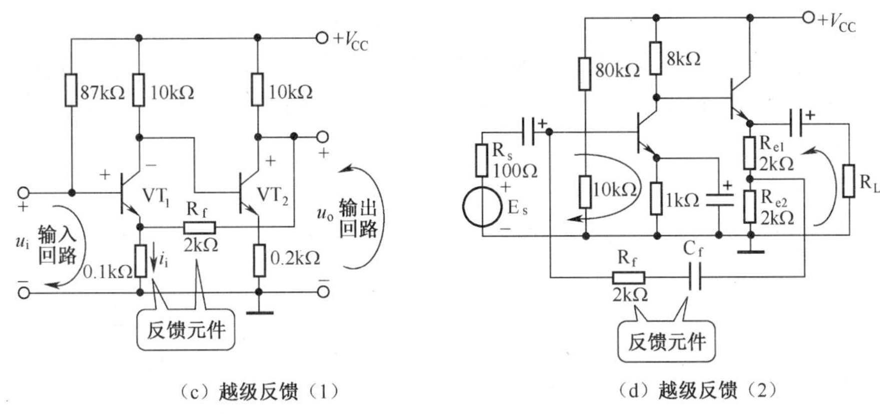


（c）越级反馈（1）（d）越级反馈（2）

图 1-33 反馈电路（续）

说明：有时为了方便起见，常将多级基本放大器和集成运算放大器统一用集成运算放大器（见图 1-34）的符号来表示。如图 1-34（a）所示，信号从输入端正向输到输出端，没有跨接在输出端和输入端之间的反馈元件，因而也就没有反馈存在，这种情况又称为放大器的开环工作状态。

如果在基本放大器输出端和输入端之间外接电阻 $R_f$，如图 1-34（b）所示，则 $R_f$ 和 $R_1$ 就构成了反馈网络。这种情况又称为放大器的闭环工作状态。

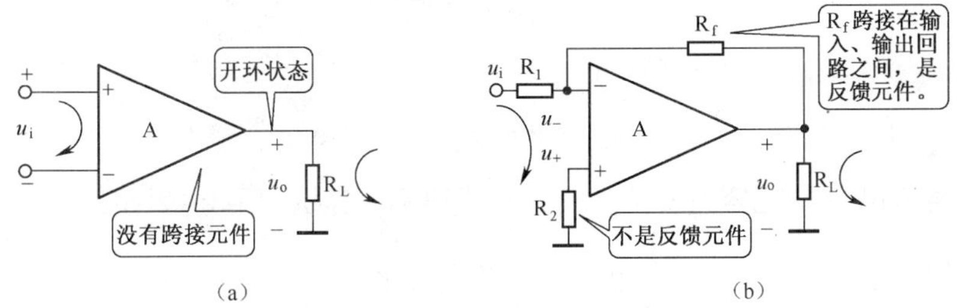


（a）（b）

图 1-34 集成运算放大器的开环、闭环

（2）交流反馈和直流反馈的确认。

交流反馈电路和直流反馈电路如图 1-35 所示。

注：直流负反馈在交流放大器中的作用一般是调整和稳定放大器的静态工作点。

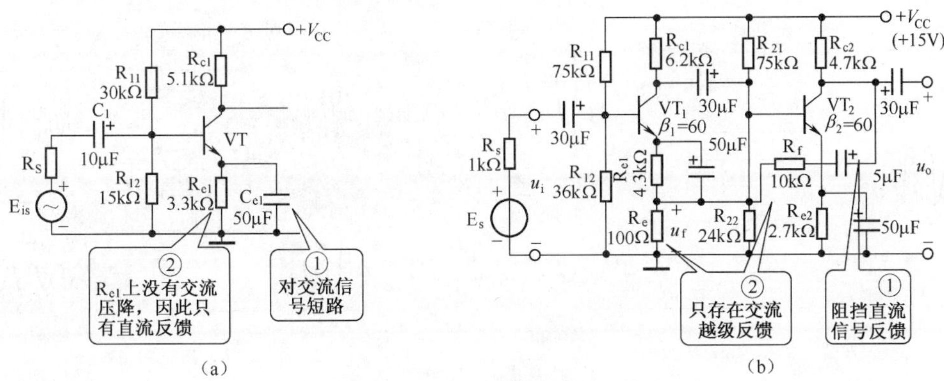


（a）（b）

图 1-35 交流反馈和直流反馈

（3）正反馈和负反馈。

判别反馈极性，一般都采用瞬时极性法来加以判别，即假设某一瞬间输入电压为“+”（正极性上升），看返送到输入回路的反馈信号对净输入信号的影响，若净输入信号加强，则为正反馈；否则，则为负反馈。

**【例 5】** 正反馈和负反馈的辨别电路（1）[见图 1-36（a）]。

**【例 6】** 正反馈和负反馈的辨别电路（2）[见图 1-36（b）]。

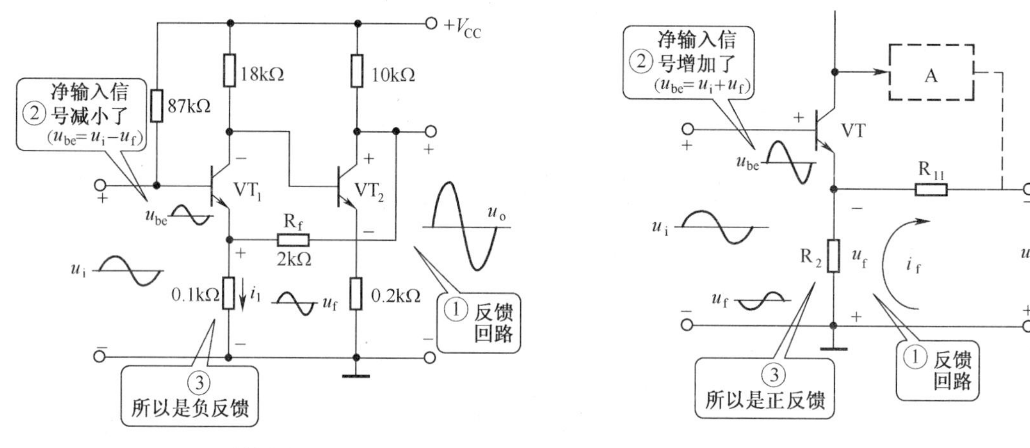


（a）正反馈和负反馈的辨别（1）　　（b）正反馈和负反馈的辨别（2）

图 1-36　反馈电路

（4）低频反馈和高频反馈的确认。

① 电容器的容抗与频率、容量之间的关系（复习电工学知识）。

在电工学知识中，电容对交流电的阻碍作用称为容抗，用 $X_C$ 表示，且 $X_C=\dfrac{1}{2\pi fc}$，即容抗 $X_C$ 的大小与电源频率，与电容器电容量成反比。

a．当 $C_1>C_2$ 时，如图 1-37（a）所示。两电路输入相同频率信号，由于 $C_1>C_2$，则 $u_{o1}$ 幅度大于 $u_{o2}$ 幅度。

b．当 $f_1>f_2$ 时，如图 1-37（b）所示。两电路参数对称一致，由于 $f_1>f_2$，则 $u_{o1}$ 幅度大于 $u_{o2}$ 幅度。

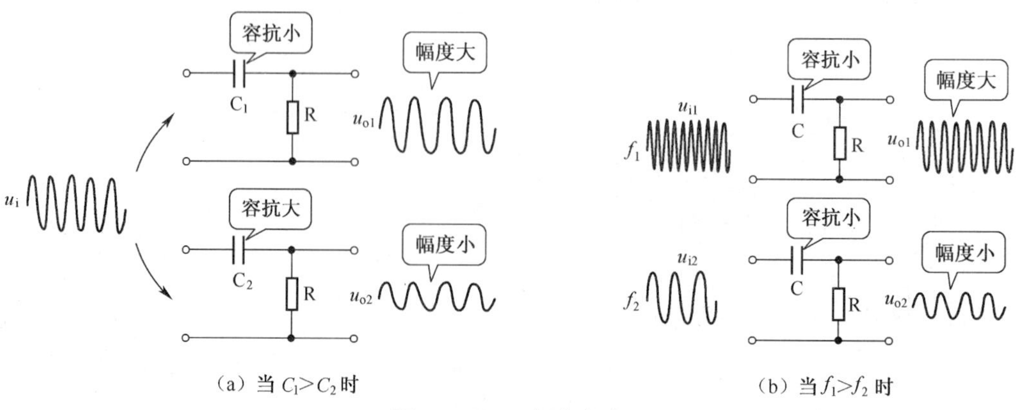


（a）当 $C_1>C_2$ 时　　（b）当 $f_1>f_2$ 时

图 1-37　RC 耦合电路

② 举例说明。

**【例 7】** 如图 1-38（a）所示，由于 $C_1$ 的电容量很小，因此只对频率比较高的信号呈现通路，而对频率比较低的信号呈开路状态。所以 $C_1$ 为高频反馈电容。

**【例 8】** 如图 1-38（b）所示，当 $C_e$ 的电容量很小时，$C_e$ 对低频信号相当于开路，故 $R_e$ 存在低频反馈。

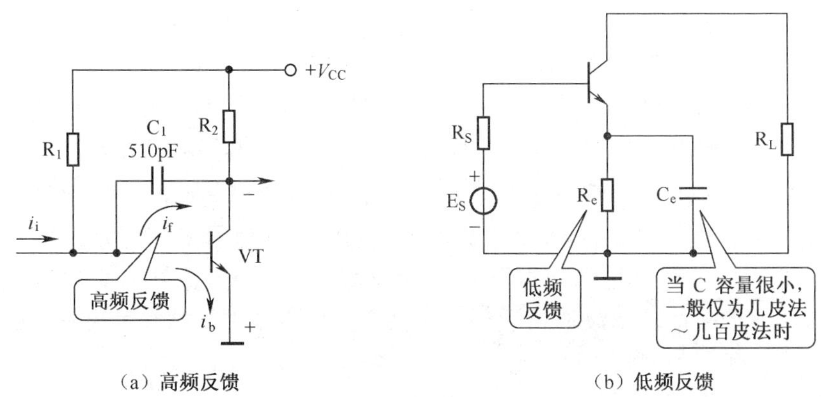


图 1-38 反馈电路

（5）电压反馈和电流反馈类型的确认。

将放大器输出端短路，则 $u_o$=0，若此时 $u_f$=0，根据反馈的定义，可判定电路为电压反馈，如图 1-39（a）所示；若 $u_f$≠0，可认为电路为电流反馈，如图 1-39（b）所示。

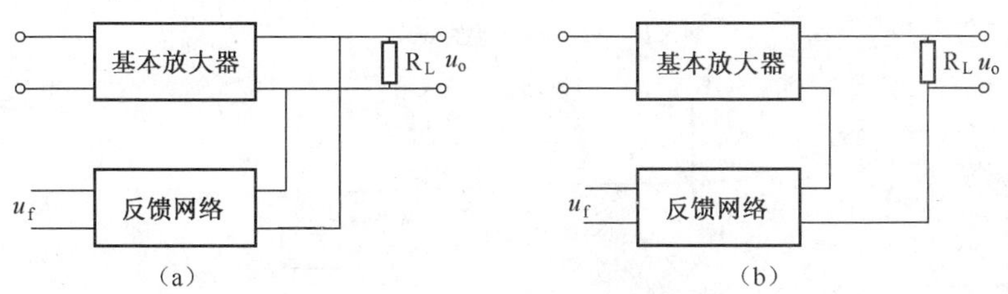


图 1-39 电压反馈和电流反馈

（6）串联反馈和并联反馈类型的确认。

一般可根据表 1-13 中的结构图可直观得出结论，对具体电路的分析读者可参照文中的框图去理解体会。

4. 负反馈的功能

（1）负反馈提高了电路增益的稳定性。

当器件参数、电源电压、环境温度或者负载变动时，开环放大器的输出电压 $u_o$ 或输出电流 $i_o$ 将随之变化，从而导致增益 $A$ 发生变化，输出电量发生了不稳定的情况。但放大器引入了负反馈后，会使增益 $A_f$ 维持在相对稳定状态。具体来讲，若引入电压负反馈就能稳定输出电压，引入电流负反馈就能稳定输出电流。

通过数学推导，上述两者的关系如下所示

$$\frac{\Delta A_f}{A_f}=\frac{1}{1+AF}\times\frac{\Delta A}{A}$$

上式表明，引入负反馈后增益的相对变化量是无反馈时增益的相对变化量的$\frac{1}{(1+AF)}$。例如，由于某种原因无反馈放大器的增益变化了 5%，若引入负反馈后，当反馈深度$(1+AF)=10$ 时，闭环增益相对变化量则为$\Delta A_f/A_f=1/10\times5\%=0.5\%$。可见，闭环增益的稳定性大为提高。

（2）负反馈减小了放大器的非线性失真。

负反馈减小了非线性失真的物理过程，可以用示意图的方法来进行解释。例如，由于放大器工作点的不恰当出现了一定的非线性失真，如图 1-40（a）所示。

在电路引入反馈后，送到比较环节的反馈信号 $X_f$ 波形与输出波形相似，也是上半周大下半周小。它与输入正弦信号 $X_i$ 相减，得到的净输入信号 $x_i'$ 必然是上半周幅度小下半周幅度大，这样的信号再送到基本放大器进行放大，就会阻止输出信号上半周变大下半周变小的趋势，结果使输出波形接近于正弦波，于是便减小了非线性失真，如图 1-40（b）所示。

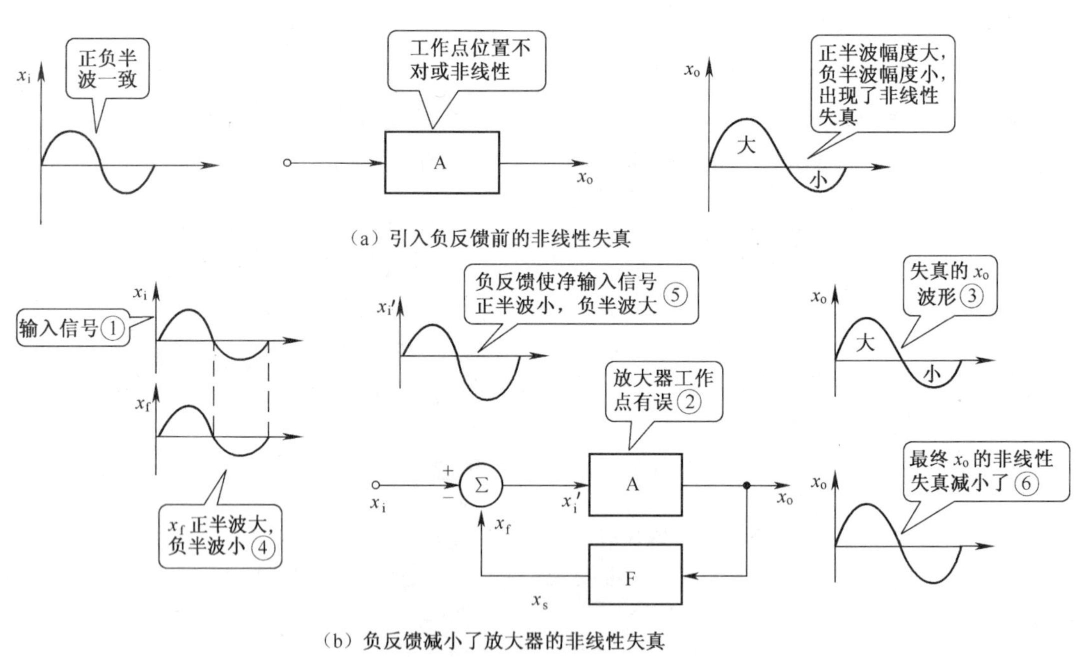


（a）引入负反馈前的非线性失真

（b）负反馈减小了放大器的非线性失真

图 1-40　非线性失真

（3）负反馈对放大输入电阻的影响和输出电阻的影响。

通过数学分析和实践有如下的结论：负反馈对输入电阻的影响，只取决于输入端反馈方式是串联还是并联，串联负反馈使输入电阻增大，并联负反馈使输入电阻降低，增大或降低的程度都与反馈深度（$1+AF$）有关。同理，负反馈对输出电阻的影响，只取决于输出端采样方式是电压还是电流。电压负反馈使输出电阻降低，电流负反馈使输出电阻增大，减小和增大的倍数也分别与反馈深度有直接关系。

## 1.11 功率放大器

功率放大器属于大信号放大器，其任务是在放大器安全工作的前提下，以较小的失真、较高的效率向负载提供尽可能大的功率。功率放大器一般都设置在电子设备的最后一级，如图 1-41 所示。

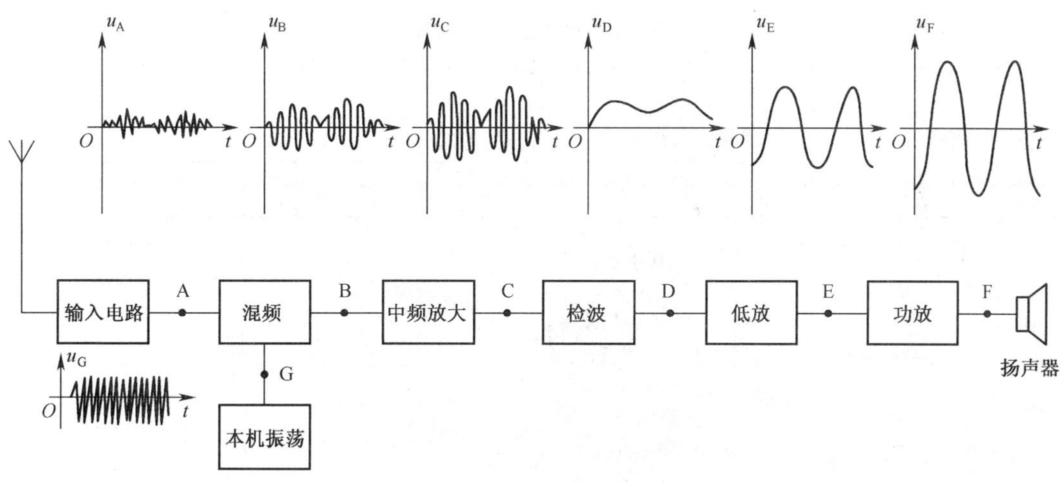


图 1-41 收音机的电路框图

随着集成工艺的发展，国内外音响设备中的电路日益集成化，这给大批量生产电子产品和日常维修带来很大的方便。如今，绝大部分音响设备中的功率放大器都采用了集成电路，尽管各种类型的集成功率放大器性能指标和电路繁简程度不一，但工作原理大致是相同的。下面从便于理解的分立元件入手，介绍几种常见功率放大电路的工作原理，但重点是集成功率放大器的应用。由于放大器在大信号状态下工作，其分析计算方法在很多方面都有别于小信号放大器。

1. 功率放大器与电压放大器的区别

功率放大器与电压放大器的区别如表 1-14 所示。

表 1-14 功率放大器与电压放大器的区别

| 项　目 | 电压放大器 | 功率放大器 |
|---|---|---|
| 主要任务 | 小信号放大 | 大信号放大 |
| 晶体管的工作状态 | 一般都采用甲类 | 有多种形式，其中：<br>(1) 甲类：由于效率低，已很少应用；<br>(2) 乙类：效率高，但失真严重，也很少应用；<br>(3) 甲乙类：效率高，失真较小，现普遍采用 |

续表

| 项　目 | 电压放大器 | 功率放大器 |
|---|---|---|
| 理论关注的主要问题 | $A_u$、$r_i$、$r_o$、频率特性 | $P_o$（放大器输出功率）、$\eta$（转换效率） |
| 实践中关注的主要的问题 | （1）非线性失真：关键是工作点的位置；<br>（2）电压增益：以电路需要为目的 | （1）输出功率与电源消耗及体积的大小；<br>（2）散热片选择；<br>（3）电路的安全及正确调整；<br>（4）追求最大的功率输出；<br>（5）追求高保真输出 |

2. 功率放大器按晶体管的工作状态的分类以及说明

功率放大器按晶体管的工作状态的分类以及说明如表 1-15 所示。

表 1-15　　功率放大器按晶体管的工作状态的分类以及说明

| 类别 | 示　例 | 说　明 | 图　文 |
|---|---|---|---|
| 甲类放大器 | 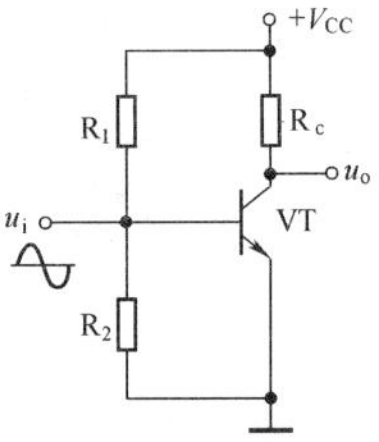 +$V_{CC}$, $R_1$, $R_c$, $u_o$, $u_i$, VT, $R_2$ | （1）工作点的位置能保证输入信号在整个周期内，晶体管都处于放大状态，放大器全波输出；<br>（2）工作点的位置可通过调整 $R_1$ 实现 | 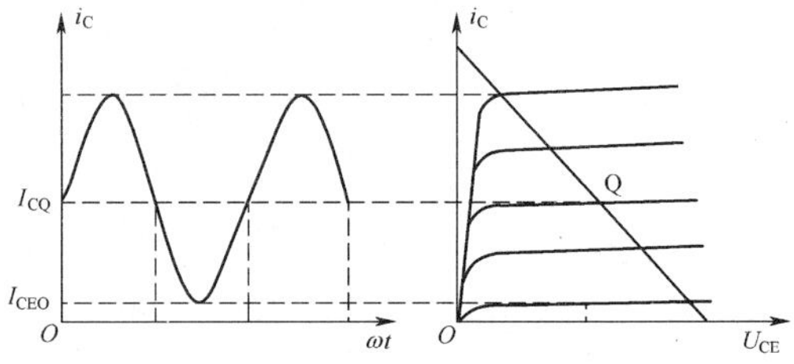 $i_C$, $I_{CQ}$, $I_{CEO}$, O, $\omega t$; $i_C$, Q, O, $U_{CE}$ |
| 乙类放大器 | 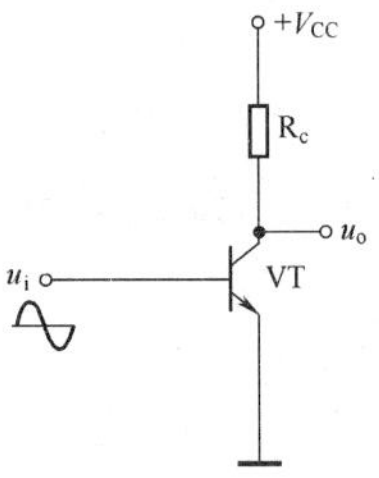 +$V_{CC}$, $R_c$, $u_o$, $u_i$, VT | （1）静态电流 $I_{BQ}=0$，$I_{CQ}=0$；<br>（2）晶体管在信号半个周期内有电流流通，而在另外半个信号周期截止，放大器只有半波输出 | 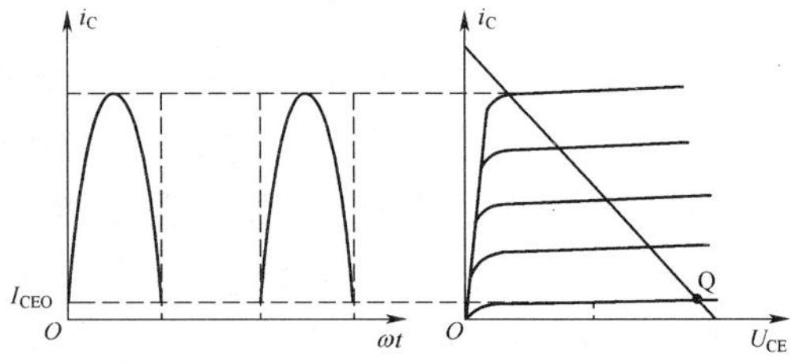 $i_C$, $I_{CEO}$, O, $\omega t$; $i_C$, Q, O, $U_{CE}$ |
| 甲乙类放大器 | 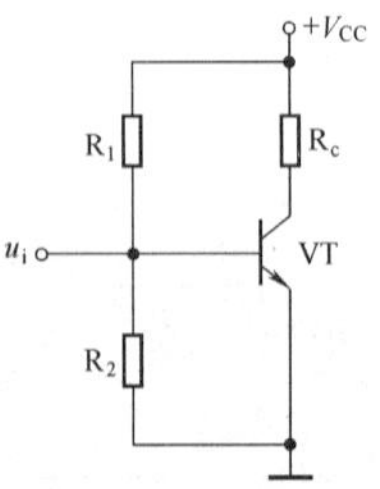 +$V_{CC}$, $R_1$, $R_c$, $u_i$, VT, $R_2$ | 静态电流 $I_{BQ}>0$，$I_{CQ}>0$ 但晶体管仅处于微导通状态（以克服死区电压为标准） | 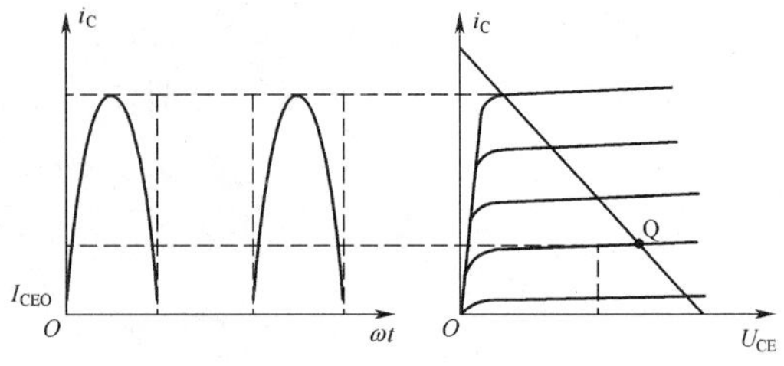 $i_C$, $I_{CEO}$, O, $\omega t$; $i_C$, Q, O, $U_{CE}$ |

3. OCL 乙类互补对称功率放大电路

无输出电容功率放大电路（Output Capacitor Less，OCL）及其工作原理如表 1-16 所示。

表 1-16　　OCL 功率放大电路及工作原理

| 电路模型 | 工作条件 | 静态特征 |
| --- | --- | --- |
| $+V_{CC}$, $i_{CQ1}$, $VT_1$, $u_i$, Q, $VT_2$, $R_L$, $i_{CQ2}$, $-V_{EE}$ | (1) 正、负电源对称（双电源供电）；<br>(2) $VT_1$和 $VT_2$特性对称（例如$\beta_1=\beta_2$） | 乙类：<br>(1) $V_Q=0$（V）<br>(2) $I_{CQ1}=I_{CQ2}=0$（mA） |

电路原理（为简化分析的方便，设晶体管的死区电压为零）

| | | |
| --- | --- | --- |
| 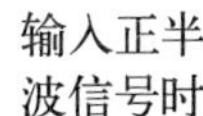 输入正半波信号时 | 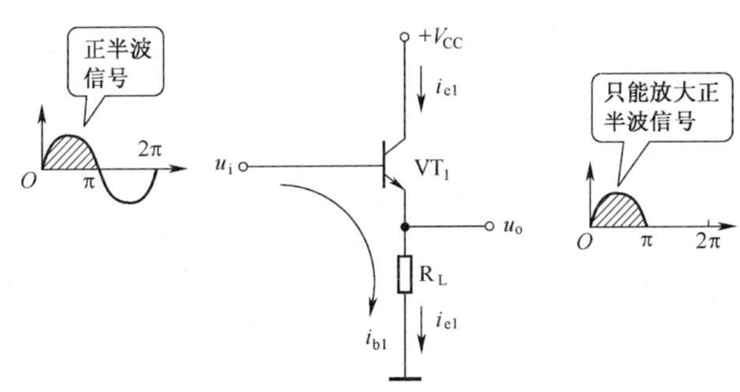  | 若输入端加一正弦信号，在正半周时，由于 $u_i>0$，即 $u_i>u_Q$ 因此 $VT_2$截止，等效电路如下图所示。$VT_1$导通承担放大任务，电流 $i_{e1}$流过负载，输出电压 $u_o=i_{e1}R_L\approx u_i$ |
| 输入半波信号时 | 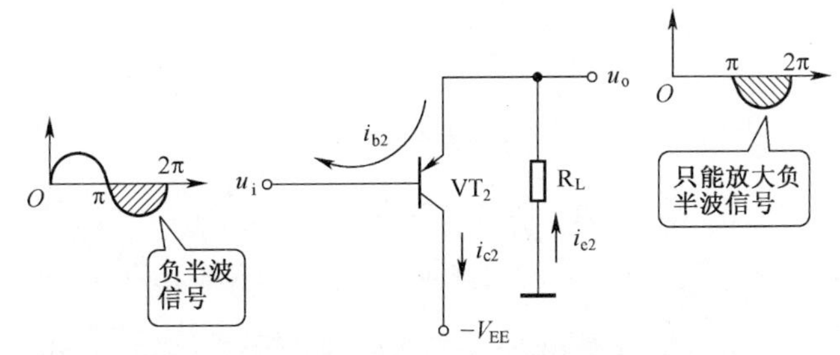  | 当输入信号处于负半周时，$u_i<0$，因此 $VT_1$截止（等效电路如图所示），$VT_2$导通承担放大任务，电流 $i_{e2}$流过负载，方向与正半周相反，输出电压 $u_o=i_{e2}R_L\approx u_i$ |
| 合成 | 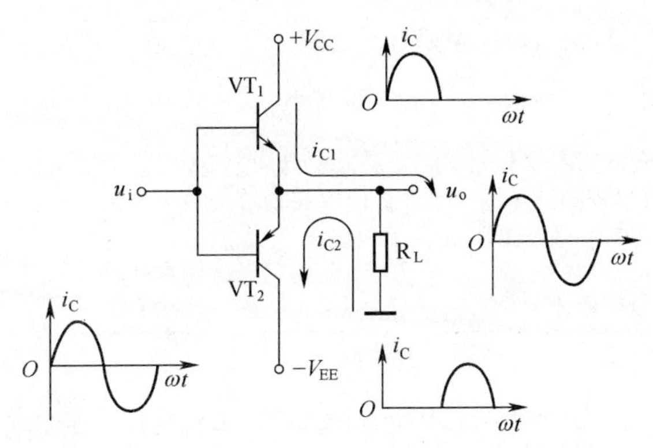  | 在正弦波正负半波信号的推动下，$VT_1$和 $VT_2$轮流导电，交替工作，使流过负载 $R_L$的电流为一完整的正弦信号，波形如左图所示。由于两个不同型号的管子互补对方的不足，且工作性能对称，故这种电路通常称为互补对称式功率放大电路 |

续表

<table>
<tr><th>电路模型</th><th>工作条件</th><th>静态特征</th></tr>
<tr><td>交流功率输出</td><td colspan="2">乙类放大器的输出功率是指两管合成输出功率，可由下图求出。<br>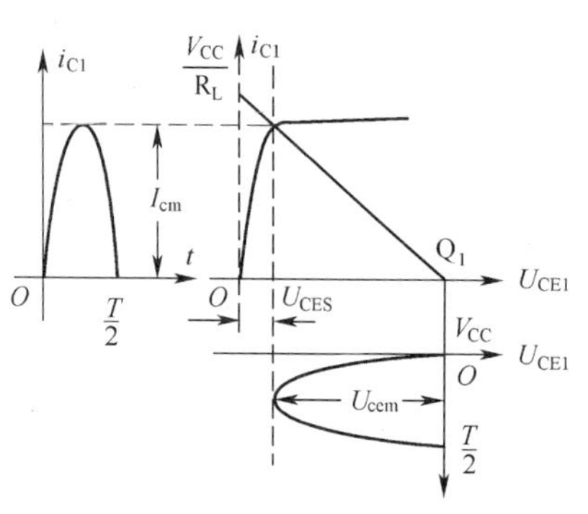

（a）$VT_1$的输出特性及波形<br>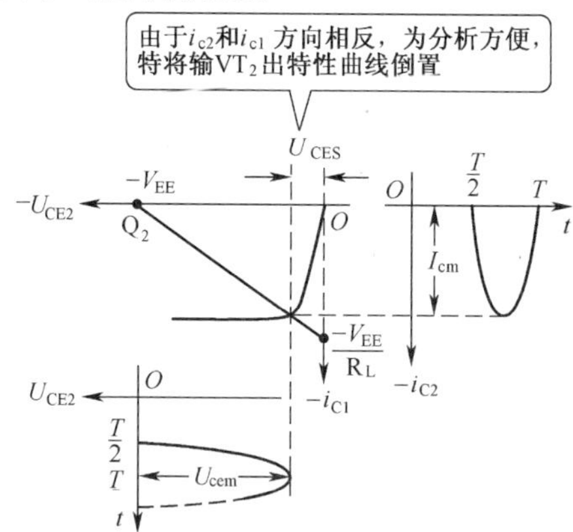

（b）$VT_2$的输出特性及波形<br>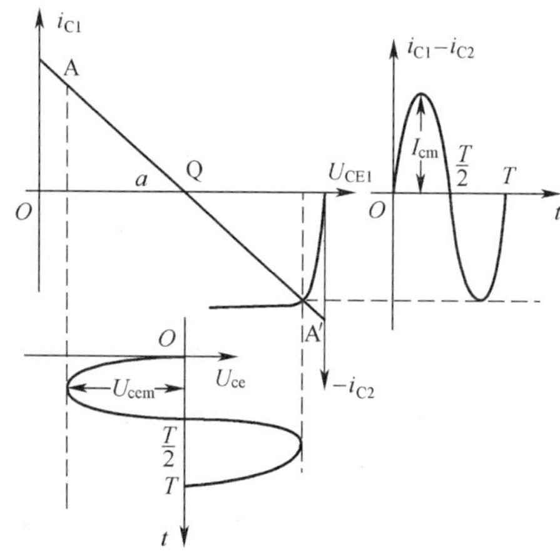

（c）组合特性及波形<br>$$p_{o\max}=\frac{I_{cm}}{\sqrt{2}}\cdot\frac{U_{cem}}{\sqrt{2}}=\frac{1}{\sqrt{2}}\cdot\frac{U_{cem}}{R_L}\cdot\frac{U_{cem}}{\sqrt{2}}=\frac{U^2_{cem}}{2R_L}$$<br>如果忽略晶体管饱和压降 $U_{cem}$（sat）的影响，在上图示极限运用情况下，$U_{cem}\approx V_{CC}$，<br>则：$P_{o\max}=\frac{V_{CC}{}^2}{2R_\eta}$，一般情况下，输出信号的功率大小都是通过调整输入信号的大小来实现的</td></tr>
<tr><td>放大器的效率</td><td colspan="2">将负载得到的信号功率 $P_O$ 和电源供给的直流功率 $P_E$ 的比值定义为放大器的效率 $n_c$，即 $\eta_C=\frac{P_O}{P_E}\times100\%$。由于前置放大器的输出功率较小，功率与效率的矛盾并不突出。但功率放大器的输出功率较大，功率和效率的矛盾就上升为主要矛盾。理想的乙类放大器由于静态时 $I_{CQ}$=0，所以效率较高。通过理论计算说明在功放极限运用时（$U_{om}\approx V_{CC}$），$\eta_c$=78.5%比甲类放大器的理想最高效率 50%提高了很多。<br>这个结论是假定互补对称电路工作在乙类、忽略管子的饱和压降 $U_{cem}$ 和输入信号足够大情况下得来的，实际效率比这个数值要低些</td></tr>
</table>

4. OTL 功率放大电路

无输出变压器功率放大电路（Output Transformer Less，OTL）及其工作原理如表 1-17 所示。

表 1-17　　OTL 乙类推挽功率放大电路及工作原理

| 电路模型 | 工作条件 | 静态特征 |
| --- | --- | --- |
| 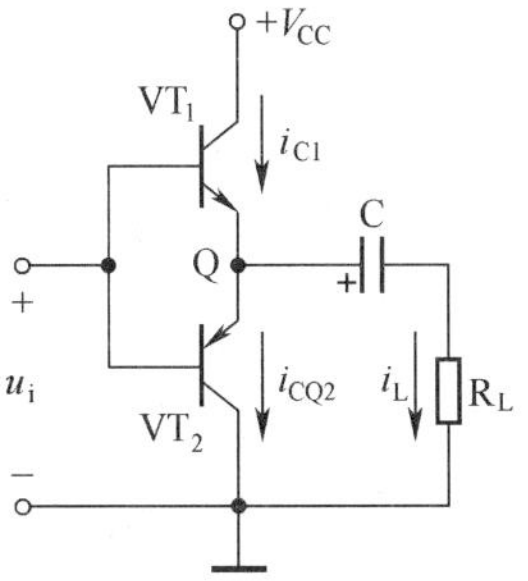 | （1）单电源供电<br>（2）C 是输出耦合电客（一般为几百～几千微法）<br>（3）$VT_1$ 和 $VT_2$ 两管的参数对称 | （1）静态时，OTL 电路中 $VT_1$ 和 $VT_2$ 是串联的。又因两管对称，所以两发射极连接点 $Q$ 的直流电位（对地电压）$V_Q=V_{CC}/2$（若不满足此要求，可通过调整电路元件参数达到）。<br>（2）$I_{CQ1}=I_{CQ2}=0$（乙类） |

电路原理（为简化分析，设晶体管的死区电压为零）

| | 电路 | 说明 |
| --- | --- | --- |
| $C$ 的容量取值较大的原因 | 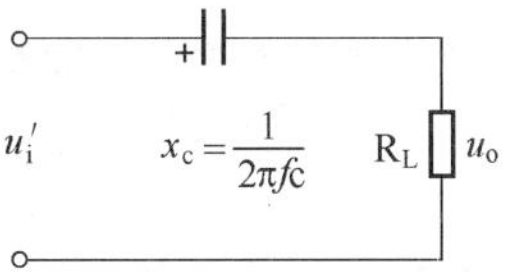 $x_C=\dfrac{1}{2\pi fC}$ | （1）$C$ 的容量大，则容抗小，可以减小耦合过程中的音频信号消耗。<br>（2）$C$ 的容量大，相对充电量大，才能使 $C$ 在 $VT_1$ 截止时充当 $VT_2$ 工作的直流电源 |
| 静态参数 | 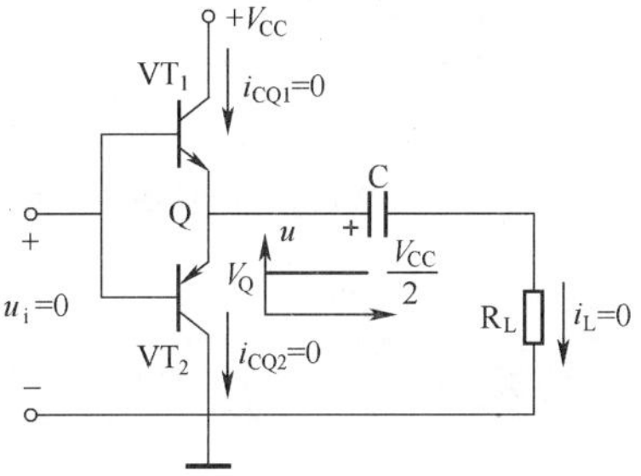 $i_{CQ1}=0$，$i_{CQ2}=0$，$u_i=0$，$i_L=0$ | $V_Q=\dfrac{V_{CC}}{2}$ |
| 输入正半波信号时 | 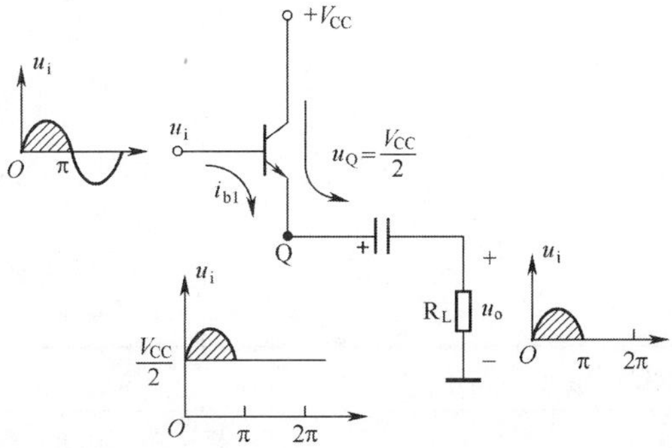 $u_Q=\dfrac{V_{CC}}{2}$ | 当 $U_i>0$ 时，两管基极电位上升，Q 点电位以 $\dfrac{V_{CC}}{2}$ 为基点跟随上升，因此 $VT_1$ 导通，$VT_2$ 截止，等效电路如左图所示，由于 C 的耦合作用，负载上有正半波信号输出 |
| 输入负半波信号时 | 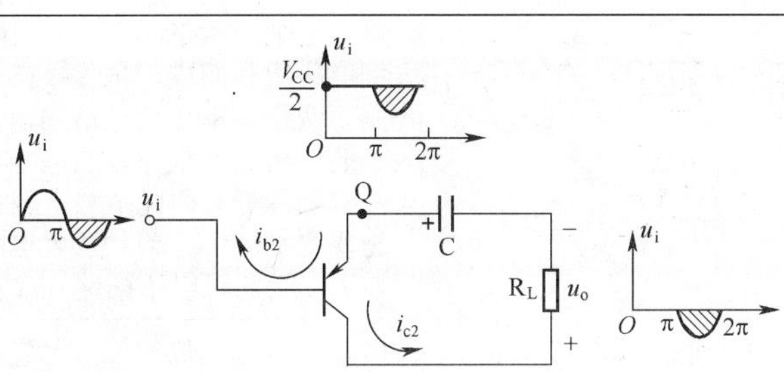 | 当 $U_i<0$ 时，两管基极电位下降，$VT_1$ 截止，$VT_2$ 导通，随着 $C$ 放电时间的推移，Q 点电位跟随下降。等效电路如左图所示，由于 C 的隔直、耦合作用，负载上有负半波信号输出 |

续表

| 电 路 模 型 | 工 作 条 件 | 静 态 特 征 |
|---|---|---|
| 合成 | 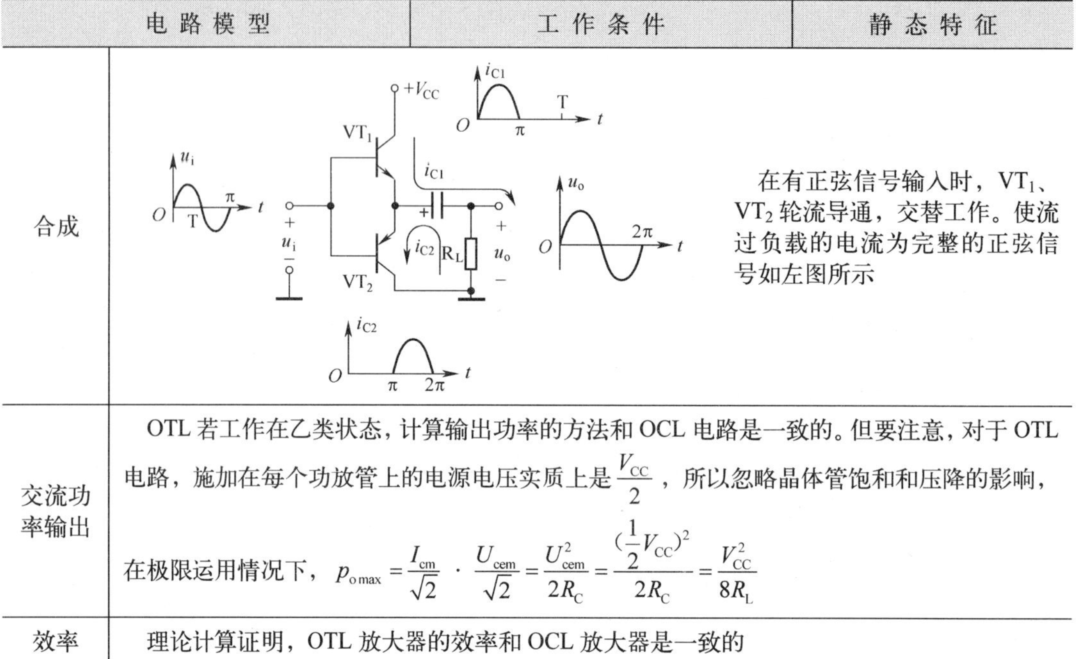 | 在有正弦信号输入时，$VT_1$、$VT_2$ 轮流导通，交替工作。使流过负载的电流为完整的正弦信号如左图所示 |
| 交流功率输出 | OTL 若工作在乙类状态，计算输出功率的方法和 OCL 电路是一致的。但要注意，对于 OTL 电路，施加在每个功放管上的电源电压实质上是 $\frac{V_{CC}}{2}$，所以忽略晶体管饱和和压降的影响，在极限运用情况下，$p_{o\max}=\frac{I_{cm}}{\sqrt{2}}\cdot\frac{U_{cem}}{\sqrt{2}}=\frac{U_{cem}^2}{2R_C}=\frac{(\frac{1}{2}V_{CC})^2}{2R_C}=\frac{V_{CC}^2}{8R_L}$ | |
| 效率 | 理论计算证明，OTL 放大器的效率和 OCL 放大器是一致的 | |

5. BTL 乙类推挽功率放大电路

桥接式负载功率放大电路（Bridge Tied Load，BTL），如表 1-18 所示。

表 1-18　　桥接式负载功率放大电路

| 电 路 模 型 | 工 作 条 件 | 静 态 特 征 |
|---|---|---|
| 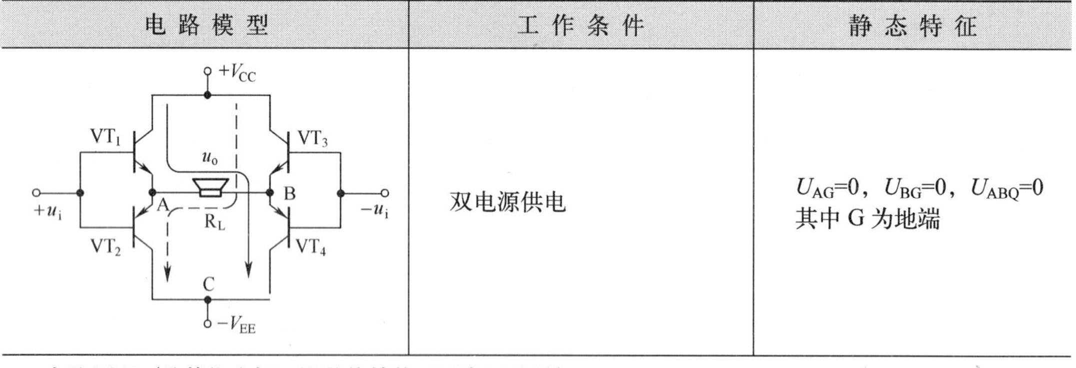 | 双电源供电 | $U_{AG}=0$，$U_{BG}=0$，$U_{ABQ}=0$<br>其中 G 为地端 |
| 电路原理（为简化分析，设晶体管的死区电压为零） | | |
| 工作原理 | $v_i$ 反相器 $-v_i$ 功放 $v_{o1}$ 负载 功放 $v_{o2}$ | BTL 互补功率放大电路框图如左图所示。它是由两路功率放大电路和反相比例电路组合而成，负载接在两输出端之间。两路功率放大电路的输入信号使反相的，所以负载一端的电位升高时，另一端则降低，因此负载上获得的信号电压要增加一倍。BTL 放大电路输出功率较大，负载可以不接地 |
| 静态参数 | 电路在静态时，两个输出端保持等电位，这时负载两端电位相等，无直流电流流过负载 | |

续表

| 电路模型 | | 工作条件 | 静态特征 |
|---|---|---|---|
| 输入正半波信号时 | 在输入正半周时，$VT_1$、$VT_4$ 导通，$VT_2$、$VT_3$ 截止。导通电流由电源→$VT_1$→负载 $R_L$→$VT_4$→地，电流流向如图中实线所示，负载得到了正半周波形 | | |
| 输入负半波信号时 | 在输入负半周时，$VT_2$、$VT_3$ 导通，$VT_1$、$VT_4$ 截止。导通电流由电源→$VT_3$→负载 $R_L$→$VT_2$→地，电流流向如图中虚线所示，负载得到负半周波形 | | |
| 合成 | 两组功率放大管以推挽方式轮流工作，共同完成了对一个周期信号的放大 | | |
| 交流功率输出 | $VT_1$ 导通时，$VT_4$ 也导通，在这半个周期内，负载两端的电位差为 $2\Delta u_{o1}$。在理想情况下，$VT_1$ 导通时 $u_{o1}$ 从 0 上升到 $U_{CC}$ 即 $\Delta u_{o1}=V_{CC}$；而 $VT_4$ 导通时 $u_{o2}$ 从 0 下降到 $-V_{CC}$，即 $\Delta u_{o2}=-V_{CC}$。这样，负载上的电位差为 $\Delta U_L=2V_{CC}$。在另半个周期内，$VT_2$ 和 $VT_3$ 导通，负载上的电位为 $\Delta U_L=2V_{CC}$，即 BTL 电路负载上的正弦波最大峰值电压为电源电压的两倍。由于输出功率与输出电压的平方成正比，因此在同样条件下，BTL 的输出功率为 OCL 电路的 4 倍，即 $P_{om}=2\dfrac{V_{CC}^2}{R_L}$（双电源） | | |
| 功率管的选择 | 每管最大功耗 | $P_{cm}\geqslant 0.1P_{om}$ | |
| | 每管承受最高反压 | $BV_{CEO}\geqslant V_{CC}$ | |

6. 交越失真及其克服

前面所讨论的 OCL 和 OTL 电路都是在假设晶体管的死区电压为零的前提下讨论的。实际上，由于没有直流偏置，放大器的 $i_b$ 必须在克服晶体管死区电压后才产生，因此当输入信号 $u_i$ 低于死区电压时，$VT_1$ 和 $VT_2$ 管都截止，$i_{c1}$ 和 $i_{c2}$ 基本为零，负载 $R_L$ 上无电流通过，因此在正负半波信号交界处出现了一段死区，如图 1-42 所示，这种现象称为交越失真。

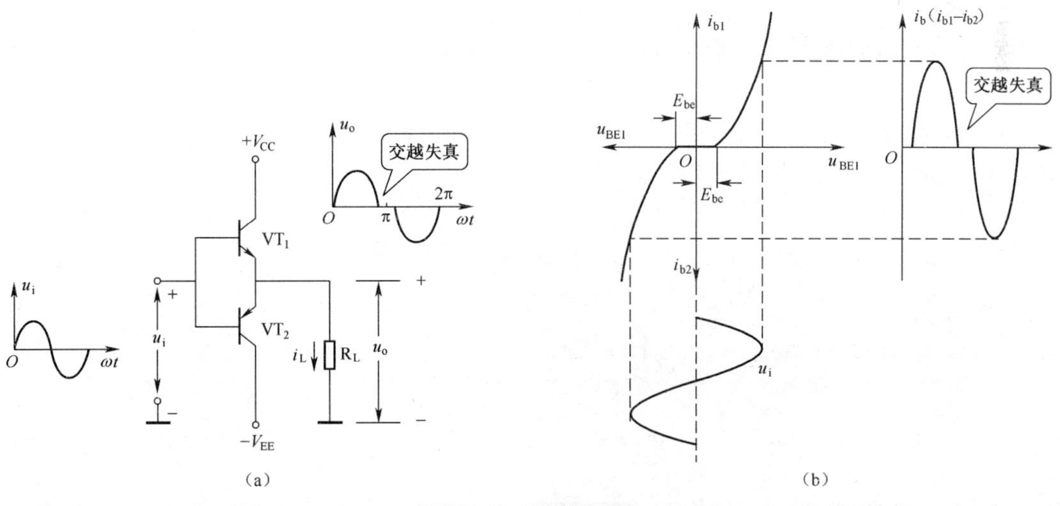


图 1-42　交越失真

假设放大器的负载 $R_L$ 是扬声器，那么由于"交越失真"扬声器发出声音就很难听，从而使人们不能正常收听广播信号。克服交越失真的电路虽然有很多形式，但基本方法都是一样的。图 1-43（a）所示中的 $R_P$ 就是为克服交越失真而设置的，从直流通道来看，$VT_1$ 的静态工作电流在 $R_P$ 上的直流压降就是 $VT_2$、$VT_3$ 的发射结正向偏压，目的是使 $VT_2$、$VT_3$

在静态时处于微导通状态如图 1-43（b）所示，以消除交越失真，但 $R_P$ 过大时会使两管工作状态进入甲类从而降低效率。在一般实际电路中，常采用在 $B_2 \sim B_3$ 之间串接二极管来代替 $R_P$，$C_2$ 是交流信号的旁路电容，用以保证 $VT_2$ 和 $VT_3$ 的基极输入信号基本保持一致。

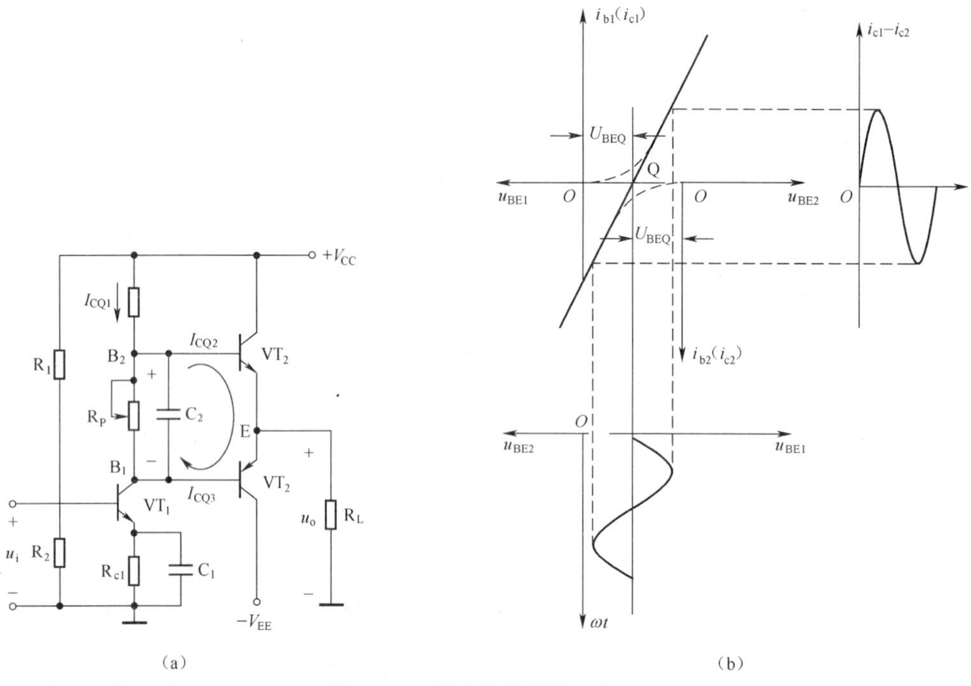


图 1-43 消除交越失真示意图

7. 关于复合管

输出功率大的放大器，多采用大功率管，而大功率管的$\beta$往往较小，因而常采用复合管加以解决。

用两只或多只晶体管按一定规律组合，等效为一只晶体管——复合管，又称达林顿管。复合管常见的组合方式如图 1-44 所示。

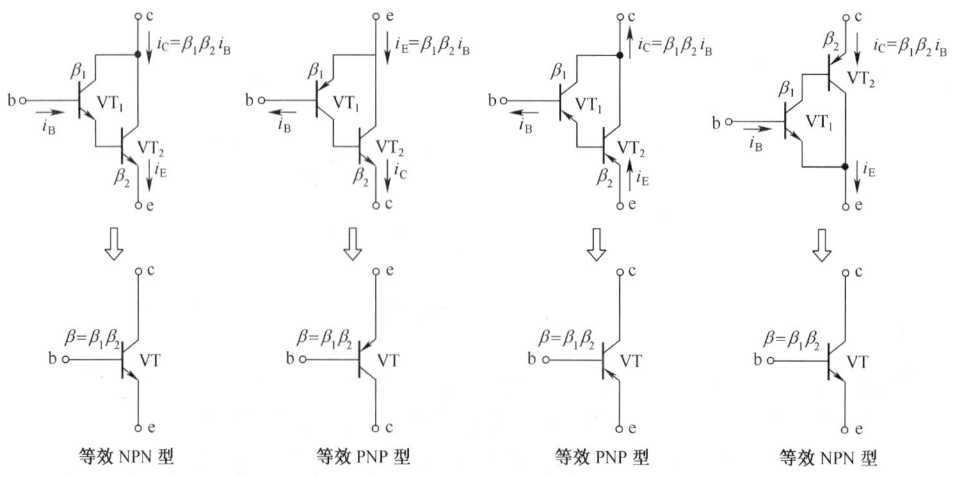


图 1-44 复合管常见的组合方式

某电视机的伴音功放电路如图 1-45 所示，其中 $VT_3$ 和 $VT_5$，$VT_4$ 和 $VT_6$ 就是复合管的具体应用，$VD_7$、$VD_8$、$VD_9$ 和 $R_{14}$ 用于克服交越失真。

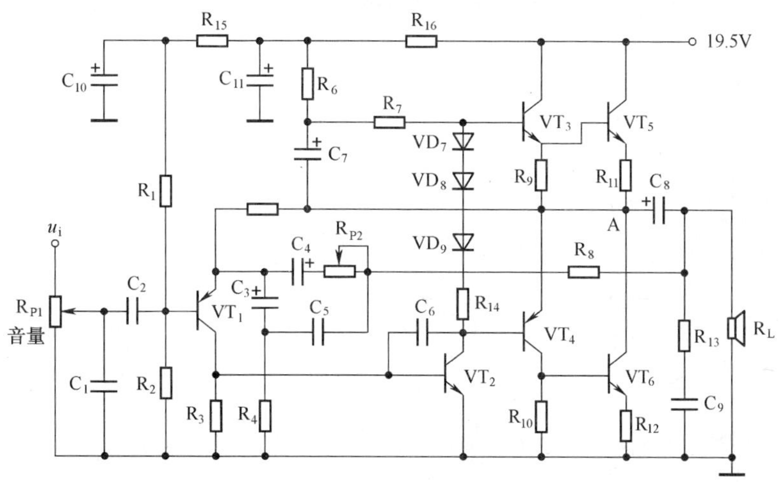


图 1-45　伴音功放电路电路

## 第二部分　工　作　页

便携式喊话器的制作与调试，建议采用个人与小组（4 人组）相结合方式完成工作任务，具体要求如下。

（1）小组分工。

| 项　　目 | 实施者 | 项　　目 | 实施者 |
|---|---|---|---|
| ① 组织学习 | | ④ 工具、器件准备 | |
| ② 产品调研 | | ⑤ 安装与调试 | |
| ③ 电路选用 | | ⑥ 项目小结 | |

（2）产品调研。

学生可以在网络上调研便携式喊话器产品的价格和类型，并通过产品使用者了解产品的使用感受和要求，然后撰写调研报告上交。

（3）绘制产品电路框图、电路原理图并加以说明。

（4）便携式喊话器的制作过程说明。

（5）项目小结。

## 第三部分　基础知识练习页

1．放大器的任务是什么？放大的实质是什么？

2．放大器有哪几种基本类型？

3．如何衡量放大器的性能？放大器的基本指标有哪些？

4．共发射极基本放大器由哪些元器件组成？它们各有什么作用？

5．放大电路如图 1-46 所示。当出现下列情况时，该电路能否正常放大？

（1）$R_C$ 短路；（2）$R_C$ 开路；（3）$R_{B1}$ 开路；（4）$C_E$ 开路；（5）$C_E$ 短路；（6）$U_{CC}$ 极性相反。

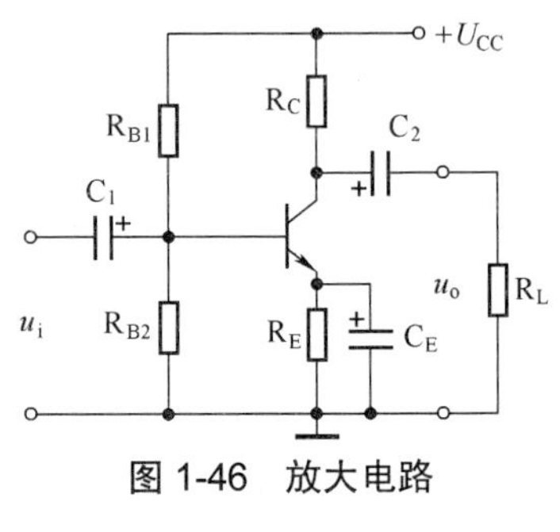

图 1-46　放大电路

6．判断如图 1-47 所示电路能否正常放大？并说明理由。

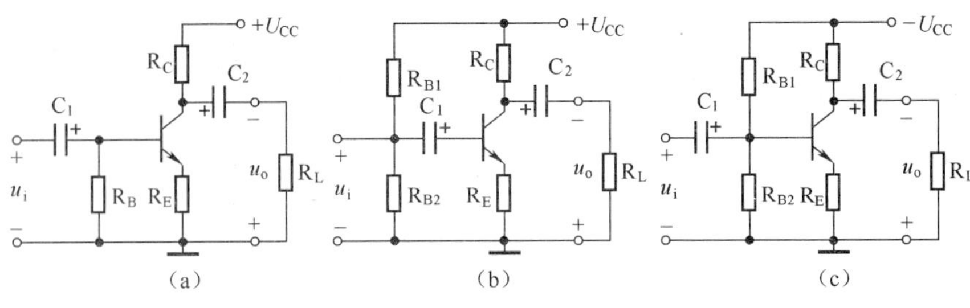

图 1-47　电路

7．什么是放大器的静态工作点？如何设置静态工作点？

8．静态工作点选择不当，为什么会产生失真？

9．引起放大电路静态工作点不稳定的原因有哪些？

10．什么是分压式偏置电路？它是怎样稳定静态工作点的？

11．已知某放大电路如题图 1-48 所示，晶体管的$\beta$=100，$r_{be}$=1.5kΩ，$R_C$=$R_L$=4kΩ，$R_{B3}$=0.5kΩ，$R_S$=1kΩ，$R_{B1}$=51kΩ，$R_{B2}$=10kΩ，电容 $C_1$、$C_2$ 和 $C_E$ 对信号可视为短路。试求：

（1）静态工作电流 $I_{CQ}$、静态工作电压 $U_{CEQ}$。

（2）输入电阻 $r_i$，输出电阻 $r_o$。

（3）电压增益 $A_u$。

12．试指出晶体管放大电路的 3 种基本组态的特点及应用场合。

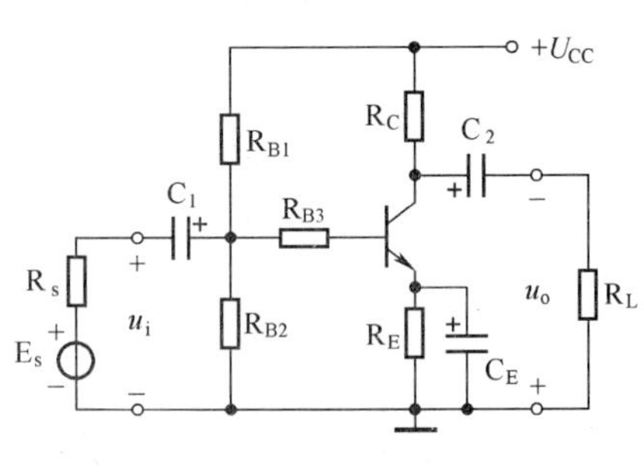

图 1-48　放大电路

13．什么是放大器的频率特性？

14．放大器的频率特性是如何形成的？

15．多级放大器的耦合方式主要有哪几种？

16．什么是反馈？

17．反馈有几种基本类型？

18．试解释什么是电流串联负反馈？并指出其适用场合。

19．试解释什么是电压并联负反馈？并指出其使用场合。

20．举例说明负反馈如何改变放大器的性能。

21．表中的各电路都处于放大区，希望读者通过对理论知识的复习并理解后，快速地（1 分钟之内）给出答案，并填入表中。

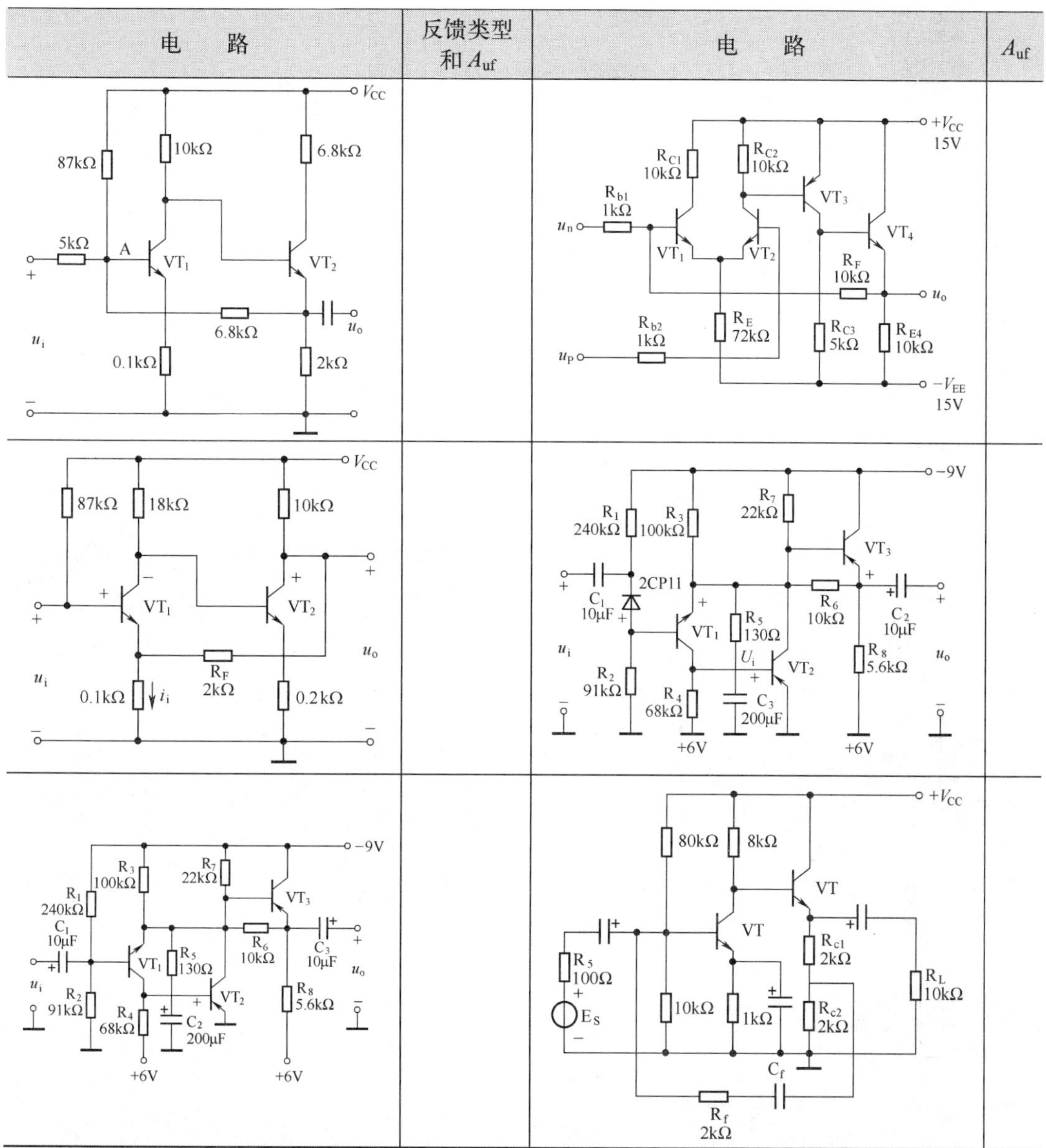


22．功率放大电路与电压放大电路有何区别？

23．试解释 OTL、OCL、BTL 功率放大器字母符号的意义，并指出各自的特点。

24．什么是放大器的交越失真？怎样消除交越失真？

25．什么是复合管？试画出四种基本组态。

26．如何解决功率晶体管的散热问题？（需查资料）

# 项目二　音频功率放大器的制作与调试

本项目要求在PCB板上制作一个功率为50W的音频功率放大器，实物参考如图2-1所示。要求使用模拟集成电路器件来制作并调试音频功率放大器，样机主要由前置放大器、功率放大器和直流稳压电源等部分组成。通过该产品手工制作的全过程，使初学者了解集成运放、集成功放等相关知识，同时练习从事电子技术工作的基本技能。其任务描述如下表所示。

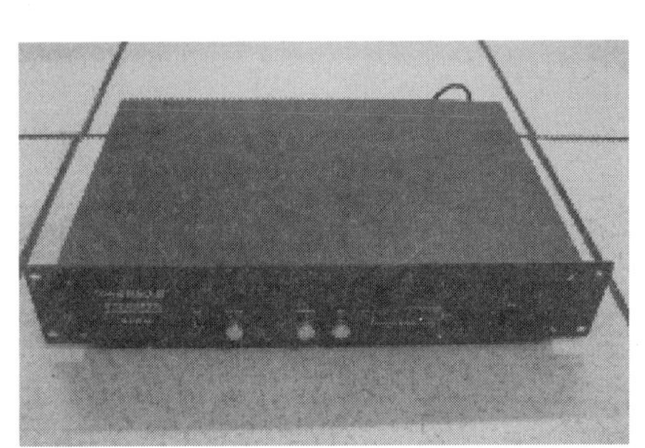

图2-1　音频功率放大器

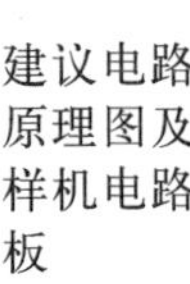

## 项目描述

| 课程名称 | 电子电路分析与调试 | 建议总学时 | 230学时 |
|---|---|---|---|
| 项目二 | 音频功率放大器的制作与调试 | 建议学时 | 50学时 |
| 建议电路原理图及样机电路板 | 1．集成运算前置放大电路原理图<br>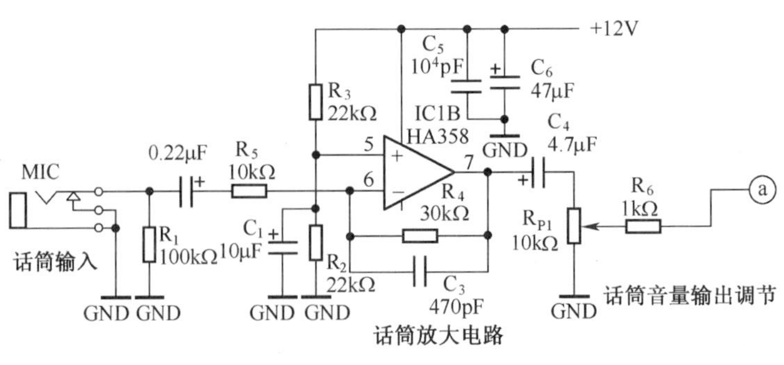<br> | | |

续表

<table>
<tr><td>课程名称</td><td>电子电路分析与调试</td><td>建议总学时</td><td>230 学时</td></tr>
<tr><td>项目二</td><td>音频功率放大器的制作与调试</td><td>建议学时</td><td>50 学时</td></tr>
<tr><td>建议电路原理图及样机电路板</td><td colspan="3">

2．小功率集成放大电路（本电路是该机器的监听部分，CN 为接插件）

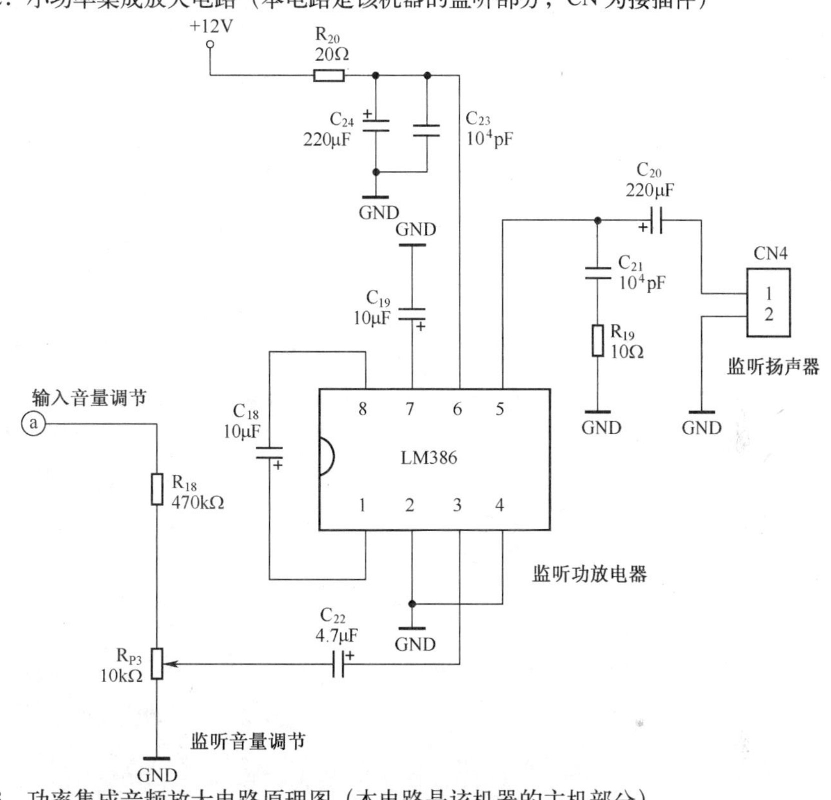


3．功率集成音频放大电路原理图（本电路是该机器的主机部分）

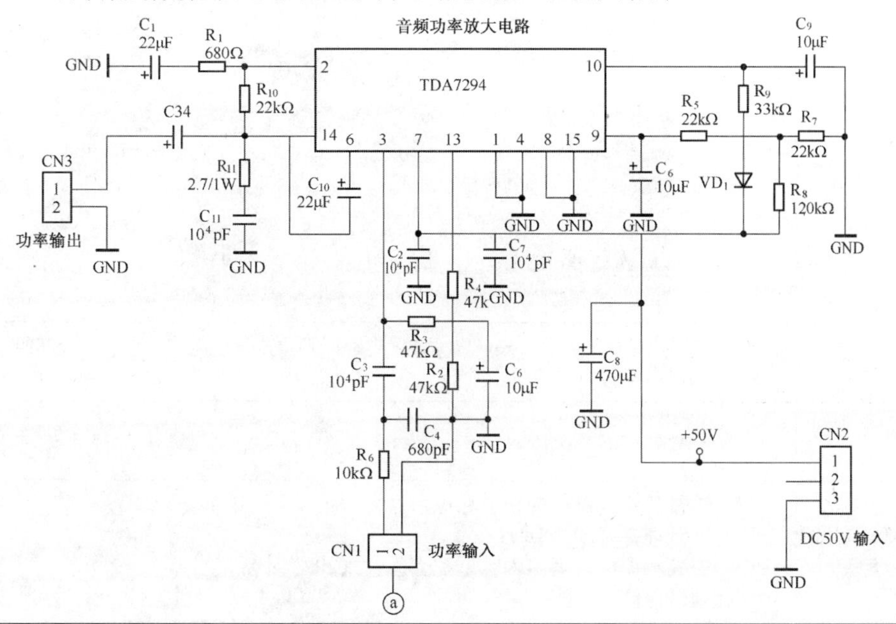


</td></tr>
</table>

续表

| 课程名称 | 电子电路分析与调试 | 建议总学时 | 230 学时 |
|---|---|---|---|
| 项目二 | 音频功率放大器的制作与调试 | 建议学时 | 50 学时 |

**建议电路原理图及样机电路板**

4．直流稳压电源电路原理图

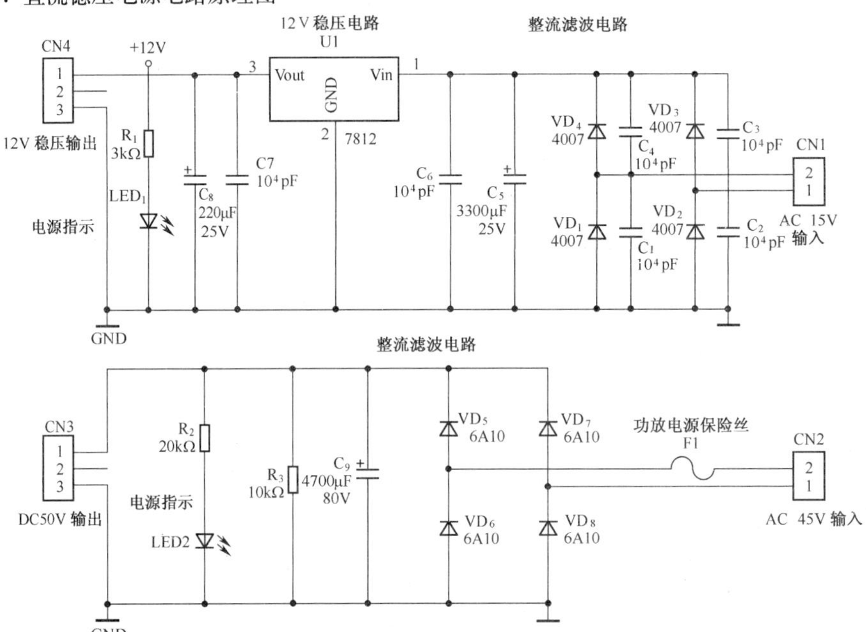


5．样机电路板

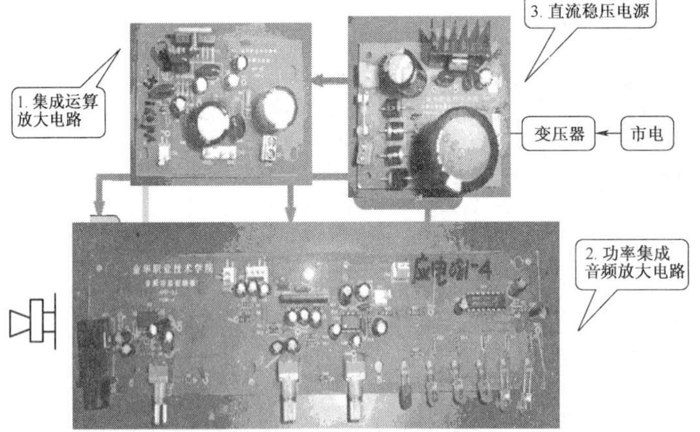


| 学习目标 | （1）掌握集成放大电路、集成功率放大电路以及集成稳压电路工作原理及其测试和调试方法；<br>（2）练习电子技术的基本技能 |
|---|---|
| 需提交的表单 | 完成配套教材的相关内容 |
| 学时安排建议 | （1）项目任务、目标的领会和探讨（5 学时）；<br>（2）试制准备（20 学时）；<br>（3）安装和调试，具体内容见配套教材（20 学时）；<br>（4）项目评价（5 学时） |

# 第一部分 引 导 文

## 2.1 集成运放前置放大电路

集成电路是20世纪60年代初期出现一种新型器件，应用半导体制造工艺，将晶体管、小电阻、小电容（大电阻、大电容采用外接方法）和电路的连接导线都集中制作在一块很小的半导体芯片上（称为基片），形成不可分割的密集整体。由于其体积小，功能全，易于设计和维修，如今已是电子技术的主力军。集成电路的一般分类有如下的几种说法。

### 2.1.1 集成电路的分类

1. 按制造工艺分类（见表2-1）

表2-1 集成电路分类

| 种类名称 | | 主要特点 |
|---|---|---|
| 半导体IC | 双极型IC | 由双极晶体管构成，用半导体集成工艺制成电路 |
| | 单级型IC（MOS IC） | 由MOS晶体管构成的半导体集成电路 |
| 膜混合IC | 薄膜IC | 整个电路都由厚1μm的金属半导体或金属氧化膜重叠构成 |
| | 厚膜IC | 制作电路的膜厚度达几十微米 |
| | 混合IC | 由半导体集成工艺和薄（厚）膜工艺结合制成电路 |

2. 按集成度分类（见表2-2）

表2-2 按集成度分类

| 种类名称 | 主要特点 |
|---|---|
| 小规模IC（SSI）<br>Small Scale Integrated Circuit | 每片集成度少于100个元件或10个门电路 |
| 中规模IC（MSI）<br>Middle Scale Integrated Circuit | 每片集成度为100～1000个元件或10～100个门电路 |
| 大规模IC（LSI）<br>Large Scale Integrated Circuit | 每片集成度为1000个元件或100个门电路以上 |
| 超大规模IC（VLSI）<br>Very Large Scale Integrated Circuit | 每片集成度为10万个元件或1万个门电路以上 |

3. 按电路功能分类（如图2-2所示）

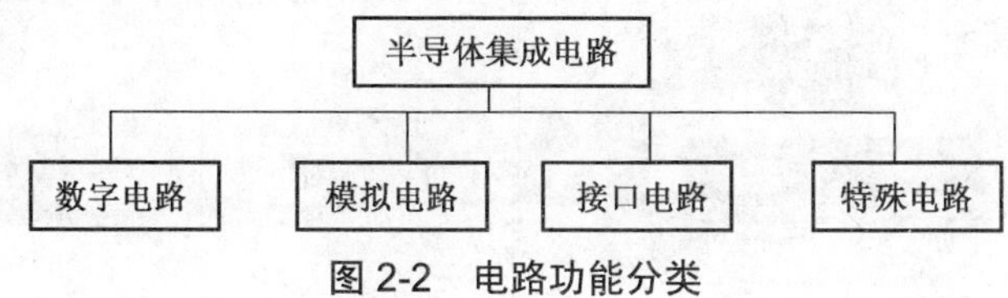


图2-2 电路功能分类

## 2.1.2 认识半导体集成电路

1. 常用的集成电路实物图（见表 2-3）

表 2-3 常用的集成电路实物图

| 名 称 | 实 物 图 | 名 称 | 实 物 图 |
|---|---|---|---|
| μA741 运算放大器 |  | LM358 双运算放大器 |  |
| LM386 集成功率大器 |  | 三端稳压器 |  |
| 555 集成块（单时基） |  | 556 集成块（双时基） |  |
| 音乐片（12 首歌） |  | 音乐片（闪光片） |  |
| 音频傻瓜王放大器 |  | 单片机 |  |
| 四二输入与非门 |  | 三三输入与门 | 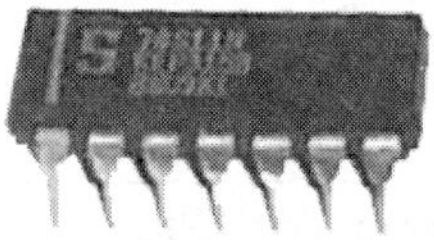 |
| 六反相器 |  | 四二输入与非门 |  |
| 双 D 触发器 |  | CD4017（十进制计数器） |  |

续表

| 名　称 | 实 物 图 | 名　称 | 实 物 图 |
| --- | --- | --- | --- |
| 八位移位寄存器 | | 四位数字比较器 | |
| 双 JK 触发器 | | 录音片 | |

2. 集成电路的命名

集成电路的品种很多，即使对专业技术人员而言，正确合理地运用集成电路都是一件不容易的事情。若不认识集成电路的符号或标志，也不知道如何去查阅资料，那么在应用集成电路时就会觉得很困难。下面首先从集成电路符号的认知、标志意义、引脚排列、查找方法及电特性等方面予以简单的介绍。

（1）国外集成电路的命名

国外不同的厂家，对集成电路产品有各自的型号命名方法。但从产品型号上可大致反映出该产品在厂家、工艺、性能、封装和等级等方面的内容。

归纳国外各集成电路制造厂家的产品型号，一般由“前缀”、“器件”和“后缀”3 部分组成。“前缀”部分常表示公司代号、功能分类和产品系列等；“器件”部分常表示芯片的结构、容量和类别等；“后缀”部分常表示封装形式、使用温度范围等内容，如图 2-3 所示。

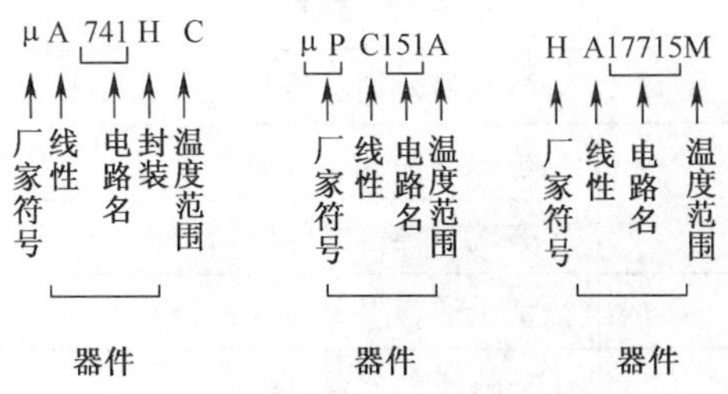


图 2-3　集成电路的命名

伴随国内外的技术交流，国外产品大量涌入我国，从图 2-3 中可以看出，对国外产品进行认知是困难的，主要原因是每一个厂家的命名规则都不一定统一。基本的学习方法是：首先了解被查集成块的产地、生产厂家，然后再去查对应的集成电路手册和替代手册即可。国外集成电路型号字头与生产厂家对照如表 2-4 所示。

表 2-4　型号与生产厂家对照表

| 型　号 | 生 产 厂 家 |
| --- | --- |
| AN | 松下公司（日） |
| BA | 东洋电器公司（日） |
| CA | RCA 公司（无线电公司）（美） |
| HA | 日立公司（日） |
| LA、LB | 三洋公司（日） |
| LM | 利迅公司（国家半导体公司）（美） |
| M | 三菱公司（日） |
| MC | 摩托罗拉公司（美） |
| TA、TB、TC | 东芝公司（日） |
| TL | 德克萨斯公司（美） |
| TAA、TBA、TDA | 德律风根（德）；根德公司（德）；SGS（意） |
| | 西门子公司（德）；汤姆逊公司（法）；飞利浦（荷） |
| | 麦拉迪公司（英）；仙童（美）；欧洲电子联盟 |
| SP、SL、TBA | 普莱塞公司（英） |
| NE | 飞利浦（荷）、 麦拉迪（英） |
| ULN | 斯普拉格公司（美） |
| TPA、SO | 西门子公司（德） |
| μA | 仙童公司（美） |
| μPC | 日本电气（日） |
| CX | 索尼公司（日） |
| LX | 夏普公司（日） |
| KA | 金星公司（韩） |
| S | 微系统公司（美） |
| AD | 模拟器件公司（美） |
| CS | 齐瑞半导体器件公司（美） |
| MB | 富士通有限公司（日） |
| ICL | 英特西尔公司（美） |
| ML | 米特尔半导体器件公司（加） |
| TDC | 大规模集成电路公司（美） |
| TMS、SN | 德克萨斯仪器公司（美） |
| U | 德律风根（德） |
| N | 西格尼蒂克公司（美） |

续表

| 型号 | 生产厂家 |
| --- | --- |
| MK | 莫斯特卡公司（美） |
| MP | 微功耗系统公司（美） |
| AY | 通用仪器公司（美） |
| XR | 埃克亚集成系统公司（美） |

（2）国产集成电路的命名

我国的集成电路命名由 5 部分组成，每部分的意义如表 2-5 所示。

表 2-5 国标半导体集成电路型号各组成部分意义

| 前缀部分 | | 第 1 部分 | | 第 2 部分 | 第 3 部分 | | 第 4 部分 | |
| --- | --- | --- | --- | --- | --- | --- | --- | --- |
| 用字母表示器件符合国家标准 | | 用字母表示器件的类型 | | 用阿拉伯数字表示器件的系列和品种代号 | 用字母表示器件的工作温度范围 | | 用字母表示器件的封装 | |
| 符号 | 意义 | 符号 | 意义 | | 符号 | 意义 | 符号 | 意义 |
| | | T | TTL | | | | | |
| | | J | HTL | | | | | |
| | | E | ECL | | | | W | 陶瓷扁平 |
| | | C | CMOS | | C | 0～70℃ | B | 塑料扁平 |
| | | F | 线性放大器 | | E | −40～85℃ | F | 全密封扁平 |
| C | 中国制造 | D | 音响、电视电路 | | R | −55～85℃ | D | 陶瓷直插 |
| | | W | 稳压器 | | M | −55～125℃ | P | 黑陶瓷直插 |
| | | J | 接口电路 | | | | J | 金属菱形 |
| | | B | 非线性电路 | | | | K | 金属圆形 |
| | | M | 存储器 | | | | | |
| | | μ | 微型机电路 | | | | | |

集成电路的命名示例如图 2-4 和图 2-5 所示。

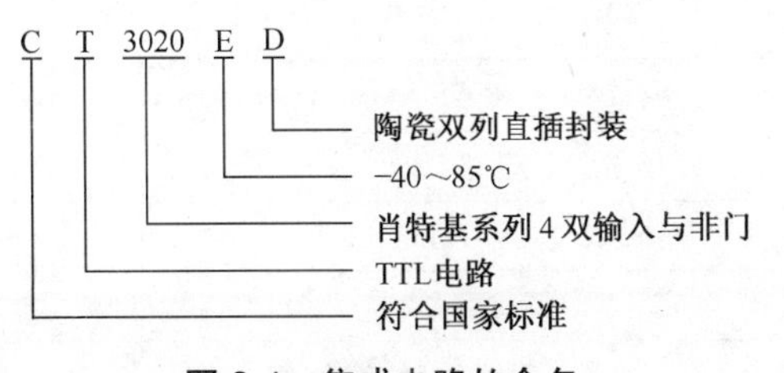

图 2-4 集成电路的命名

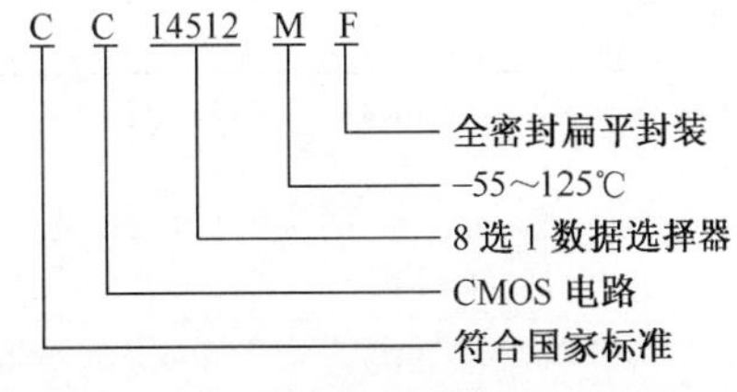

图 2-5 集成电路的命名

（3）部颁标准（F000 系列）

集成运算放大器也称线性放大器，我国以 F000 系列命名。集成运算放大器的种类很多，可分为通用运算放大器 I、II、III 型（F003、F007、F030）、高速运算放大器（F051B）、高精度运算放大器（F714）、高阻抗运算放大器（CF072）、低功耗运算放大器（F010）、双运算放大器（CF358）以及四运算放大器（CF324）等。其中最典型、最普及的为 F007（国外型号为μA741、μPC741）和四运放 CF324（国外型号为 LM324）。

（4）产品的使用与替代

现汇集了国内主要厂家早期的运放型号对照（见表 2-6），以供读者查用。

表 2-6　　　　模拟集成运算放大器国内外型号对照表

| 类别 | | 部标型号 | 国际型号 | 国内型号 | 国外型号 |
|---|---|---|---|---|---|
| 通用型 | I | F001 | | CE314　BG301　5G922　FC31　FC1 | μA702<br>μPC51<br>LM702 |
| | | F002 | CF702 | 4E315 | |
| | II | F004 | | 5G23 | BE809 |
| | | F003 | | X51 | μA709<br>μPC55<br>LM709 |
| | | F005 | CF709 | 4E304 | |
| | | 其他 | | 8FC2　8FC3　FC3　X52 | |
| | III | F006 | | 4E322 | μA741<br>TA7504<br>LM741 |
| | | F007 | CF741 | 5G24　XFC5 | |
| | | F008 | | 8FC4 | |
| | | F009 | | | |
| | | 其他 | CF101 | SG101 | LM101 |
| | | | | XFC-77　BG303　NG04 | |
| 其他分类 | 低功耗型 | F010 | | X54　XFC-75　FC54 | |
| | | F011 | CF253 | SG101 | μPC253 |
| | | F012 | | 5G26 | |
| | | F013 | | FC6 | |
| | | 其他 | | 8FC7　7XC4　XFC-75 | |
| | 高精度型 | F030 | | 4E325 | AD508 |
| | | F031 | | XFC-10 | |
| | | F032 | | | |
| | | F033 | CF725 | 8FC5 | μA725 |
| | | F034 | | XFC-78 | |
| | 高速型 | F050 | | 4E502　XFC7-1 | μA772 |
| | | F051 | | | |
| | | F052 | CF118 | X55　7XC5　XFC55 | LM118 |
| | | F054 | | 4E321　FC92　XFC7-2 | |
| | | F055 | CF715 | 8FC6　5G27 | μA715 |
| | | 其他 | | XFC-76 | |

续表

| 类别 | | 部标型号 | 国际型号 | 国内型号 | 国外型号 |
|---|---|---|---|---|---|
| 其他分类 | 宽带型 | F733 | | SG012 XFC-79 BG323 | |
| | | 其他 | | 7XC7 BG302 FC9 | |
| | 高阻型 | F072<br>F3140 | | DG3140 F3140 TD04<br>TD05 | CA3140 |
| | | 其他 | | X56 BG313 5G28 | |
| | 高压型 | F1536 | | FC10 | MC1536 |
| | | 其他 | | BG315 B001 | |
| | | F124 | CF124 | DG124 | LM124 |
| | 多重型 | 其他 | | F3401 BGF3401 5G14573 | |
| | | F747 | CF747 | DG747 BG320 | μA747 |
| | | F101 | | XFX-80 | |
| | | 其他 | | DG358 F158 5G353 | |
| 其他 | 前置放大器 | | | 7XC6 FC74 TD01 | |
| | 乘法器 | | | BG314 FZ4 | |

3. 封装外形与引脚顺序识别

集成电路的引脚排列是设计 PCB 及维修时的一个实际问题，一旦出错，轻则返工，重则会使产品报废，下面介绍常用的集成电路外型和引脚的排列方法。

(1) 圆形金属外壳封装。

图 2-6 (a) 所示引脚外形数引脚的方法是：将引脚朝上，从管键开始，顺时针计数，如图 2-6 (b) 所示。

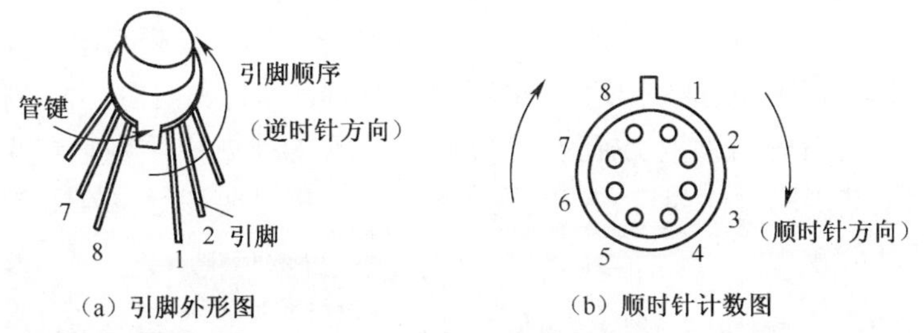


(a) 引脚外形图　(b) 顺时针计数图

图 2-6 圆形金属外壳封装

(2) 双列直插式封装如图 2-7 所示。

(3) 单列直插式封装。

单列直插式封装的形式很多，如图 2-8 所示。识别其引脚时应使引脚向下，面对型号或定位标记，自定位标记一侧的头一只引脚数起，依次为 1、2、3…脚。这类集成电路上常用的定位标记为色点、凹坑、色带、缺角和线条等。

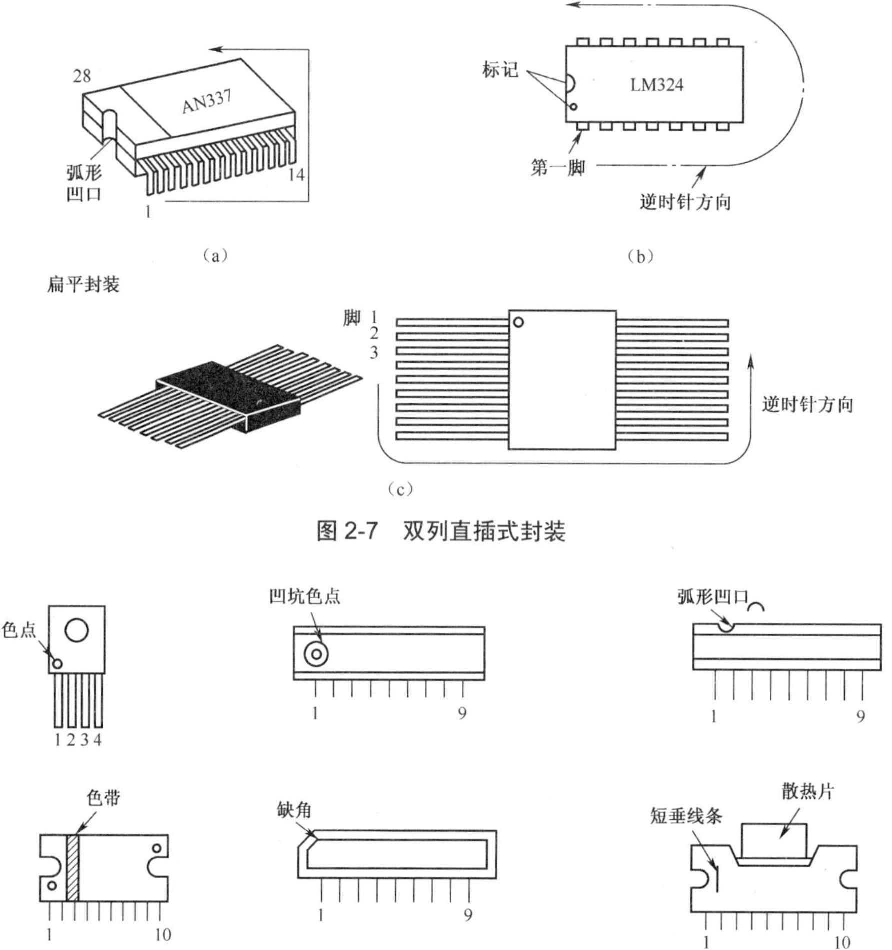


图 2-7　双列直插式封装



图 2-8　单列直插式封装

在此需要指出的是：有些厂家生产的集成电路，本是同一种芯片，为了便于在 PCB 上灵活安装，其封装外形也有多种。例如，为适应双声道立体声音频功率放大电路对称性安装的需要，其引脚排列顺序对称相反。一种按常规排列，即自左向右；另一种则自右向左。但有少数这类器件上没有引脚识别标记，这时应从其型号上加以区别，若其型号后缀中有一字母 R，则表明其引脚顺序为自右向左反向排列，应用时要细心，如图 2-9 所示。

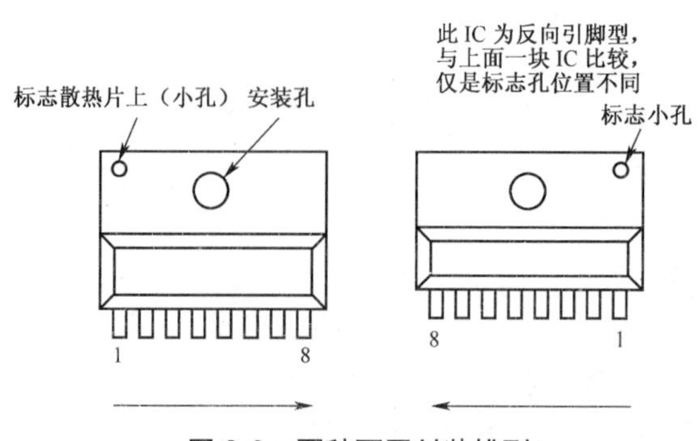


图 2-9　两种不同封装排列

（4）其他封装形式。

为了便于在 PCB 上进行安装，集成电路引出脚还有其他许多类型，需要时可在使用手册帮助下进行查找。

4. 运算放大器的检测

运算放大器的内部结构比较复杂，引脚的数量也较多，初学者往往有畏难情绪。实质上运算放大器仅仅是具有两个不同相位输入端的高增益直流放大器，而且内部的元件都是固定的。因此，当集成电路整机线路出现故障时，检测者处理的方法并不比分立元件复杂，一般方法如下所述（仅供参考）。

（1）用万用表欧姆挡检测。

以 F007 为例，电路原理如图 2-10 所示。其中心思想是根据集成运放的电路结构，用万用表电阻挡测各引脚引线间有无短路现象，PN 结的正反向电阻是否正常。

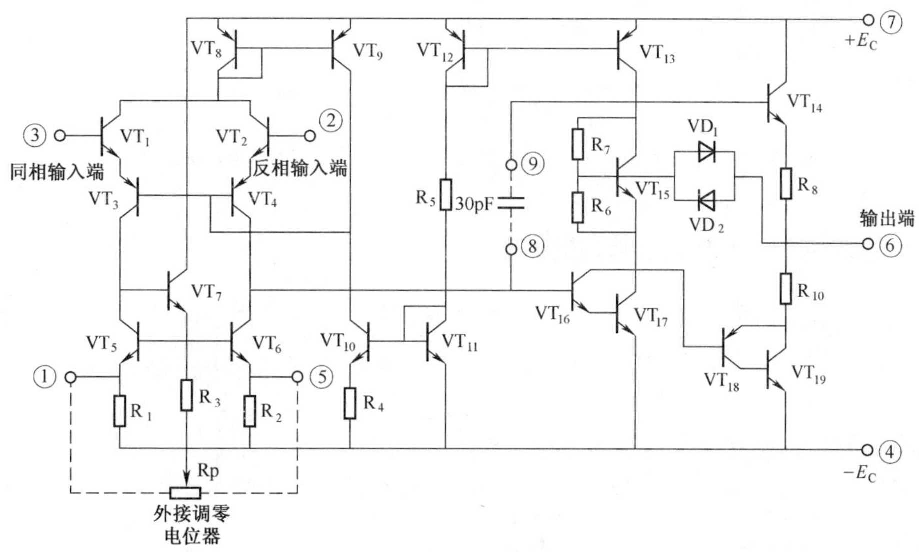


图 2-10 F007 电路原理图

例如，⑥、⑨两端实为一 PN 结，若测其正反向电阻，即可判断其好坏。又如⑥、⑦两端的电阻很大，而⑥、④两端的电阻很小，则可判断集成块已损坏。最简单的一种办法是对比法，就是用欧姆挡的红表笔接地，黑表笔测各脚对地的电阻值，与一个确认是正常状态的集成块进行对比来判断好坏。

（2）用万用表直流电流挡检测

以 F007 为例，静态功耗≤120mW，静态电流 $I=\frac{P_0}{E}=\frac{120\text{mW}}{15\text{V}}=8\text{mA}$，将输入输出端均开路，在供电回路中串入电流表，如图 2-11 所示。

分别测 $I_1$、$I_2$，有如下几种结果：

① $I_1=I_2=8\text{mA}$；

② $I_1$ 不等于 $I_2$ 且差距很大；

③ $I_1=I_2$ 且电流很小。

由此可以认为只有结果①是正常的，②和③的情况说明集成块已损坏。

(3) 替换实验。

用同型号的集成电路进行替换实验，表面上看是见效最快的，其实不一定。如图 2-12 所示，若原先因负载短路的原因造成集成电路的损坏。如果在没有排除负载短路故障的情况下，用同型号的集成电路进行替换实验，其结果就是造成集成电路的又一次损坏。因此，替换实验的前提是必须保证负载不短路。

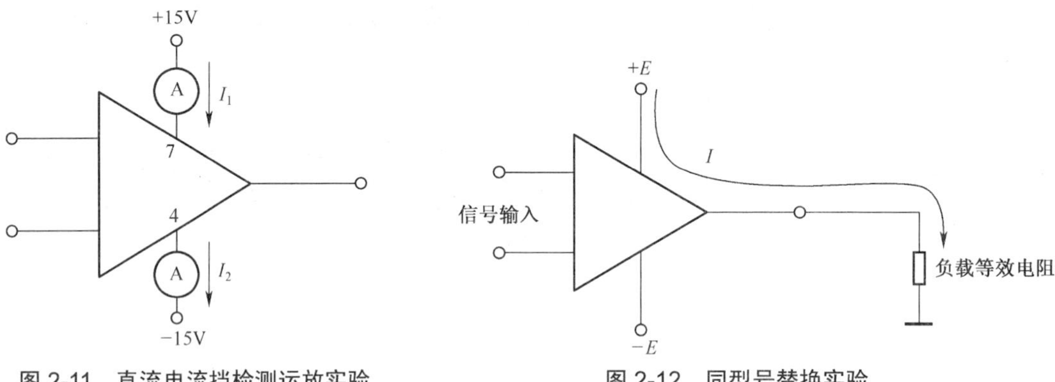


图 2-11　直流电流挡检测运放实验　　　　图 2-12　同型号替换实验

### 2.1.3　一般了解集成运算放大器

集成运算放大器是集成电路的一个重要分支。现在，它已像晶体管一样作为通用的电子器件广泛应用于电子技术各个领域，价格也十分便宜。

1. 集成运算放大器的结构

就电路的结构特点而言，集成运算放大器实际上是一个高增益、高输入电阻、低输出电阻的直接耦合放大器。下面以μA741 为例进行介绍，如图 2-13 所示。

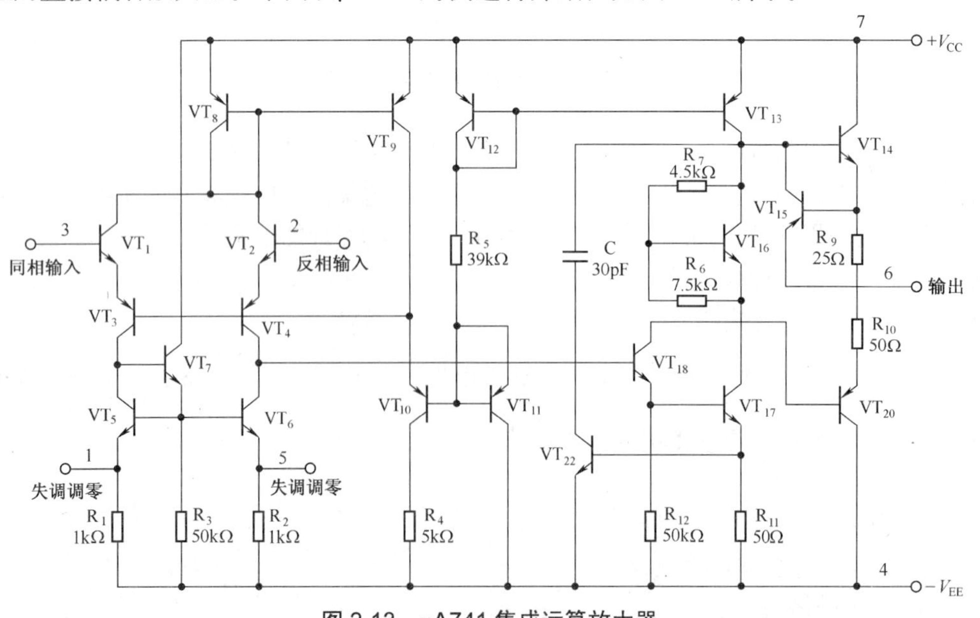


图 2-13　μA741 集成运算放大器

图 2-13 所示的电路可归纳为以下 4 个部分，如图 2-14 所示。

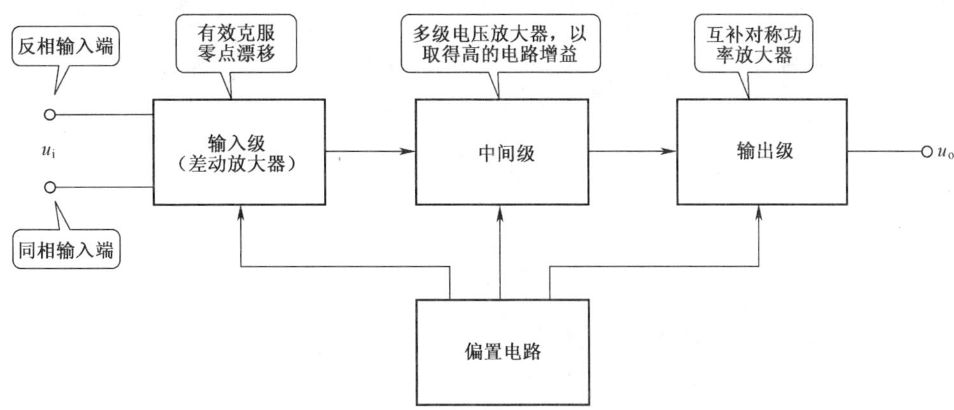

图 2-14 μA741 集成运算放大器电路的 4 部分

由于它与各种反馈网络配合使用，能完成多种复杂的运算功能（如加法、减法、比例、积分、微分等），故常称为集成运算放大器（简称为集成运放）。

从图 2-13 中可以看出，集成运放第一级电路是差动放大器，有效地克服了放大器的零点漂移，极大地提高了集成运算放大器的工作稳定度。对于有关差动放大器的相关知识，请读者阅读本书 2.1.8 的相关内容。

2. 运放的符号

不同类型的运放其外形和外引脚排列是不同的，可查阅相关资料来确认（也可在互联网上实名搜索）。集成运放的电路符号如图 2-15 所示。由于历史的原因，迄今为止，旧符号仍然在生产图纸和教科书中大量使用。

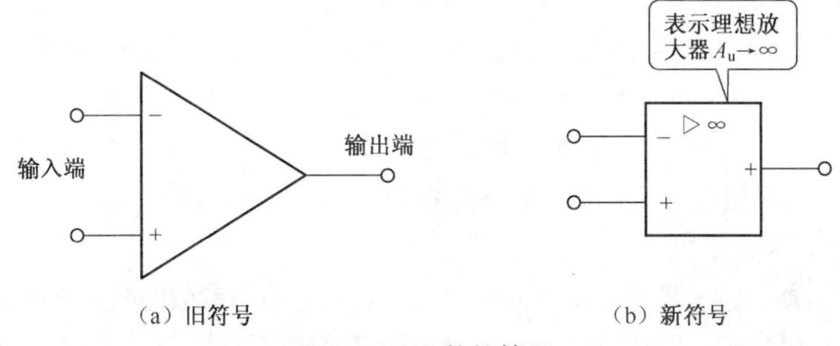

（a）旧符号　（b）新符号

图 2-15 运放的符号

（1）同相与反相输入端。

运放符号中的“+”、“−”表示运放的同相输入端和反相输入端，即当输入电压加在同相输入端和公共端之间时，输出电压和输入电压两者的实际方向相对于公共端来说相同；反之，当输入电压加在反相输入端和公共端之间时，输出电压和输入电压两者的实际方向相对于公共端来说相反，如图 2-16 所示。

（2）公共端。

在运放电路中，公共端往往确定为接地端（电子线路中的接地端常常取多条支路的汇合点、仪器的底座或机壳等），作为输入电压和输出电压的参考点。

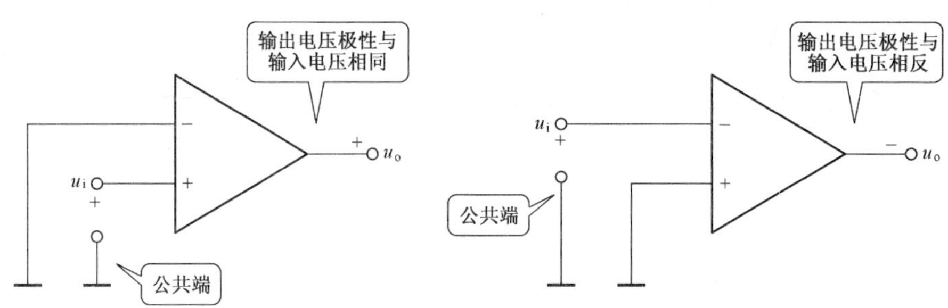


图 2-16　同相与反相输入端电路

（3）运算放大器的外部接线和原理简化图。

MA741 运算放大器的外部接线和原理简化图如图 2-17 所示。

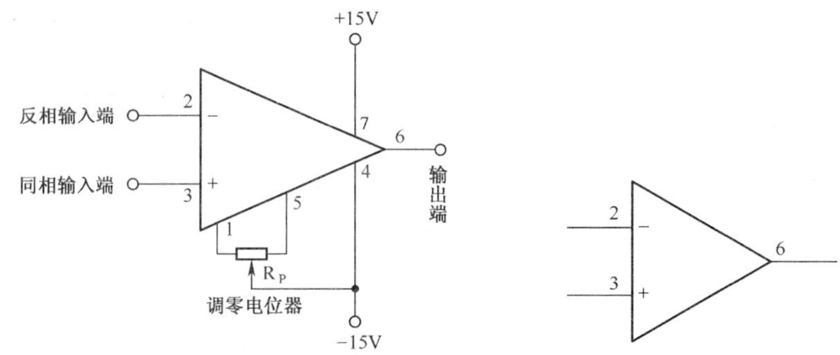


图 2-17　运算放大器的外部接线和原理简化图

μA741 的外部引脚（外部接线端）除 2、3 分别为反相、同相输入端外，还有 6 为输出端，4 接负电源，7 接正电源，1、5 为外接调零电位器。

需要说明的是，在应用集成运算放大器时，1、4、5、7 四个端字只要按手册的要求接线即可，因为这几个接线端子对分析一般的原理电路没有影响，因而在分析电路时往往使用简化图。另外，也要指出在实际使用时一般不需要对集成电路内部进行研究，只将其看成一个整体即可，主要应了解集成运放外部特性与各个引出线的作用。

（4）调零电位器的作用。

集成运算放大器的输入级是差动放大器，当其左右电路的参数完全对称时，那么输入信号为零时输出信号必然为零。但在实际中，参数的绝对对称是不可能的，即使在原始状态做到了基本对称，一旦温度和电源电压等外界条件发生变化时，输出仍然会偏离零点，从而产生零点漂移现象（称为运放失调，相应的外加补偿电压称为失调电压）。由于这种现象会给放大器运算带来误差，要减小这种误差，则必须预先进行调零，即利用调零电路将输出的失调电压平衡。

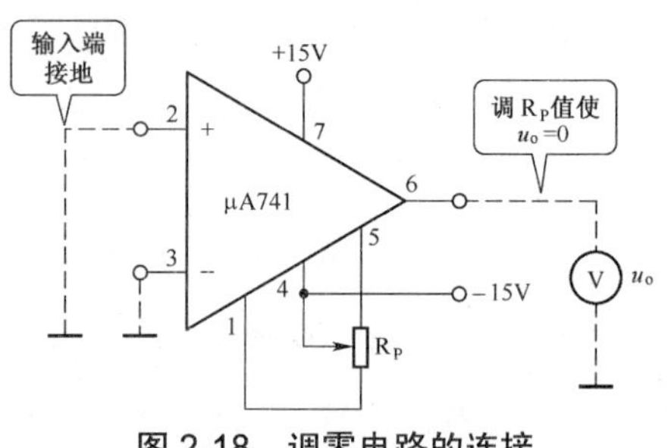


图 2-18　调零电路的连接

一般说来，集成运算放大器的调零是在集成运算放大器外部设有调零端子，用外接电位器来进行调零。如μA741 的引脚①和⑤就是用来外接调零电位器进行调零的。

μA741 调零电路的连接如图 2-18 所示。接上电源后，将运放的输入端接地，然后调节电位器使输出电压 $U_o$ 为零。

### 2.1.4 集成运算放大器的参数

为了在检修电路时胸有成竹，了解电路元器件的参数是必要的，当然也包括对集成运放块参数的了解。

1. 集成运算放大器参数

下面以 F007（μA741）型为例，其性能参数罗列如表 2-7 所示。

表 2-7 集成运算放大器参数

| 电源电压 $+V_{cc}-V_{cc}$ | +3～+18V 典型值+15～−15V −3～−18V | 工 作 频 率 | 10kHz |
|---|---|---|---|
| 开环电压增益 | （高达 $10^5$ 倍）100dB | 静态功耗 | 50mW（消耗小） |
| 输入电阻 | （高阻）2MΩ | 输入电压范围 | ±13V |
| 输出电阻 | （低阻）75Ω | 最大输出电压 | ±8～±12V |

2. 理想集成运算放大器的参数

① 开环差模电压放大倍数 $A_u \to \infty$；

② 开环差模输入电阻 $r_i \to \infty$；

③ 开环差模输出电阻 $r_o \to 0$。

满足以上条件的集成运放即为理想的，由可知，因实际集成运算放大器的参数接近于理想参数，因此在分析实际集成运算放大器时可以把它当作理想元件看待。

### 2.1.5 运放输入输出关系曲线

在运放的输入端分别同时加上输入电压 $u^+$ 和 $u^-$（即差动输入电压为 $u_d$）时，则其输出电压 $u_o$ 为

$$u_o = A_u(u^+ - u^-) = A_u u_d$$

μA741 集成运放最大输出电压为±8～±12V 之间，取 $U_o$=10V，因为开环电压放大倍数为 $10^5$ 左右，则，$u_d = \frac{U_o}{A_u} = \frac{10V}{10^5} = 0.1mV$，图 2-19 所示的曲线表达了运放输入输出电压的关系。

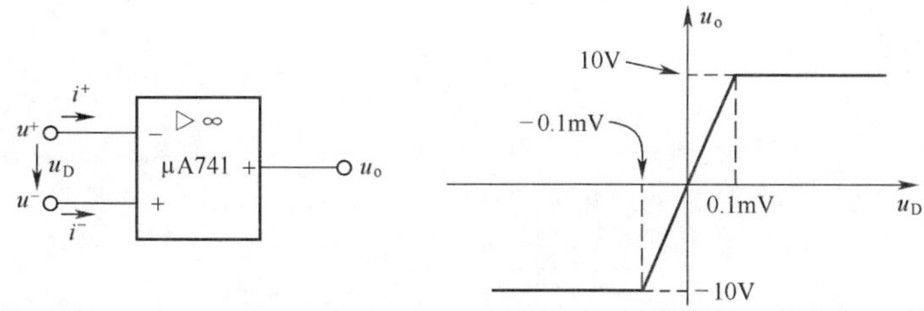


图 2-19 运放输入输出关系曲线

### 2.1.6 集成运算放大器电路的分析基础

1. 集成运算放大器的电路模型

集成运算放大器的电路模型如图 2-20 所示。

2. 集成运算放大器闭环特性

（1）虚短。

由于理想运放的线性段放大倍数为无穷大，在电源电压为有限值条件下，运放的输入电压应该无穷小，可见，工作在线性区的理想运放的输入端电压近似为零（μA741 的 $V_d$=0.1mV），也就是说，输入的二个端子在分析时可以看成是短接的，但实际上又没有短接，这就是所谓的“虚短”。在分析计算中，运放的同相端与反相端可等电位看待，即 $u^+=u^-$。

（2）虚断。

由运放的电路模型可见，运放输入电压近似为零，输入阻抗很大，因此可以认为其输入电流亦近似为零。那么，在分析计算含运放的电路时，也可以将运放的两个输入端视为开路，但不是真正的开路，因此称为“虚断”，此时可认为 $i^+=i^-\approx 0$。

### 2.1.7 集成运算放大器的应用分析

**【例 1】** 反相比例放大器，电路如图 2-21 所示。

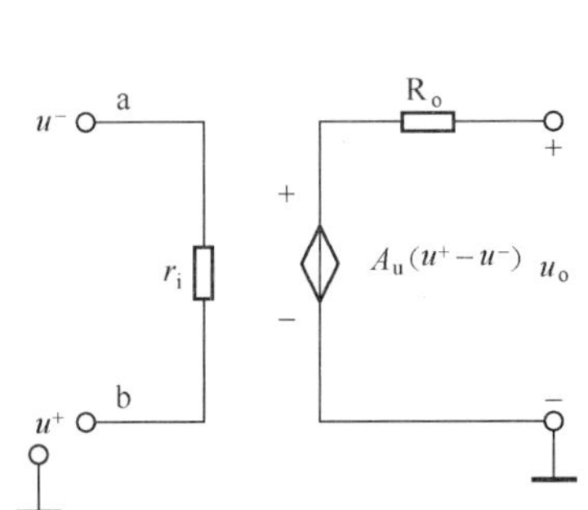


图 2-20 集成运算放大器的模型

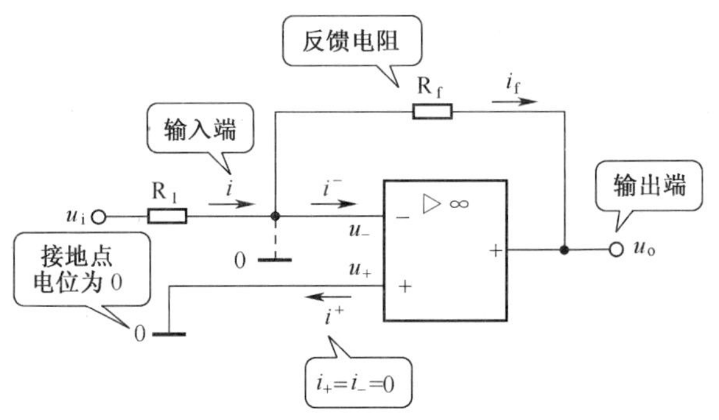


图 2-21 电路

分析：根据“虚断”的概念，$i=i_f$，即

$$\frac{u_i-u_-}{R_1}=\frac{u_--u_o}{R_f}$$

又根据“虚短”概念，$u_-=u_+=0$

代入上式，则为

$$\frac{u_i}{R_1}=-\frac{u_o}{R_f}$$

那么反相比例放大器的电压放大倍数为

$$A_{uf}=\frac{u_o}{u_i}=-\frac{R_f}{R_1}$$

由上式可知，运算放大器可以实现输入信号电压的数学运算，这也正是这种放大器名称的来源。

在实际应用中还有两点需要说明：

① 反馈电阻 $R_f$ 不能取得太大，否则会产生较大的噪声输出，其值一般取几十千欧到几百千欧之间。$R_1$ 的值应远大于信号源的内阻（10 倍以上）。

② 直流平衡电阻的设置。图 2-22（a）所示的静态等效图，如图 2-22（b）所示。

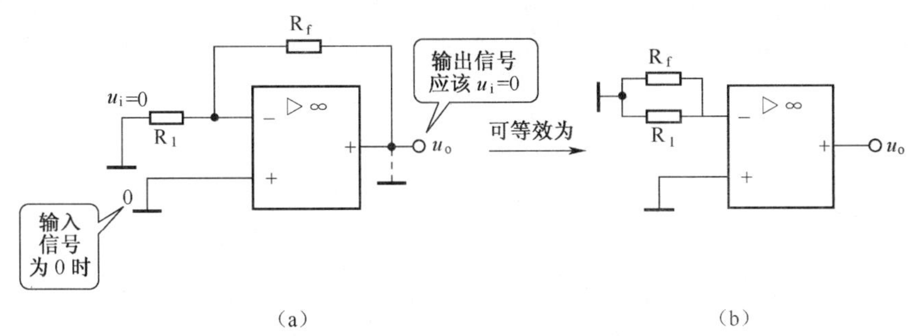


图 2-22 直流平衡电阻的设置分析

从等效图可以看出，反相端和同相端到地的直流电阻不一样，由于运算放大器的输入级是差动放大器，因此会造成一定的运算误差。为了解决这个问题，往往采用加入 $R_B$ 直流平衡电阻来予以解决，如图 2-23 所示。

**【例 2】** 同相比例放大器电路如图 2-24 所示。

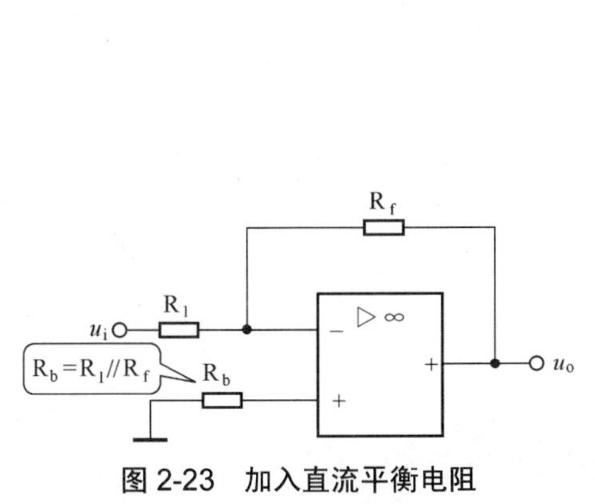


图 2-23 加入直流平衡电阻

图 2-24 同相比例放大器电路

分析：根据“虚短”、“虚断”的概念，可得出 $u_+=u_-=u_i$，$i_R=i_f$的结论，故而，$i_R=\dfrac{u_-}{R_1}=i_f=\dfrac{u_o-u_-}{R_f}$，

$$\text{可改写为}\quad \frac{u_i}{R_1}=\frac{u_o-u_i}{R_f},$$

$$\text{化简上式为}\quad A_{uf}=\frac{u_o}{u_i}=\frac{R+R_f}{R_1}=1+\frac{R_f}{R_1}$$

因为 $A_{uf}$ 为正值，说明 $u_o$ 和 $u_i$ 同相，故该放大器被称为同相比例放大器，从公式中可以看出，改变 $\dfrac{R_f}{R_1}$，就可以改变电路的放大倍数。

**【例 3】** 图 2-25 所示为同相放大器，$A_{uf}=1+\dfrac{R_f}{R_1}$，如果减小 $R_f$ 至零（相当于 $R_f$ 被短路），或将 $R_1$ 增大至无穷大（相当于开路），那么图 1-25 所示的电路则可改画为图 2-26。

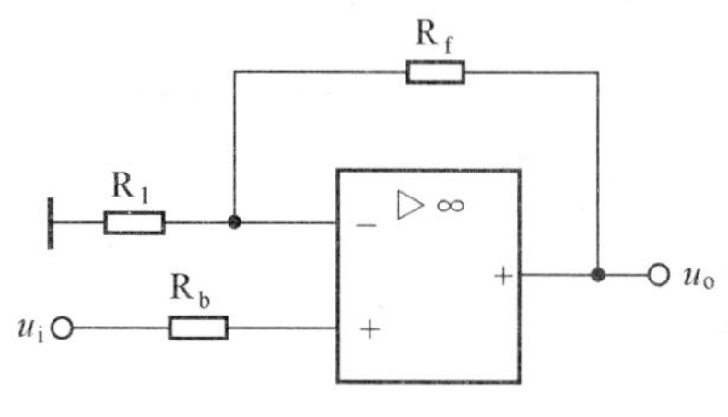

图 2-25　同相比例放大器

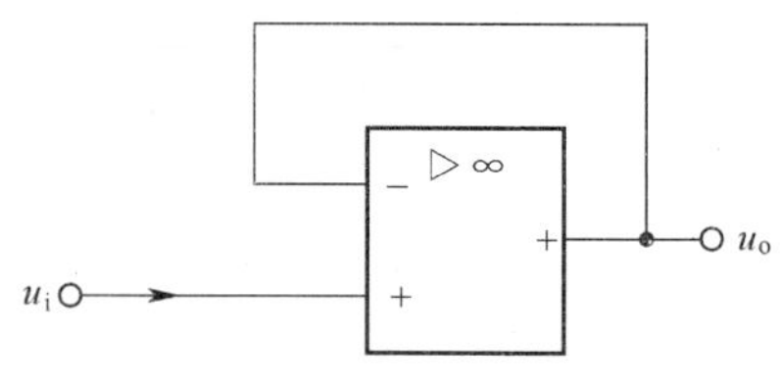

图 2-26　电压跟随器

此时，$A_{uf}=\dfrac{u_o}{u_i}=1$，则电路成为电压跟随器。它具有输入阻抗高，输出阻抗低的特点，类似于共集极电路，用途极为广泛。

【例 4】　加法器电路如图 2-27 所示。

分析：由于“虚断”，运放的输入电流为零，即 $i_-=0$，所以 $i=i_1+i_2+i_3$；又由于节点 N 的电位为零，则

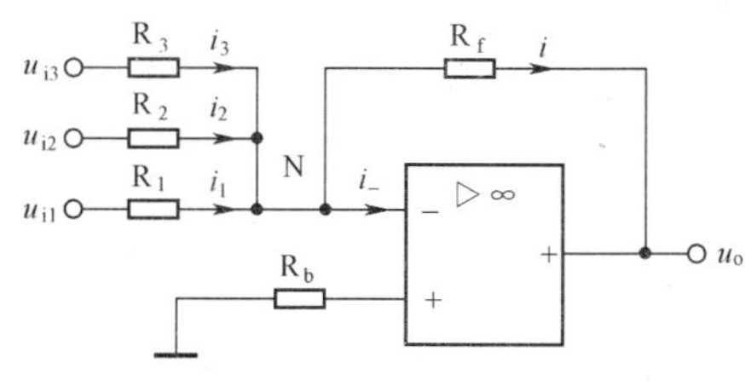

图 2-27　加法器电路

$$i_3=\frac{u_{i3}-0}{R_3}=\frac{u_{i3}}{R_3}$$

$$i_2=\frac{u_{i2}-0}{R_2}=\frac{u_{i2}}{R_2}$$

$$i_1=\frac{u_{i1}-0}{R_1}=\frac{u_{i1}}{R_1}$$

$$i=\frac{0-u_o}{R_f}=\frac{-u_o}{R_f},\quad u_o=-iR_f$$

把 $i=i_1+i_2+i_3$ 代入上式，所以

$$u_o=-R_f\left(\frac{u_{i1}}{R_1}+\frac{u_{i2}}{R_2}+\frac{u_{i3}}{R_3}\right)$$

若当 $R_1=R_2=R_3=R_f$ 时，$u_o=-(u_{i1}+u_{i2}+u_{i3})$，由式可知，该电路是一个由运放构成的反相加法器。

【例 5】　减法器电路如图 2-28 所示。

分析：首先令 $u_{i1}=0$，等效图如图 2-29 所示。

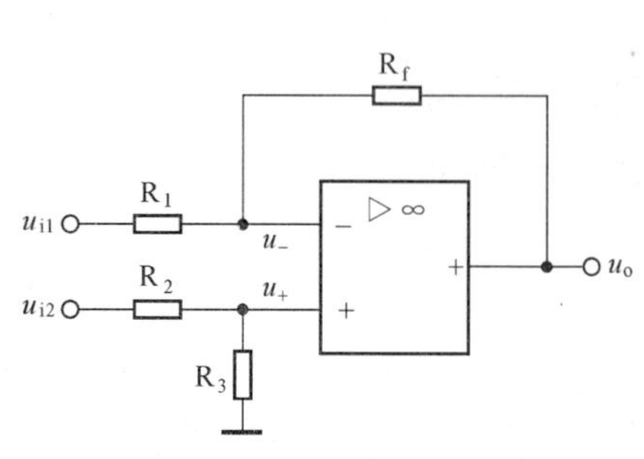

图 2-28　减法器电路

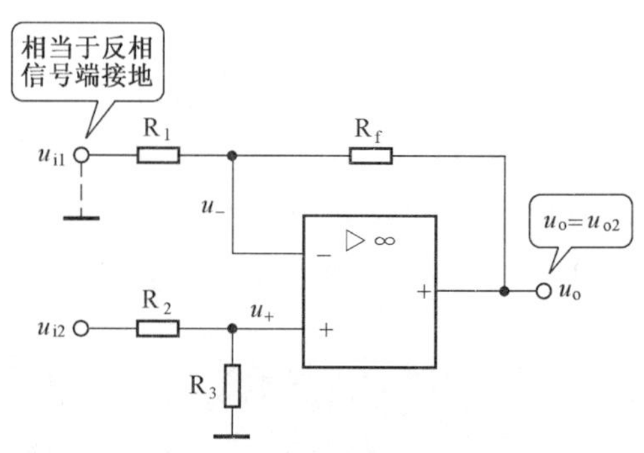

图 2-29　减法器等效电路 1

此时放大器为同相放大器，鉴于$u_{+}=u_{i2}\cdot\dfrac{R_3}{R_2+R_3}$，所以

$u_{o2}=u_{+}\left(1+\dfrac{R_f}{R_1}\right)=u_{i2}\cdot\dfrac{R_3}{R_3+R_3}\cdot\left(1+\dfrac{R_f}{R_1}\right)$。再令 $u_{i2}=0$，等效图如图 2-30 所示。

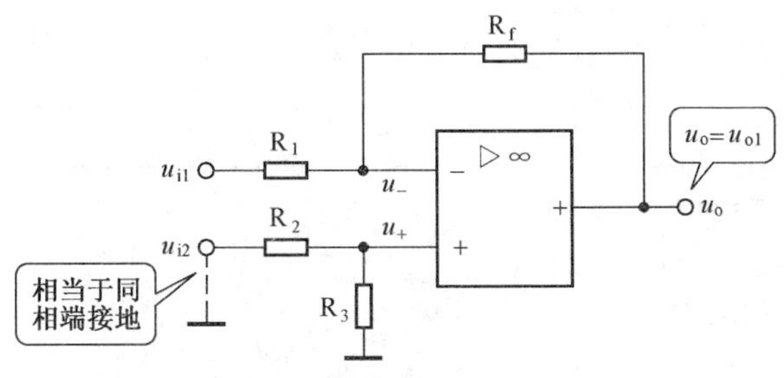


图 2-30 减法器等效电路 2

此时放大器为反相放大器，$u_{o1}=u_{i1}\left(-\dfrac{R_f}{R_1}\right)$，

应用叠加原理：$u_o=u_{o2}+u_{o1}=u_{i2}\dfrac{R_3}{R_2+R_3}\cdot\left(1+\dfrac{R_f}{R_1}\right)-u_{i1}\dfrac{R_f}{R_1}$。

如果 $R_1=R_2$ 和 $R_f=R_3$，则上式为

$$u_o=\frac{R_f}{R_1}(u_{i2}-u_{i1})$$

由上式可知输出电压 $u_o$ 与两个输入电压的差值成正比。

若令 $R_f=R_1$，则有 $u_o=u_{i2}-u_{i1}$

这时电路成为一个减法器。

### *2.1.8 其他运算放大器

1. 运算放大器典型电路

前面只举例分析了运算放大器的加、减等简单运用，实际上它在其他方面的应用也极为广泛，表 2-8 罗列了一些典型的应用电路。读者可参阅相关书籍进一步学习。

表 2-8 运算放大器典型电路集合

| 电路名称 | 电 路 图 | 运 算 关 系 | 说 明 |
|---|---|---|---|
| 同相比例 | Rf；R；A；$u_i$；$R'=R//R_f$；$u_o$ | $u_o=\left(1+\dfrac{R_f}{R}\right)u_i$ | $R'=R//R_f$：保持输入端静态直流平衡 |

续表

| 电路名称 | 电路图 | 运算关系 | 说明 |
|---|---|---|---|
| 反相比例 | 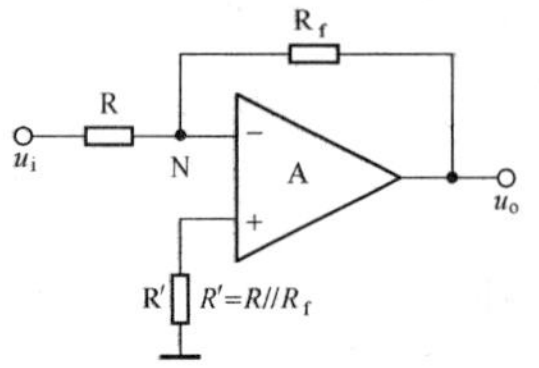 | $u_o=-\frac{R_f}{R}\cdot u_i$ | 同上 |
| 减法器 | 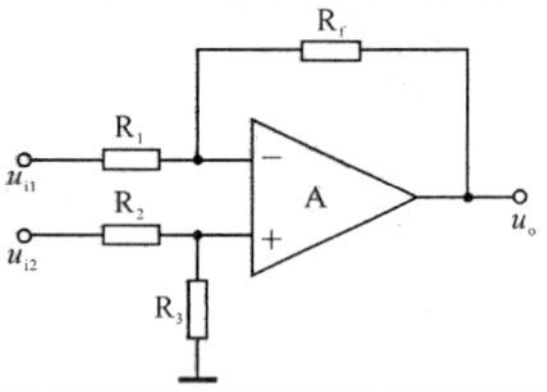 | $u_o=-\left(\frac{R_f}{R_1}\right)u_{i1}+\left(1+\frac{R_f}{R_1}\right)\left(\frac{R_3}{R_2+R_3}\right)u_{i2}$ | 若 $R_1=R_2=R_3=R_f$时，$u_o=u_2-u_1$ |
| 电压跟随 | 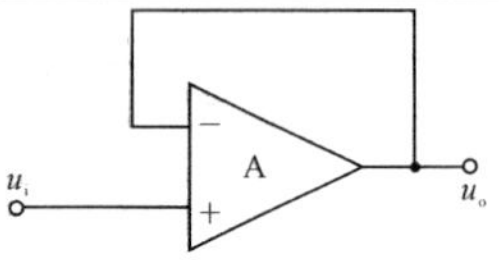 | $u_o=u_i$ | 为电压串联负反馈，$r_i\to\infty$，$r_0\to 0$ 带负载能力强 |
| 反相求和 | 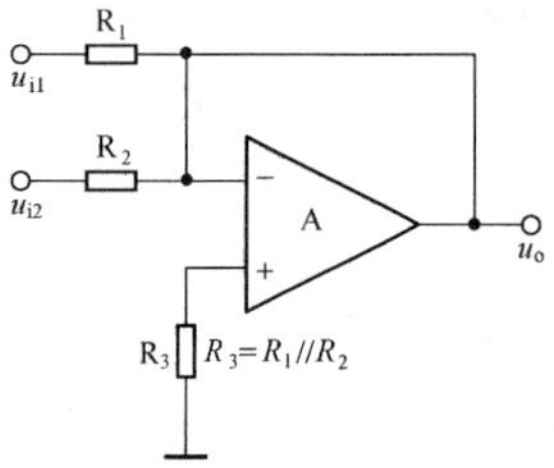 | $u_o=-\frac{R_f}{R_1}u_{i1}-\frac{R_f}{R_2}\cdot u_{i2}$ | 若 $R_1=R_2=R_f$，则 $u_o=-(u_{i1}+u_{i2})$ |
| 同相求和 | 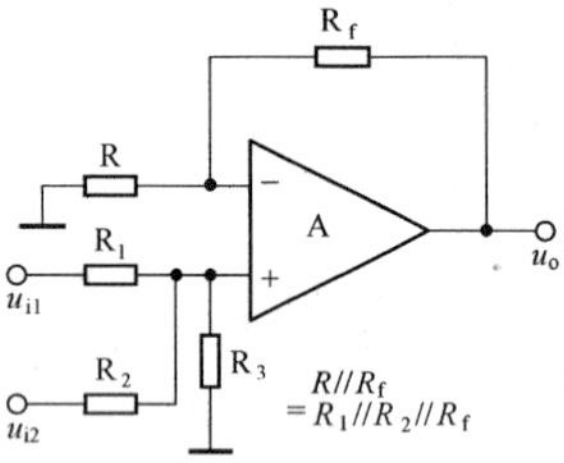 | $u_o=\frac{R_f}{R_1}u_{i1}+\frac{R_f}{R_2}u_{i2}$ | 若 $R_1=R_2=R_f$，则 $u_o=u_{i1}+u_{i2}$ |
| 微分运算（请参阅项目五相关内容） | 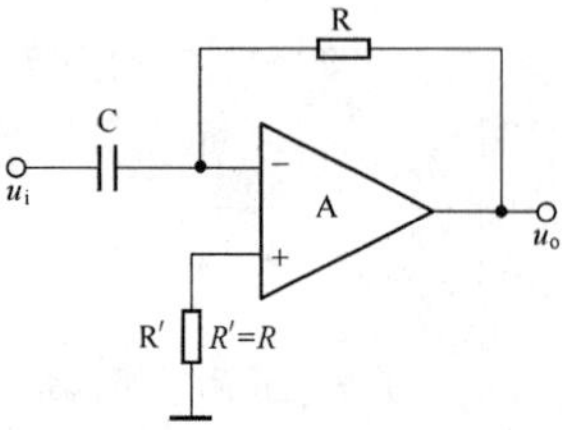 | $u_o=-RC\cdot\frac{du_i}{dt}$ | A．波形变换：电路成立条件是 $RC=\tau<<t_w$<br>B．微分运算($\tau<<t_w$)<br>例：当 $u_i=\sin\omega t$，则 $u_o=-RC\frac{d\sin\omega t}{dt}$ 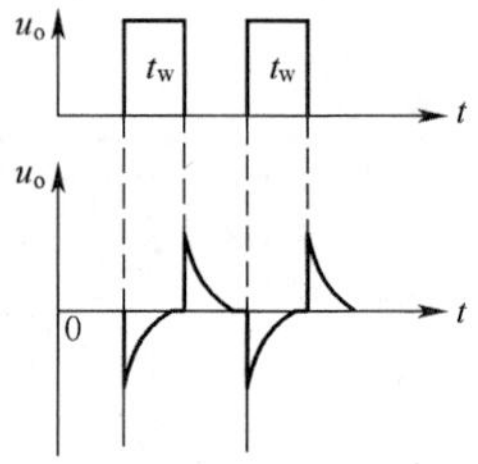 |

续表

| 电路名称 | 电路图 | 运算关系 | 说明 |
|---|---|---|---|
| 积分运算（请参阅项目五相关内容 | 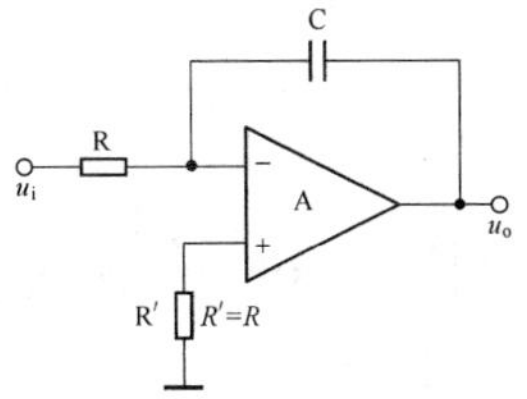  | $u_o=-\frac{1}{RC}\int u_i dt$ | A. 当输入信号是一直流电压时，则<br>$u_o=-\frac{1}{RC}u_i\cdot t=-\frac{1}{\tau}u_i\cdot t$ 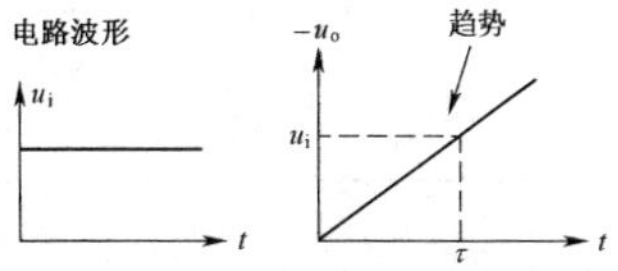<br>当充电时间达到$\tau$时，$u_o=-u_i$<br>B. 当$u_i$为一方波电压时，输出电压为三角波，电路波形： 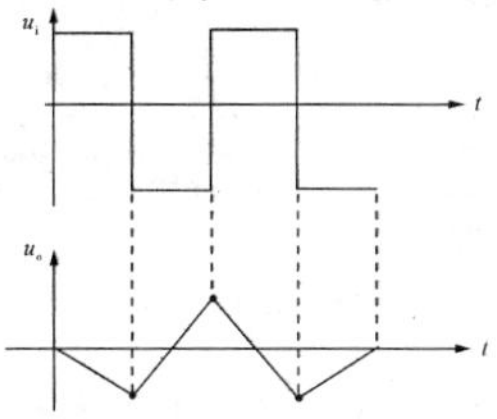 |
| 对数运算 | 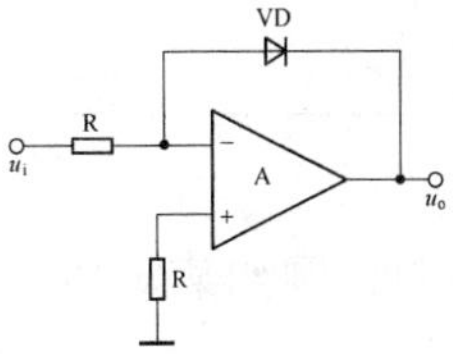  | $u_o=U_T\ln\frac{u_i}{I_sR}$ | $u_T$是PN结的温度当量，在室温27℃时，$U_T$=26mV，$I_S$是二极管的反向饱和电流，其大小主要随温度的变化而变化 |
| 指数运算 | 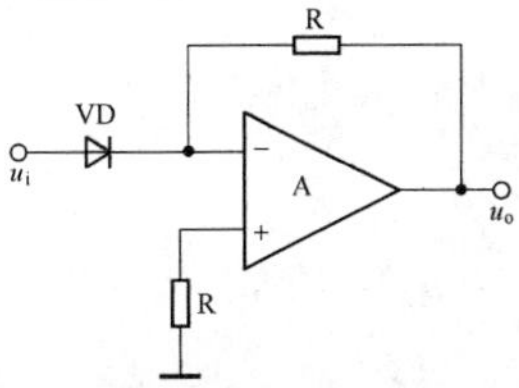  | $u_o=-RI_Se^{\frac{u_i}{U_T}}$ |  |
| 电压比较器 | 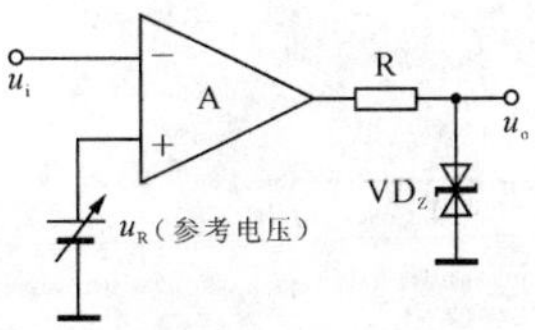  | $u_i>u_R$时，$u_o=-(V_Z+V_D)$<br>$u_i<u_R$时，$u_o=V_Z+V_D$ | 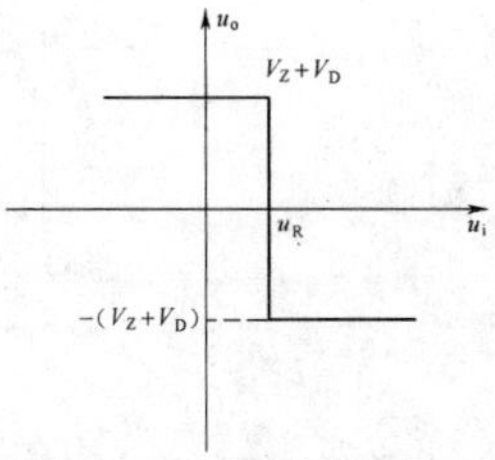  |
| 过零比较器 | 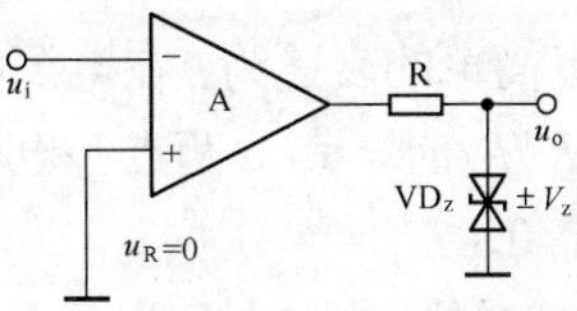  | 波形变化 | 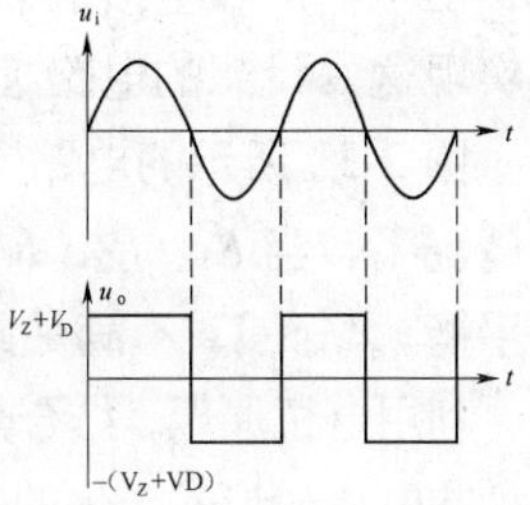  |

续表

| 电路名称 | 电路图 | 运算关系 | 说明 |
|---|---|---|---|
| 窗口比较器 | | 当 $u_{R1}<u_i<u_{R2}$ 时，$u_o=0$<br>当 $u_i<u_{R1}$ 时<br>$u_i>u_{R2}$ 时<br>有信号输出 | |
| 电流—电压变换器 | | $u_0=-i_fR=i_iR$ | 输出电压与输入电流成正比 |
| 电压—电流变换器 | | $i_L=-\dfrac{u_i}{R_1}$ | $i_L$ 与 $R_L$ 的值基本无关 |

2. 直流放大器

自然界中，温度、亮度等这类物理量的变化往往是缓慢的，例如某地某天的气温变化轨迹记录如图 2-31 所示。

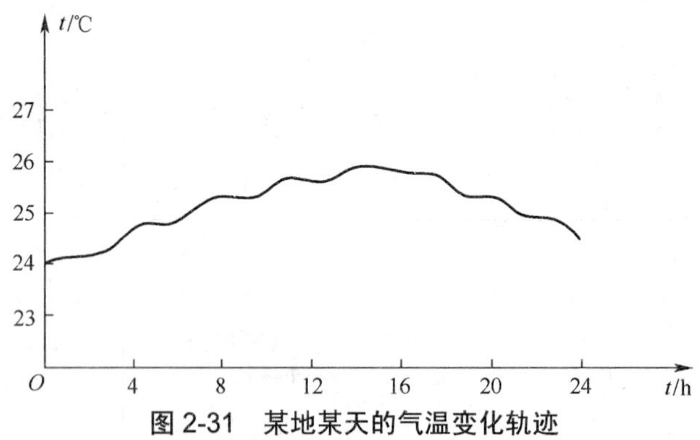


图 2-31 某地某天的气温变化轨迹

由于生产和生活的需要，人们常将这类物理量转换为电信号后对设备进行控制，图 2-32 是实现这一设想的电路模型。

图 2-32 所示的电路 A 是一种电桥电路，工作原理可以简单的表述为：在电源电压一定的情况下，当 $R_1$、$R_2$、$R_3$、$R_4$ 的阻值满足关系式：$R_1/R_2=R_3/R_4$ 时，a、b 两点等电位，即电桥平衡，$U_{ab}=0$。不满足此关系式时，电桥不平衡，即 $U_{ab}\neq0$。

利用电桥原理，结合热敏电阻、光敏电阻及其他各种传感器的特性，就可以轻而易举地将各种非电信号形式变化的物理量转变为电信号。图 2-32 所示电路中 B 是放大器，显然，对于这一变化慢、幅度变化小的信号进行放大，阻容耦合或变压器耦合放大器是不能胜任的，因为这种缓慢变化信号将被耦合电容所隔断或被变压器初级线圈短路，不能完全传递到下一级。因此，对直流和频率很低的信号进行放大，必须采用直接耦合的方式，这种采用直接耦合方式的放大器简称直流放大器。直流放大器的特点和构成是本节讨论的主要问题。

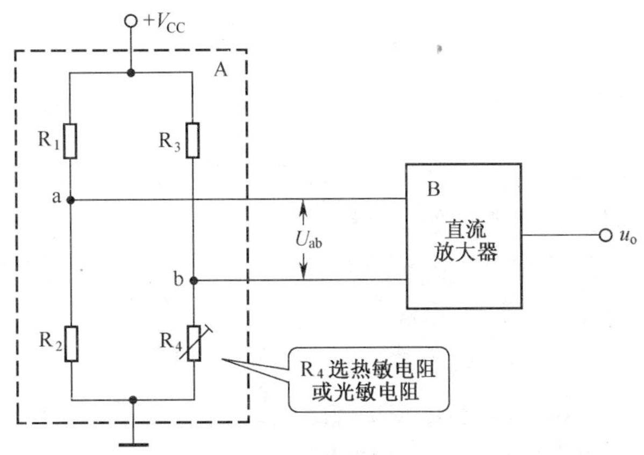


图 2-32 缓慢变化物理量转换为电信号的电路模型

1. 直接耦合带来的新问题

(1) 前后级放大器工作点的相互影响。

如果直接耦合放大电路只是简单地将阻容耦合放大电路中的耦合电容短路，如图 2-33 所示，结果是两级放大器的静态工作点互相影响，会对原各自设计合理的静态工作状态造成破坏。

因为加入短路线后，$VT_1$的电压 $U_{CE1}$ 等于 $VT_2$的 $U_{BE2}$=0.7V 左右，使 $VT_1$处于饱和的状态，严重限制了输出信号的动态范围。这样的直接耦合虽能解决直流信号传递问题，但由于前后级直流工作点互相影响，使放大电路的放大能力受到了限制。

不难理解，要使电路对直流信号正常放大，就要使前后级放大器中晶体管都有合适的静态工作点，即在级间要有适当的电位配置。解决的办法是把 $VT_2$的发射极电位“垫起来”，例如用 $R_{e2}$垫高 $VT_2$基极电位的直流放大电路如图 2-34 所示，但 $R_{e2}$引入直流负反馈，降低了放大器的放大倍数。

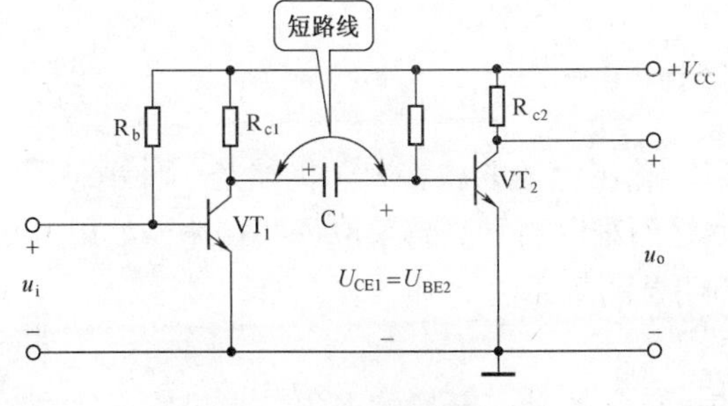


图 2-33 直接耦合放大器

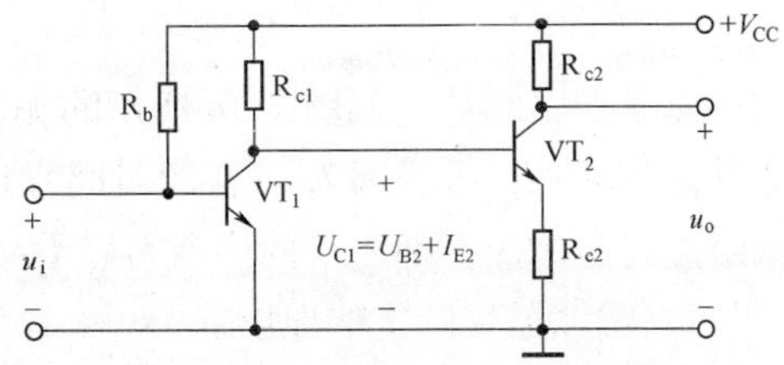


图 2-34 $R_{e2}$垫高 $VT_2$基极电位的直流放大电路

用二极管垫高 $VT_2$基极电位的直流放大电路如图 2-35 所示。

用硅稳压二极管垫高 $VT_2$基极电位的直流放大电路如图 2-36 所示。

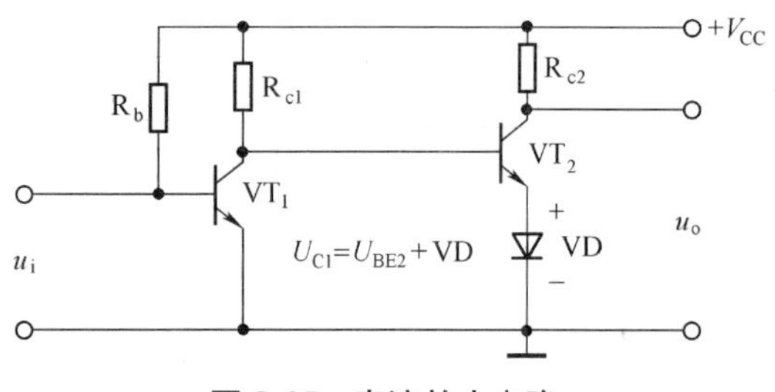


图 2-35　直流放大电路

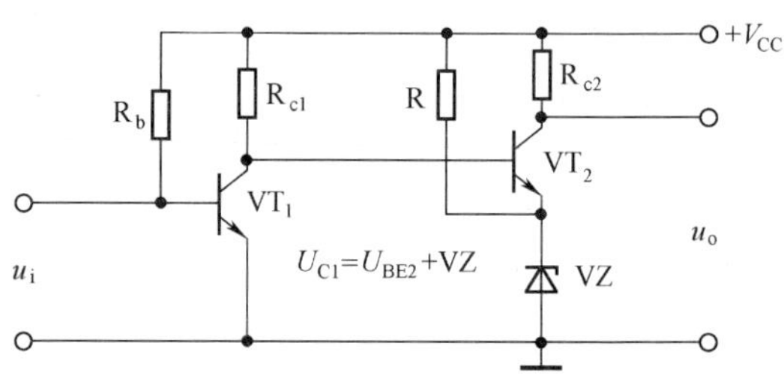


图 2-36　直流放大电路

NPN 与 PNP 型晶体管互补直流放大电路如图 2-37 所示。

采用 NPN 型晶体管与 PNP 型晶体管直接耦合的直流放大电路中，由于 NPN 晶体管集电极直流电位比基极电位高，而 PNP 型晶体管集电极直流电位比基极电位低，从而补偿了全部采用 NPN 型管时集电极电位逐极抬高而影响动态范围的问题。因而 NPN 与 PNP 型晶体管配合使用，可以保证各级都有合适的静态工作点，保证 $VT_1$、$VT_2$ 都有比较大的动态范围。

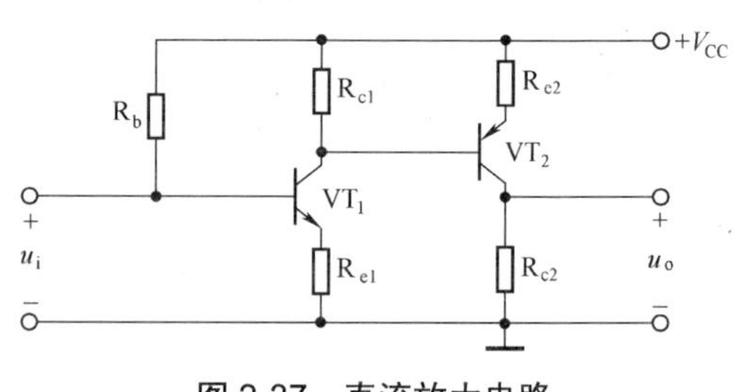


图 2-37　直流放大电路

（2）直接耦合放大电路的零点漂移现象。

① 零点漂移现象。

在直流放大电路中，通常把输入端信号为零时，输出端的直流电压作为参考电压，称为“零点”。实验中发现，在如图 2-38 所示电路中，即使将输入端短路，用灵敏的检流器测量输出端，也会有变化缓慢的输出电压，这种输入电压为零而输出电压不为“零”且缓慢变化（频率很低）的现象，称为零点漂移现象。

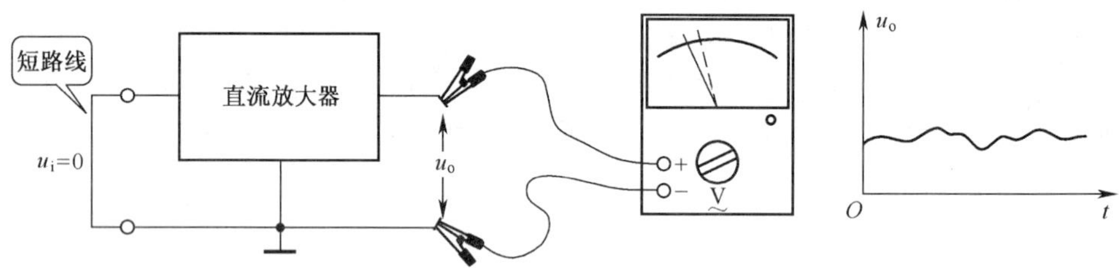


图 2-38　零点漂移现象

需要指出的是，如图 2-38 所示的测试电路和输出电压的漂移表示仍然是一种示意图，在具体测试时，可能因为 $u_o$ 在短时间变化不明显而难以察觉。若采取一些措施，如用电吹风给放大器加热，则短时间内就可以看到较为明显的效果。

② 零点漂移产生的原因。

在放大电路中，任何参数的变化，如电源电压的波动、元件的老化、半导体元件参数随温度变化而产生的变化，都将产生输出电压的漂移。其中最主要的因素是温度变化，因而零点漂移亦可称为温度漂移，因为晶体管是温度的敏感器件，当温度变化时，其参数 $U_{BE}$、$\beta$、$I_{CBO}$ 都将发生变化，最终导致放大电路静态工作点产生漂移。

③ 零点漂移对放大电路的影响。

当放大电路的环境温度发生变化时，晶体管静态工作点随之变化，在阻容耦合放大或变压器耦合放大电路中，由于耦合电容或变压器的隔直作用，这种工作点的漂移主要被限制在本级内，因此对后级的影响很小，但在直接耦合放大电路中，前一级的漂移电压会随有用信号一起传送到下一级，通过逐级放大，从而在输出端产生了严重影响。

例如，设有一个三级直接耦合放大器，各级自身的漂移输出电压为3mV，其框图如图2-39所示。

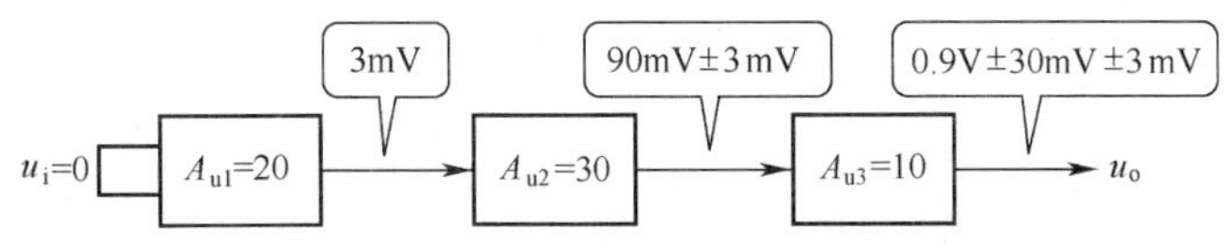


图 2-39 某三级直接耦合放大器框图

显然，最后一级输出零点漂移电压 $u_o$ 约有 0.9V，若用该放大器放大 $U_i$<0.1mV 的信号时，则放大器输出的有效电压 $u_o \leqslant A_1 \times A_2 \times A_3 \times 0.1\text{mV}=0.6\text{V}$。显然，有效输出和漂移输出“真假”难分，甚至有效信号会被“淹没”在漂移信号中，使放大器不能正常工作。因此如何抑制零点漂移是直流放大器需要关注和解决的问题。

2. 抑制零点漂移的方法

(1) 采用高质量的稳压电源。

对一般设备而言，会导致其成本过高，而不划算。

(2) 在电路中引入负反馈来稳定静态工作点。

引入负反馈后，对放大器增益有一定影响。

(3) 提高元件的可靠性。

电路元件是构成电路的基本元素，提高元件的可靠性，同时要减少成本支出是工厂必须考虑的中心问题之一。

① 元件老化处理。由于同一批生产的电子元件在质量方面也不尽相同，为保证质量，在使用之前，需要进行老化处理。就是在正式使用某元件前，要在老化台（按电路图真实的工作条件）上加电工作一段时间，来选出合乎标准的元件。

② 元件的选择。例如对电阻进行选择时应充分考虑其阻值、额定功率、误差、温度特性、噪声以及稳定性等技术指标，再根据电路的重要性来加以选择。例如最前级电路应选择稳定性好一些的元件。

③ 大功率管加装散热片。

(4) 采用温度补偿措施。

在放大器偏置电路中加入非线性元件，利用温度对非线性元件的影响来抵消温度变化对放大电路晶体管参数的影响，此类型电路常称为温度补偿电路，如图2-40所示。

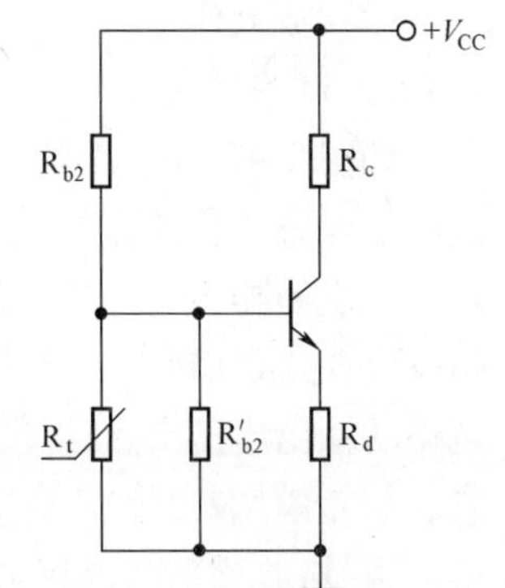


图 2-40 温度补偿电路

综上所述，为了克服直接耦合放大器中的零点漂移，有一系列的措施可以选择，但这些措施只能减小零点漂移的影响，而不能有效地克服零点漂移带来的影响。例如温度补偿电路，由于非线性元件（热敏电阻和晶体管）本身的温度一致性差，要对不同温度都获得理想的（恰到好处的）补偿效果是困难的。所以一般多级直接耦合放大电路只能使用二至三级，通过大量的实验发现，较好的方案是采用一种崭新结构的电路——差动放大器。差动放大器能把有用的输入信号与环境因素引起的变化区分开来。即差动放大器可以只对有用的输入信号作出反应，而对无用的信号进行压抑，这样“一扬一抑”就极大地提高了直耦放大器抵抗环境干扰的能力。

3. *差动放大器*

(1) 电路特点。

典型的差动放大器如图 2-41 所示。

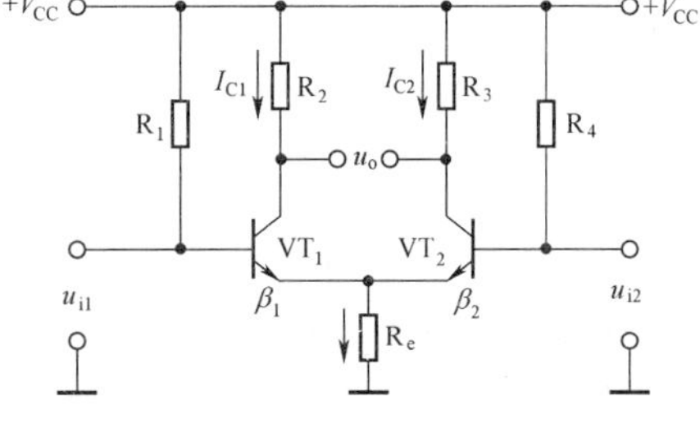

图 2-41　典型的差动放大器

差动放大器与一般放大器在电路结构上有较大的不同，主要有以下两点。

① 这种放大器由两个完全对称（理想状态）的单管放大器相向组合而成，$R_1=R_4$，$R_2=R_3$，$\beta_1=\beta_2$。

② 这种放大器共有两个输出端和两个输入端，在实用电路中可以只用其中的一个，也可以两个同时使用，输入输出方式相对灵活。

(2) 抑制零点漂移的原理。

① 双端输出时。

在图 2-41 的差动式放大器中，环境温度变化使两管集电极电流以及相应的集电极电压变化相同，在电路完全对称的情况下，双端输出（两集电极间）的电压 $U_o=U_{o1}-U_{o2}$，可以始终保持为零，从而认为电路抑制了零点漂移。尽管在实际情况下，要做到两管电路完全对称是比较困难的，但输出漂移电压的绝对值仍将大大减小。

② 单端输出时。

由于电路对称，所以，$I_{C1}=I_{C2}$，$I_{E1}=I_{E2}$，流过 $R_e$ 的电流为 $I_E=2I_{E1}$，当温度升高时，集电极电流会增加。由于电路中 $R_e$ 的存在，对电路的影响类似于电路的负反馈稳 Q 过程。所以，即使电路处于单端输出方式时，放大器仍有较强的抑制零点漂移能力。

(3) 放大作用。

① 对差模信号。

如图 2-42 所示，在两管的输入端各加一大小相等、方向相反的信号电压，即 $U_{i1}=U_{i2}$，这种输入方式称为差模输入，所加的一对信号被称为差模信号。在图 2-42 所示的电路中，若 $U_{i1}$ 将正电压加到 $VT_1$ 的基极，$U_{b1}$ 电压上升，$I_{b1}$ 电流增大，$I_{c1}$ 电流增大，$U_{c1}$ 电压下降；$U_{i2}$ 将负电压加到 $VT_2$ 的基极，$U_{b2}$ 电压下降，$I_{b2}$ 电流减小，$I_{c2}$ 电流减小，$U_{c2}$ 电压增大；电路的输出电压 $U_o=U_{c1}-U_{c2}\neq 0$，也就是说放大器对差模信号有放大作用，电路中常用 $A_{vd}$ 来表示差模增益。

② 对共模信号。

如图 2-43 所示，送到 $VT_1$、$VT_2$ 基极的信号电压大小相等、极性相同。这种大小相等、极性相同的两个输入信号称为共模信号。共模信号加到电路两个输入端的输入方式称为共模输入。若 $U_i$ 电压极性是上正下负，该电压一路经 $R_1$ 加到 $VT_1$ 基极，$U_{b1}$ 电压上升，$I_{b1}$ 电流增大，

$I_{c1}$电流增大，$U_{c1}$电压下降；该电压经另一路径 $R_2$ 加到 $VT_2$ 基极，$U_{b2}$ 电压上升，$I_{b2}$ 电流增大，$I_{c2}$ 电流增大，$U_{c2}$ 电压下降；因为 $U_{c1}$、$U_{c2}$ 都下降，并且下降量相同，所以输出电压 $U_o=U_{c1}-U_{c2}=0$，也就是说，差动放大电路在输入共模信号时，输出信号为 0，换句话说，放大器对共模信号没有放大作用。把单级放大器的零点漂移输出信号折合到输入端，相当于是共模信号。

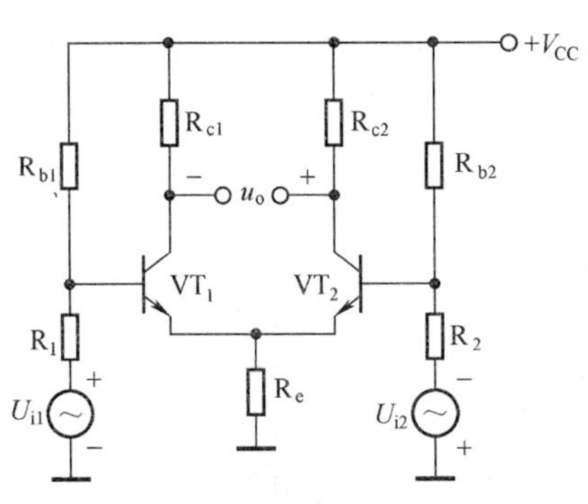

图 2-42 对差模信号放大示意

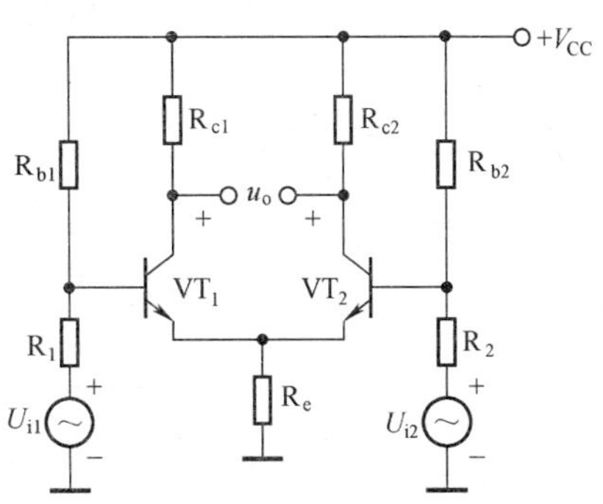

图 2-43 对共模信号放大示意

（4）差动放大器的几种连接方式。

在实际使用时，差动放大器通常有下面几种连接方式，如表 2-9 所示。

表 2-9 差动放大器的几种连接方式

| | （1）双端输入，双端输出 | 说明 |
|---|---|---|
| 电路模型 | 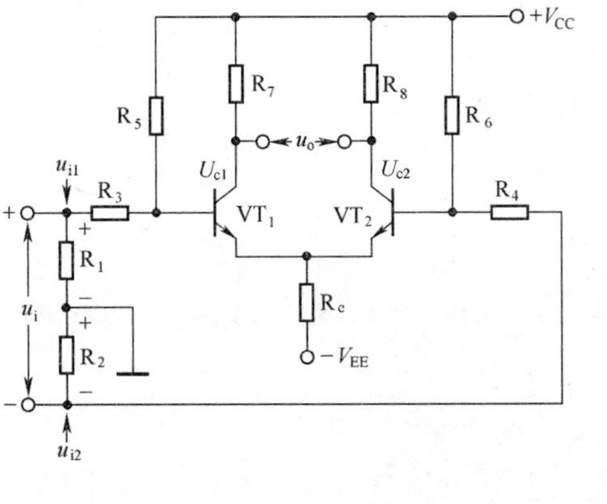 | ① 设单管放大器的放大器倍数为 $A_{u1}$、$A_{u2}$，由于电路对称，$A_{u1}=A_{u2}$<br>② 输入信号的分析<br>由于选择 $R_1=R_2$，则 $U_{i1}$、$U_{i2}$ 大小相同，极性相反（差模输入），即 $U_{i1}=-U_{i2}=1/2U_i$<br>③ 放大器输出电压<br>$U_o=U_{o1}-U_{o2}=U_{c1}-U_{c2}=A_{u1}\cdot U_{i1}-A_{u2}\cdot U_{i2}=A_{u1}(U_{i1}-U_{i2})$<br>④ 差模放大倍数<br>$A_{ud}=\dfrac{U_o}{U_i}=\dfrac{A_{u1}(U_{i1}-U_{i2})}{U_{i1}-U_{i2}}=A_{u1}$<br>这表明差动放大电路双端输入——双端输出时的差模电压放大倍数等于单管放大电路的放大倍数 |
| 应用场合示意 | 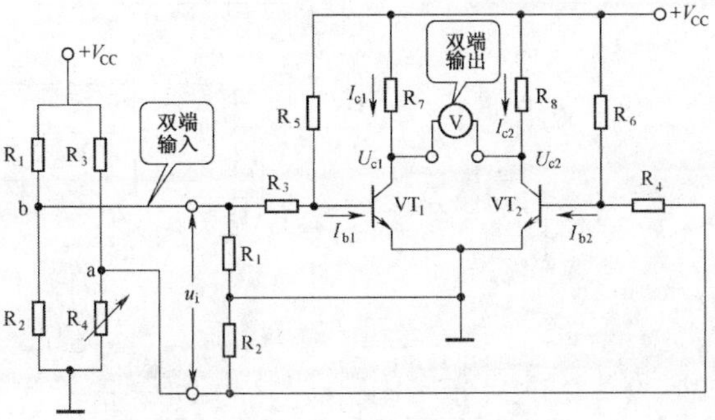 | |

续表

| | （2）双端输入，单端输出 | 说明 |
|---|---|---|
| 电路模型 | 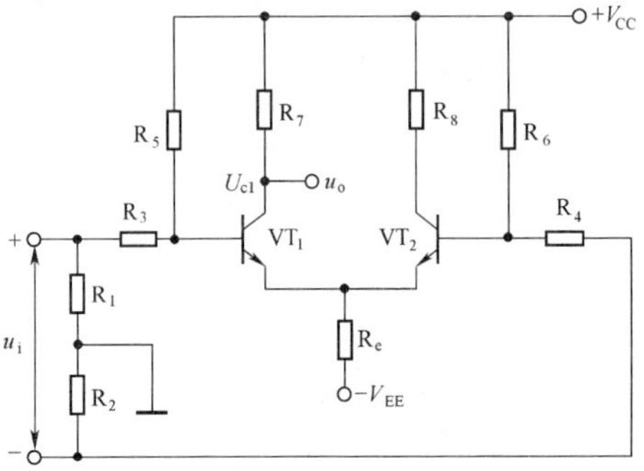 | 输出信号从 $VT_1$ 的集电极取出，即 $U_o=U_{c1}$，根据电路的需要也可从 $VT_2$的集电极取出。这种放大电路的差动放大倍数 $A_{vd}$是单管放大倍数 $A_{u1}$的一半 |
| 应用场合示意 | 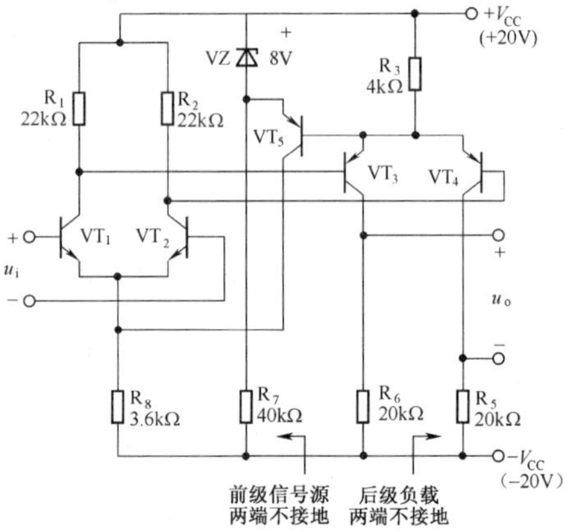 前级信号源两端不接地<br>后级负载两端不接地 | |
| | （3）单端输入，双端输出 | 说明 |
| 电路模型 | 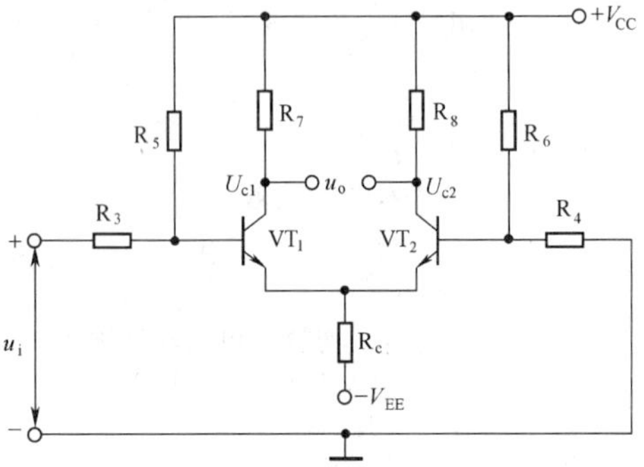 | $A_{vd}$和双端输入、双端输出时一致 |
| 应用场合示意 | 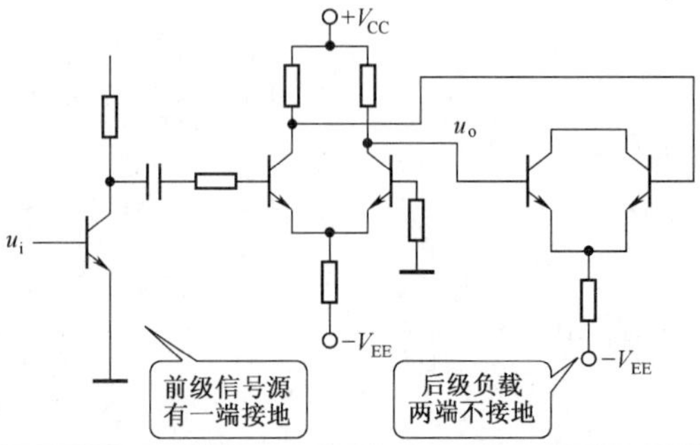 前级信号源有一端接地<br>后级负载两端不接地 | |

续表

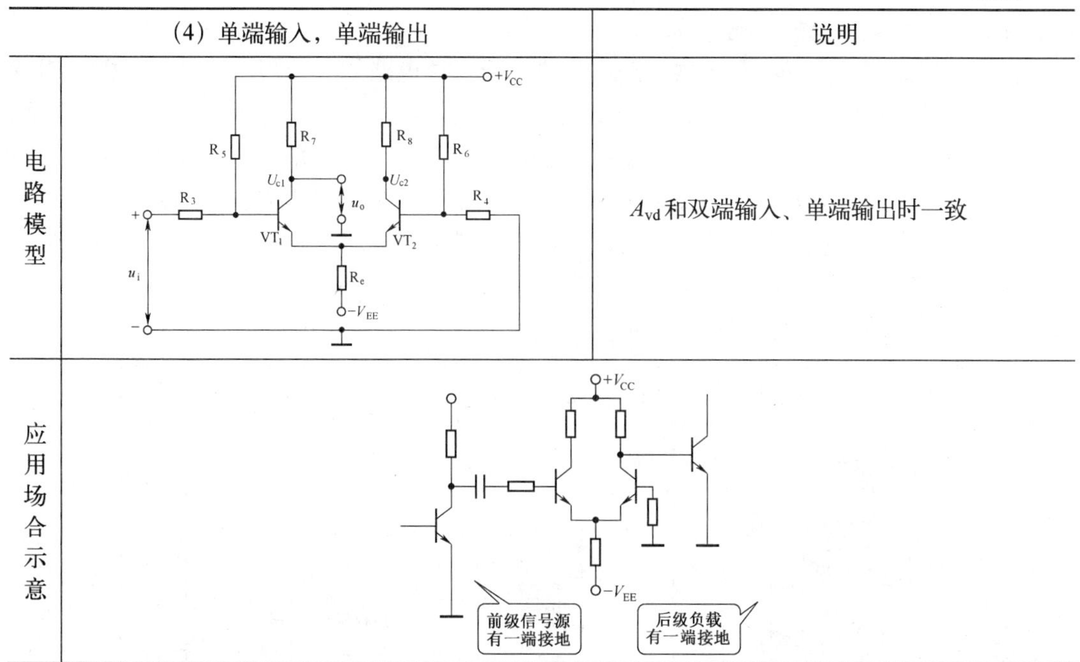

| | (4) 单端输入，单端输出 | 说明 |
|---|---|---|
| 电路模型 | | $A_{vd}$和双端输入、单端输出时一致 |
| 应用场合示意 | 前级信号源有一端接地；后级负载有一端接地 | |

(5) 带调零电位器的长尾式差动放大电路。

带调零电位器的长尾式差动放大电路如图 2-44 所示。这种差动放大电路中的晶体管 $VT_1$、$VT_2$的发射极通过电位器 $RP_1$、$R_e$接负电源。

电路中 $R_{P1}$为调零电位器，其作用如下：

由于差动放大电路不可能完全对称，所以晶体管 $VT_1$、$VT_2$的 $I_b$、$I_c$电流也不可能完全相等，$U_{c1}$与 $U_{c2}$也就不会相等，那么在无输入信号时，输出信号 $U_o=U_{o1}-U_{o2}$不会等于 0。在电路中采用了调零电位器后，就可以通过调节电位器使输出电压为 0V。

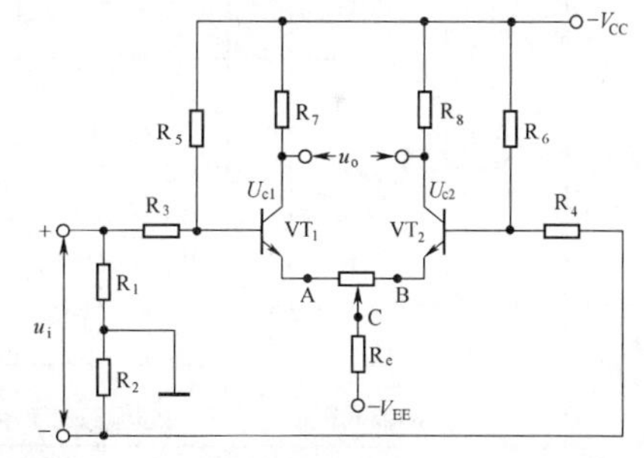


图 2-44　带调零电位器的长尾式差动放大电路

对于公共射极电阻 $R_e$，为了增强负反馈作用，抑制零点漂移，实际电路中其取值较大（几十千欧），但这同时也使得发射极直流电位增大，造成集电极与发射极之间管压降减小，即使得信号不失真放大动态范围减小，因而要在 $R_e$下方接入负电源，可适当降低射极电位，使得引入 $R_e$后，集-射间动态范围不至于减小。

若用恒流源代替 $R_e$，则可减小 $R_e$太大所带来的影响，关于这一点，请读者参阅有关资料。

## 2.2 功率集成音频放大电路

### 2.2.1 集成功率放大器

由于集成电路器件价格的降低，传统的由分立元件组成的功率放大器正在被集成功放器件所代替，因此学习的重点也应由分立元件转向集成器件，或者说前面所学的分立元件功放知识是为学集成功放做准备的。

特别要提出的是，功率放大器电路的集成化给功放电路的安装与调试带来了极大的方便，不仅可以很容易地构成 OTL、OCL 等电路，而且彻底解决了分立元件功放电路中选配推挽对称管带来的麻烦以及 OTL 电路中点电压不稳定、OCL 电路零点漂移等一系列的问题。更有音频傻瓜放大器（如图 1-54 所示），只要按图接线，不需调整，非常方便。

对于维修人员来说，对功率集成电路内部电路的工作原理了解并不重要，重要的是了解集成电路各引脚的功能、外接元件的作用及电路的类型判断，如集成功率放大器 TDA2030 的内部结构和外形图分别如图 2-45 和图 2-46 所示。

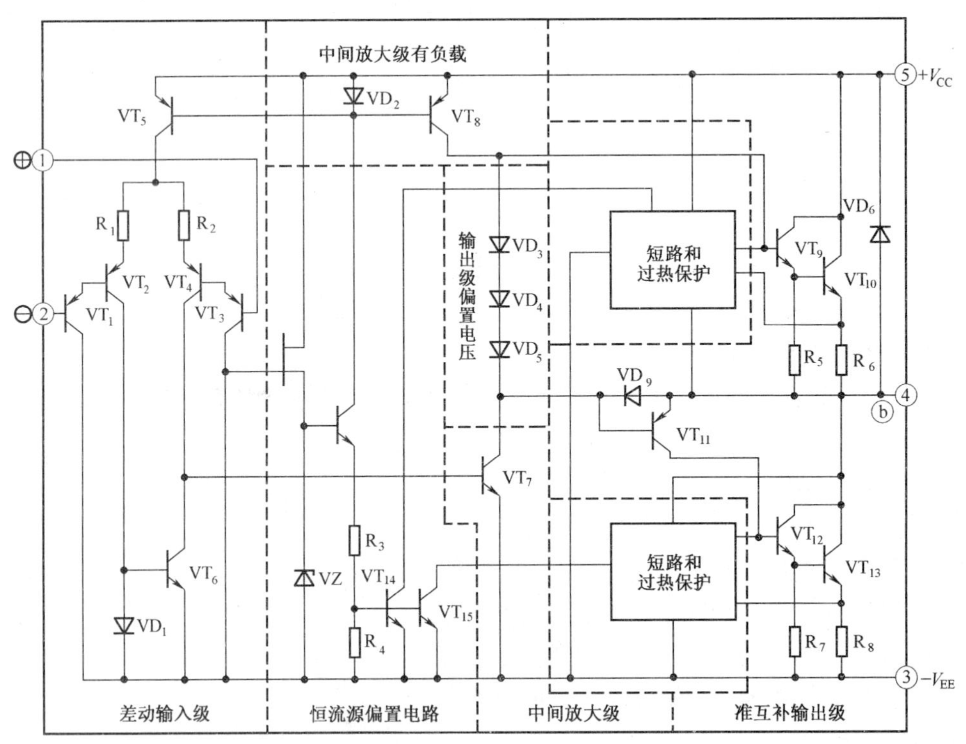


图 2-45　集成功率放大器 TDA2030 内部结构

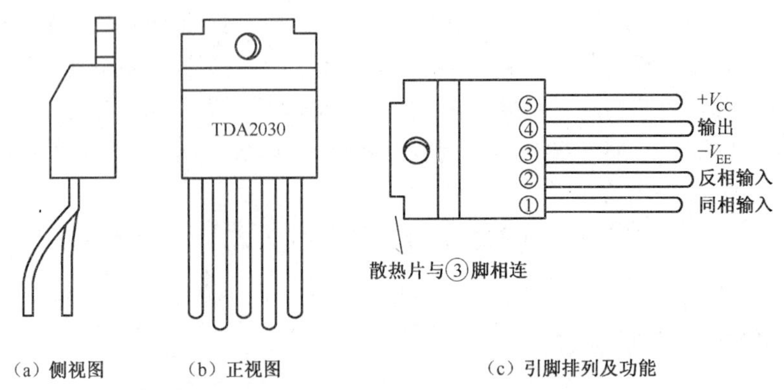


图 2-46　集成功率放大器 TDA2030 的外形图

TDA2030集成功率放大器组成的OCL功放电路和OTL功放电路，如图2-47和图2-48所示。

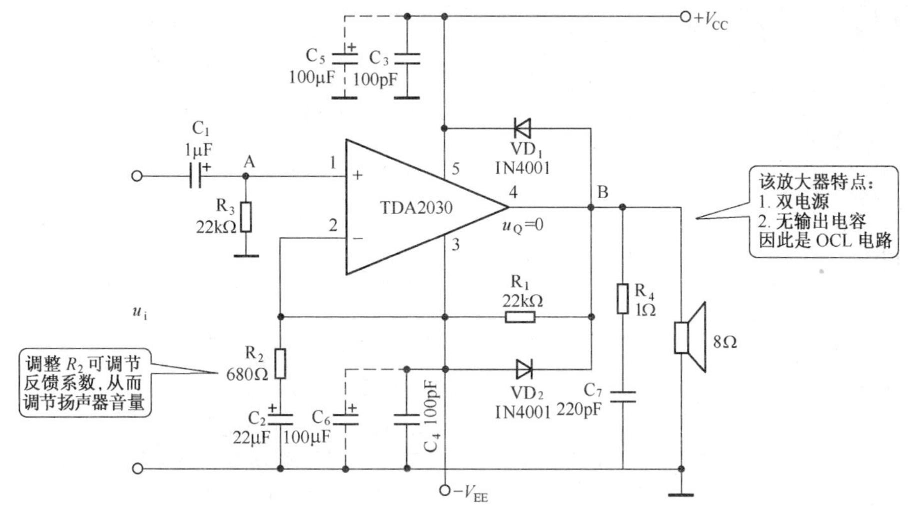


图2-47 TDA2030集成功率放大器组成的OCL功放电路

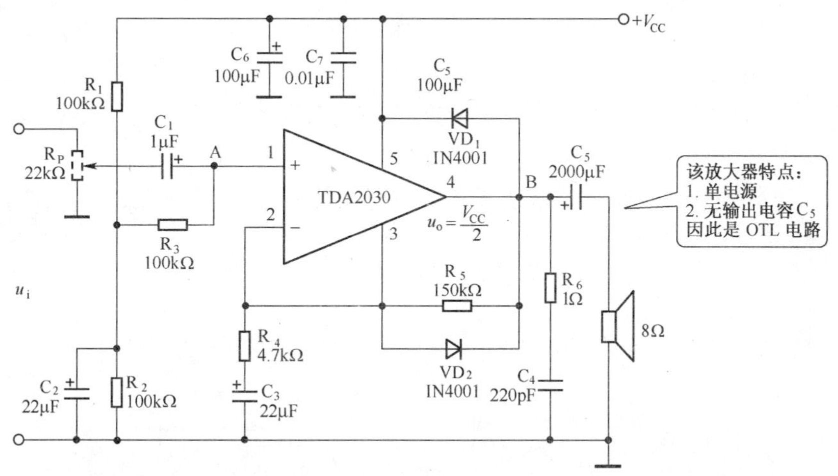


图2-48 TDA2030集成功率放大器组成的OTL功放电路

## 2.2.2 了解集成功率电路的步骤和方法

1. 了解功率块的引脚作用（以LM 386为例）

通过互联网或集成电路手册可查出LM386采用8引脚双列直插式结构，其引脚排列如图2-49所示。

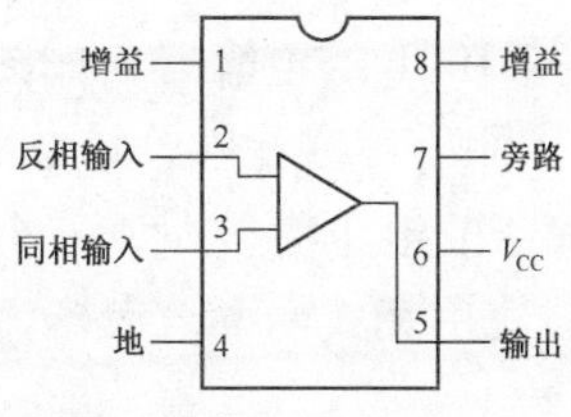


图2-49 LM386的引脚排列

2. 了解 LM386 的性能参数

LM386 的性能参数表，如表 2-10 所示。要看懂表中各参数的意义。

表 2-10　　LM386N-4 的主要性能参数（$T_A$=25℃）

| 参数名称 | 符号 | 单位 | 测试条件 | 典型数值 |
|---|---|---|---|---|
| 电源电压 | $V_{CC}$ | V | | 5～18 |
| 静态电流 | $I_{EC}$ | mA | $V_{CC}$=6V | 4～8 |
| 输出功率 | $P_O$ | W | | 1000 |
| 电压增益 | $A_u$ | dB | ①、⑧脚开路，$V_{CC}$=6V，$f$=1kHz | 26 |
| | | | ①、⑧脚之间接 10μF 电容 | 46 |

（1）电源电压。

典型数值（5～18V）的意义是说明该集成块对电源的要求不高，只要在 5～18V 内，放大器都可以正常工作。

（2）静态电流。

典型数值（4～8mA）的意义是说明该集成块静态功耗小，在 $V_{CC}$=6V 时，静态电流仅为 4～8mA。如测量的静态电流值（如图 2-50 所示），偏离参数值较大时，可认为集成块已损坏。

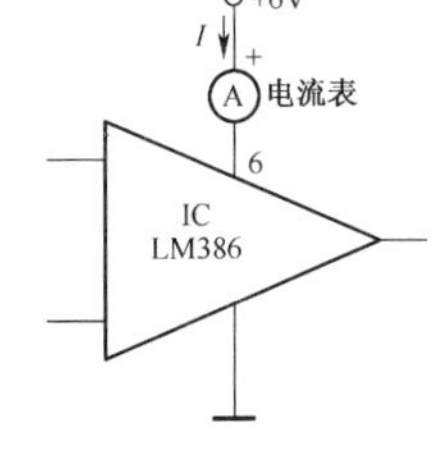


图 2-50　测量 LM386 的静态电流值

（3）电压增益。

① 集成块①、⑧引脚开路，如图 2-51 所示。

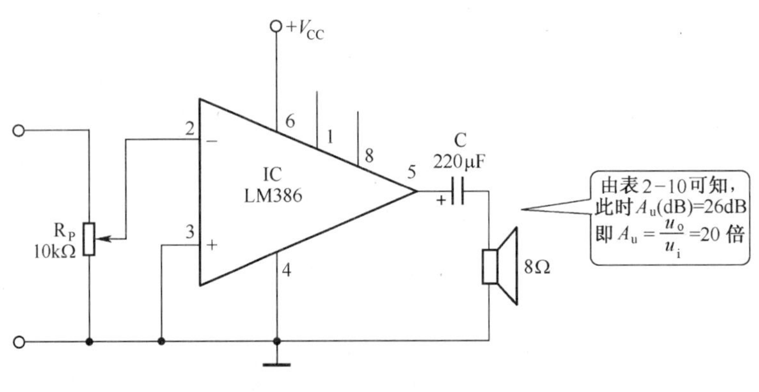


图 2-51　LM386 的电压增益

② 集成块的①、⑧引脚间外接 10μF 的电容器，如图 2-52 所示。

③ 集成块的①、⑧引脚间接入阻容串联元件，该电路如图 2-53 所示。

调节电位器的阻值，可使放大器的电压增益在 26～46dB（20～200 倍）之间变化。

由上述分析可知，为了更好地使用集成功率放大器，不仅需要相应技术资料，同时也需要仔细地阅读和理解。

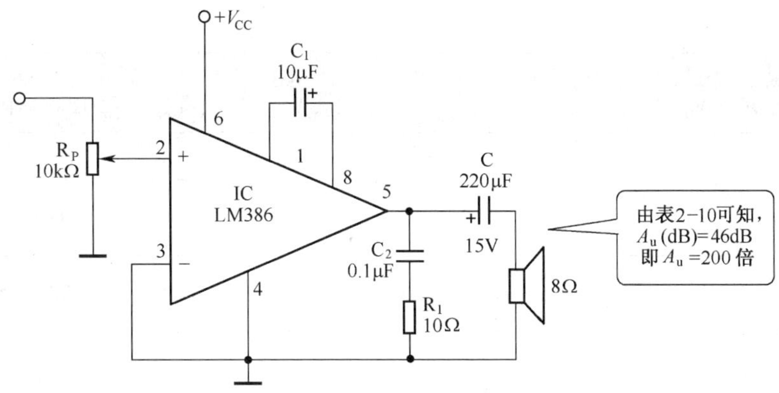


图 2-52 LM386 的电压增益

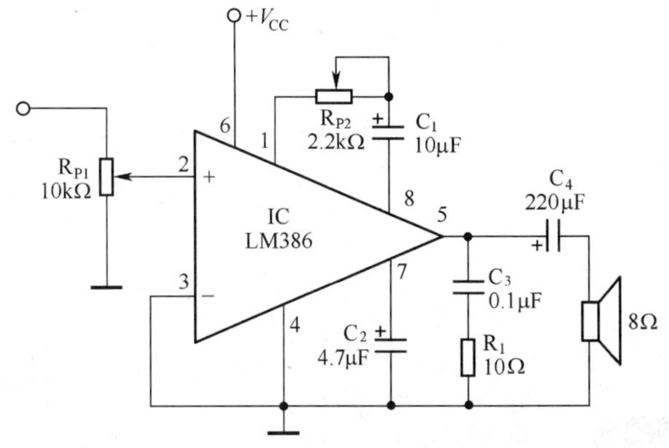


图 2-53 LM386 的电压增益

## 2.2.3 音频傻瓜放大器

1. 音频傻瓜集成块

音频傻瓜集成块（AMP175）外形如图 2-54（a）所示，部分傻瓜功放参数如表 1-10 所示。

2. 傻瓜功放

傻瓜功放参数介绍如表 2-11 所示。

表 2-11 部分“傻瓜”型大功率集成放大器的型号及其主要性能参数

<table>
<tr><th>型号参数</th><th>额定输出功率 $P_o$（W）</th><th>最大输出功率 $P_{o\,max}$（W）</th><th>工作电压（V）</th><th>极限电压（V）</th><th>静态电流（mA）</th><th>频率响应 BW（kHz）</th><th>增益（dB）</th></tr>
<tr><td>傻瓜 AMP15</td><td>32</td><td>55</td><td>18～25</td><td>28</td><td>40</td><td rowspan="3">0.01～50</td><td rowspan="3">30</td></tr>
<tr><td>傻瓜 175</td><td>35</td><td>75</td><td rowspan="2">±15</td><td>34＋</td><td>50</td></tr>
<tr><td>傻瓜 275</td><td>35×2</td><td>75×2</td><td>34</td><td>50×2</td></tr>
<tr><td>傻瓜 1025</td><td>25</td><td>—</td><td>10～18</td><td>—</td><td>40</td><td>0.01～60</td><td rowspan="3">—</td></tr>
<tr><td>傻瓜 D100</td><td>50</td><td>100</td><td>25～45</td><td>50</td><td rowspan="2">—</td><td rowspan="2">0.01～350</td></tr>
<tr><td>傻瓜 D150</td><td>75</td><td>150</td><td>45～50</td><td>55</td></tr>
</table>

续表

| 型号参数 | 额定输出功率 $P_o$（W） | 最大输出功率 $P_{o\max}$（W） | 工作电压（V） | 极限电压（V） | 静态电流（mA） | 频率响应 BW（kHz） | 增益（dB） |
|---|---|---|---|---|---|---|---|
| 傻瓜 D200 | 100 | 200 | 45～55 | 60 | | | |
| 傻瓜 AMP1200 | | | 25～40 | 44 | < 45 | 0.01～30 | |
| 傻瓜 AMP1100 | 60 | 100 | 30～38 | 40 | 40 | 0.01～50 | 30 |

3. 实用电路

傻瓜集成块在实际使用中，只要按图连接导线，不用调整，非常方便，因此应用范围日益广泛。如图 2-54（b）所示的电路即为由傻瓜功放和 LM741 集成电路构成的某扩音机电路。

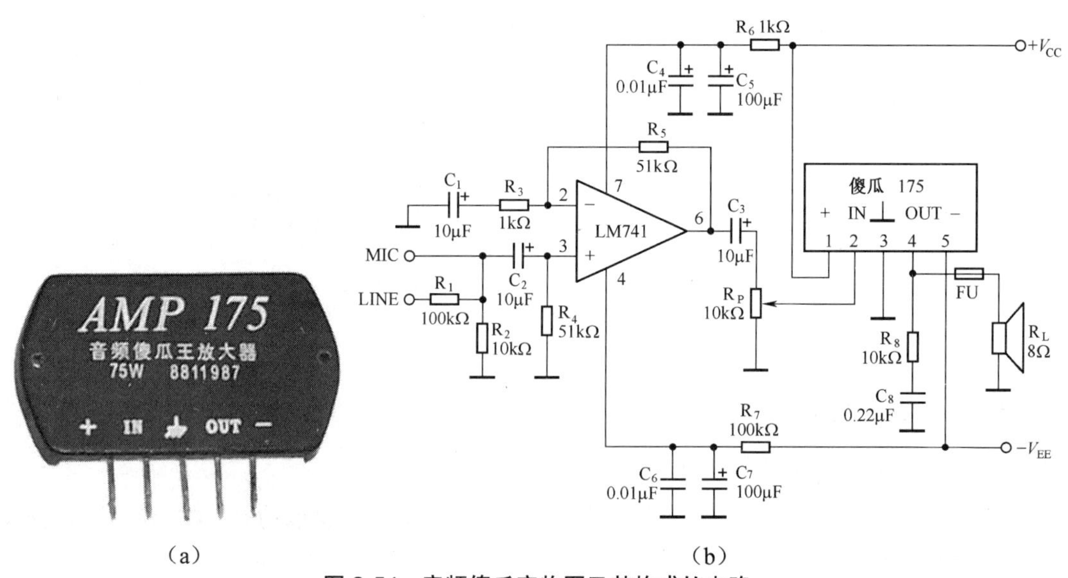


（a）（b）

图 2-54 音频傻瓜实物图及其构成的电路

## 2.2.4 高保真集成功放电路——LM1875

LM1875 是美国国家半导体公司（NS）推出的高保真集成电路。其优越的性能和诱人的音色已被众多发烧友所接受。LM1875 采用 TO-220 封装结构，形如一只中功率晶体管，体积小巧，外围电路简单，且输出功率较大（最大不失真功率达 30W）。该集成电路内部设有过载过热及感性负载反向电势安全工作保护，是中高档音响的理想选择之一。

1. LM1875 的引脚排列（见图 2-55）

2. LM1875 的主要参数

电压范围为±16～±60V

静态电流为>50mA
输出功率为 30W
谐波失真为>0.02%
额定增益为 26dB
工作电压为±25V
转换速率为 18V/μs
输出峰值电流为 4A

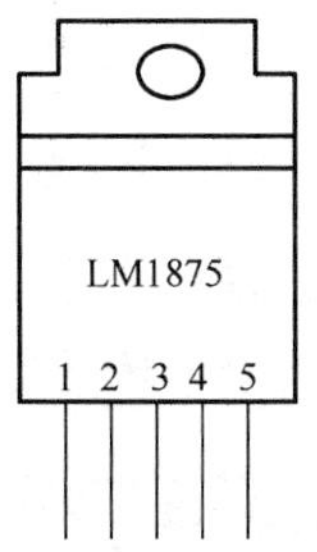


图 2-55 LM1875 的引脚排列
1-同相输入端；2-反相输入端；3-负电源端；4-输出端；5-正电源端

3. LM1875 的工程应用

如图 2-56 所示为用 LM1875 集成功放构成的 OCL 电路。如图 2-57 所示为用 LM1875 集成功放构成的 OTL 电路。如图 2-58 所示为用 LM1875 集成功放构成的 BTL 电路。

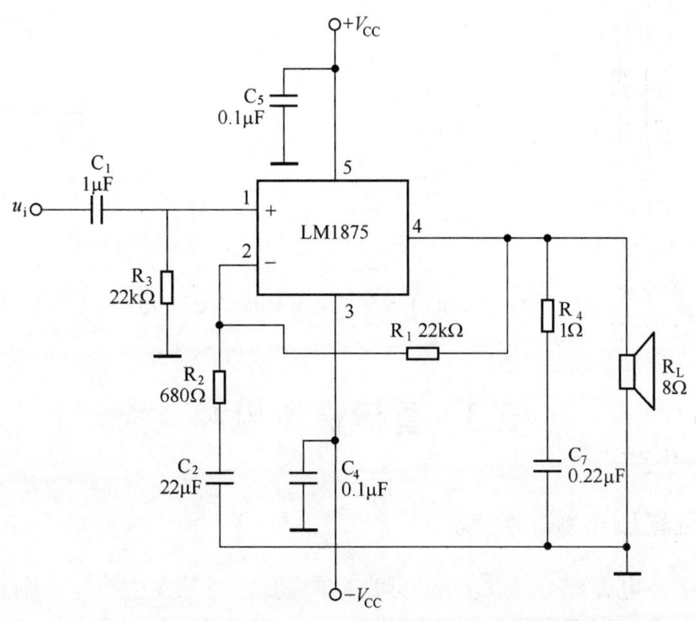


图 2-56 LM1875 集成功放构成的 OCL 电路

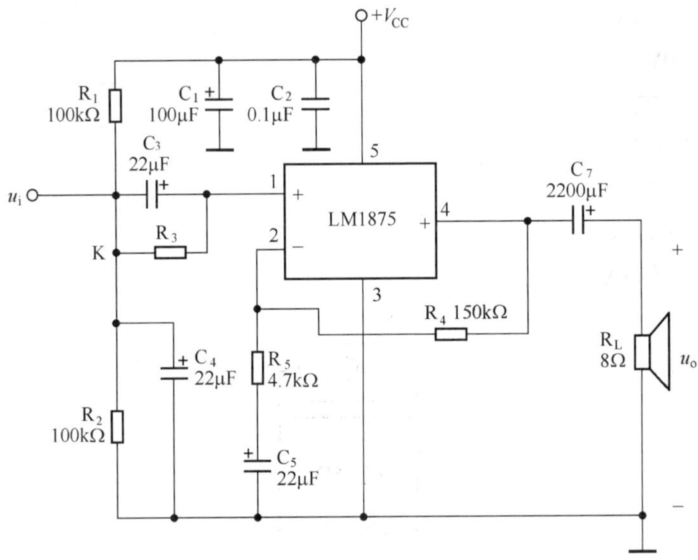


图 2-57　用 LM1875 集成功放构成的 OTL 电路

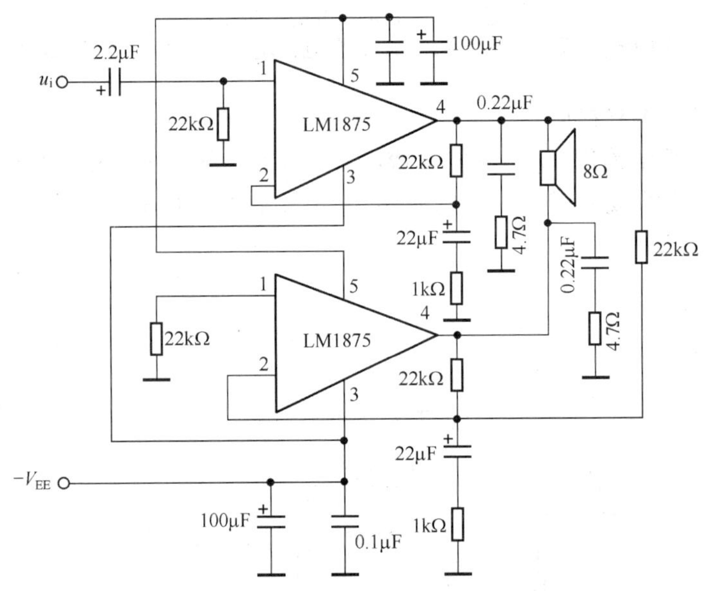


图 2-58　用 LM1875 集成功放构成的 BTL 电路

# 2.3　直流稳压电源

## 2.3.1　直流稳压电源的组成

在电子设备中，电源部分犹如人的心脏一样重要，一旦发生故障，则整个设备都不能正常工作，甚至会酿成严重后果。在电子设备中广泛采用的电源是直流稳压电源，直流稳压电源的一般构成如图 2-59 所示。图中各部分的作用简述如下。

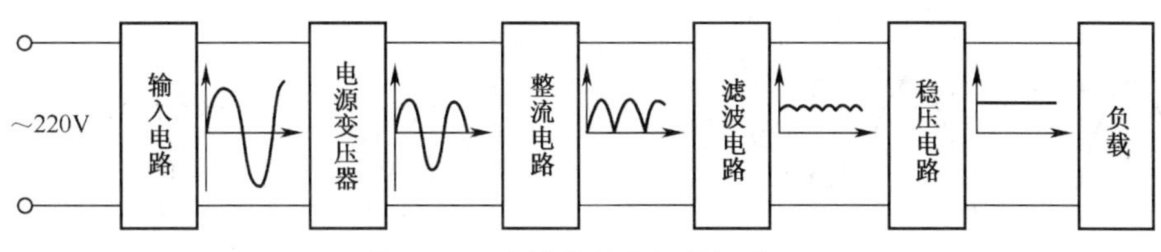


图 2-59 直流稳压电源的组成

1. 输入回路

有电源开关及保险丝。

2. 电源变压器

电子电路常用的直流稳压电源一般为几伏或几十伏，而交流电网的电压为 220V，因此需要通过变压器可以把交流电网电压降低到负载所需的电压值。

3. 整流电路

整流电路是利用整流二极管的单向导电性，将交流电变成脉动直流电的电路。但整流以后的直流电压是脉动电压，含有较多的交流成分，不能满足一般电子电路的要求。

4. 滤波电路

为了减小整流后电压的波动程度，电路通过滤波电路来滤除脉动直流电中的交流成分，使电压波形变得比较平滑。

5. 稳压电路

为了减小电源输出电压受交流电网电压波动和负载变化的影响，在滤波电路之后，通过稳压电路可维持输出直流电压的稳定。

## 2.3.2 整流电路

最常用的单相整流电路有两种：半波整流电路和桥式整流电路。

1. 半波整流电路

(1) 电路组成。

半波整流电路如图 2-60 所示。图中 $T_r$ 为电源变压器，VD 为整流二极管，$R_L$ 为负载的等效电阻。

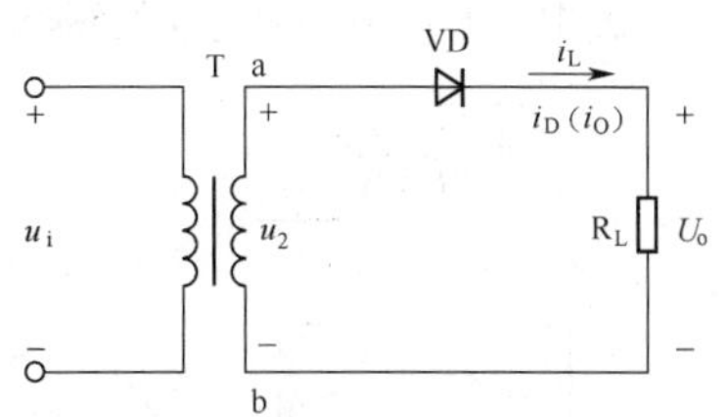


图 2-60 半波整流电路

(2) 工作原理。

设变压器次级电压为 $u_2=\sqrt{2}U_2\sin\omega t$，其波形如图 2-61（a）所示。在 $u_2$ 的正半周，变压器次级 a 端电压为正，b 端为负，二极管承受正向电压导通，负载电流 $i_L$ 流经 a→VD→$R_L$→b。

在 $u_2$ 负半周，a 端为负，b 端为正，二极管承受反向电压而截止，负载上无电流流过，输出电压为零。

从以上分析可知，整流输出电压（电流）的波形如图 2-61（b）、2-61（c）所示，交流电压利用二极管的单向导电路变换为单向的脉动电压电流，从而实现了整流。由于整流后的电压在每个周期内只有半个波形，故称半波整流。

(3) 基本参数的计算。

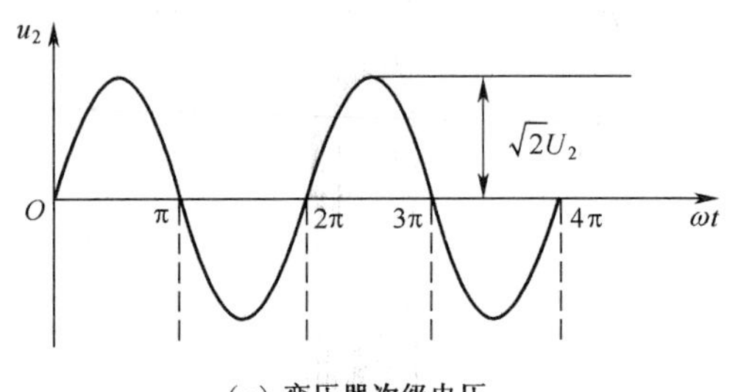


（a）变压器次级电压

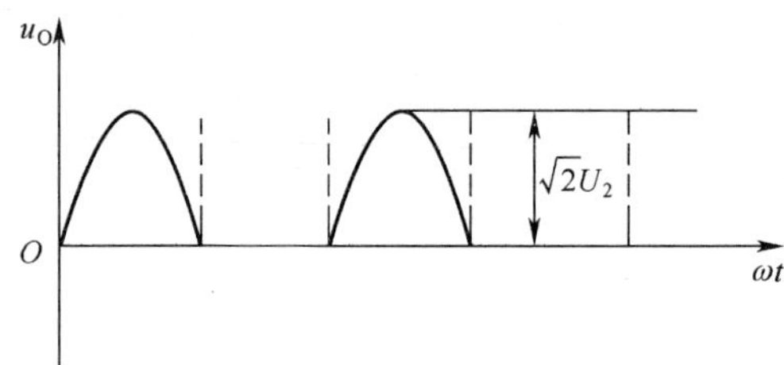


（b）$R_L$上的电压

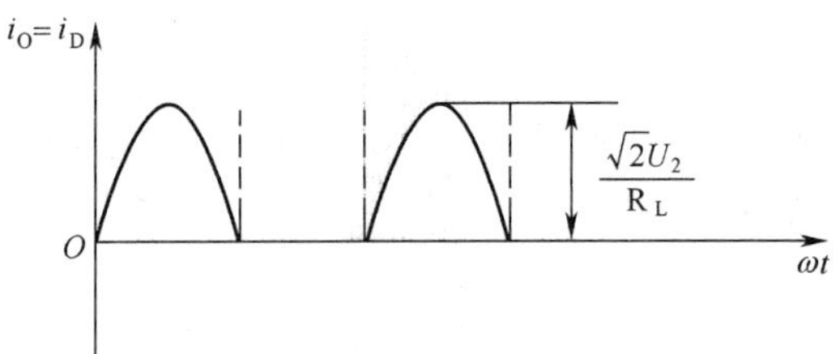


（c）流过$R_L$的电流

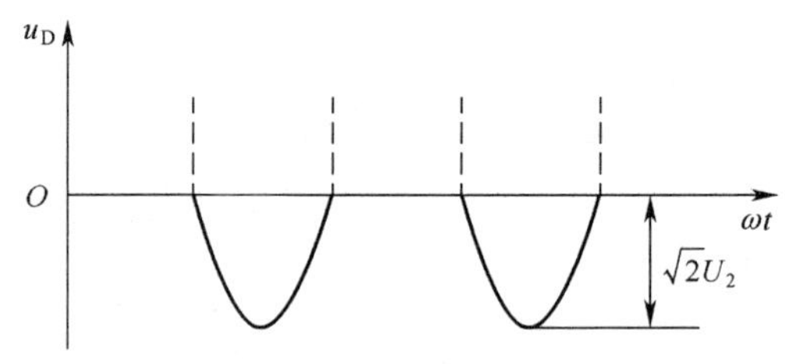


（d）二极管承受的反向电压

图 2-61　半波整流电路的分析

① 整流输出直流电压 $U_o$。负载上获得的是半波的脉动电压，其傅里叶展开式为

$$\frac{2U_m}{\pi}(\frac{1}{2}+\frac{\pi}{4}\cos\omega t+\frac{1}{3}\cos 2\omega t-\frac{1}{15}\cos 4\omega t+\cdots-\frac{\cos\frac{k\pi}{2}}{k^2-1}\cos k\omega t+\cdots)$$

其中第一项为该波形的直流恒定分量（具体内容请查看相应的电工学书籍），即为

$$U_o=\frac{\sqrt{2}}{\pi}U_2\approx 0.45U_2$$

式中　$U_2$——整流电路输入电压 $u_2$ 的有效值，即交流电压表的测量值，如图 2-62 所示。

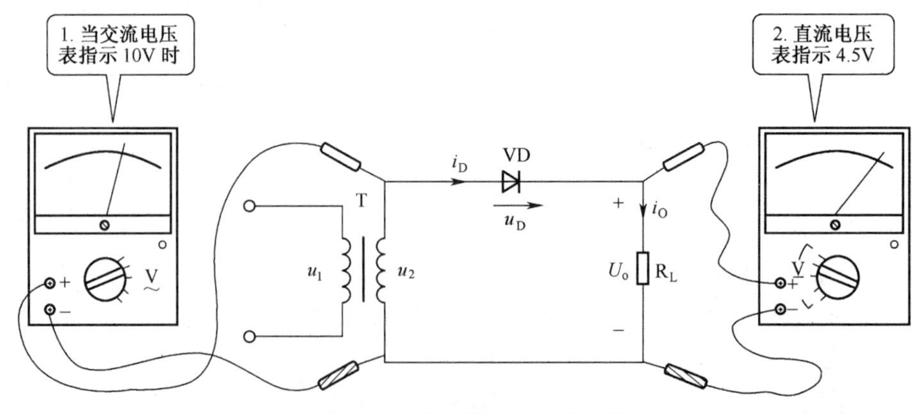


图 2-62　半波整流电路的测量

② 整流管的工作电流。由于串联电路电流处处相等，因此半波整流电路中，二极管的正向电流即为负载电流

$$I_D=I_o=0.45\frac{U_2}{R_L}$$

③ 整流管实际承受的最大反向电压 $U_{Rm}$。在交流电的负半周，二极管 VD 截止，但 VD 承受了电源负半周电压，其波形如图 2-61（d）所示，二极管实际承受的最大反向电压 $U_{Rm}$ 即为 $u_2$ 的最大值：

$$U_{Rm} = \sqrt{2}U_2$$

在实际电路中选择整流元件时，除考虑负载如需要的 $U_o$ 和 $I_o$ 外，还必须考虑二极管导通时的正向电流 $I_D$ 及截止时承受的最大反向电压 $U_{Rm}$。

为了保证二极管安全可靠地工作，选用二极管时应满足：

$$\begin{cases} I_F \geqslant I_D \\ U_R \geqslant U_{Rm} \end{cases}$$

式中：$I_F$——二极管允许通过的最大整流电流平均值；

$U_R$——二极管允许承受的最大反向电压。

根据上述的参数查阅有关半导体器件手册，选择适当的二极管型号。

2. 桥式整流电路

（1）电路组成及画法。

桥式整流电路通常有 3 种画法，如图 2-63（a）所示，电路由 4 个二极管连接成电桥形式，通常电路图中将其简化为如图 2-63（c）所示形式，棱形框中二极管的导通方向表示整流电流方向，如图 2-63（d）所示为整流组件的外形图。

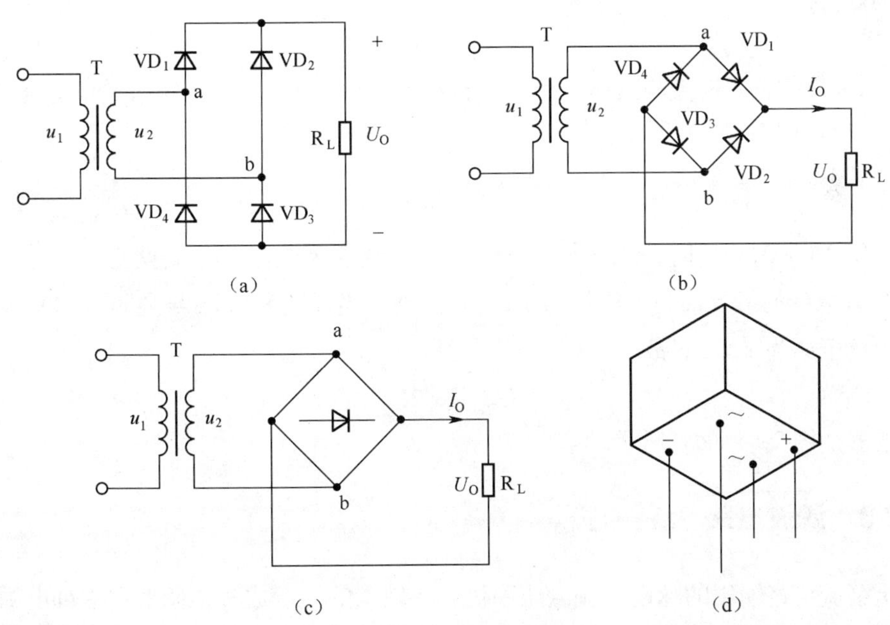


图 2-63 桥式整流电路

（2）工作原理。

变压器次级电压 $u_2$ 的波形如图 2-64（a）所示，在 $u_2$ 正半周，a 点极性为正、b 点为负。$VD_2$ 和 $VD_4$ 承受反向电压截止，$VD_1$ 和 $VD_3$ 正向导通，负载电流经 a→$VD_1$→$R_L$→$VD_3$→b 形成回路。在负半周，$VD_1$ 和 $VD_3$ 截止，$VD_2$ 与 $VD_4$ 导通，负载电流经 b→$VD_2$→$R_L$→$VD_4$→a。

整流输出电压及电流如图 2-64（b）所示。

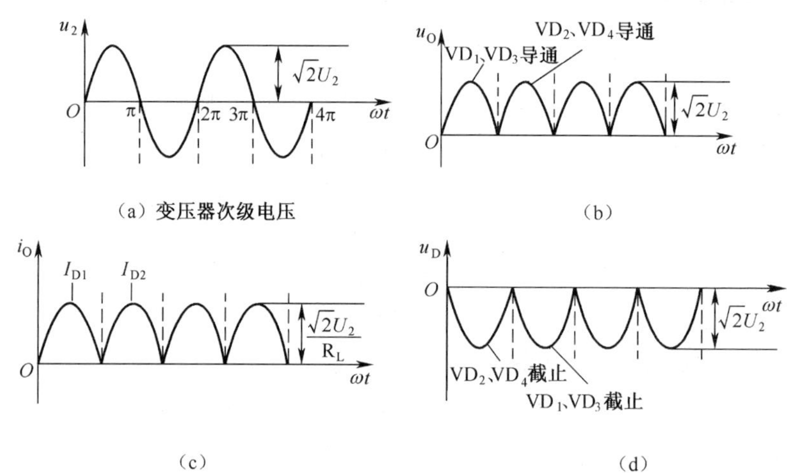


图 2-64　桥式整流电路的分析

（3）参数计算。

类比半波整流电路参数，可以很简单地求出下列参数。

① 整流输出电压、电流的平均值。

$$U_o=0.9U_2$$

② 二极管的正向电流与反向电压。由于 4 个二极管 $VD_{1、3}$ 与 $VD_{2、4}$ 轮流导通，其波形如图 2-64（c）、2-64（d）所示。则

$$U_o=\frac{0.9U_2}{R_L}$$

当 $VD_1$ 和 $VD_3$ 导通时，忽略其管压降，a、b 两点等电位，c、d 两点也为等电位，故 $VD_2$ 和 $VD_4$ 承受的最大反向电压均为 $\sqrt{2}U_2$；同理，当 $VD_2$ 和 $VD_4$ 导通时，$VD_1$ 和 $VD_3$ 承受的最大反压亦为 $\sqrt{2}U_2$，故

$$U_{Rm}=\sqrt{2}U_2$$

其波形如图 2-64（d）所示。

## 2.3.3　滤波电路

由于整流电路输出的脉动直流电压中仍含有较大的交流成分。倘若用这种电源作放大器的电源，其波动成分将通过偏置电路和反馈系统造成放大器的工作紊乱。因此需要采用滤波电路将整流输出电压的脉动程度降低，使之成为波形较平直的直流电。

滤波电路一般由电容器、电感器（或称阻流圈）或者由它们的组合构成，利用电容器、电感器对直流、低频、高频电具有不同响应的基本原理，将脉动直流电中的交流成分滤除掉。本节重点分析最常用的电容滤波电路。

常用滤波电路的形式如表 2-12 所示。

表 2-12 常用小功率滤波电路的性能简介

| 名称 | 电容滤波 | 电感电容（r型）滤波 | 阻容滤波 |
|---|---|---|---|
| 电路 | | | |
| 优点 | ① 输出电压较高<br>② 小电流时滤波效果较好 | ① 几乎没有直流电压损失<br>② 滤波效果很好<br>③ 整流电路不受浪涌电流的冲击<br>④ 负载能力好 | ① 滤波效果较好<br>② 兼有降压限流作用 |
| 缺点 | ① 负载能力差<br>② 电源接通瞬间充电电流很大，整流电路承受很大的浪涌冲击电流 | ① 输出电流很大时需要有体积和重量都很大的滤波阻流圈<br>② 输出电压较电容滤波低<br>③ 负载电流突变时易产生高电压，易击穿整流管 | ① 带负载能力差<br>② 有直流压降损失 |
| 适用场合 | 负载电流较小的场合 | 负载电流大、要求纹波系数较小的场合 | 负载电阻较大、电流较小，要求纹波系数较小的场合 |

## 2.3.4 电容滤波电路

桥式整流电容滤波电路如图 2-65 所示。利用电容器充、放电的特性，可减小负载电压的相对波动。下面具体讨论电容滤波的工作原理。

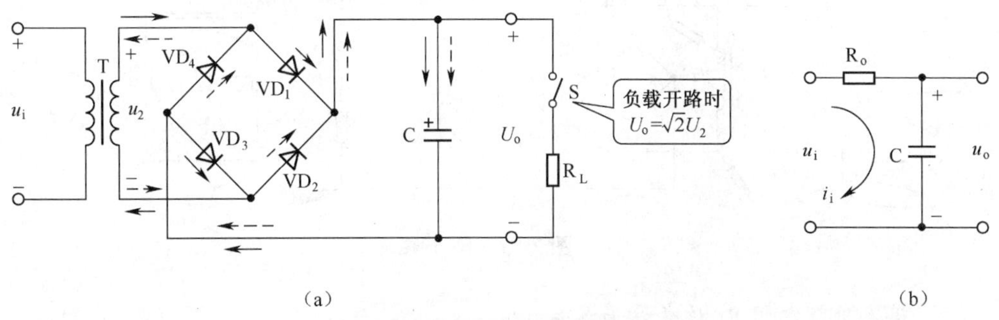


图 2-65 电容滤波电路

1. 负载电阻 $R_L$ 开路（开关 S 断开）时

接上交流电源后，当 $u_2$ 为正半周时，二极管 $VD_1$、$VD_3$ 导通，$u_2$ 对电容器 C 充电，充电回路用实线箭头标明在图 2-65（a）上；当 $u_2$ 为负半周时，二极管 $VD_2$、$VD_4$ 导通，$u_2$ 对电容器充电的回路如图 2-65（a）中虚线箭头所示。充电时间常数为

$$\tau_c = R_o C$$

其中，$R_o$ 是包括变压器次级线圈的直流电阻和二极管的正向电阻在内的等效电阻，等

效图如图 2-65（b）所示。由于 $R_o$ 一般很小，充电时间常数也很小，因此电容器 C 上的电压 $u_c$ 很快地（例如，充电时间为交流电的四分之一周期，即 $\varpi t=\frac{\pi}{2}$ 时）上升到接近 $u_2$ 的峰值 $\sqrt{2}U_2$，极性如图 2-65（a）所示。此后，$u_2$ 按正弦规律下降，由于 $u_c$ 对二极管来说是反向电压，故二极管 $VD_1$、$VD_3$（或 $VD_2$、$VD_4$）截止；电容器 C 因无放电回路，其端电压维持不变（仍为 $\sqrt{2}U_2$），输出电压为一恒定值，如图 2-66 所示实线。举例测试电路如图 2-67 所示。

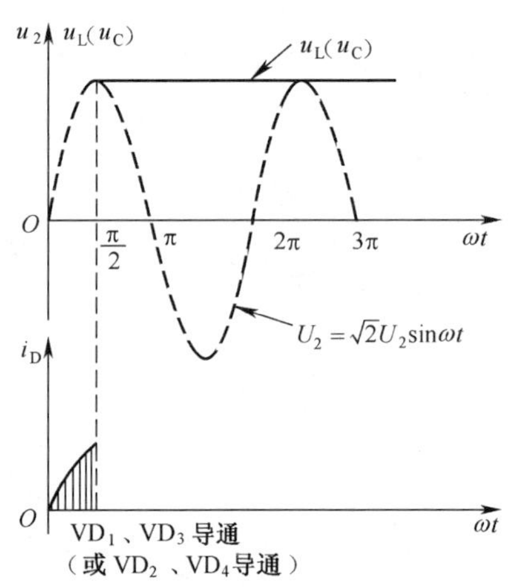


图 2-66　桥氏整流电路的测量

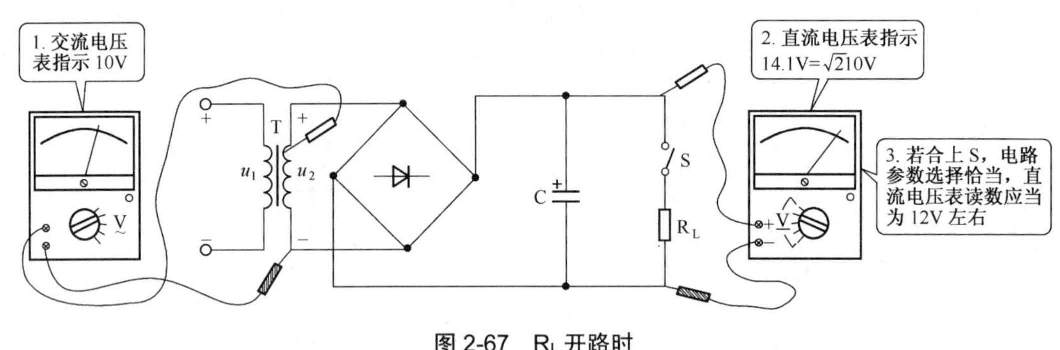


图 2-67　$R_L$ 开路时

2. 接入负载电阻 $R_L$ 后（开关 S 合上）

如图 2-68 所示。

（1）ab 段曲线。

设电容器 C 在 $R_L$ 接入前已充好了电，其端电压 $u_c=\sqrt{2}U_2$，故刚接上 $R_L$ 时，因 $u_2<u_c$，所有二极管都受反向电压作用而截止。于是，电容器 C 通过 $R_L$ 放电，放电时间常数为

$$\tau_d = R_L \cdot C$$

因 $R_L$ 一般情况下远大于 $R_o$，故放电时间常数比充电时间常数大得多，电容器两端的电压 $u_c$ 按指数规律慢慢下降。

（2）bc 段曲线。

$u_2$按正弦规律上升，当 $u_2>u_c$时，二极管 $VD_1$、$VD_3$受正向电压作用而导通。此时，$u_2$一方面经二极管 $VD_1$、$VD_3$向负载 $R_L$提供电流，另一方面向电容器 C 充电，其端电压 $u_c$上升。

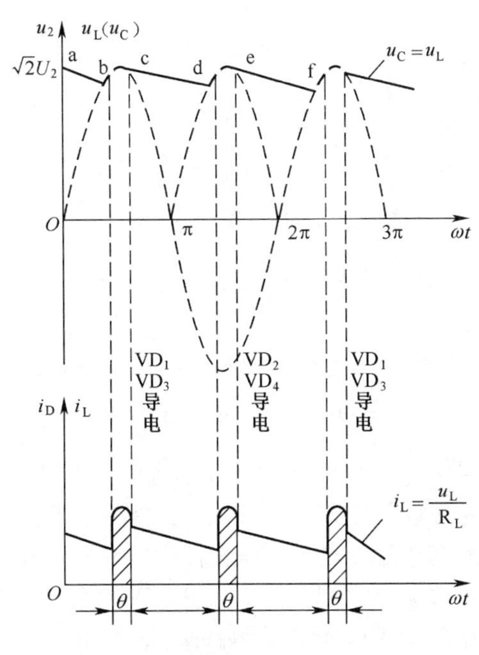


图 2-68 $R_L$接入电路时

（3）cd 段曲线。

$u_c$随交流电压 $u_2$升高到接近$\sqrt{2}U_2$后，$u_2$按正弦规律下降。当 $u_2<u_c$时，二极管 $VD_1$、$VD_3$受反向电压作用而截止，电容器 C 又经 $R_L$放电。

电容器如此往复地充放电，使负载上电压达到相对平稳。由图 2-68 可以看出，负载的变化对 $U_o$的影响较大。$R_L$越大，电容放电的时间常数越大，放电速率越慢，负载电压就越平滑；而当 $R_L$一定时，$C$越大，滤波效果就会越好。

3. 滤波电容的选择

经过理论分析和实验后发现，对桥式整流电容滤波电路中电容的选择公式为

$$C \geqslant (3\sim5)\frac{T}{2R_L}$$

对半波整流滤波电路中电容的选择公式为

$$C \geqslant (3\sim5)\frac{T}{R_L}$$

式中 T——交流电源的周期。特别需要指出的是在接通电源瞬间，滤波电容初始电压为零，流过二极管的充电电流很大（该瞬间电流称为浪涌冲击电流，如图 2-67 所示），有可能烧坏二极管，因此在选择滤波电容时，$C$也不能取值过大。

4. 整流电路基本参数一览表（见表 2-13）

表 2-13　整流电路基本参数一览表

| 基本参数 / 负载性质 / 电路形式 | 输出直流电压 | | 每管承受的最高反压 | | 流过每管的整流电流 | |
|---|---|---|---|---|---|---|
| | 纯阻负载 | 电容滤波 | 纯阻负载 | 电容滤波 | 纯阻负载 | 电容滤波 |
| 半波 | $0.45U_2$ | $U_2$ | $\sqrt{2}U_2$ | $\sqrt{2}U_2$ | $I_o$ | $I_o$ |
| 桥式 | $0.90U_2$ | $1.2U_2$ | $\sqrt{2}U_2$ | $\sqrt{2}U_2$ | $\frac{1}{2}I_o$ | $\frac{1}{2}I_o$ |

注：①表中，$U_2$是变压器次级交流电压有效值；$I_o$是输出直流电流；②电容滤波情况下的输出直流电压是工程上估算数值，即桥式电容滤波电路满足$C \geqslant (3\sim5)\frac{T}{2R_L}$，半波电容滤波电路满足$C \geqslant (3\sim5)\frac{T}{R_L}$的条件时的输出电压值；③电路正常工作时的参数实例如图 2-66 所示。

## 2.3.5　直流稳压电路基本原理

采用整流和滤波电路可将交流电转换成平滑的直流电。但当电源负载和电网电压波动时，其输出电压也随之波动。为了使输出电压基本保持稳定，常常在整流、滤波电路后加入稳压环节。

目前，工程上大都采用串联稳压电源。其基本工作原理可用图 2-69 所示的电路加以说明。由图可见，受控电阻 R 与负载 $R_L$ 相串联，输出电压与受控电阻两端的电压有如下关系：$U_o=U_i-U_R$，如果 $U_o$ 增高或 $R_L$ 变大使 $U_o$ 有上升趋势，适当增大 $R$ 使 $U_R$ 增大，可维持 $U_o$ 不变。反之，如果 $U_i$ 或 $R_L$ 变动使 $U_o$ 有下降趋势，适当减小 $R$ 使 $U_R$ 减小，也可维持 $U_o$ 不变。

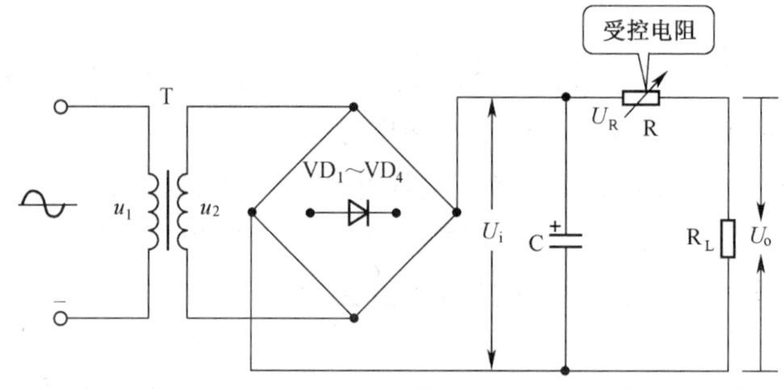


图 2-69　直流稳压电路模型

## 2.3.6　三端式集成稳压器

三端式集成稳压器有三个引出端（输入、输出和地），是利用现代集成工艺把串联稳压电源中的放大、调整等电路制作在单一硅片上，制成像运算放大器一样的单一器件，使得安装和使用都十分简便。

1. 三端固定式集成稳压器

最常用的三端集成稳压器有 78××系列和 79××系列，其外形图及内部结构图如图 2-70 所示。

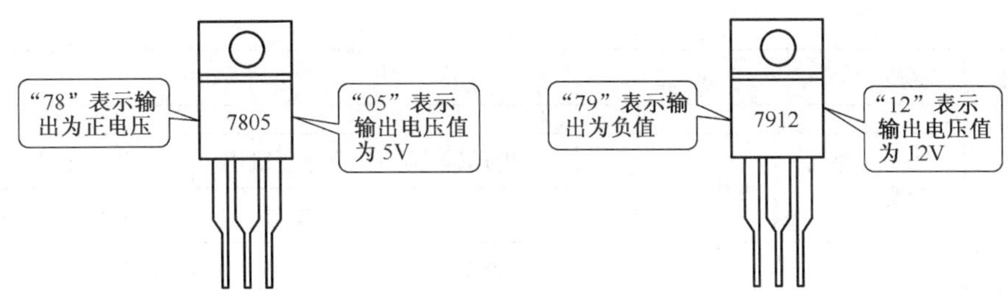


图 2-70　三端固定式集成稳压器

使用时，只要从产品手册中查出有关参数指标和外形尺寸，配上配套的散热器，就可以接成所需的稳压电源。

2. 三端固定式集成稳压器的分类

集成稳压器看似简单，但在实际应用时极易出错。这主要是由于各种稳压器的引脚排列不统一，不仅不同的型号其引脚排列可能不同，即使是同样的型号封装不同其引脚的排列也不一定相同，具体使用时不要犯经验主义的错误，一定要在正确识别后才能接入电路。

（1）三端固定稳压器。

① 三端集成稳压器有 78××系列和 79××系列，如表 2-14 所示。

表 2-14　　三端固定稳压器的简介

<table>
<tr><th>项　目</th><th>图　表</th></tr>
<tr><td>集成块封装与引脚排列</td><td>2<br>1　3<br>①TO-39 型<br>1　2<br>3<br>②TO-3 型<br>1 2 3<br>③TO-220 型</td></tr>
<tr><td>引脚功能</td><td>
<table>
<tr><th rowspan="2">封装型号</th><th rowspan="2">某产品系列</th><th rowspan="2">外形编号</th><th colspan="3">引脚功能</th></tr>
<tr><th>1</th><th>2</th><th>3</th></tr>
<tr><td rowspan="2">TO-39</td><td>78××</td><td>①</td><td>输入端 $U_i$</td><td>输出端 $U_o$</td><td>地</td></tr>
<tr><td>79××</td><td>①</td><td>地</td><td>输出端 $U_o$</td><td>输入端 $U_i$</td></tr>
<tr><td rowspan="2">TO-3</td><td>78××</td><td>②</td><td>输入端 $U_i$</td><td>输出端 $U_o$</td><td>地</td></tr>
<tr><td>79××</td><td>②</td><td>地</td><td>输出端 $U_o$</td><td>输入端 $U_i$</td></tr>
<tr><td rowspan="2">TO-220</td><td>78××</td><td>③</td><td>输入端 $U_i$</td><td>地</td><td>输出端 $U_o$</td></tr>
<tr><td>79××</td><td>③</td><td>地</td><td>输入端 $V_i$</td><td>输出端 $U_o$</td></tr>
</table>
</td></tr>
<tr><td>典型接线</td><td>+ $U_i$　7800　+ $U_o$<br>$C_1$　$C_2$<br>地<br>− $U_i$　7900　− $U_o$<br>$C_1$　$C_2$<br>地</td></tr>
</table>

续表

| 项目 | 型号 / 分类 | 输出电压（V） | 正电压输出型号 | 负电压输出型号 | 输入电压（V）最小值 | 输入电压（V）最大值 |
|---|---|---|---|---|---|---|
| 电压类型 | 按输出电压分类 | ±5 | 7805 | 7905 | 7 | 35 |
| | | ±6 | 7806 | 7906 | 8 | 35 |
| | | ±9 | 7809 | 7909 | 11 | 35 |
| | | ±10 | 7810 | 7910 | 12 | 35 |
| | | ±12 | 7812 | 7912 | 14 | 35 |
| | | ±15 | 7815 | 7915 | 17 | 35 |
| | | ±18 | 7818 | 7918 | 20 | 35 |
| | | ±21 | 7824 | 7924 | 26 | 40 |

| 项目 | 系列 | 78/79L | 78-79M | 78N | 78/79 | 78T | 78H | 78P |
|---|---|---|---|---|---|---|---|---|
| 电流等级 | 电流（A） | 0.1 | 0.5 | 0.5\1.0 | 0.1\1.5 | 3 | 5 | 10 |

② 三端固定稳压器的检测如表 2-15 所示。

表 2-15　三端固定稳压器的检测

| 项目 | 示意图 | 检测 |
|---|---|---|
| 关于三端固定稳压器接地端的判断 | 检测示意图 | 如左（a）图所示，用红表笔接散热板，用黑表笔分别测 1、2、3 三个端子，其中零欧姆端即为接地端 |
| 判断集成块好坏 | 检测电路图 | ① 调整 $U_i$（在输入允许范围内）$U_o$ 始终为 6V，则集成块为好，否则为不好；<br>② 如集成块输入、输出端接反了，则 $U_o$ 不为定值，$U_o$ 会随 $U_i$ 的变化而变化，从而失去了稳定功能；<br>③ 测试时，应接上假负载，并注意假负载的额定功率满足电路要求 |

## 2.3.7　三端可调式稳压器

1. 三端可调稳压器的简介如表 2-16 所示。

表 2-16 三端可调稳压器的简介

| 项目 | 图表说明 | | | | | | |
|---|---|---|---|---|---|---|---|
| 集成块外形与引脚排列 | ① | ② | ③ | ④ | | | |
| CW317、CW337系列可调稳压器引脚排列顺序及功能 | 输出极性 | 型号 | 外形编号 | 引脚功能 1 | 引脚功能 2 | 引脚功能 3 | |
| | 正电压输出 | 317L | 1 | 输入端 | 调整端 | 输出端 | |
| | | 317L | 2 | 调整端 | 输出端 | 输入端 | |
| | | 317M | 3 | 调整端 | 输入端 | 输出端 | |
| | | 317M | 4 | 调整端 | 输出端 | 输入端 | |
| | | 317 | 3 | 调整端 | 输入端 | 输出端 | |
| | | 317 | 4 | 调整端 | 输出端 | 输入端 | |
| | 负电压输出 | 337L | 1 | 输出端 | 调整端 | 输入端 | |
| | | 337L | 2 | 调整端 | 输入端 | 输出端 | |
| | | 337M | 3 | 调整端 | 输出端 | 输入端 | |
| | | 337M | 4 | 调整端 | 输入端 | 输出端 | |
| | | 337 | 3 | 调整端 | 输出端 | 输入端 | |
| | | 337 | 4 | 调整端 | 输入端 | 输出端 | |
| 可调稳压器典型电路 | 输入端 稳压器 输出端 $R_1$ 调整端 $U_i$ $U_o$ $R_P$ | | | | | | 改变 $R_P$ 可改变输出电压的数值，粗略估算公式为 $U_0=1.25(1+\frac{R_1}{R_P})$ |

2. 调压原理

为了使三端稳压器实现输出电压可以调节的需要，工厂专门生产了原始稳压值 $V_X$ 很低、$I_Q$ 很小的三端稳压器件。例如 W317 型三端稳压器，$U_x$=1.25V，$I_Q$=50μA。如图 2-71 所示。

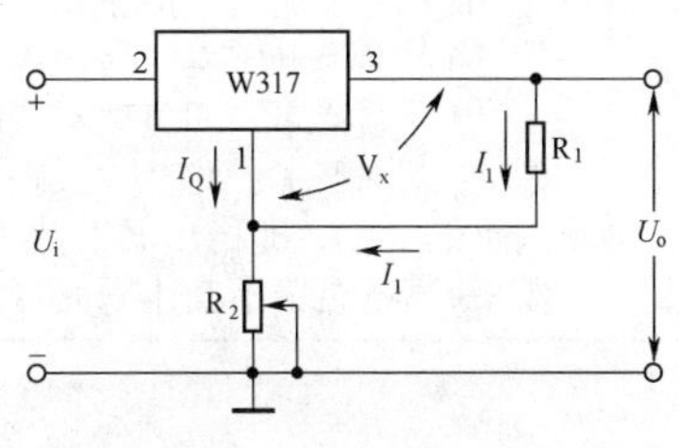

图 2-71 三端可调式稳压电路

由图可直接写出：

$$U_o=U_{R1}+U_{R2}=U_X+(I_Q+I_1)R_2=U_X+\left(I_Q+\frac{U_X}{R_1}\right)R_2$$

因为 $I_Q$ 极小，忽略其影响，则 $U_o\approx\left(\frac{R_2}{R_1}+1\right)U_X$，即改变 $R_2$ 的数值就可以改变输出电压的数值。

这样专门设计的三端稳压器可以实现从 1.25V 为起点到几十伏电压的调整，满足了电子设备的大部分需求，从而应用极广。

3. 可调三端稳压器参数表（如表 2-17 所示）

表 2-17　　可调三端稳压器参数表

| 输出极性 | 型号 | 输出电流 | 输出电压 $U_o$(V) | | 输入电压 $U_i$（V） | | 输入输出电压差($U_o$–$U_i$) | 电压调整率 | 电流调整率 | 最高结温 |
|---|---|---|---|---|---|---|---|---|---|---|
| | | $I_o$（mA） | 最小 | 最大 | 最小 | 最大 | 最小 | $S_V$（%V） | $S_I$（%/V） | $T_I$（℃） |
| 正压 | CW317L<br>CW217L<br>CW117L | 100 | 1.20 | 37 | 5.0 | 40 | 3 | 0.04 | 0.5 | 125 |
| | | | | | | | | 0.02 | 0.3 | 150 |
| | CW317M<br>CW217M<br>CW117M | 500 | 1.20 | 37 | 5.0 | 40 | 3 | 0.04 | 0.5 | 125 |
| | | | | | | | | 0.02 | 0.3 | 150 |
| | CW317<br>CW217<br>CW117 | 1500 | 1.20 | 37 | 5.0 | 40 | 3 | 0.04 | 0.5 | 125 |
| | | | | | | | | 0.02 | 0.3 | 150 |
| 负压 | CW337L<br>CW237L<br>CW137L | 100 | –1.20 | –37 | –5.0 | –40 | –3 | 0.04 | 0.5 | 125 |
| | | | | | | | | 0.02 | 0.3 | 150 |
| | CW337M<br>CW237M<br>CW137M | 500 | –1.20 | –37 | –5.0 | –40 | –3 | 0.04 | 0.5 | 125 |
| | | | | | | | | 0.02 | 0.3 | 150 |
| | CW337<br>CW237<br>CW137 | 1500 | –1.20 | –37 | –5.0 | –40 | –3 | 0.04 | 1.0 | 125 |
| | | | | | | | | 0.02 | 0.5 | 150 |

说明：

① 117、217 和 317 的区别：第一位数字 1 表示Ⅰ类产品，数字 2 表示Ⅱ类产品，数字 3 表示Ⅲ类产品。

② 解释 CW：C 是 China 的词头，表示中国制造，W 是稳压器汉语拼音的第一个字母，表示该集成块属稳压系列。

③ 输出电流 $I_o$：指集成稳压器在安全工作的条件下能提供的最大输出电流。使用时应充分考虑负载的大小，以保证在各种条件下，电路的实际电流不能超过此值，由上表可知，型号有 100mA、500mA 和 1500mA 三种规格，使用者可根据负载的大小加以选择，并按要求安装散热板。

④ 输出电压 $U_o$：指集成稳压器的额定输出电压。

⑤ 最小输入电压：指将集成稳压器正常工作所必须的最低输入电压。

⑥ 最大输入电压：指在安全工作的前提下，集成稳压器所能承受的最大输入电压值。

⑦ 输入输出电压差：指输入电压和输出电压的最小差值。

⑧ 电压调整率：即负载不变时，输入电压变化±10%，输出电压的电压变化率，此值愈小愈好。

⑨ 电流调整率：此参数反映稳压器因负载阻抗的变化而引起输出电压的变化。它实际上是指稳压器内阻的大小，即稳压器带动负载的能力。

⑩ 最高结温：指晶体管允许的最高温度，常用于计算所需散热片的大小

## 第二部分　工　作　页

音频功率放大器的制作与调试，建议采用个人与小组（4 人组）相结合方式完成工作任务，具体要求如下。

(1) 小组分工。

| 项　目 | 实施者 | 项　目 | 实施者 |
| --- | --- | --- | --- |
| ① 组织学习 | | ④ 工具、器件准备 | |
| ② 产品调研 | | ⑤ 安装与调试 | |
| ③ 电路设计 | | ⑥ 项目小结 | |

(2) 产品调研。

学生可以在网络上和商场中调研音频功放大器产品的价格和类型，并通过产品使用者了解产品使用的感受和要求，然后撰写调研报告。

(3) 绘制产品电路框图、电路原理图并加以说明。

(4) 音频功率放大器的制作过程说明。

(5) 项目小结。

## 第三部分　基础知识练习页

1. 什么是零点漂移？
2. 产生零点漂移的原因有哪些？
3. 抑制零点漂移的方法有哪些？
4. 零点漂移对直接耦合放大器有什么危害？
5. 什么是共模信号？什么是差模信号？
6. 差动放大电路是怎样工作的？
7. 差动放大电路有哪几种典型接法？
8. 什么是共模抑制比？
9. 集成电路有哪些特点？
10. 集成运算放大器由哪几部分组成？各起什么作用？
11. 集成运算放大器有哪些主要技术参数？
12. 什么是理想集成运算放大器？
13. 什么是虚短？什么是虚断？
14. 画出比例运算电路中的反相放大和同相放大电路，并写出分析两种电路的运算关系。
15. 如图 2-72 所示，求出每个电路的输出电压表达式。

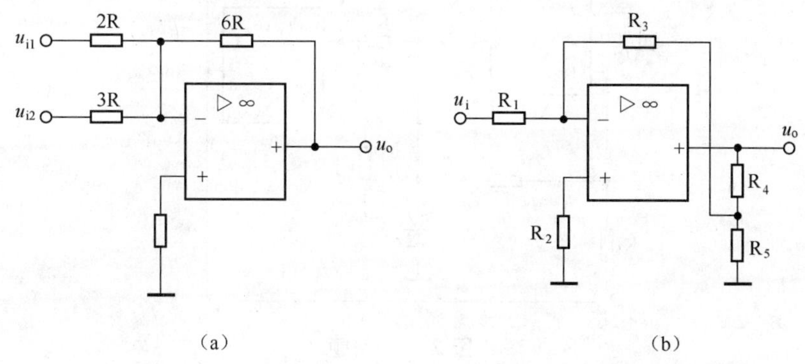

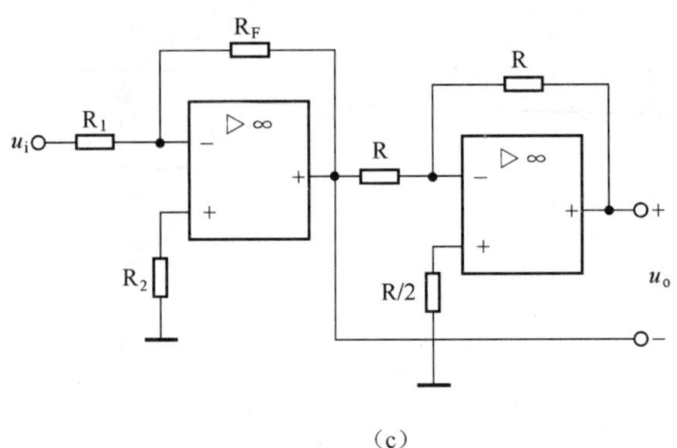


（c）

图 2-72　习题

16．设图 2-73 中电容上的初始电压为零，试画出输出波形，并标出峰值电压。

17．试分析如图 2-74 所示电路的工作原理。

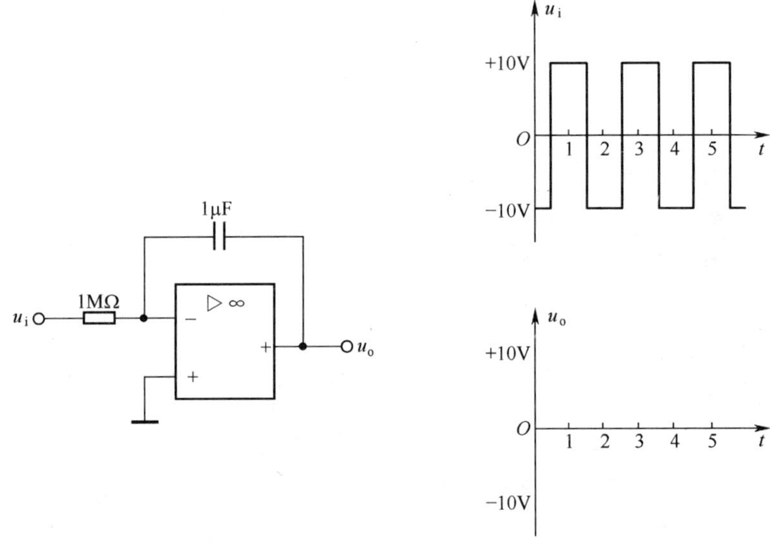


图 2-73　习题

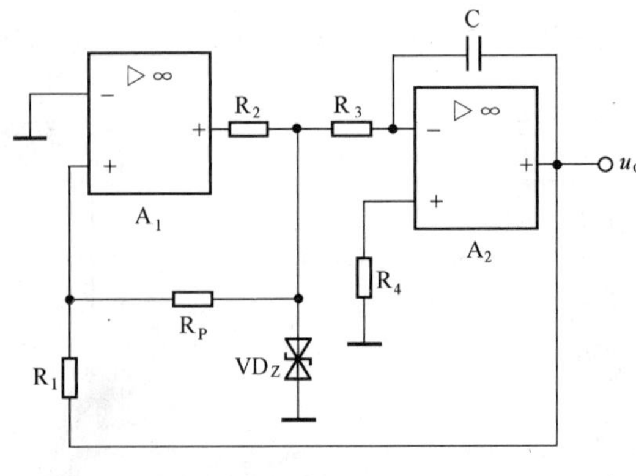


图 2-74　习题

18．如图 2-75 所示的集成功率放大电路，试解答问题。

（1）说明集成电路 DG4100 第 1、2、9、14 脚的功能。

（2）分析电路中元件 $C_1$、$C_3$、$C_5$、$C_6$的作用。

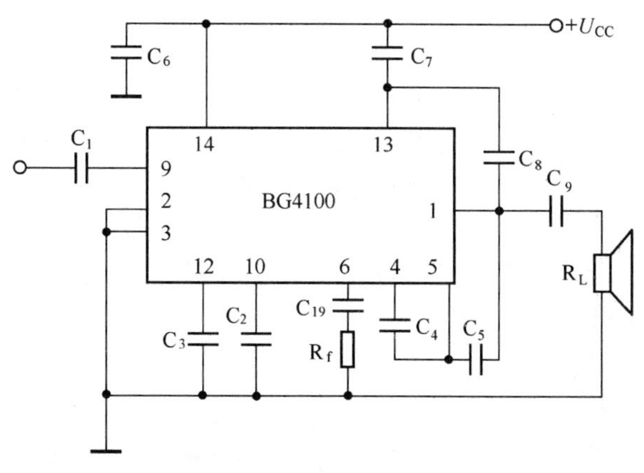


图 2-75 习题

19．检查如图 2-76 所示电路中的错误，使其能输出正极性的直流电压，并画出修正后的电路图。

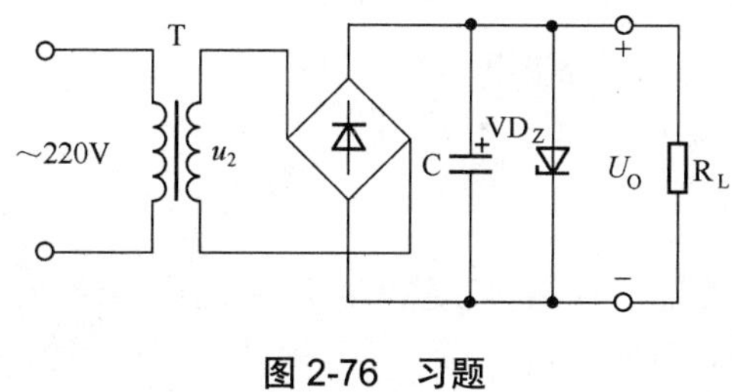


图 2-76 习题

20．什么是整流电路？常用整流电路有哪几种？

21．半波整流电路有哪些基本参数？

22．什么是全波整流电路？

23．全波整流电路有哪些基本参数？

24．什么是桥式整流电路？它是怎样工作的？它有什么特点？

25．桥式整流电路有哪些基本参数？

26．什么是滤波电路？常用的滤波电路有哪几种？

27．解释电容滤波电路。并解释 7805、7909、117、217、317 集成电路的实际意义。

28．什么是集成稳压电路？常用集成稳压电路有哪几种？

29．画图并简述可调输出集成稳压电路。

# 项目三　无线发射机和接收机的分析与调试

某无线调频发射机与接收机样机实物如图 3-1、图 3-2 所示。本项目通过对无线发射机与接收机的分析与调试，来学习有关高频电子线路中相关的基本概念、基本电路及其电路调试要点。

图 3-1　调频发射机

图 3-2　调频接收机

## 项目描述

| 课程名称 | 电子电路分析与调试 | 建议总学时 | 230 学时 |
|---|---|---|---|
| 项目三 | 无线发射机和接收机的分析与调试 | 建议学时 | 50 学时 |
| 建议电路原理图 | 见图（a)、图（b)，图（a)、图（b）附在表后。<br>注：如果在使用过程中需要更完整的资料，可以参考课程网站或与作者联系 | | |
| 学习目标 | 通过对无线发射与接收机的分析与调试，学习高频电子线路中相关的基本概念，了解振荡器、调制与解调电路以及模拟乘法器等电路的工作原理及其一般的调试方法 | | |
| 需提交的表单 | 完成配套教材相关内容 | | |
| 学时安排建议 | （1）项目任务、目标的领会和探讨（5 学时）；<br>（2）知识和能力准备（20 学时）；<br>（3）安装和调试实践，具体内容见配套教材（20 学时）；<br>（4）项目评价（5 学时） | | |

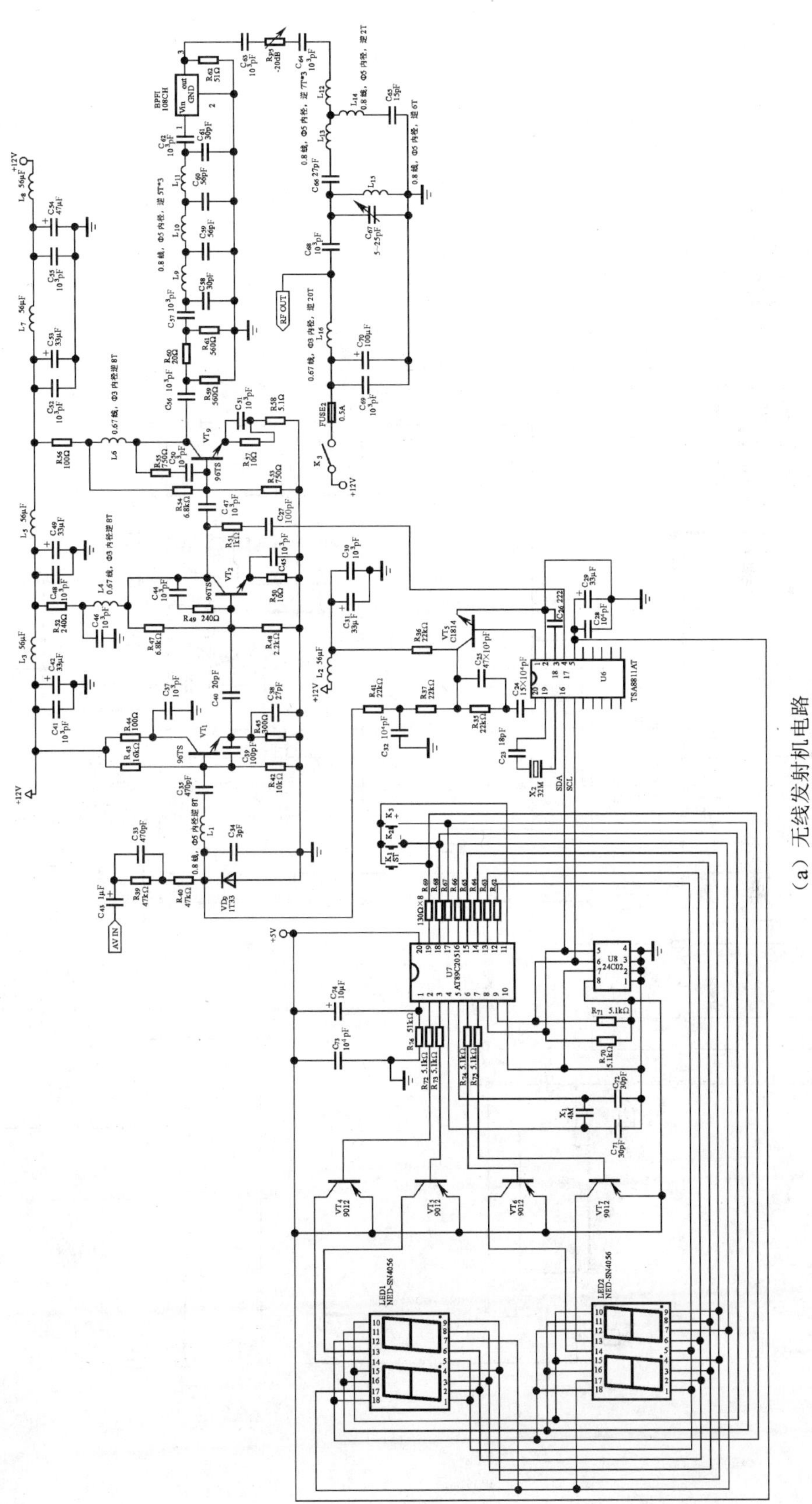

（a）无线发射机电路

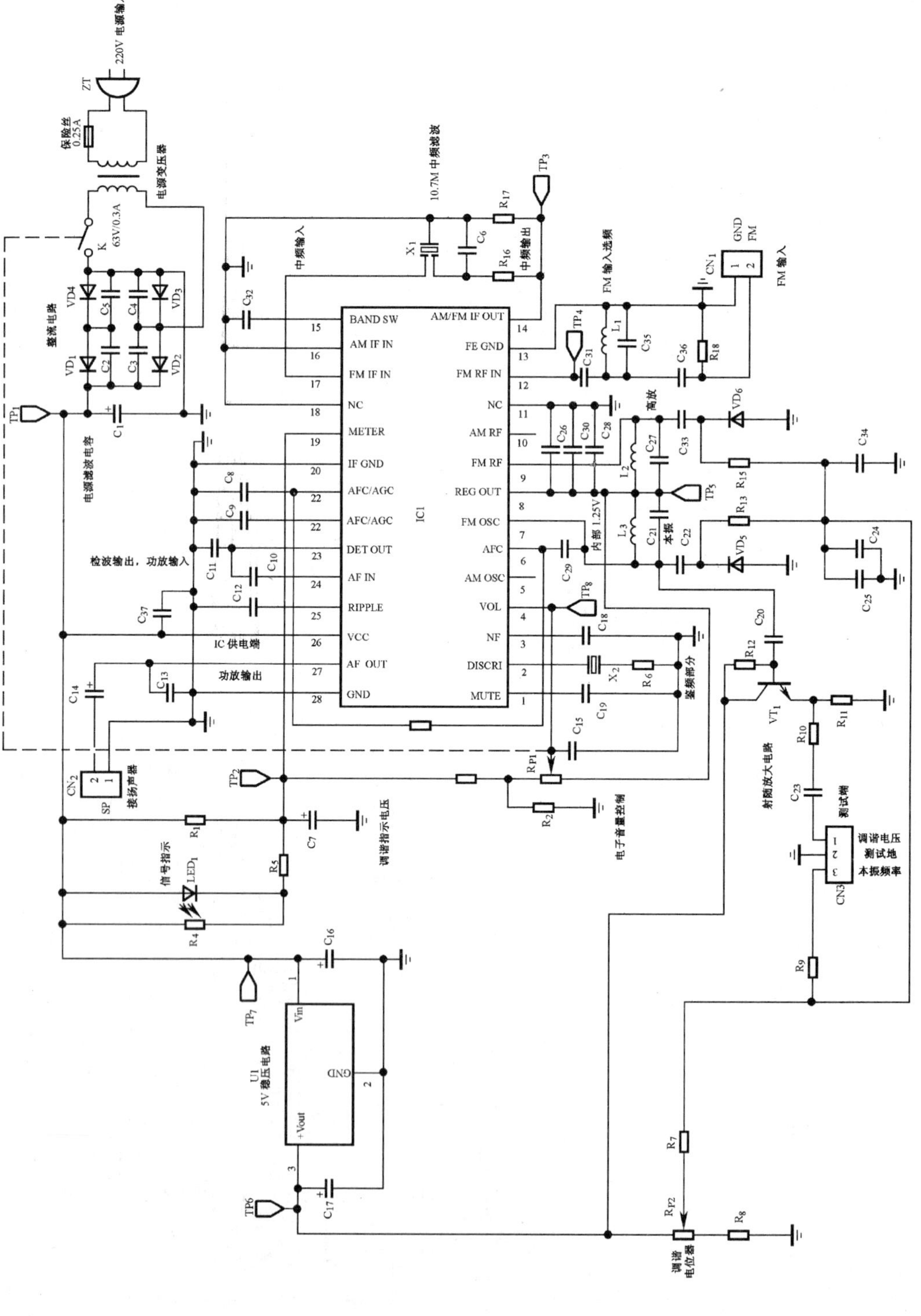

220V 电源输入
ZT
保险丝 0.25A
电源变压器
K
63V/0.3A
整流电路
VD1 VD2 VD3 VD4
C1 C2 C3 C4 C5
TP1
电源滤波电容
BAND SW
AM IF IN
FM IF IN
NC
METER
IF GND
AFC/AGC
AFC/AGC
DET OUT
AF IN
RIPPLE
VCC
AF OUT
GND
AM/FM IF OUT
FE GND
FM RF IN
NC
AM RF
FM RF
REG OUT
FM OSC
AFC
AM OSC
VOL
NF
DISCRI
MUTE
IC1
10.7M 中频滤波
中频输入
中频输出
TP3
FM 输入选频
GND
FM
CN1
FM 输入
高放
本振
内部 1.25V
检波输出，功放输入
IC 供电端
功放输出
鉴频部分
接扬声器
SP
CN2
TP2
调谐指示电压
电子音量控制
信号指示
LED1
射随放大电路
VT1
测试端
调谐电压
测试地
本振频率
CN3
U1
5V 稳压电路
Vin
GND
+Vout
TP6
TP7
调谐电位器


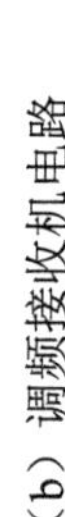

（b）调频接收机电路

# 第一部分 引 导 文

## 3.1 调制与解调的基本概念

图 3-3 与图 3-4 所示分别是无线发射机和无线接收机的简略示意图。

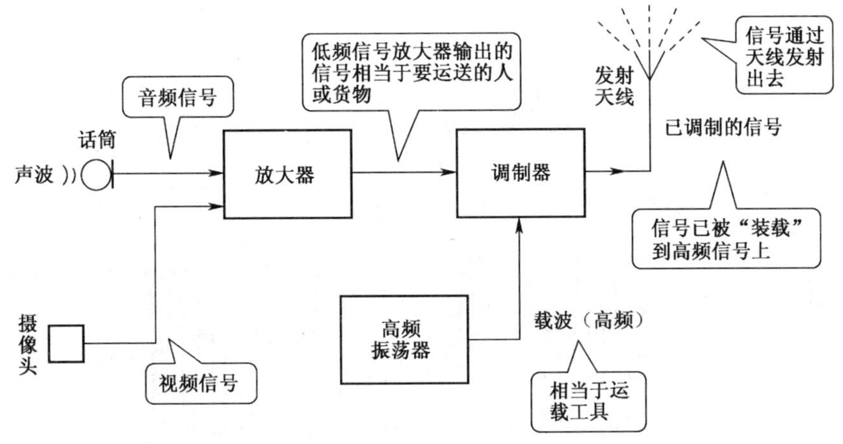


图 3-3 无线发射机

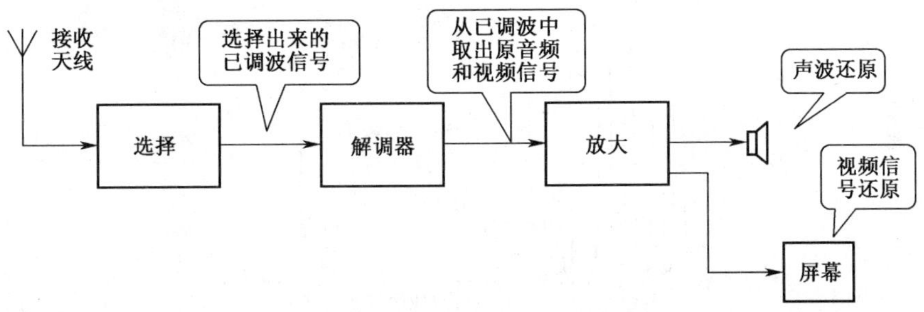


图 3-4 无线接收机

通过上述两个图，可以大体了解电子技术是如何解决“信号发送”和“信号还原”这两个基本问题的，但要达到对调频发射机的分析和调试的目的，还需要学习如下的基本知识和技能。

1. 调制的方式

众所周知，人们可以通过不同的交通工具出行。同理，电磁波也可以通过不同的“装载”方式进行传播。通过电工学的学习，我们已经知道，一个正弦交流信号可以用其振幅、频率和初相角的数值（交流电的三要素）来表征。因此，只要用语言、音乐或者视频图像等转换的电信号去控制这三个参数中的任一个，使之变化遵循控制信号的变化规律，那么就可以认为信号被“装载”到这个交流信号上去了，在无线电技术中把这种控制过程称为“调制”，控制信号称为调制信号，被控制的交流电信号称为载波，被调制后的载波称为已调波。不难理解，调制的方法有 3 种：调幅、调频和调相，常用的调制方式为调幅和调频两种，其中调幅最为普通。

（1）调幅（AM）。

如图 3-5 所示，当控制信号为正半波时，载波的振幅变大，当控制信号为负半波时，载波的振幅变小，若控制信号为零时，载波的振幅不变化，即载波的振幅随控制信号振幅的变化而变化。这种形式的调制方式被称为调幅。

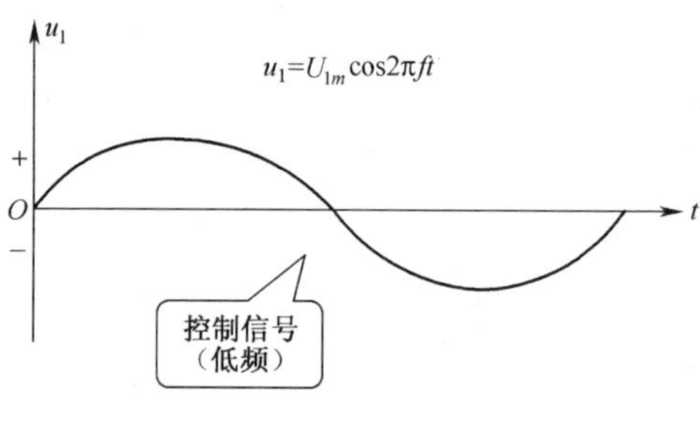


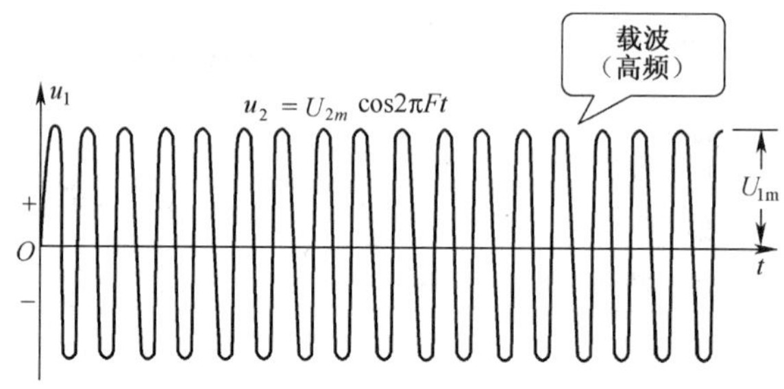


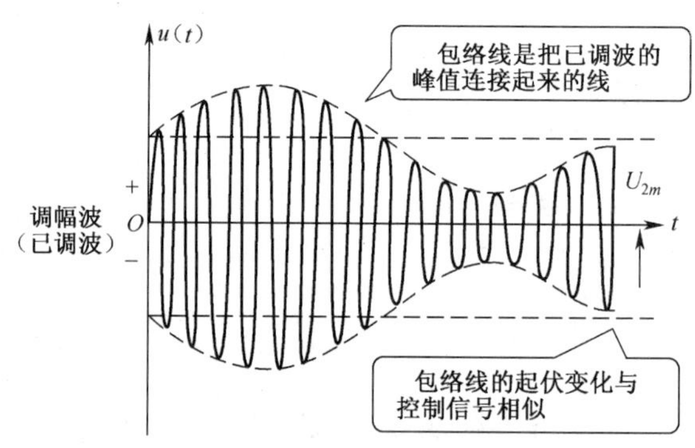


图 3-5 调幅波的形成

（2）调频（FM）。

所谓频率调制就是使载波的频率随控制信号的幅度波的变化而变化。由图 3-6 可知，当控制信号正值最大时，使载波的频率最高，当控制信号为负值最大时载波的频率最低。

2. 无线发射机波形示意图

语言或音乐的声波，通过话筒先将声音转变成音频（低频）电信号，再把音频电信号“装载”到高频电信号中去（载波技术），最后以高频电磁波的形式向远方传播，其框图及各部分波形示意如图 3-7 所示。

那么，为什么要采用“载波技术”呢？也就是为什么发射信号要有“调制”这个环节呢？现以电话通信为例作一简介：人的话音信号频率约为 100~7500Hz，要用无线电波把话音的声波直接传播出去，需要通过发射天线。天线理论和实践都证明无线电波的有效发射和发射天线的长度密切相关。例如发送 1000Hz 的音频电信号，需采用其波长$\lambda/4$长度的天线，因为波长$\lambda=\dfrac{波速}{频率}$，代入计算可知天线长度为 75km，显然要制作这样长的天线是困难的。如果用导线来传送低频信号，线路衰减又太大，同样难以实现。因此实现远距离传输信息，无论是无线方式还是有线方式，都需要利用高频的载波，即把低频的信息信号“装载”到高频信号上，然后再传送出来，这也是“载波技术”的基本应用之一。

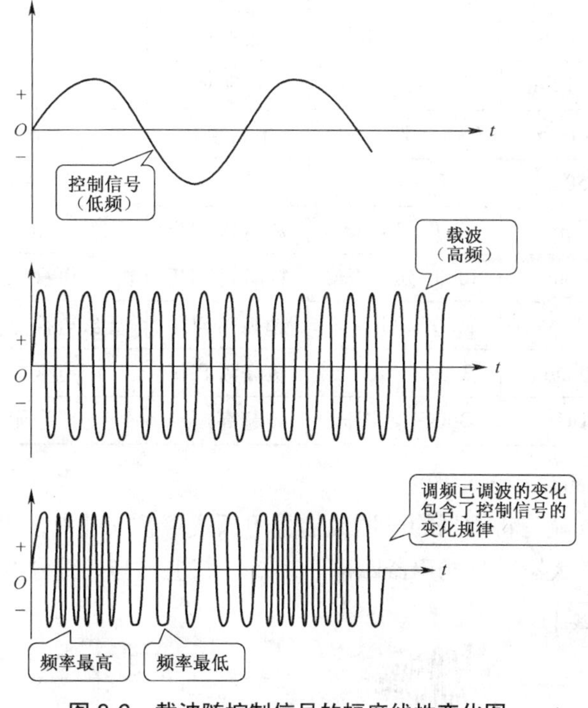


图 3-6 载波随控制信号的幅度线性变化图

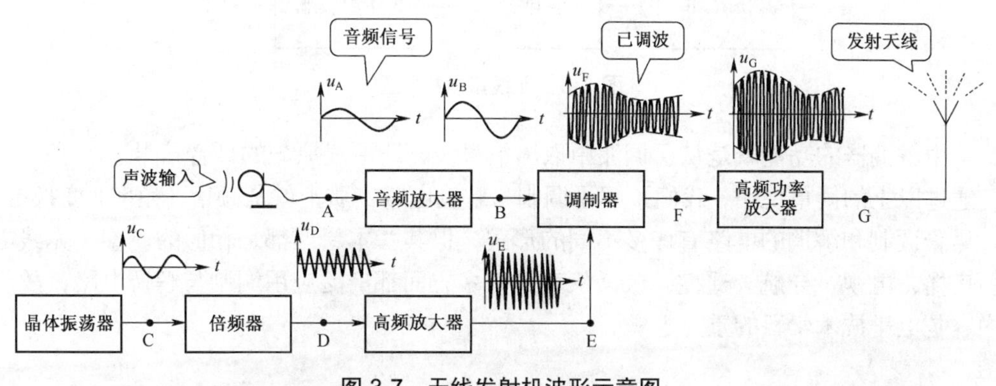


图 3-7 无线发射机波形示意图

载波信号是由高频振荡器所产生的高频正弦波，其频率称为载频。如某广播电台收听频率为 1330kHz，是指该台的载频是 1330kHz。

此外，利用载波技术还可以实现“频分复用”。即在同一条线路上，利用各种不同频率传送多路信号，使它们在同一条线路上同时传送而互不干扰。即不同的广播电台，采用不同频率的载波，彼此互不干扰。例如：北京人民广播电台第一套节目的载波频率是 828kHz，第二套节目的载波频率是 927kHz，由于载波频率不同，故而同时广播也不会相互干扰。

如表 3-1 所示为各种不同频率（波长）无线电波的主要用途。

表 3-1　各种不同频率（波长）的无线电波的主要用途

| 波段名称 | 波长范围 | 频率范围 | 频段名称 | 用　途 |
|---|---|---|---|---|
| 超长波 | $10^4 \sim 10^5$m | 30～3kHz | 甚低频 VLF | 海上远距离通信 |
| 长波 | $10^3 \sim 10^4$m | 30～3kHz | 低频 LF | 电报通信 |
| 中波 | $2\times10^2 \sim 10^3$m | 500～300kHz | 中频 MF | 无线电广播 |
| 中短波 | $50 \sim 2\times10^2$m | 6000～1500kHz | 中高频 IF | 电报通信、业余者通信 |
| 短波 | 10～50m | 30～6MHz | 高频 HF | 无线电广播、电报通信和业余通信 |
| 米波 | 1～10m | 300～3MHz | 甚高频 VHF | 无线电广播、电视、导航和业余通信 |
| 分米波 | 1～10dm | 3000～300MHz | 特高频 UHF | 电视、雷达、无线电导航 |
| 厘米 | 1～10cm | 30～3GHz | 超高频 SHF | 无线电接力通信、雷达、卫星通信 |
| 毫米波 | 1～10mm | 300～300GHz | 极高频 EHF | 电视、雷达、无线电导航 |
| 亚毫米波 | 1mm 以下 | 300GHz 以上 | 超高频 | 无线电接力通信 |

3. 无线接收机的波形示意图

无线电波的接收就是将收到的已调波信号还原成声音的过程，由输入调谐（选择）回路、解调器、音频放大器以及扬声器四部分组成，其框图与各部分波形图如图 3-8 所示。

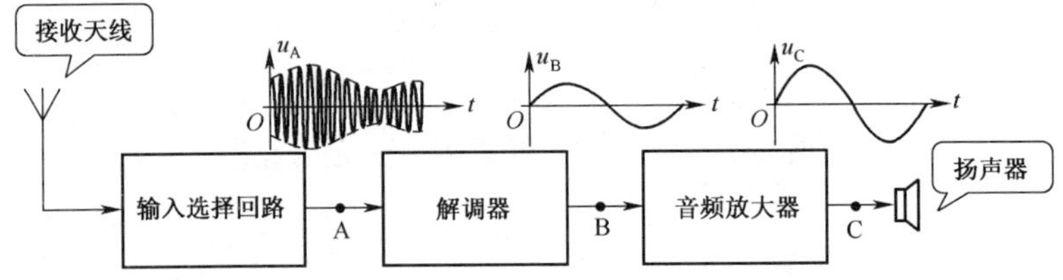


图 3-8　无线接收机框图

其中解调器的功能就是从已调波中取出信号波，还原成原先的话音信号。

通过以上的简单说明，我们了解了调制与解调电路实质上就是频谱（频率）变换电路。尽管调制和解调的电路有许多不同的形式，但其基本原理都是相似的。鉴于无线电通信、广播、电视、导航、遥控、仪器仪表等许多方面都广泛应用调制与解调电路，故而本节内容是电子技术学科的重点之一。

## 3.2　选频放大器（调谐放大器）

1. 选频放大器概述

顾名思义，选频放大器就是能从多种频率的输入信号中，选取所需要的一种频率信号并加以放大的放大器。例如在看电视、听无线电广播时，必须通过按钮对众多不同的频道或电台做出选择。对电路而言，即只对所需要的某一频率的电台信号进行放大，而对其他频率的信号进行衰减。由于选频放大器的选频功能往往是利用了 LC 谐振回路的谐振特性来进行的，所以此类型的选频放大器也称为调谐放大器。

图 3-9 所示框图示意了无线电发送和接收的情况，同学们可按图中数字大小引导的顺序去理解选频的意义。

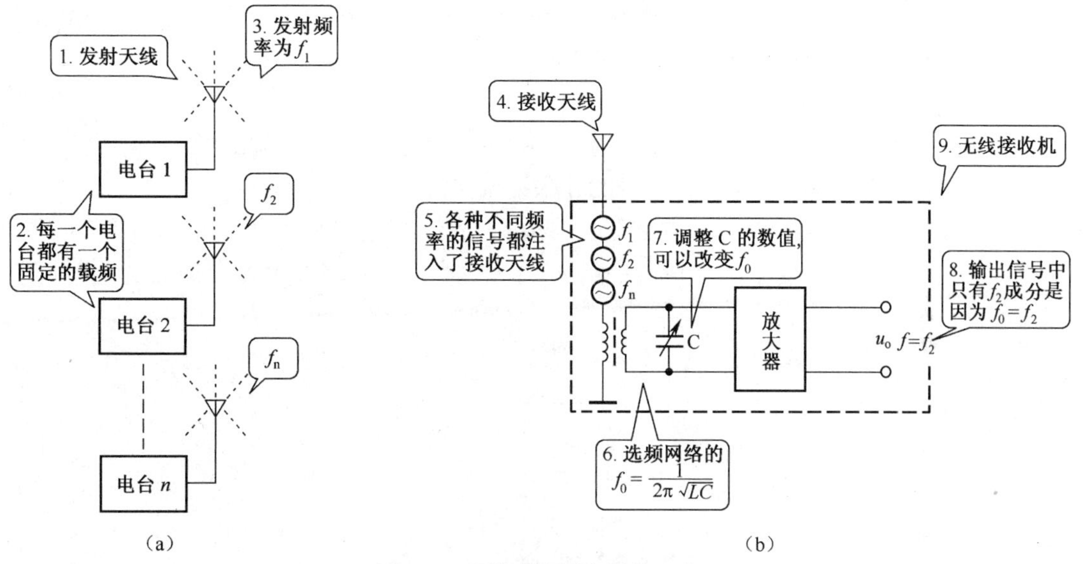


图 3-9 无线电发送和接收示意

由图可知，选频放大电路包括放大和选频两部分。根据这两部分组合方式的不同，选频放大电路可分为分散选频和集中选频两大类。图 3-10 所示是其组成框图。

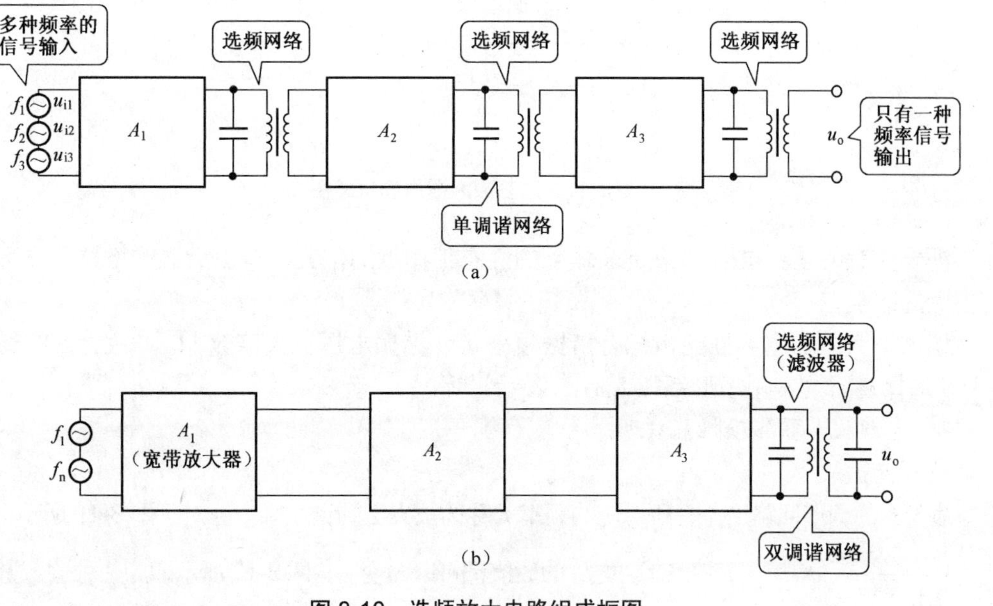


图 3-10 选频放大电路组成框图

（1）分散选频电路结构，如图 3-10（a）所示。

（2）集中选频电路结构，如图 3-10（b）所示。

分散选频的中频放大电路，由放大电路和选频电路相互交替构成。一般普及性的收音机和电视机的中频放大器大都采用这种结构。根据调谐电路调谐方式的不同，还可细分为单调谐和双调谐等基本形式。

集中选频的中频放大电路，由集中滤波器和集成宽带放大器组成。其选择性和通频带由集中滤波器保证，而增益则由集成宽带放大器提供，这种放大器能较好地解决调谐放大器中通频带与选择性之间的矛盾，因此应用非常普遍。

2. 选频（调谐）放大器的工作原理

选频放大器是一种电压放大器，其主要特点是晶体管的输入或输出回路（即负载）不是纯电阻元件，而是由 L、C 元件组成的并联谐振回路。

其原理电路如图 3-11 所示。晶体管 VT 构成一级共发射极放大电路，R 是偏置电阻，$C_1$ 是输入端耦合电容。变压器 $T_r$ 的初级线圈 $L_1$ 和电容 $C_2$ 构成 LC 并联谐振电路，作为 VT 的集电极负载。

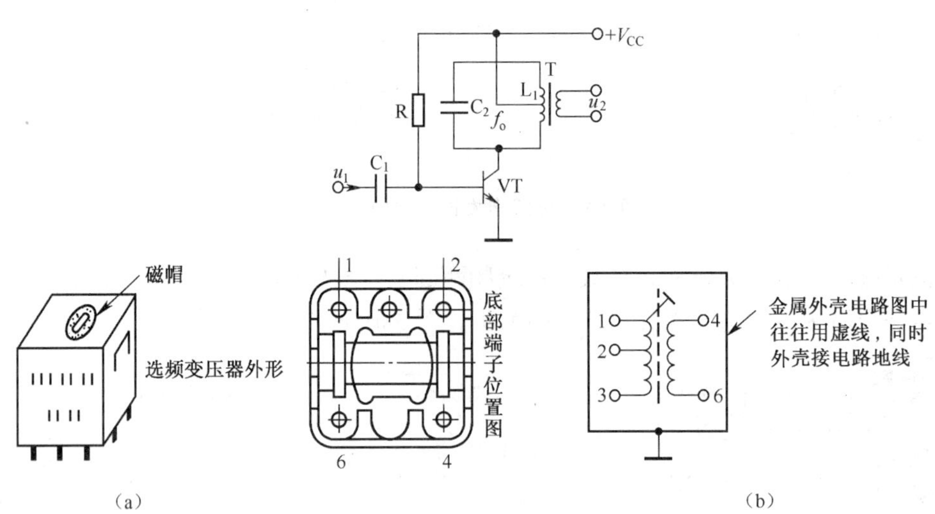


图 3-11　选频放大器原理电路图

需要注意的是：电阻 R 决定晶体管的静态工作点的位置，对放大器的增益和波形质量有很大的影响。

调谐放大器的主要性能指标有谐振频率 $f_o$，谐振电压放大倍数 $A_{uo}$，放大器的通频带 $BW$ 及选择性（通常用矩形系数 $K_{r0.1}$ 来表示）等。

3. 选频放大器各项性能说明

（1）谐振频率。

放大器的调谐回路谐振时所对应的频率 $f_o$ 称为放大器的谐振频率，对于图 3-11 所示电路，$f_o=\dfrac{1}{2\pi\sqrt{L_1C_2}}$，实用中，改变 $C_2$ 或 $L_1$ 的数值都可以改变 $f_o$。图 3-12 所示即为一种调节方法。

(2) 电压放大倍数。

放大器的选频回路谐振时，LC 并联电路呈现阻性，此时图 3-11 的等效电路如图 3-13 所示，其中放大器集电极负载阻抗 $Z_o=QX_L$（谐振阻抗），对应的电压放大倍数 $A_{uo}$ 称为调谐放大器的电压放大倍数。

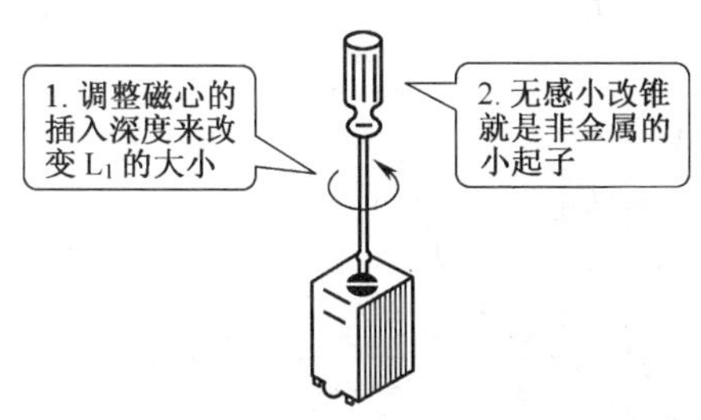


图 3-12 放大器的谐振频率调节方法

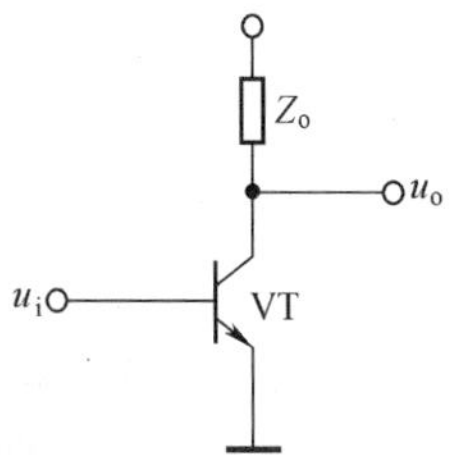


图 3-13 图 3-11 的等效电路

$A_{uo}$ 的表达式为 $A_{uo}=-\beta\dfrac{Z_o}{r_{be}}$。

由电工学理论已知，改变 LC 选频网络的品质因数 $Q$ 值，即可改变谐振阻抗 $Z_O$，如图 3-14 所示。从而改变电路的电压增益。例如某接收机在 LC 谐振电路中并入 $R_2$（见图 3-15），通过增加 LC 网络的有功损耗降低谐振电路的品质因数的方法来达到降低电路增益的目的。

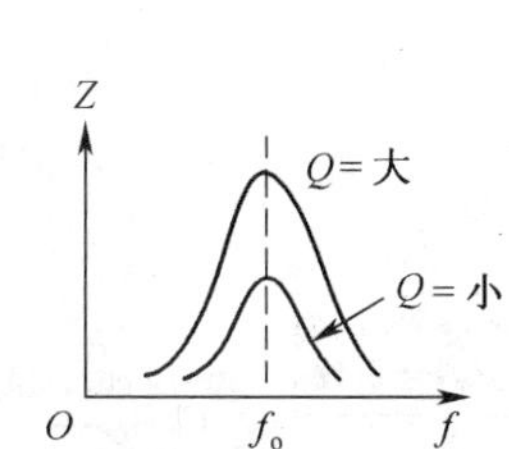


图 3-14 谐振阻抗变化图

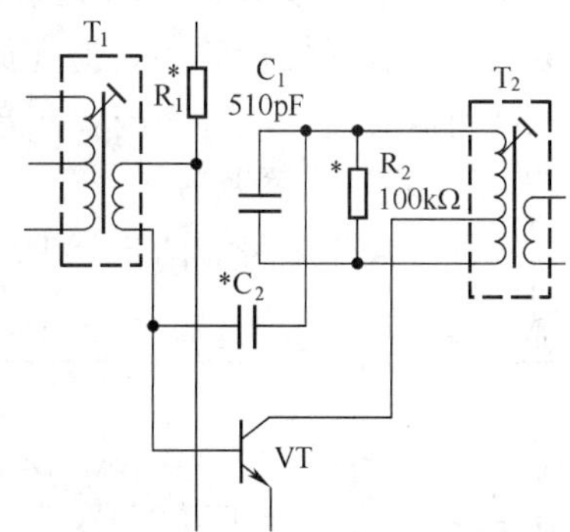


图 3-15 降低电路增益的措施

(3) 通频带。

由于谐振回路的阻抗特性，当工作频率偏离谐振频率时，放大器的电压放大倍数会下降，习惯上将电压放大倍数 $A_u$ 下降到谐振电压放大倍数 $A_{uo}$ 的 0.707 倍（半功率点）时所对应的频率偏移范围称为放大器的通频带 $BW$，如图 3-16 所示。

由图可以看出，通频带越宽，放大器的电压放大倍数越小，它体现了选频放大器的独特的性质，电工学理论指出，$BW=\dfrac{f_o}{Q}$，即调整选频网络的 $Q$ 值可调节放大器的通频带宽度。

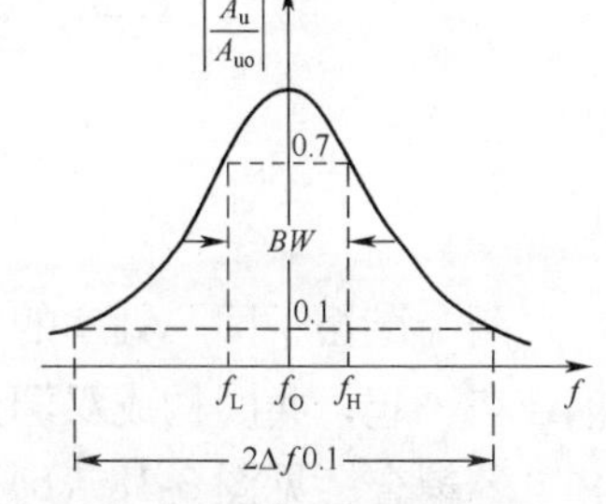


图 3-16 放大器的通频带 $BW$

(4) 选择性。

表示调谐放大器抑制通频带之外干扰信号的能力，或者说从各种信号中选择特定信号的能力。理想条件下，选频放大器应该对通频带以内的各种信号频谱分量具有相同的放大作用，而对通频带以外的信号则应完全抑制。如以幅频特性为例，如图 3-17（a）所示就是理想的传输特性曲线，图 3-17（b）所示为典型的实际传输特性曲线。

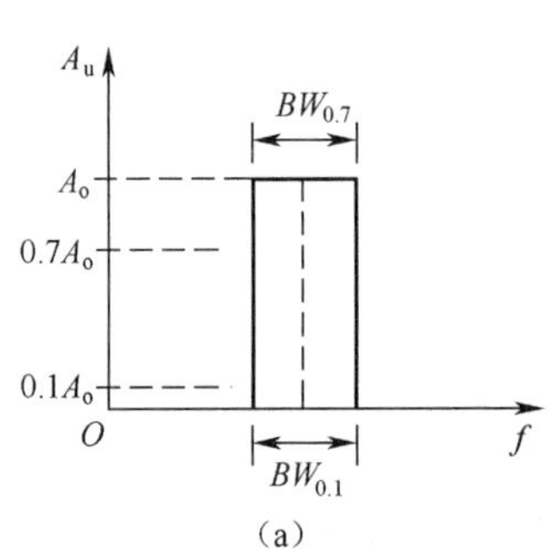


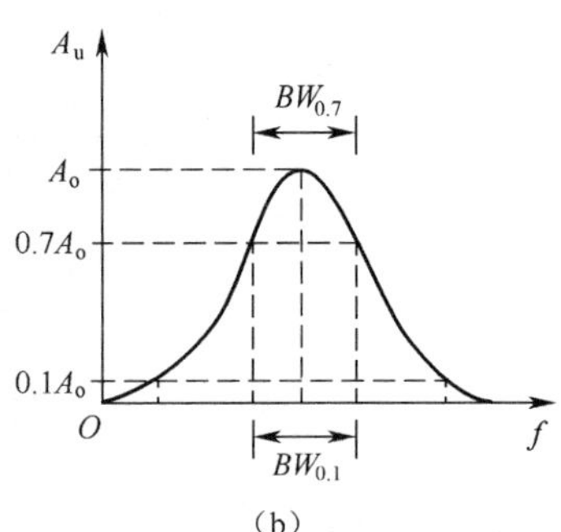


图 3-17　传输特性曲线

为了评价实际幅频特性曲线接近理想矩形的程度，引入矩形系数 $K_{0.1}$ 来表示，其定义为

$$K_{0.1} = BW_{0.1}/BW_{0.7}$$

式中：$BW_{0.1}$——增益下降到最大值的 0.1 倍时的频带宽度。

上式表明，矩形系数 $Kr_{0.1}$ 越接近于 1，谐振曲线的形状越接近矩形选择性越好。一般单级调谐放大器的选择性较差。为提高放大器的选择性，通常采用多级谐振放大器（参差调谐）或双调谐放大器，这部分内容在音响课程中会学到。

4. 双选频（调谐）放大器

双调谐回路放大器电路如图 3-18 所示。

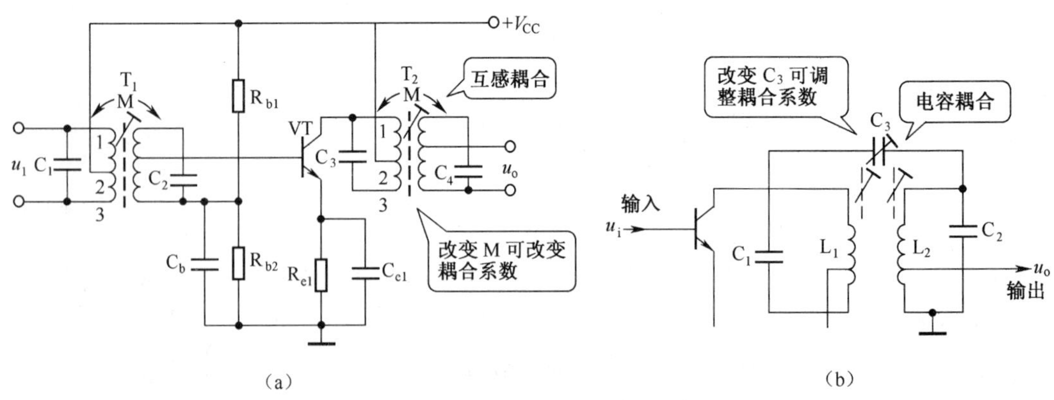


图 3-18　双调谐回路放大器电路

两个谐振于同一频率的调谐电路，分别作为选频变压器的初、次级，并通过一定方式耦合在一起，共同构成双调谐回路。常见的双调谐回路有电感耦合〔见图 3-18（a）所示〕和电容耦合〔见图 3-18（b）〕。

根据实际需要改变耦合电容或耦合电感的大小，就可以改变耦合松紧度，从而改变谐振曲线的尖锐程度和通频带的宽窄，如图 3-19 所示。

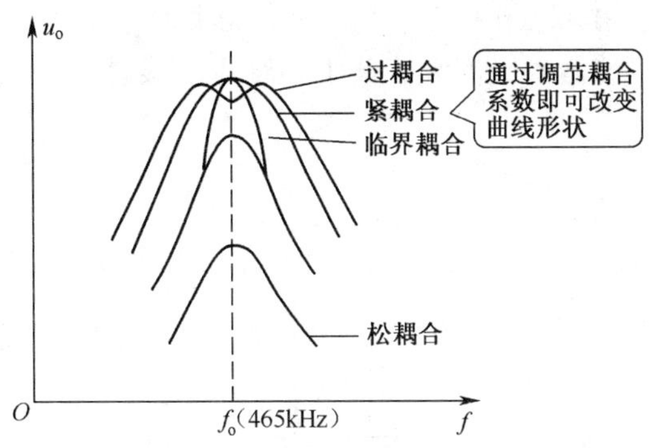


图 3-19 双调谐回路的谐振曲线

双调谐放大器的优点是，矩形系数优于单调谐回路，比较好地解决了通频带与选择性之间的矛盾，使收视的效果大为改善，但缺点是电路的分析计算比较复杂，一般都需要借助仪器（扫频仪）才能进行效果明确的调整。

5. 集中选频放大器

由于多级选频放大器的回路多，调谐麻烦，放大器的频率特性易受晶体管参数及工作点的影响。因此要求采用的回路尽量少，尽量不用人工调整，同时要体积小等优点的选频放大器势在必行。

随着技术的不断进步，陶瓷滤波器、声表面波滤波器（SAWF）的性能日臻完善，使得集中选频放大器已广泛地应用在如今的视听设备中。

由图 3-20 可知，在集中选频放大器中，放大作用是由宽带高增益集成放大器来完成，而选频作用则由专门的选频滤波器来完成，与一般的谐振放大器相比较，其优点是不言而喻的。

图 3-20（b）所示的电路中，当①、③端输入信号，如果信号频率等于陶瓷滤波器的谐振频率，则陶瓷片会产生相当于谐振频率的机械振动，由于压电效应，②、③端将产生频率为谐振频率的输出电压。由于它不需调整，故在集成电路收音机中得到了广泛的应用。

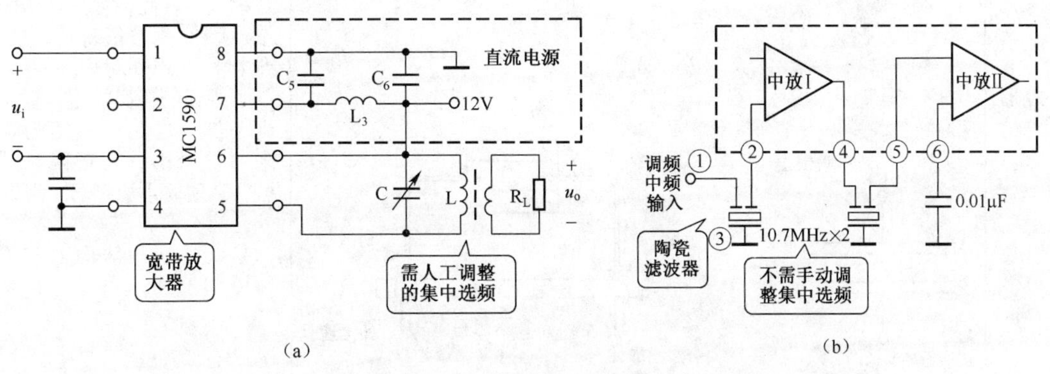


图 3-20 集中选频放大器

同理，采用了 SAWF 后，相应电路的元件减少，一致性提高，不需要调整，近年来得到迅速的发展和广泛地应用。我国生产的 SAWF 已达到世界先进水平。图 3-21 所示为一种用于通信中的声表面波滤波器幅频曲线，其中不难看出该器件很好地兼顾了通频带和选择性之间的关系。

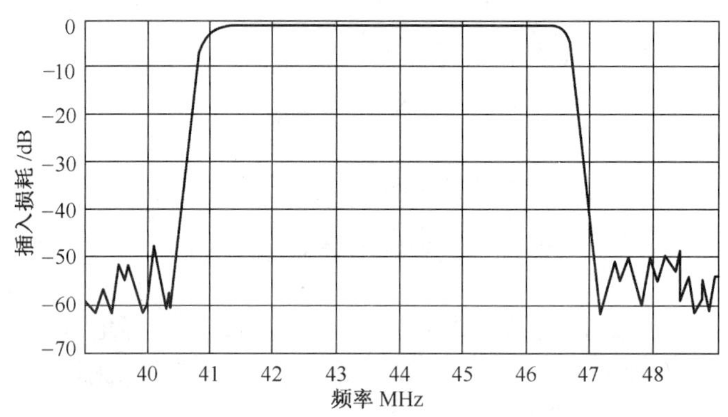


图 3-21　声表面滤波器幅频曲线

## 3.3　石英晶体谐振元件及陶瓷谐振元件

1. 石英晶振元件的简介和检测

（1）石英晶振元件的简介。

石英晶振元件的简介如表 3-2 所示。

表 3-2　石英晶振元件的简介

| 项目 | 图　示 | 简　介 |
|---|---|---|
| 外形与结构 | 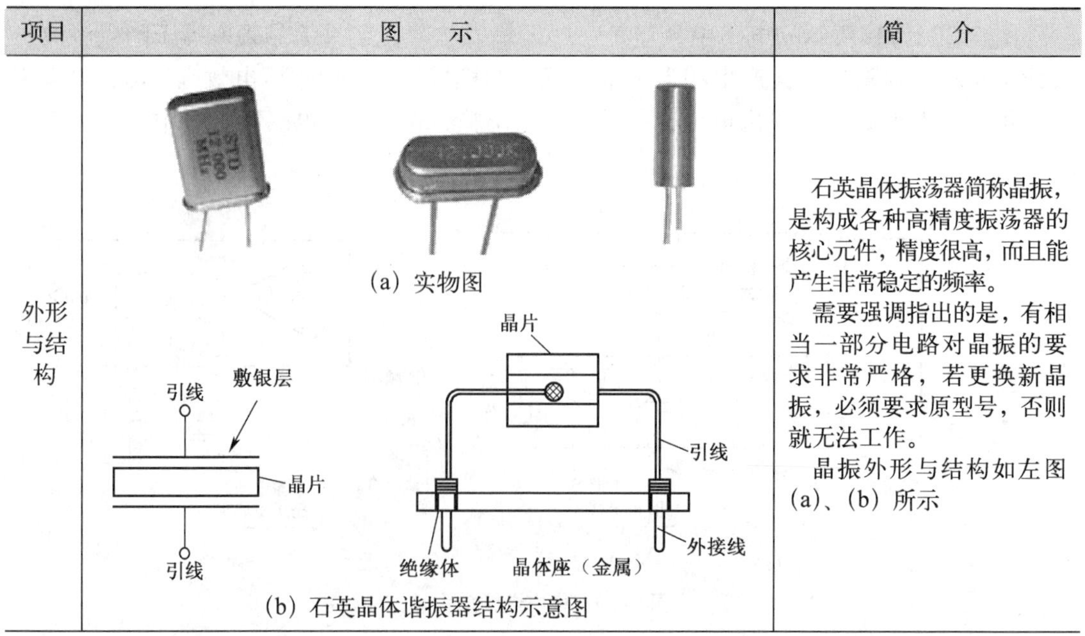 | 石英晶体振荡器简称晶振，是构成各种高精度振荡器的核心元件，精度很高，而且能产生非常稳定的频率。<br>需要强调指出的是，有相当一部分电路对晶振的要求非常严格，若更换新晶振，必须要求原型号，否则就无法工作。<br>晶振外形与结构如左图（a）、（b）所示 |

续表

| 项目 | 图　示 | 简　介 |
| --- | --- | --- |
| 压电效应 | 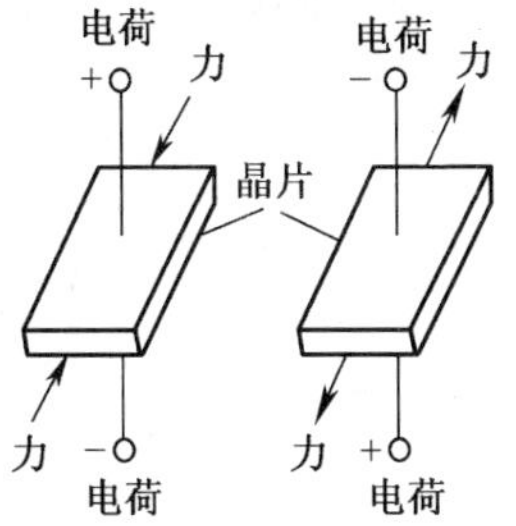 <br>(c) 压电效应 | 若在石英晶体两端施加电场，石英晶片会随电场极性的不同产生机械变形。若在晶片两端施加不同方向的机械作用力，晶体两端又会产生不同电极性的电荷，这种物理效应称为压电效应，示意图如左（c）图所示 |
| 压电谐振 | 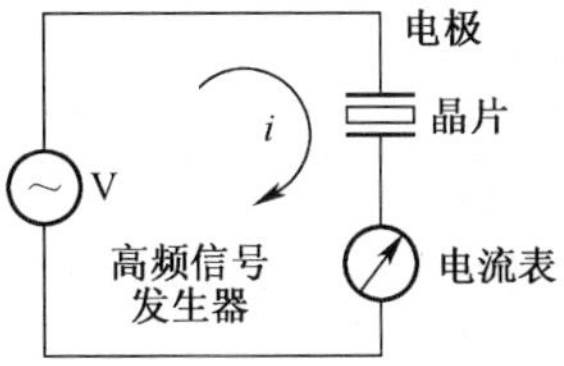 <br>(d) 压电谐振 | 若在石英晶体谐振器的极板上加以交变电压如左（d）图所示，由于压电效应，回路中产了电流 $i$。<br>一般情况下，机械振动和交变电压的振幅都非常微小，只有当外加交变电压的频率为其一个特定频率时，振幅才突然增大，这种现象称为压电谐振。谐振时电路中电流达到最大，相当于 LC 回路的串联谐振现象。那么，这一特定的频率就被称为晶体谐振器的谐振频率 |
| 电路符号和等效电路 |  <br>(e) 电路符号 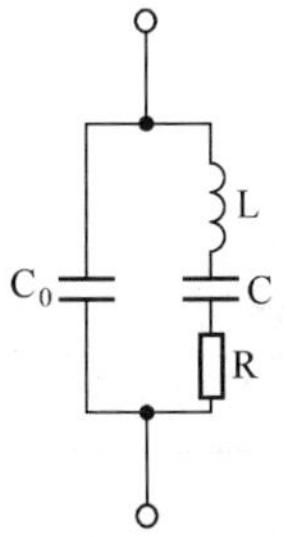　(f) 等效电路 | 石英晶体谐振器的符号和等效电路如左图（e）、(f) 所示。当晶体不振动时，可把它看成是一个平板电容器 $C_0$，称为静电电容。L 和 C 分别模拟晶体振动时惯性和弹性。晶片振动时因摩擦而造成的损耗则用 $R$ 来等效。由于晶片的等效电感 L 很大，而 $C$ 很小，$R$ 也小，根据 $Q=\frac{1}{R}\sqrt{\frac{L}{C}}$ 可知，回路的品质因数 $Q$ 值很大，一般可达 $10^4\sim10^6$ |
| 电抗-频率特性 | 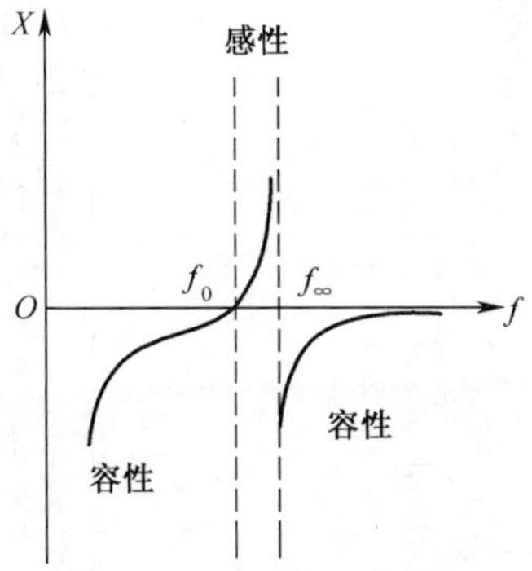 <br>(g) 电抗-频率特性 | 晶振的频率特征如左图（g）所示，从中可以看出，石英晶体有两个固有频率，一个是由 L、C 串联谐振的频率 $f_0$，另一个是由 L、C、$C_0$ 并联谐振的频率 $f_\infty$。在 $f_0$ 和 $f_\infty$ 之间，石英晶体呈感性；在其他频率下，石英晶体呈容性。石英晶体谐振器就是利用 $f_0$ 与 $f_\infty$ 之间的等效电感与其负载电容来确定振荡频率的。需要指出的是 $f_0$ 与 $f_\infty$ 之间的范围很窄 |

续表

| 项目 | 图示 | 简介 |
|---|---|---|
| 应用举例 | 晶振元件的主要电参数是标称频率 $f_0$、负载电容 $C_L$、激励电平（功率）。当晶振元件相当于电感时，组成振荡电路时需配接外部电容，此电容即负载电容 $C_L$。在规定的 $C_L$ 下晶振元件的振荡频率即为标称频率 $f_0$。负载电容 $C_L$ 是参与决定振荡频率的，所以设计电路时必须按产品手册中规定的 $C_L$ 值，才能使振荡频率符合晶振的 $f_0$，例如手表用晶体谐振器主要参数如下表所示 | |

| 型号 | 标称频率（kHz） | 调整频差（$\times10^{-6}$） | 品质因数 $Q$ | 负载电容（pF） | 激励电平（μW） | 温度范围（℃） |
|---|---|---|---|---|---|---|
| JU1 | 32.768 | ±20 | 90000 | 12.5 | 1 | −10～+60 |
| JU2 | 32.768 | ±20 | 70000 | 12.5 | 1 | −10～+60 |

（2）石英晶振元件的检测。

石英晶振元件的检测如下表 3-3 所示。

表 3-3　石英晶振元件的检测

| 图示 | 说明 |
|---|---|
| 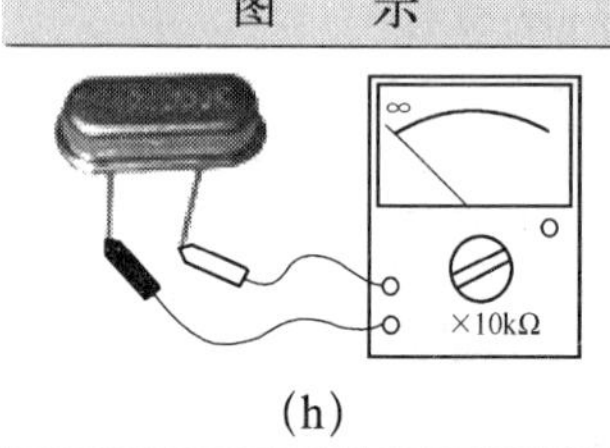<br><br>(h) | ① 把万用表拨在 R×10kΩ挡，测量石英晶体两引脚间的阻值（如左图 h 所示）应为无穷大，若为有限值，则说明被测晶体漏电或击穿。<br>② 注意事项：<br>a．对于设备中的晶体测量，必须断路测试；<br>b．如果晶体内部出现断路，万用表则无能为力，应接成电路用示波器测量 |

2．陶瓷滤波器的简介和检测

（1）陶瓷滤波器的简介。

陶瓷滤波器的简介如表 3-4 所示。

表 3-4　陶瓷滤波器的简介

| 项目 | 图示 | 简介 |
|---|---|---|
| 陶瓷滤波器外形及简介 | （a）实物图 | 陶瓷滤波器是一种与晶振类似的滤波元件，具有体积小、成本低、损耗小、通频带宽、选择性好、性能稳定和不用调整等特点，已被广泛应用于各种电子设备中。常见的陶瓷元件如左（a）图所示 |
| 电路符号等效电路 | $L_1$ $C_0$ $C_1$ $R_1$<br>（b）电路符号　（c）等效电路 | 由左（c）图可知，陶瓷滤波器的电抗—频率特性和晶振一致 |

续表

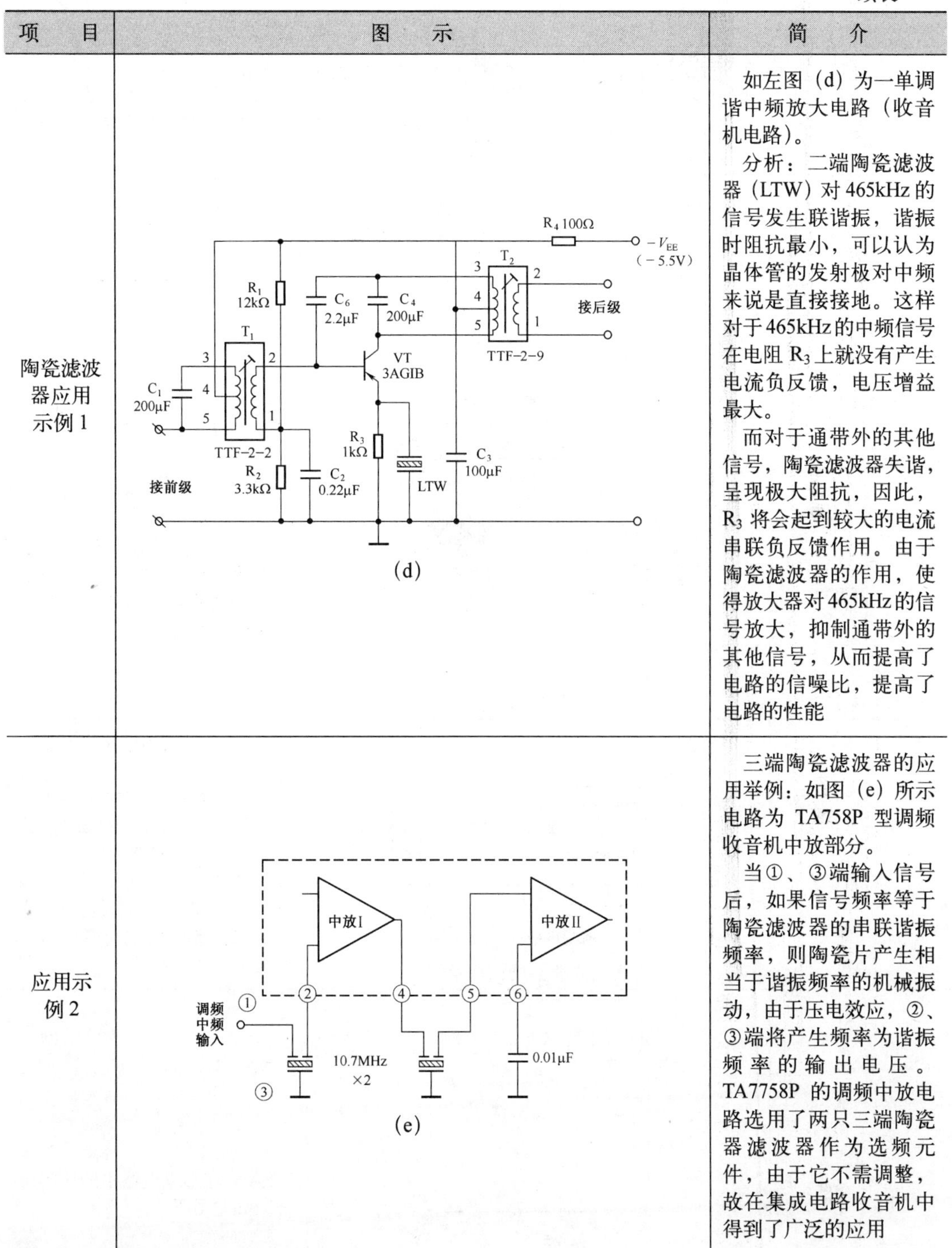

| 项目 | 图示 | 简介 |
| --- | --- | --- |
| 陶瓷滤波器应用示例1 | (d) | 如左图（d）为一单调谐中频放大电路（收音机电路）。<br>分析：二端陶瓷滤波器（LTW）对465kHz的信号发生联谐振，谐振时阻抗最小，可以认为晶体管的发射极对中频来说是直接接地。这样对于465kHz的中频信号在电阻 $R_3$ 上就没有产生电流负反馈，电压增益最大。<br>而对于通带外的其他信号，陶瓷滤波器失谐，呈现极大阻抗，因此，$R_3$ 将会起到较大的电流串联负反馈作用。由于陶瓷滤波器的作用，使得放大器对465kHz的信号放大，抑制通带外的其他信号，从而提高了电路的信噪比，提高了电路的性能 |
| 应用示例2 | (e) | 三端陶瓷滤波器的应用举例：如图（e）所示电路为 TA758P 型调频收音机中放部分。<br>当①、③端输入信号后，如果信号频率等于陶瓷滤波器的串联谐振频率，则陶瓷片产生相当于谐振频率的机械振动，由于压电效应，②、③端将产生频率为谐振频率的输出电压。TA7758P 的调频中放电路选用了两只三端陶瓷器滤波器作为选频元件，由于它不需调整，故在集成电路收音机中得到了广泛的应用 |

（2）陶瓷滤波器的检测。

陶瓷滤波器的检测如表 3-5 所示。

表 3-5　　　　陶瓷滤波器的检测

| 图　示 | 说　明 |
|---|---|
| 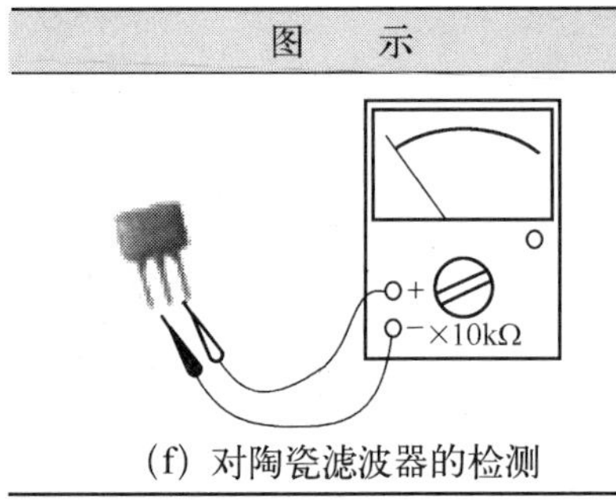<br><br>(f) 对陶瓷滤波器的检测 | ① 检测分析、示意图如图（f）所示。<br>万用表的量程开关拨至 R×10kΩ档，测得电视陶瓷滤波器各引脚间的阻值应是无穷大，如有一定的阻值，则被测电视陶瓷滤波器有漏电现象；若为零则表明其内部短路。<br>② 注意事项。<br>a．对于设备中的陶瓷滤波器测量，必须断路测试；<br>b．对于陶瓷滤波器的开路故障，可通过搭接实用电路来进行判断 |

3. *声表面波滤波器*

声表面滤波器的简介与检测如表 3-6 所示。

表 3-6　　　　声表面滤波器的简介与检测

| 项　目 | 图　示 | 简　介 |
|---|---|---|
| LMS-38 型电视机用声表面滤波器外形 | （正面）　（反面）<br>实物图 | 声表面波滤波器（SAW）是一种常用的滤波器件，它由压电材料制成的基片及烧制在其上面的梳状电极所构成 |
| 声表面滤波器（SAW）的工作原理 | 压电基片　声表面波　梳状电极　$U_i$　$U_o$<br>声表面滤波器结构示意图 | 如左图所示，当给声表面滤波器的输入端输入信号后，在电极间压电材料表面将产生与外加信号频率相同的机械振动波。该振动波以声波速度在压电基片表面传播，当该波传至输出端时，由输出端梳状电极构成的换能器将声能转换成交变电信号输出 |
| 应用示例 | IF AGC　中频放大　RF AGC　SAW 滤波器　预中放　AGC　IF 调谐器<br>应用电路 | SAW 在彩电电路中的应用场合，如左图所示 |

续表

| 项　目 | 图　示 | 简　介 |
|---|---|---|
| 检测 | (a) 接线方式　(b) 测量方法图示 | ① 本例 SAW 接线方式如左图（a）所示；<br>② 测量方法如左图 (b) 所示，把万用表拨在 R×10kΩ挡测量输入电极 2 与其他输入叉指和输出叉指之间都应为无穷大，若测试值不是无穷大或者为零，则说明滤波器漏电或击穿不能使用。<br>1 脚和 3 脚都与金属外壳相连并一同接地 |
| 封装与接线 | 不同类型的接线方式 | 需特别指出的是，因封装的不同，引脚接线方式有异，如左图所示，使用时需特别注意 |

## 3.4　正弦波振荡器

在电子技术领域内，振荡器是一种将直流电能转换为交流电能的能量转换装置。它与放大器的区别如图 3-22 所示。

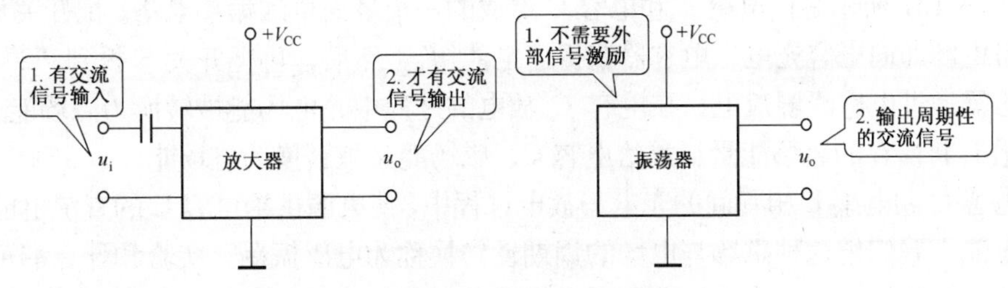


图 3-22　振荡器与放大器的区别

振荡器根据产生的波形不同，可分为正弦波振荡器和非正弦波振荡器两大类。前者所产生的振荡波形是正弦波；后者所产生的是非正弦的脉冲波（见图 3-23），本节首先学习正弦波振荡器。

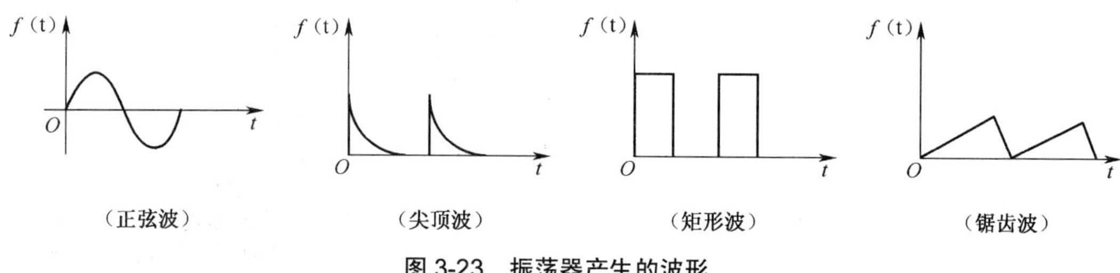


图 3-23　振荡器产生的波形

1. 正弦振荡器的分类

正弦波振荡器一般按选频网络的元件分类。若选频网络由 R、C 组成，则称为 RC 振荡器；若选频网络由 L、C 组成，则称为 LC 振荡器；若选频网络使用晶体，则称为晶体振荡器。RC 振荡器多用来产生 1kHz～1MHz 的低频信号；LC 和晶体振荡器用于产生高于 1MHz 的高频信号。如上所述，正弦波振荡器的分类如下：

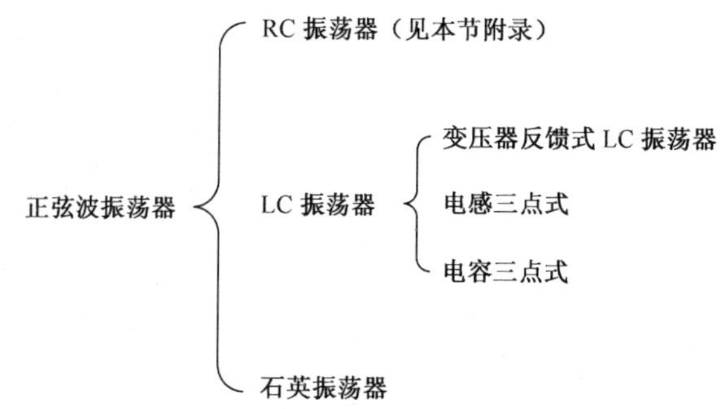


2. 正弦波振荡器工作原理

(1) 振荡现象。

在自然界中，“振荡”是一种普遍的物理现象。例如在公园里，小朋友荡秋千的运动就是一种振荡现象，在秋千的往复运动中，势能和动能在不停地相互转换。与此类似，若在电感 L 和电容 C 组成的回路中给电容器或电感施加初始能量后，那么电场能和磁场能就不断的进行能量交换，回路中就会产生周期性变化的电流或电压，这种现象称为 LC 回路中的自由振荡。

图 3-24 (a) 所示是由电感 L 和电容 C 组成的一个最简单的振荡电路。把开关放在“1”的位置时电源即向电容充电，电容器获得了电能 $W_C$。然后，再把开关 S 扳到“2”的位置时，电容器通过电感线圈放电。在电容 C 放电的过程中，电场能被转换为磁场能 $W_L$。之后，电感 L 将储存的磁场能量释放给电容 C，磁场能又被转换为电场能。

在电容 C 和电感 L 相互间的充电与放电过程中，使电源供给电容 C 的直流电能转变成了交流电能。我们把这种磁场与电场的周期性转换称为电磁振荡。实验和计算都可证明，振荡电流和电压都是按正弦规律变化。LC 电路的振荡频率与秋千在空气中摆动会受到阻力一样，由于电感线圈存在着直流电阻（要消耗电能），因此如不能不断地给 LC 回路补充能量，那么振荡幅度必然逐渐减幅，形成减幅振荡（阻尼振荡），最后停止振荡。其波形如图 3-24（b）所示。

$$f_o = \frac{1}{2\pi\sqrt{LC}}$$

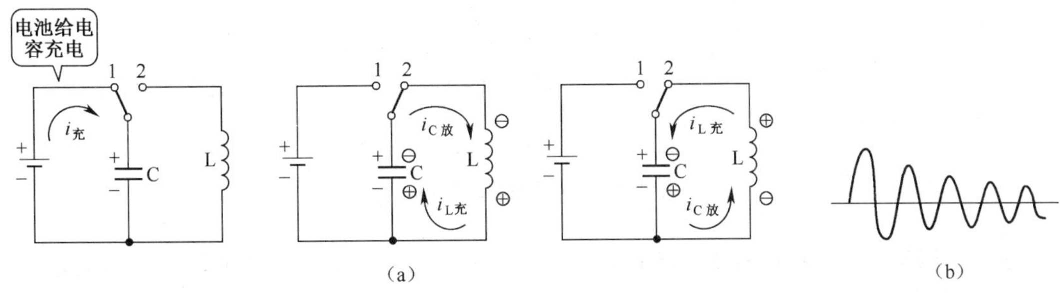


图 3-24 振荡电路及波形

(2) 放大器（在一定条件下）可以转变为振荡器。

我们也许有这样的经历，在大型会议厅开会或在文艺活动中，有时会发生扬声器尖锐的啸叫声的现象，其物理现象的成因如图 3-25 所示。

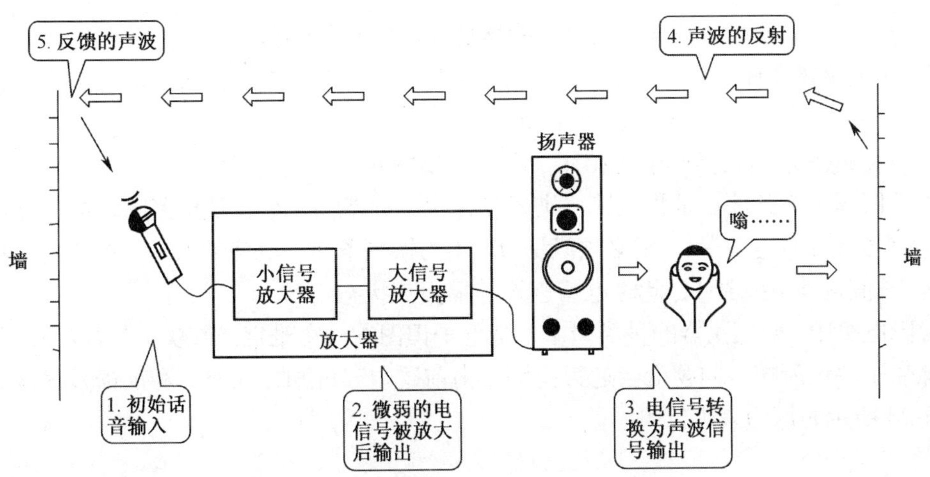


图 3-25 扬声器尖锐啸叫的现象

不难理解，如果输出声波反馈到话筒输入端的强度大于人的话音信号，则输入端的反馈声波会逐渐扩大，最终造成扬声器的啸叫。

在学习正弦波振荡器知识时，希望读者从以上的例子中能得到一定的启示。

图 3-26 所示表达的是振荡器的工作原理，由于振荡器没有外来的激励信号，只靠接通电源时的扰动来自行建立振荡，鉴于初始扰动信号的幅度很小，所以振荡器必须有一个振幅由小到大的建立过程，这就要求起振之初，在满足正反馈信号的幅度应比原输入信号的幅度稍大，这时反馈环路的增益大于反馈环路的衰耗，经过若干次放大→选频→正反馈→

再放大的循环过程，一个由选频网络决定振荡频率的自激振荡才会由小到大建立起来。

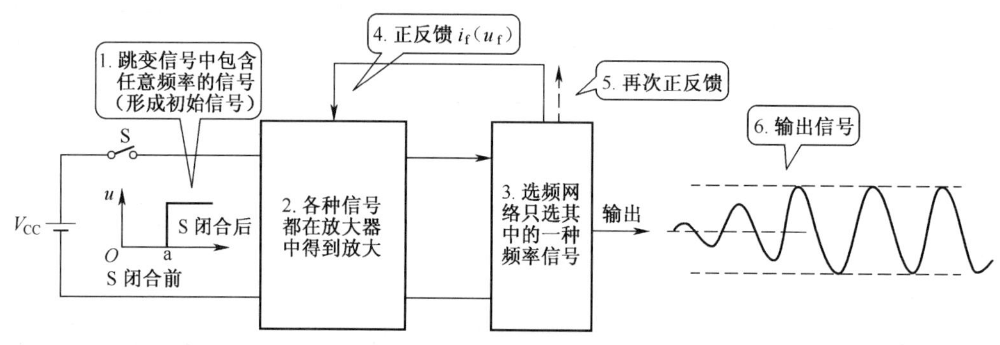

图 3-26　振荡器的工作原理

图 3-27 所示是正弦波振荡电路的框图，由于振荡电路不需要外界输入信号，因此，通过反馈网络输出的反馈信号 $x_f$ 就是基本放大电路的输入信号 $x_i'$。该信号经基本放大电路放大后，输出为 $x_o$。如果电路能使 $x_f$ 与 $x_i'$ 的两个信号大小相等，极性相同，那么，这个电路就能维持稳定输出。

综上所述，产生自激振荡的条件可归纳如下。

① 振幅条件。

$$AF=1$$

式中，A 为无反馈时基本放大电路的增益；F 为反馈系数。

② 相位平衡条件。

$$\phi_A+\phi_F=\pm 2n\pi \qquad n=0，1，2，3\cdots$$

式中，$\phi_A$ 表示放大器产生的相移；$\phi_F$ 表示反馈网络产生的相移。

上述振幅平衡条件，是指电路已进入稳幅振荡的条件。欲实现电路的自激振荡（不外加激励信号自身即能振荡），则必须满足 $AF>1$ 的振幅条件。电路起振后，由于稳幅环节的作用，$AF$ 值自动下降到 1，此时电路进入等幅振荡状态。

实际电路中 LC 振荡器的种类繁多，是电子识图的一个难点。其实，“万变不离其宗”，若能抓住了关键所在，问题就会迎刃而解。由前述内容可知，任何一种反馈式振荡器都可用图 3-28 所示的框图来进行表示。

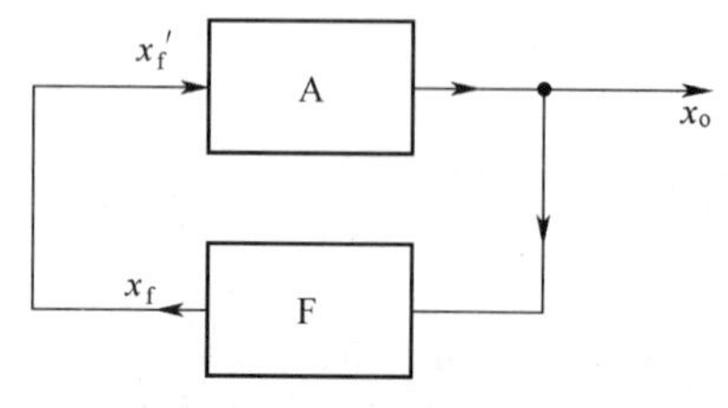

图 3-27　正弦波振荡电路的框图

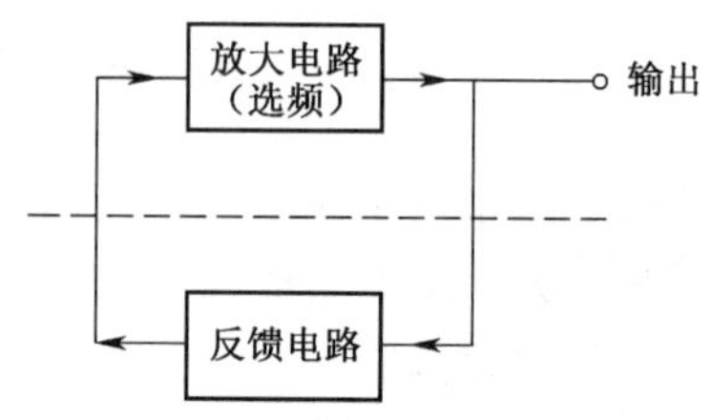

图 3-28　反馈式振荡器的框图

3. 振荡器的调试原理

(1) 选频放大器的电路如图 3-29 所示。

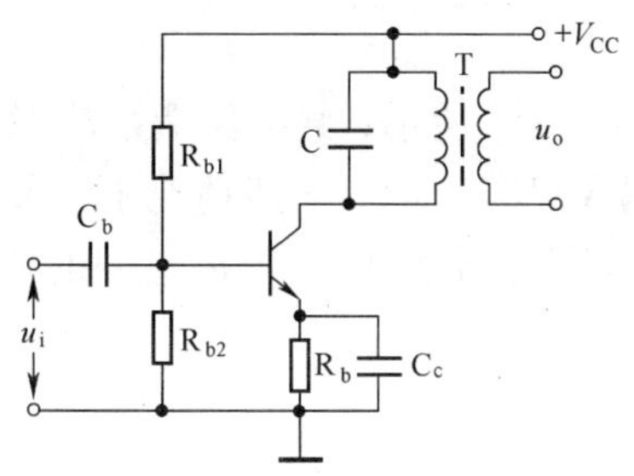


图 3-29 选频放大器电路

放大器的增益：$A_u=-\beta z_o/r_{be}$

（2）放大器的振幅曲线。如放大器工作在放大区，则可画出 $u_o$ 随 $u_i$ 变化的形象图，如图 3-30 所示。不难理解，受 $V_{CC}$ 为有限值的限制，$u_o$ 电压最终将被限制在一定的幅度上。

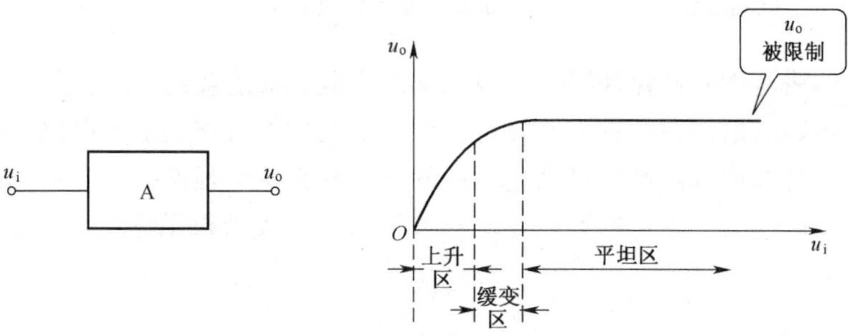


图 3-30 $u_o$ 随 $u_i$ 变化图

为了进一步理解图 3-30 中的内涵，下面特画出 $i_c$ 随 $i_b$ 变化的形象图 3-31，从图 3-31 中可以归纳出以下 3 点。

① 上升区。线性放大区，$i_c=i_b$，但 $i_c$ 相对幅度低。

② 在缓变区。$i_c$ 大，但波形相对良好。

③ 在平坦区。$i_c$ 最大，但放大器工作在饱和-放大-截止广阔的范围内，放大器（特别以 LC 谐振电路为负载的）波形失真严重。

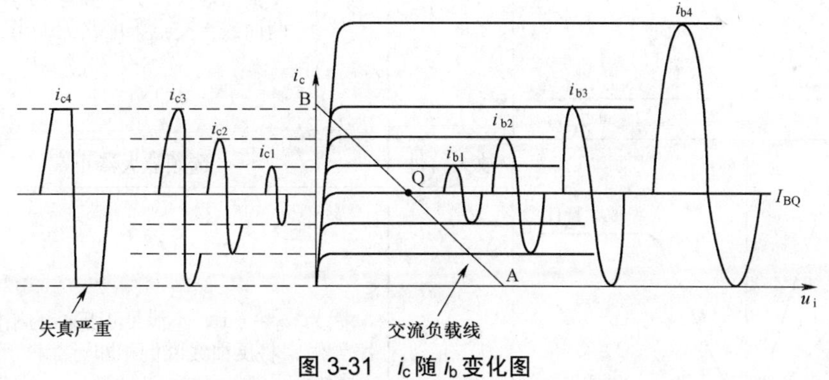


图 3-31 $i_c$ 随 $i_b$ 变化图

（3）放大器振幅曲线的不同高度，如图 3-32 所示。

振幅曲线的高度取决于电路参数，其中最重要的是调整放大器的工作点位置和选频电路的品

质因数 $Q$。

（4）正反馈网络。电路如图 3-33 所示，其中反馈系数 $F=u_f/u_o$，其大小取决于原副边线圈的匝数比和原副边之间的耦合程度（$M$），一般情况下，人们都是通过调节 $F$ 的方法来调节输出电压 $u_o$，显然，不同的 $F$ 说明不同的 $u_f$ 和 $u_o$ 之间的关系，据此分析可画出不同的反馈线，如图 3-34 所示。

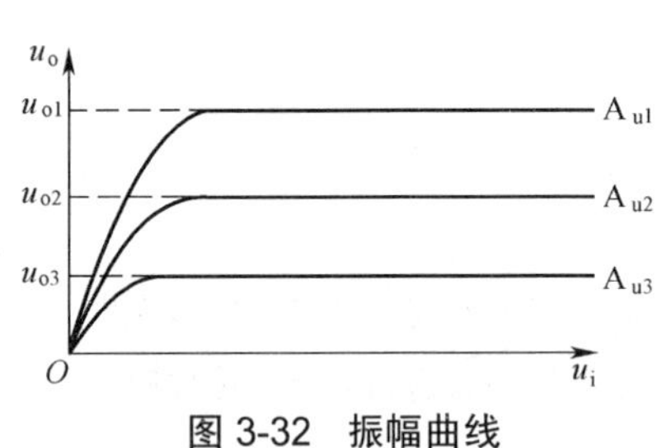

图 3-32　振幅曲线

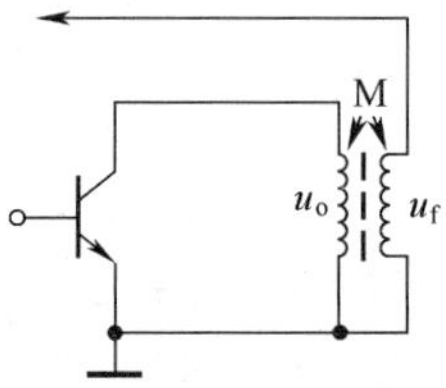

图 3-33　正反馈网络电路图

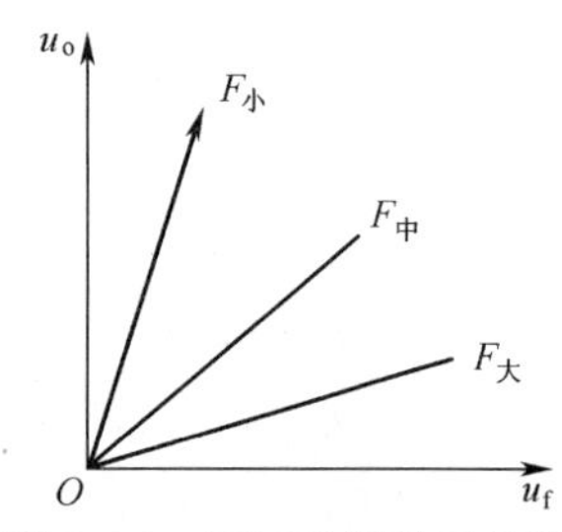

图 3-34　不同比例的反馈线

由于反馈网络是由线性元件组成，因此反馈线是一条条直线。

（5）振荡电路的解。在反馈式振荡电路中，反馈信号可作为放大电路的输入信号，因此，可将振幅特性曲线与反馈特性曲线画在同一坐标系中，虽然振荡电路的故障原因可能有许多，但可以通过以下的几种罗列（如表 3-7 所示），大致揭示振荡器的工作机理，以寻求检修电路的方法。

表 3-7　　图解振荡器

| 图解电路 | 分析 | | |
|---|---|---|---|
| 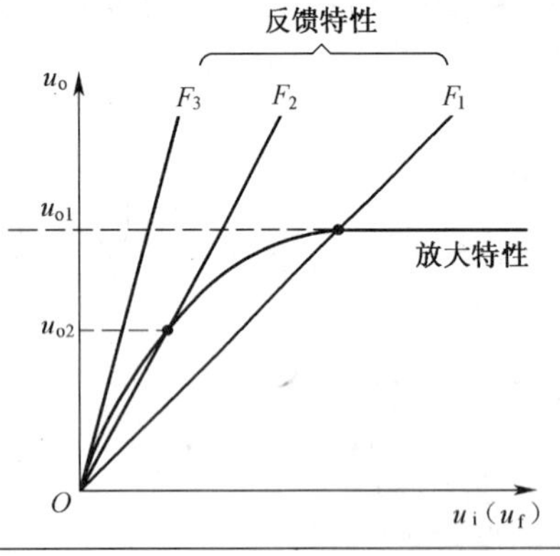 | 放大特性 | 选频放大器正常（具有需要的输出电压幅度） | |
| | 反馈曲线 | $F_1$ | 反馈幅度过大，$u_{o1}$ 输出波形不好 |
| | | $F_2$ | 工作正常，可调节 $F$ 增大 $u_{o2}$ |
| | | $F_3$ | 反馈系数太小，不满足 $AF\geqslant 1$ 的条件，两曲线无交点，电路无输出 |
| 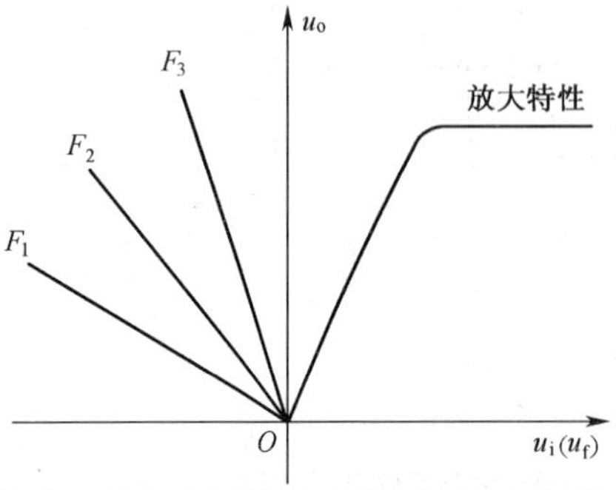 | 放大特性 | 选频放大器正常 | |
| | 反馈线 | 因为 $u_f=-Fu_0$，不满足正反馈的相位条件，电路无解，将反馈线圈倒相即可 | |

续表

| 图解电路 | 分析 | |
|---|---|---|
| 反馈特性 $F_3$ $F_2$ $F_1$ $u_o$ 放大特性 $O$ $u_i(u_f)$ | 放大特性 | 选频放大器增益过低，电路 $u_o$ 极小或无输出。可首先调节放大器的电压增益 |
| | 反馈线 | 调节 $F$ 不解决问题 |

（6）分析检修振荡器的一般方法。

① 将需检修、调整的振荡器分解为放大器（包括稳幅、选频电路）和反馈电路两大部分。那么，就意味着要把电路看懂，例如，要检修三点式振荡器，那么表中列出的内容都是检修者在检修前应了解的。

② 把放大器调整到正常状态。

③ 调整反馈系数，观察示波器测量的波形，再根据毫伏表对 $u_o$ 的测量值而对电路参数进行修正。

（7）检修方法举例。

某设备的本机振荡电路如图 3-35 所示，电路产生故障，检修方法示意如下。

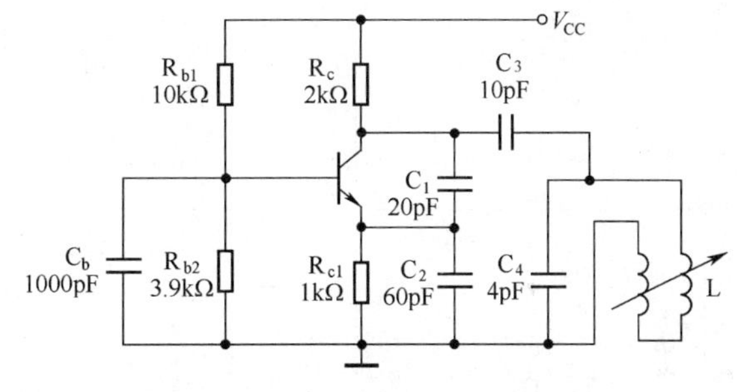


图 3-35　某设备的本机振荡电路

① 识图，了解电路各元件的作用。

② 切断 $A$ 点（如图 3-36 所示）测量放大器静态工作状态，如处于截止、饱和区，则应将放大器调节到放大区。

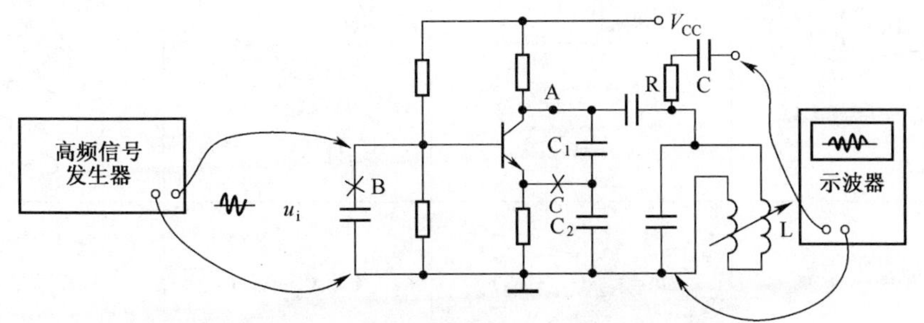


图 3-36　振荡器检修举例

③ 接通 A 点，切断 B 点、C 点、输入 $f=f_0$ 信号，调整 L，使电路谐振（使用示波器和毫伏表观察，加入 RC 串联电路是为了避免示波器对振荡电路的影响）。

④ 调整静态工作点或更换三极管（$\beta$），使电路增益最大（建议用仪表观察）。

⑤ 调整反馈系数（调 $C_1$ 或 $C_2$ 的电容量），观察示波器的波形形态和幅度，根据最良形态和所需 $u_o$ 幅度来选择正反馈强度。

4. 常见三点式振荡器的分析

常见三点式振荡器的分析如表 3-8 所示，供读者自学参考。

表 3-8 常见三点式振荡器的分析

| 类型 | 电感三点式振荡器 | 电容三点式振荡器 | | |
|---|---|---|---|---|
| | 哈脱莱振荡器 | 考毕茨振荡器 | 克拉泼振荡器 | 西勒振荡器 |
| 电路图 | 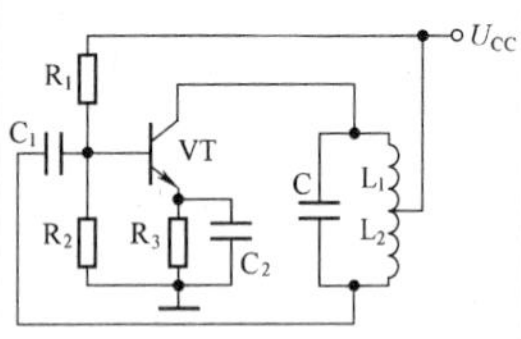 | 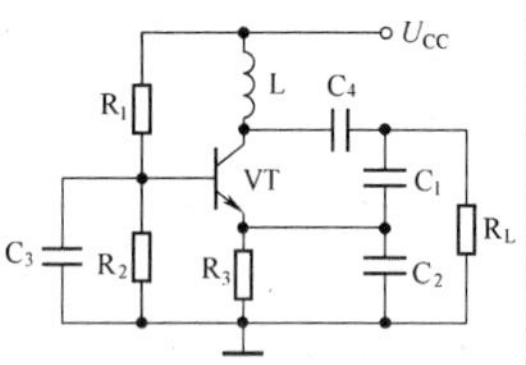 | 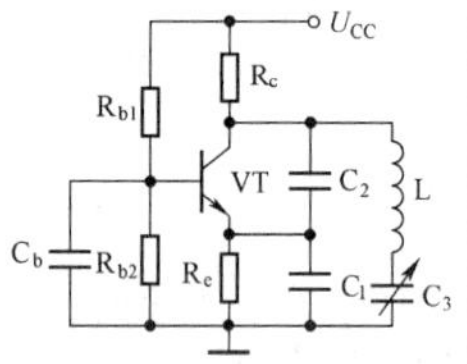 | 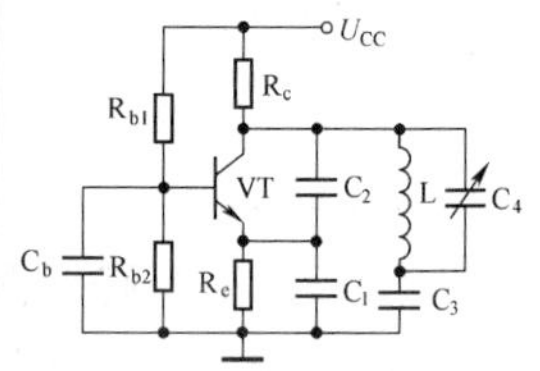 |
| 交流等效电路 | 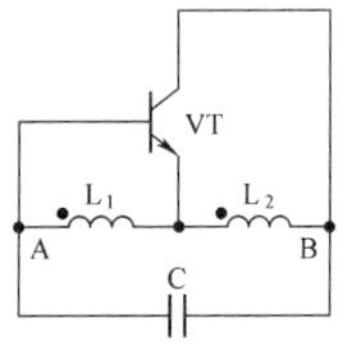 | 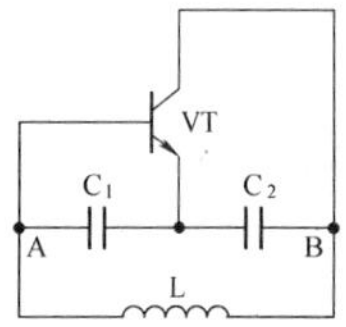 | 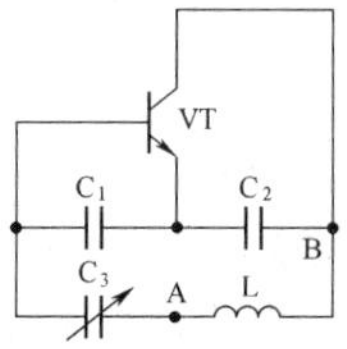 | 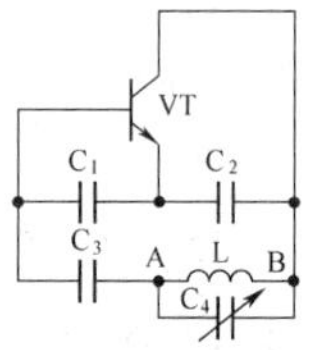 |
| 直流等效电路 | 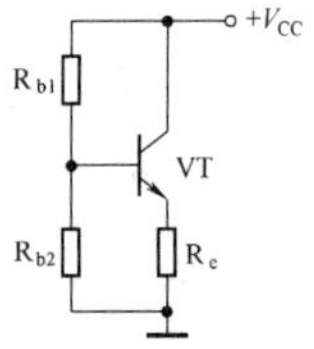 | 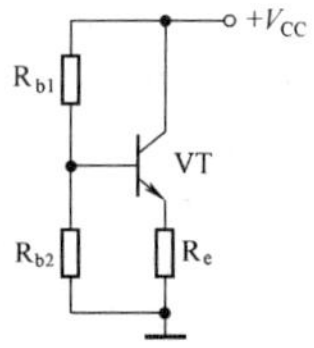 | 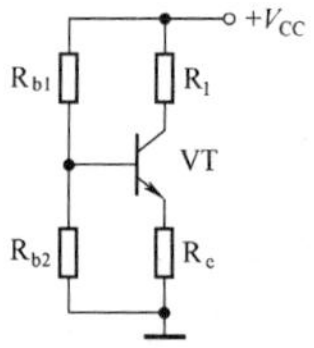 | 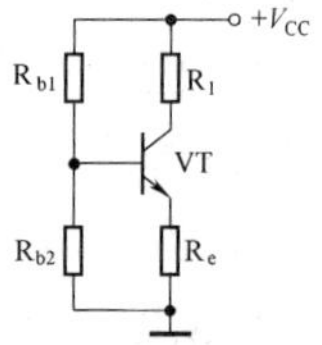 |
| 简化的谐振回路 | 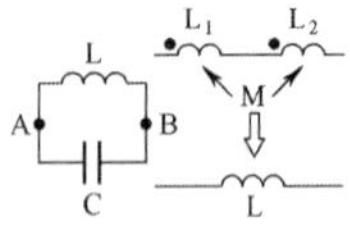 $L = L_1 + L_2 + 2M$ | 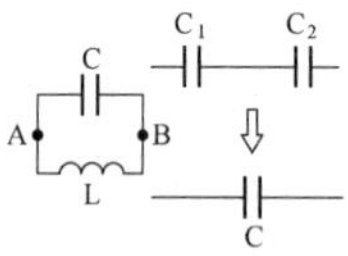 $C = \dfrac{C_1C_2}{C_1 + C_2}$ | 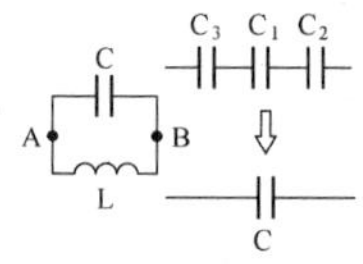 $\because C_1 >> C_3$<br>$C_2 >> C_3$<br>$\therefore C \approx C_3$ | 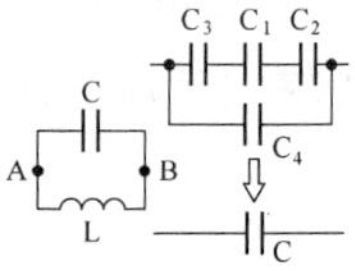 $\because C_1 >> C_3$<br>$C_2 >> C_3$<br>$\therefore C \approx C_3 + C_4$ |
| 反馈系数 | $F = \dfrac{N_1}{N_2}$ | $F = C_2/(C_1 + C_2)$ | $C_2/(C_1 + C_2)$ | $C_2/(C_1 + C_2)$ |
| 振荡频率 | $\dfrac{1}{2\pi\sqrt{LC}}$ | $\dfrac{1}{2\pi\sqrt{LC}}$ | $\dfrac{1}{2\pi\sqrt{LC}}$ | $\dfrac{1}{2\pi\sqrt{LC}}$ |

续表

| 类型 | 电感三点式振荡器 | 电容三点式振荡器 | | |
|---|---|---|---|---|
| | 哈脱莱振荡器 | 考毕茨振荡器 | 克拉泼振荡器 | 西勒振荡器 |
| 类似的石英晶体振荡器 | | 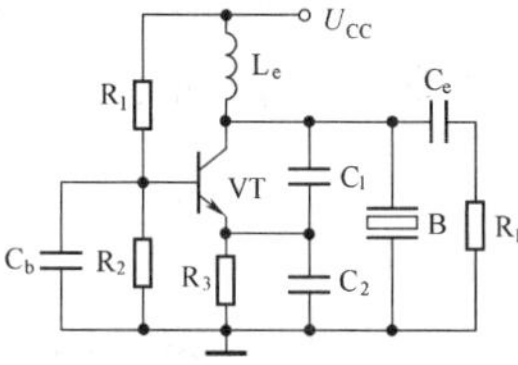 (a) 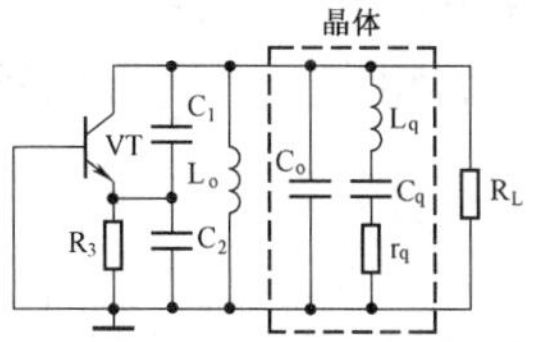<br>(b) | 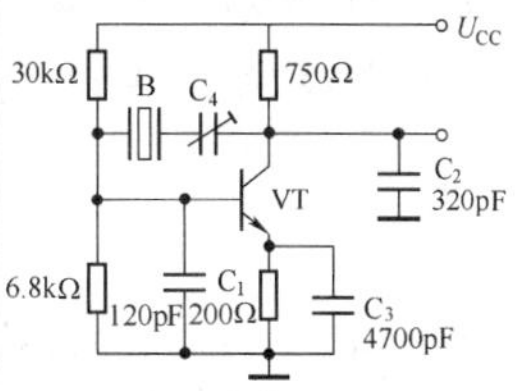 (c) 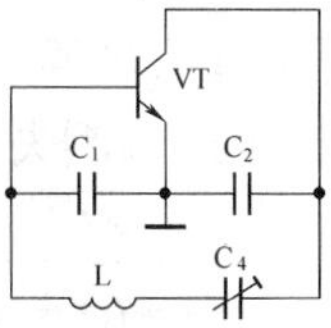<br>(d) | 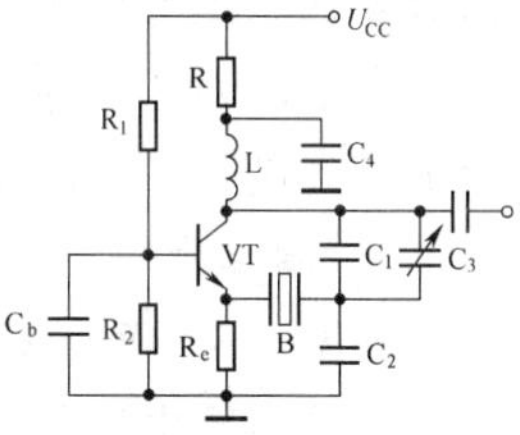 (e) 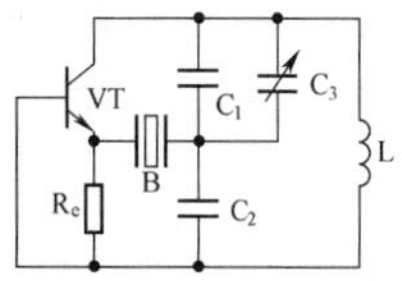<br>(f) |
| 检修调试要点 | ① 振荡器停振的原因：a.电源电压下降；b.元件变质、损坏；c.反馈系数太小；d.初始工作点太低或太高。<br>② 振荡器输出幅度小的原因：a.电源电压低；b.反馈系数小。 | | | |

## 3.5　调制和解调的基本原理

调制和解调电路都有许多不同的种类和形式，但其基本原理都是相似的。为了使读者能对调制与解调电路在本质上有一个清晰的理解，特进行如下的引导分析。

1. 非线性元件的伏安关系

非线性二极管的电流 $I_D$ 与其端电压 $U$ 的关系，可以有如下的几种表达方式。

(1) 二极管的伏安曲线（见图 3-37）。

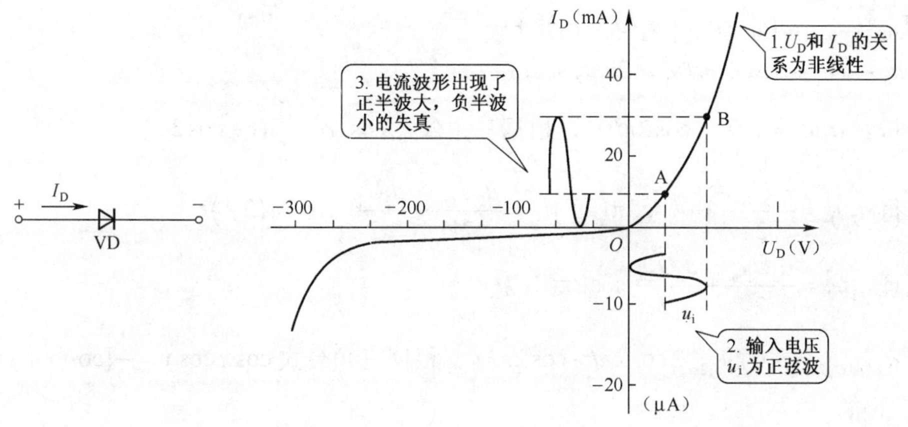


图 3-37　二极管的伏安曲线

由图 3-37 可知，二极管的伏安关系为指数关系。

（2）幂级数表达式。

数学知识告诉我们，指数函数这样的初等函数，也可以用幂级数的方式进行表达。即二极管的电流方程可以表示为 $i_D=a_0+a_1u+a_2u^2+\cdots$

式中，$a_0$ 是二极管在工作点 A 处的电流（见图 3-37），$a_1$、$a_2$……为展开式的系数；$u$ 为加在二极管两端的电压。

2. 调幅原理

如图 3-38 所示为一简单的二极管调幅电路，其中 $u_1$ 为调制信号，$u_2$ 为载波信号；$V_{CC}$ 为二极管偏置电压（以克服死区电压为标准，目的是使二极管工作在非线性区）；LC 为并联谐振电路，其谐振频率等于载波频率 $F$，载波的频率 $F$ 远高于调制信号频率 $f$，另外，必须强调的是 $u_1<u_2$，否则会产生过调制失真。

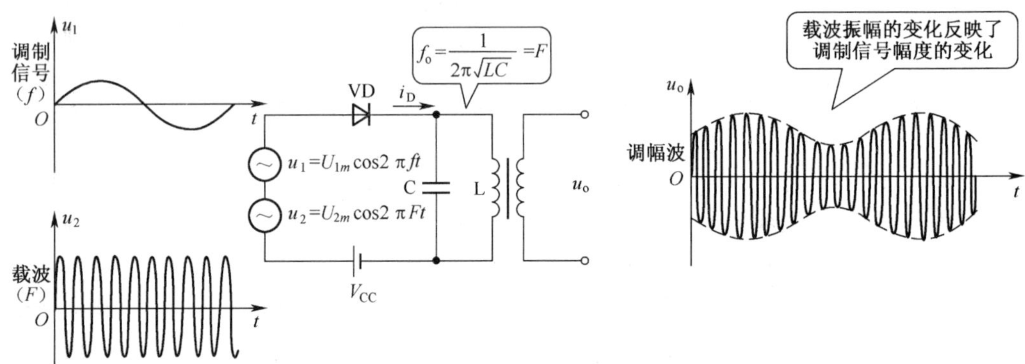


图 3-38　二极管调幅电路

（1）调幅波形成的分析。

设调制信号为 $u_1=U_{1m}\cos 2\pi ft$，其中 $f$=3kHz（举例），

载波为 $u_2=U_{2m}\cos 2\pi Ft$，其中 $F$=1000kHz（举例），

二极管两端电压为 $u_D\approx u_1+u_2$，

将上述关系带入 $i_D=a_0+a_1u_D+a_2u_D^2$，

即 $i_D=a_0+a_1(u_1+u_2)+a_2(u_1+u_2)^2+\cdots$

$=a_0+a_1u_1+a_1u_2+a_2(u_1^2+2u_1u_2+u_2^2)+\cdots$

分析：$a_2u_1^2=a_2(U_{1m}\cos 2\pi ft)^2$，根据三角公式 $\cos^2\alpha=\frac{1}{2}(1+\cos 2\alpha)$

可得 $a_2u_1^2=\frac{a_2U_{1m}^2}{2}\left[1+\cos 2\pi(2f)t\right]=\frac{a_2U_{1m}}{2}+\frac{a_2U_{1m}}{2}\cos 2\pi(2f)t$

同理 $a_2u_2^2=\frac{a_2U_{2m}}{2}+\frac{a_2U_{2m}}{2}\cos 2\pi(2F)t$

又 $a_2 2u_1u_2=a_2U_{1m}U_{2m}2\cos 2\pi ft\cdot\cos 2\pi Ft$，根据三角公式 $\cos x\cos y=\frac{1}{2}[\cos(x+y)+\cos(x-y)]$

$$=a_2U_{1m}U_{2m}\cos 2\pi(F+f)t+a_2U_{1m}U_{2m}\cos 2\pi(F-f)t$$

可得 $a_2 2u_1u_2$

将上式展开后，可以清晰地知道输出电流中包含有以下 7 种频率成分（展开前 3 项）。

① 直流成分 $a_0+\dfrac{a_2U_{1m}}{2}+\dfrac{a_2U_{2m}}{2}$。

② 调制信号的基波成分 $a_1u_1=a_1U_{2m}\cos 2\pi ft$。

③ 载波信号的基波成分 $a_1u_2=a_1U_{2m}\cos 2\pi Ft$。

④ 调制信号的 2 次谐波 $\dfrac{a_2U_{1m}}{2}\cos 2\pi(2f)t$。

⑤ 载波信号的 2 次谐波 $\dfrac{a_2U_{2m}}{2}\cos 2\pi(2F)t$。

⑥ 调制信号和载波信号的和频 $a_2U_{1m}U_{2m}\cos 2\pi(F+f)t$。

⑦ 调制信号和载波信号的差频 $a_2U_{1m}U_{2m}\cos 2\pi(F-f)t$。

但由于 LC 并联谐振电路的 $f_0=F=1000\text{kHz}$，选频电路从二极管输出的各种信号中只能选出 $F$，$F+f$，$F-f$ 三种成分（在以 $F$ 为中心频率的通频带内）其他频率的信号则失谐，示意图如图 3-39 所示。

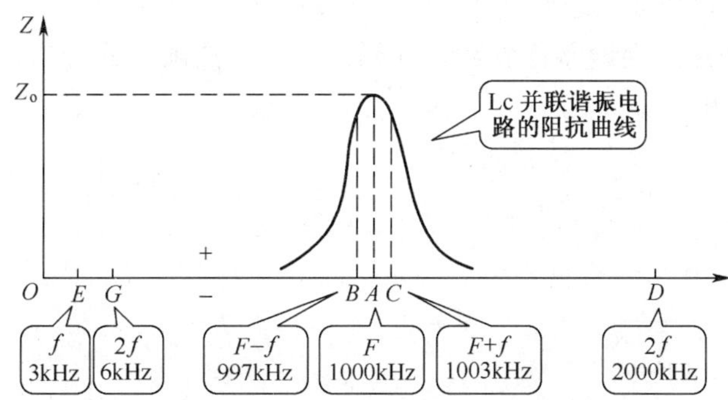


图 3-39 LC 并联谐振电路的选频作用

综上所述，该电路的输出电压应为 $u_o\approx i_DZ_0$（$Z_0$ 为并谐电路的谐振阻抗）

将 $i_D$ 中频率为（$F-f$），$F$，（$F+f$）的成分代入 $u_o\approx i_DZ_0$，得：$u_o\approx$

$$i_DZ_0=\left\{a_2U_{2m}2\cos 2\pi Ft+a_2U_{1m}U_{2m}\left[\cos 2\pi(F-f)t\right]+a_2U_{1m}U_{2m}\left[\cos 2\pi(F+f)t\right]\right\}Z$$

$$=(a_2U_{2m}\cos 2\pi Ft+a_2U_{1m}U_{2m}\cdot 2\cos 2\pi ft\cdot\cos 2\pi Ft)Z_0$$

$$=a_2U_{2m}(1+2U_{1m}\cos 2\pi ft)Z_0\cos 2\pi Ft$$

$$=U(t)\cos 2\pi Ft$$

其中，$U(t)=a_2U_{2m}(1+2U_{1m}\cos 2\pi ft)Z_0$，相当于载波的振幅。

上式也可以改写为 $U(t)=U_{2m}(1+m_a\cos 2\pi ft)\cos 2\pi Ft$，式中 $m_a=\dfrac{U_{1m}}{U_{2m}}$，是调幅信号的调幅系数，称作调幅度。一般而言，$0<m_a\leqslant 1$，当 $m_a$ 取不同值时，可改变包络线的形状，当 $m_a>1$ 时，会出现严重的失真，具体示意图如图 3-40 所示。

从上式可以清晰地看出，已调波 $u_0$ 的频率就是载波的频率（$F$），但已调波的振幅却随着控制信号（频率为 $f$）的变化而变动，这就是调幅波名称的来源。

由上可见，用单一频率调制信号对载波进行调幅后，已调波出现 3 个频率分量：除载

波频率 $F$ 分量之外，还有上边频 $F+f$（和频）分量和下边频 $F+f$（差频）分量。单一频率调制信号，载波和调幅波的频谱图如图 3-41 所示。

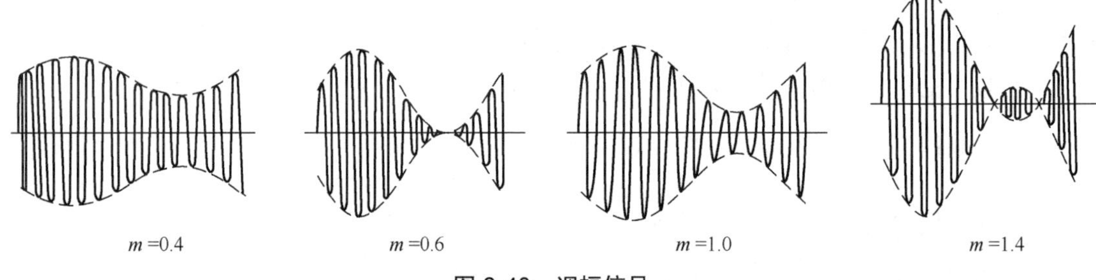


图 3-40　调幅信号

需要指出的是：实际的调制信号（如语言、图像等）都不是单一频率信号，而是包含若干频率分量的复杂信号，设其频率范围为 $f_{min}\sim f_{max}$，频谱图如图 3-42（a）所示。

对载波 $F$ 调制后，每一频率分量都要产生一对边频，这些上、下边频的集合便分别形成上、下两个边频带，简称上边带和下边带，其频谱如图 3-42（b）所示。由图可见，调幅后，调制信号的频谱被线性地搬移到载频的两边，已调波所占的频带宽度是调制信号中最高频率的两倍，即 $BW=2f_{max}$。

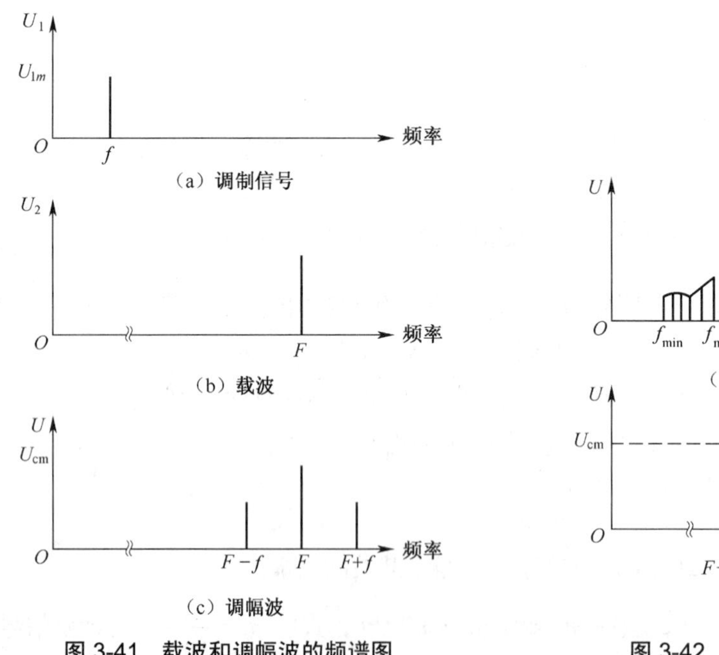


图 3-41　载波和调幅波的频谱图

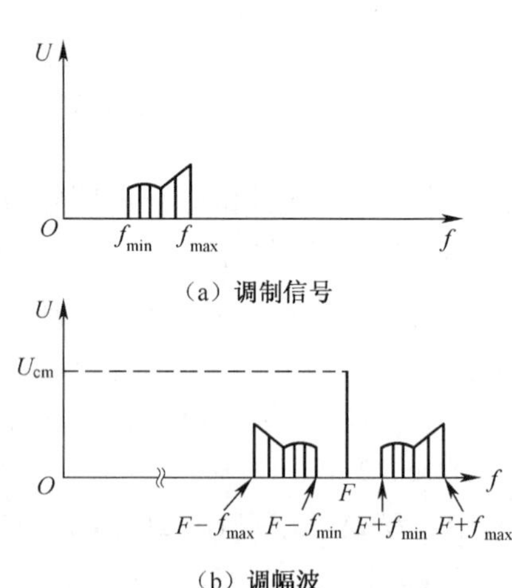


图 3-42　调制信号的频谱图

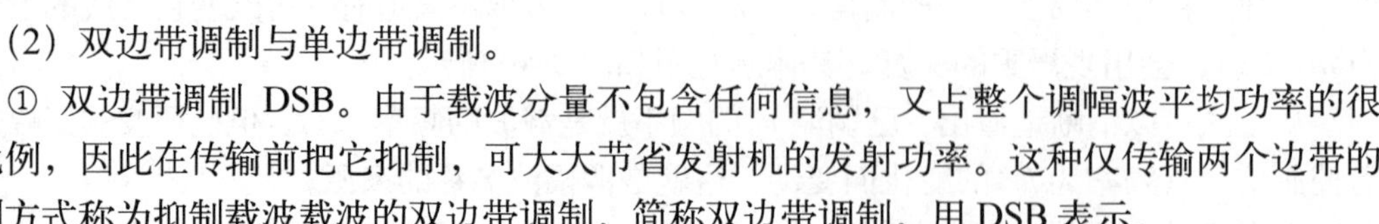

（2）双边带调制与单边带调制。

① 双边带调制 DSB。由于载波分量不包含任何信息，又占整个调幅波平均功率的很大比例，因此在传输前把它抑制，可大大节省发射机的发射功率。这种仅传输两个边带的调制方式称为抑制载波载波的双边带调制，简称双边带调制，用 DSB 表示。

② 单边带调制SSB。由于调幅波的上、下边带中的任意一个边带已包含了调制信号的全部信息，所以可以进一步将其中一个边带抑制掉而只发送另一个边带，这样的调制方式称为单边带调制，用 SSB 表示。SSB 发射方式，其频带宽度仅为 DSB 方式频带宽度的一半，从而提高了频带的利用率，同时也大大节省了发射功率，其方框图如图 3-43 所示。

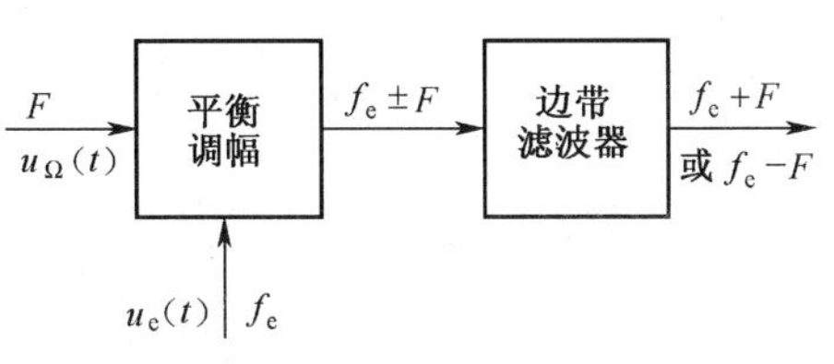


图 3-43 SSB 单边带调制

3. 调幅电路

根据调制信号控制的电极不同，调制方法主要有集电极调幅、基极调幅。

(1) 集电极调幅。

集电极调幅电路如图 3-44 所示。集电极调幅电路的特点是低频调制信号加到集电极回路，$B_1$、$B_2$ 为高频变压器；$B_3$ 为低频变压器。低频调制信号 $u_\Omega(t)$与丙类放大器的直流电源相串联，因此放大器的有效集电极电源电压 $V_{CC}(t)$等于两个电压之和，它随调制信号变化而变化。图中的电容 $C_b$、$C'$ 是高频旁路电容，$C'$ 的作用是避免高频电流通过调制变压器 $T_3$ 的次级线圈以及直流电源，因此它对高频相当于短路，而对调制信号频率应相当于开路。

集电极调幅只能产生普通调幅波。其优点是调幅线性比基极调幅好，其缺点是调制信号接在集电极回路中，供给的功率比较大。

(2) 基极调幅。

基极调幅电路如图 3-45 所示。基极调幅电路的特点是调制信号加在基极回路。图中 $C_1$、$C_3$ 为高频旁路电容；$C_2$ 为低频旁路电容；$T_1$ 为高频变压器；$T_2$ 为低频变压器；LC 回路为带通滤波器。应保证回路调谐于$\omega_c$，通带 2Ω。

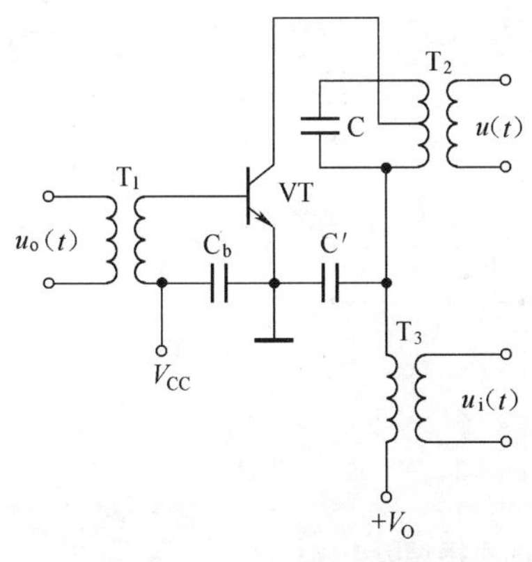


图 3-44 集电极调幅电路

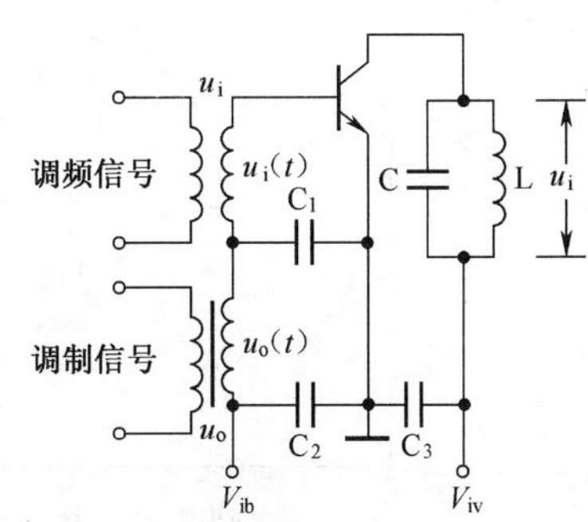


图 3-45 基极调幅电路

同样，基极调幅也能产生普通调幅。基极调幅的优点是由于调制信号接在基极回路，对于调制信号只需很小的功率。

4. 调频原理

设调制信号为 $u_1=U_{1m}\cos\omega_1 t$，载波信号为 $u_2=U_{2m}\cos\omega_2 t$。根据调频波的定义，调频波角频率随调制波的振幅比例变化，故而已调波的角频率可表达为

$$\omega_{FM}=\omega_2+KU_{1m}\cos\omega_1 t$$

式中，$k$ 为比例系数，令 $KU_{1m}=\Delta\omega$，那么 $\omega_{FM}=\omega_2+\Delta\omega\cos\omega_1 t$。

可以分析，载波角频率在一定的条件下，调频频率的变化则必然要求调频波在任意时刻的瞬时相位角跟随调制波的变化。由数学知识可知，上述要求只要将 $\omega_2$ 在 $t$ 到 $t_1$ 区间进行积分即可，即 $\theta=\int_{t_1}^{t}\omega_2 \mathrm{d}t=\left[\omega_2 t+\frac{\Delta\omega}{\omega_1}\sin\omega_1 t\right]_{t_1}^{t}=\omega_2 t+\frac{\Delta\omega}{\omega_1}\sin\omega_1 t+\theta_0$。

则调频波的数学式可表达为

$$U_{FM}=U_{2m}\sin(\omega_2 t+\frac{\Delta\omega}{\omega_1}\sin\omega_1 t)=U_{2m}\sin(\omega_2 t+m_f\sin\omega_1 t)$$

上式中 $m_f=\frac{\Delta\omega}{\omega_1}=\frac{\Delta f}{f_1}$，其中 $\Delta f$ 表示调频波的频率偏离载波频率的程度，其大小取决于调制信号的幅度，通常称 $m_f$ 为调制指数，$\Delta f$ 称为最大频率偏移。

在正常调制电压作用下，所能达到的最大频率偏移称最大频偏 $\Delta f_m$。它是根据对调频指数 $m_f$ 的要求确定的，要求其数值在整个调制信号所占有的频带内保持恒定。不同的调频系统要求有不同的最大频偏值 $\Delta f_m$。例如，调频广播要求 $\Delta f_m$=75kHz，移动通信的无线电话要求 $\Delta f_m$=5kHz，电视伴音要求 $\Delta f_m$=50kHz。

5. 调频电路

实现频率调制的方式有两种：一种是直接调频，另一种是间接调频，下面分别作一简单介绍。

（1）直接调频。

用调制信号直接控制振荡器的振荡频率。振荡器的中心频率即为载波频率。典型电路如图 3-46 所示。

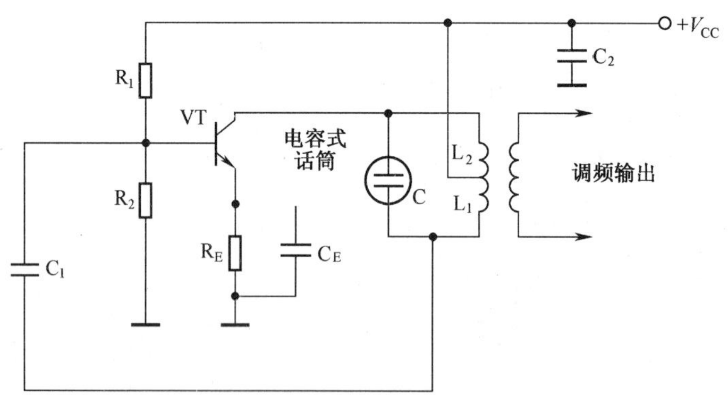


图 3-46 由电容式话筒构成的直接调频电路

这种方式是用电容式话筒作为可变电容，电容话筒在声波作用下，内部的金属薄膜产生振动，会引起薄膜与另一电极之间电容量的变化。从而实现了输出信号频率随声波大小而变化。

（2）间接调频电路。

直接调频的主要优点是容易获得大频偏的 FM 信号，缺点是频率稳定度低。为了得到频率稳定度更高的调频器，常采用间接调频，间接调频广泛地用于广播发射机中。

① 变容二极管。变容二极管是利用 PN 结的结电容随反向电压变化这一特性而制成的一种压控电抗器件。当给变容二极管施加反向偏置电压时，结电容 $C_j$ 跟随调制信号的变化

而变化，变容二极管偏置电路及其结电容变化曲线示意图如图 3-47 和图 3-48 所示。

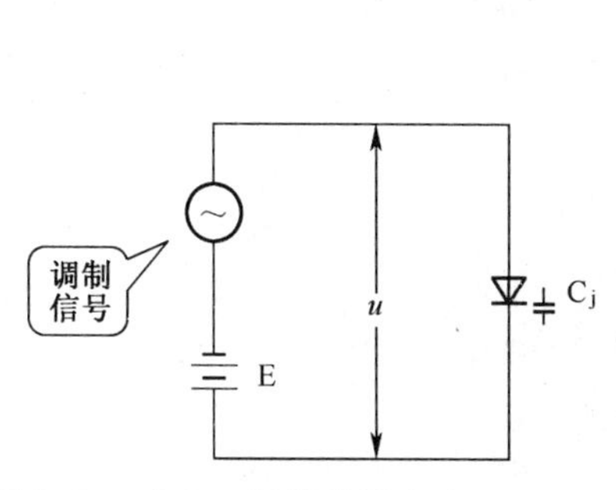


图 3-47 变容二极管偏置电路

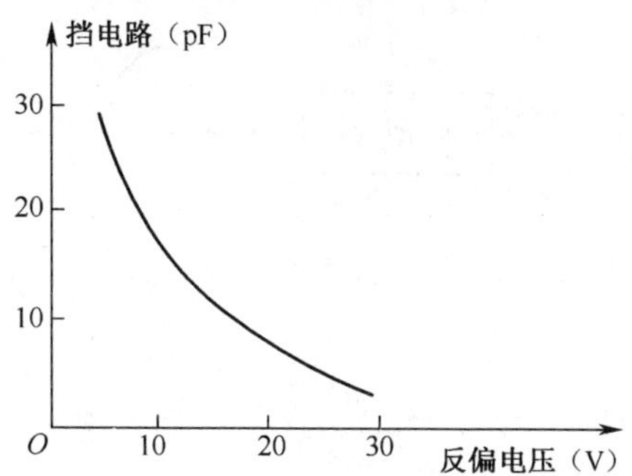


图 3-48 结电容随反压大小变化曲线

② 间接调频电路以及波形图如图 3-49 所示。

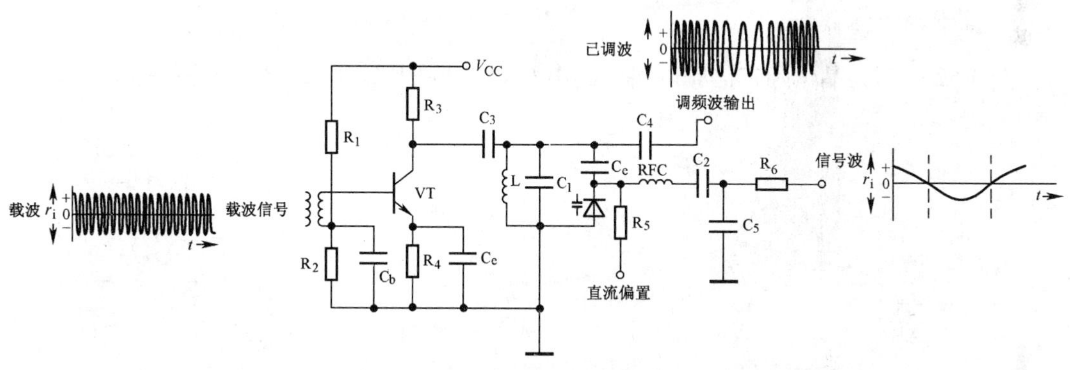


图 3-49 间接调频电路

# 3.6 倍 频 器

倍频电路能将信号的频率成倍数地提高。根据电路提升频率倍数的不同，常用的倍频电路有二倍频电路和三倍频电路。

1. 倍频原理

根据非正弦波的幂级数展开式可以了解，根据波形函数的奇偶性和波形的形状，波形可分解为各种新的频率信号，其中可能有直流成分，基波成分 $f$，二次谐波（$2f$）成分，三次谐波（$3f$）成分……如果在非线性元件后面接一个选频电路，当选频电路的谐振频率为 $3f$ 时，则可得到频率为输入信号频率 3 倍的输出信号，如图 3-50 所示。

倍频器是电子技术中常用的电路。根据倍频器采用的非线性元件不同，倍频器可分为二极管倍频器和晶体管倍频器，下面分别简要介绍。

2. 二极管倍频器

图 3-51 所示为二极管倍频电路，利用二极管的非线性进行频率变换，再由 $L_1$、$C_1$ 组成的并联谐振电路选出所需频率信号。

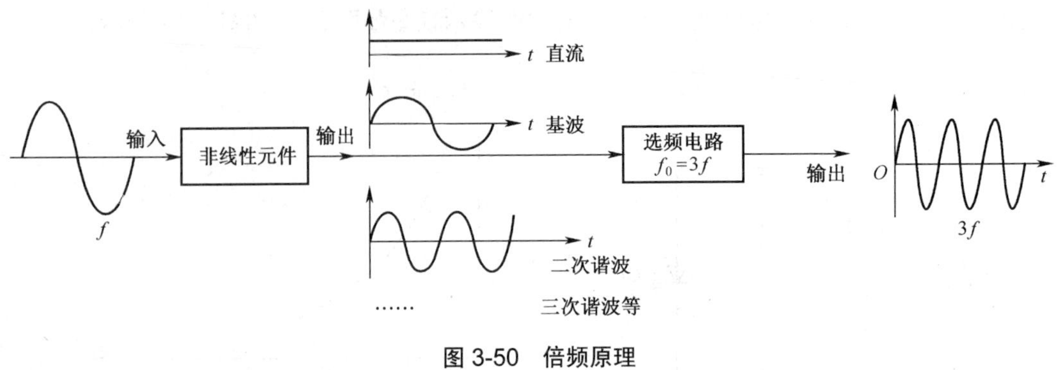


图 3-50　倍频原理

令电路 $f_0=\dfrac{1}{2\pi\sqrt{L_1C_1}}=2f$，则电路为二倍频电路。

若采用一级倍频达不到实际的要求，则可以类似于多级放大器那样，采用多级倍频器。

3. 晶体管倍频器

图 3-52 所示为晶体管二倍频电路，其中 $L_1C_1$ 并联回路谐振频率 $f_0=\dfrac{1}{2\pi\sqrt{L_1C_1}}=2f$。

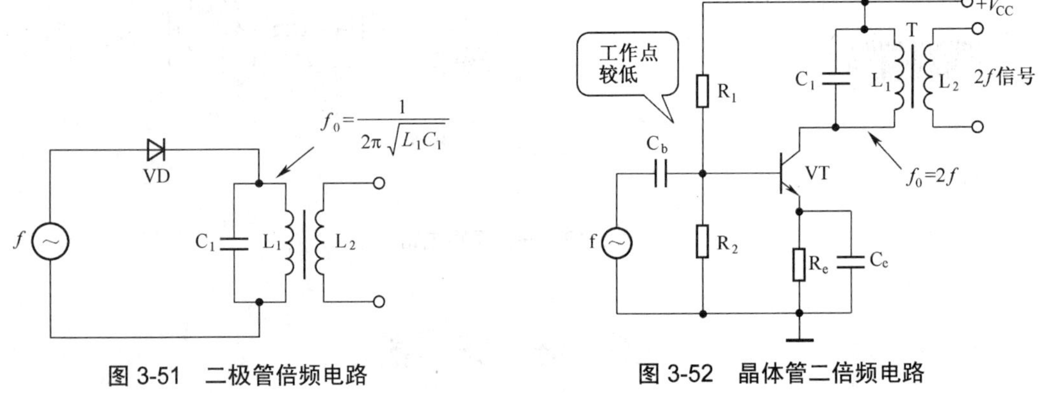


图 3-51　二极管倍频电路

图 3-52　晶体管二倍频电路

频率为 $f$ 的信号通过 $C_b$ 加到晶体管 VT 的基极，因为放大器工作点极低（使放大器工作在非线性区），所以该信号经 VT 的发射结时会产生各种新的频率信号，由于 $L_1$、$C_1$ 构成的选频电路频率为 $2f$，所以它能从 VT 输出的各种信号中选出 $2f$ 的信号，从而实现了输出二倍频信号的目的。

## 3.7　模拟乘法器的认知

模拟乘法器是实现两个模拟信号相乘的器件，不仅可用于乘法、除法、乘方和开方等模拟运算，同时也广泛应用在高频电子线路中（振幅调制、同步检波、混频、倍频、鉴相等）。

变跨导模拟乘法器（实现乘法功能的一种方法）是在带电流源差分放大电路的基础上发展起来的一种电路，其基本原理电路和电路符号分别如图 3-53 和图 3-54 所示。

不难看出，由于 $VT_3$ 和差分电路（$VT_1$，$VT_2$）为串联结构，当 $U_X$、$U_Y$ 中有一个或两个都为零时，输出电压 $u_o$ 均为零，所以输出入关系构成了“逻辑与”，即“逻辑乘”的关系。不难理解，$u_o=Ku_xu_Y$，式中的 $K$ 为比例系数，其值可正可负，根据两个输入电压正负极性选择的不同情况，乘法器可有四象限乘法器、二象限乘法器和单象限乘法器之分。

注：逻辑与、逻辑乘的相关概念，请参阅本书项目五相关内容。

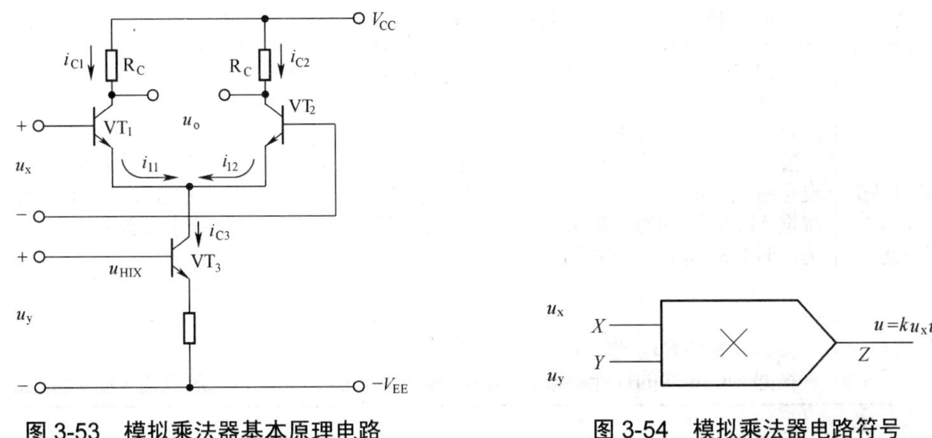


图 3-53　模拟乘法器基本原理电路　　　　图 3-54　模拟乘法器电路符号

模拟乘法器有多种类型，下面以 MC1496 为例，对模拟乘法器的应用作简要介绍。

1. MC1496 乘法器

对 MC1496 乘法器的有关说明如表 3-9 所示。

表 3-9

| 项　　目 | 图形或说明 |
|---|---|
| 引脚 | 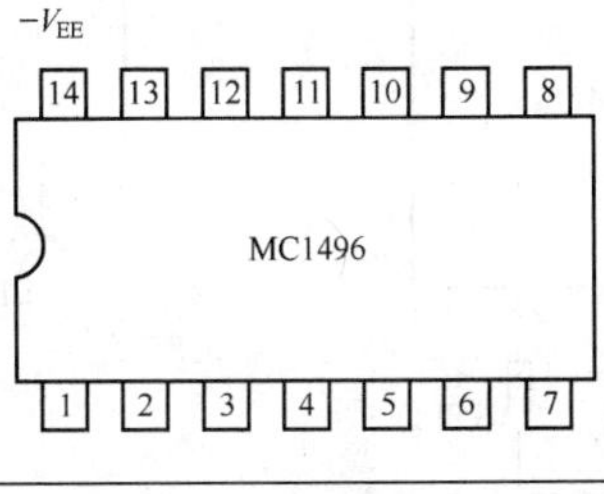 −$V_{EE}$ 14 13 12 11 10 9 8 MC1496 1 2 3 4 5 6 7<br>① $u_y$ 信号输入同相端<br>②、③ 增益调节端<br>④ $u_y$ 信号输入反相端<br>⑤ 偏置端<br>⑥ 乘法器输出同相端<br>⑦ 空端<br>⑧ $u_x$ 信号输入同相端<br>⑨ 空端<br>⑩ $u_x$ 信号输入反相端<br>⑪ 空端<br>⑫ 乘法器输出反相端<br>⑬ 空端<br>⑭ 公共端，或接公共端（单电源供电），或接负电源（双电源供电） |
| MC1496 的内部电路 | 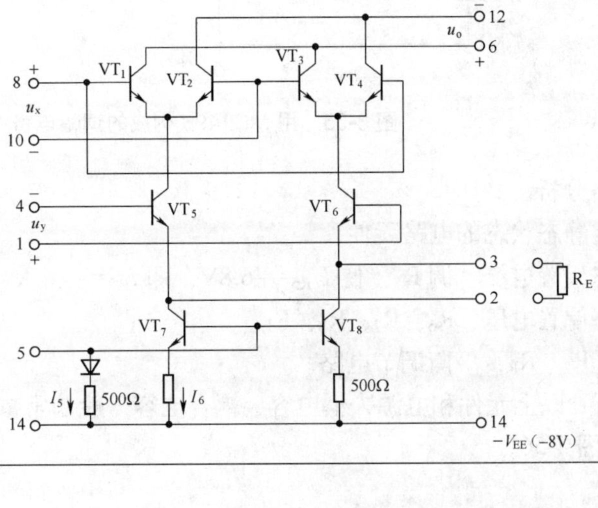  |

续表

| 项　　目 | 图形或说明 |
|---|---|
| 简单判别 MC1496 好坏的方法 | 根据 PN 结的导通特性，使用万用表电阻挡（一般选用×1 挡），测量如下引脚之间的正反向电阻：5 脚与 2、3、14 脚；6 脚与 8、10 脚；10 脚与 12 脚；1、4 脚与 2、3 脚。<br>正确的测量关系：正向电阻约为十几千欧，反向电阻为无穷大 |
| 理解 MC1496 静态工作点的设置思想 | MC1469 可以采用单电源供电，也可以采用双电源供电。器件的静态工作点由外接元件确定。<br>（1）静态偏置电压的确定。<br>静态偏置电压的设置应保证各个晶体管工作在放大状态，即晶体管的集—基极间的电压应大于或等于 2V。为了使电路运算的准确，电路应满足零输入——零输出关系。根据 MC1469 的特性参数，对于所示的内部电路，应用时，静态偏置电压（输入电压为 0 时）应满足下列关系，即<br>$U_8=U_{10}=6\text{V}$，$U_1=U_4=0\text{V}$，$U_6=U_{12}=8.6\text{V}$<br>$U_2=-0.7\text{V}$，$U_3=-0.7\text{V}$，$U_5=-6.8\text{V}$<br>（2）静态偏置电流的确定。<br>根据 MC1496 的性能参数，器件的静态电流小于 4mA，一般取 $I_0\approx I_5=1\text{mA}$ 左右 |

2. 模拟乘法器应用举例

（1）用 MC1496 构成调幅器。

① 电路图。用 MC1496 构成的调幅器电路如图 3-55 所示。

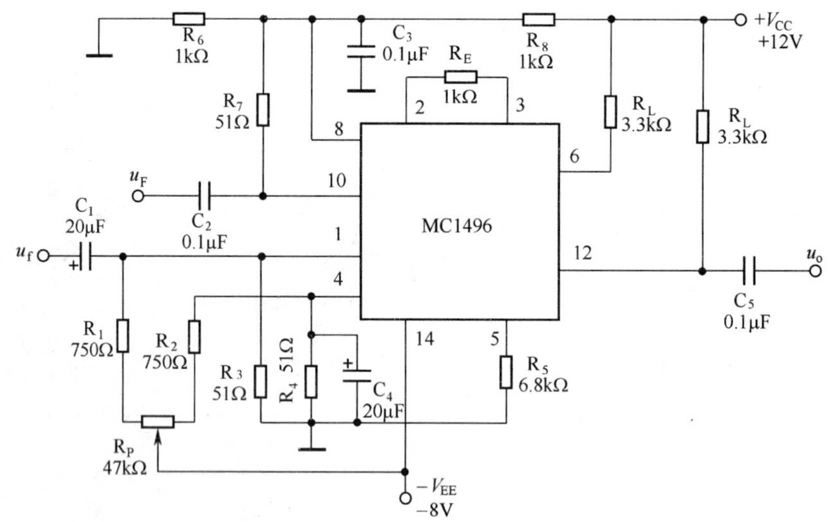


图 3-55　用 MC1496 构成的调幅电路

② 电路分析。

a. 确定静态状态的电路元件。

- 静态偏置电流：调 $R_5$、使 $U_{R5}=-6.8\text{V}$、即 $I_{R5}=-1\text{mA}$。
- 静态偏置电压：$R_6$、$R_7$、$R_8$、$R_L$。
- $R_1$、$R_2$、$R_P$：平衡调节电路。

b. 分析：以上元件和电源去耦电容、耦合电容一般为常量，与电路运算无关，因此上图可简化为图 3-56。

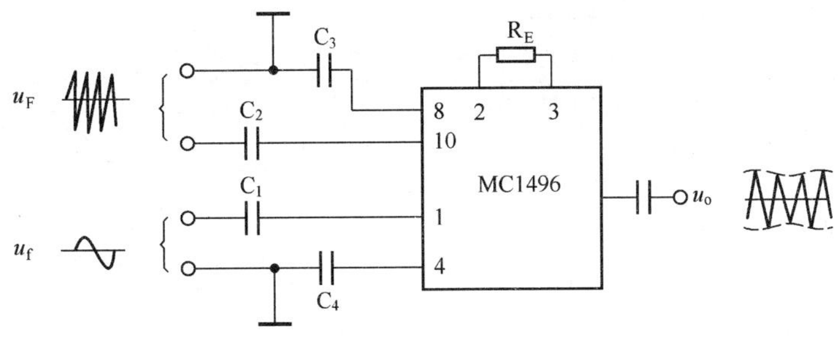


图 3-56　图 3-55 的简化图

- 因为 $F>f$，所以 $C_1$、$C_4$ 的电容量远大于 $C_2$、$C_4$。
- $R_E$ 负反馈电阻：可调节电路增益。

③ 调幅器电路最终简化为如下最简图（见图 3-57），为识图、分析电路提供了极大的方便。

（2）用 MC1496 构成的平方运算电路。

平方运算电路如图 3-58 所示。图中将模拟乘法器的两个输入端并接到同一输入信号，则其输出电压将成正比于输入电压的平方，即 $u_o=Ku_iu_i=Ku_i^2$，若 $u_o$ 后连接运算放大器，令其增益为 $1/K$，则 $u_o=u_i^2$。

（3）用 MC1496 构成的倍频器。

倍频电路如图 3-59 所示，设 $u_i=U_{im}\sin\omega t$，

则 $u_o'=k(U_{im}\sin\omega t)^2=1/2\,ku_{im}^2(1-\cos2\omega t)$

$=1/2\,ku_{im}^2(1-\cos2\pi2ft)$

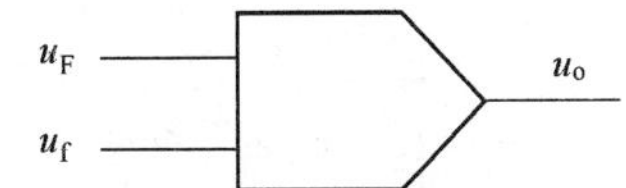


图 3-57　调幅器电路最终简化图

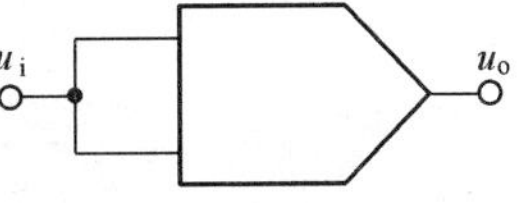


图 3-58　平方运算电路

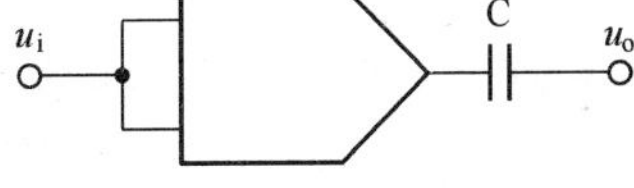


图 3-59　倍频电路

由上式可知，输出电压包括两部分：一部分为固定不变的直流分量，另一部分为 $2f$ 的余弦信号。若在输出端接入一个隔直流电容将直流电压隔开，则可得到两倍频的余弦波输出电压，从而实现了倍频功能。

由于在无线电信号的传输过程中，都涉及信号的调制与解调，而以上两点都可视为两个信号相乘或包含相乘的过程，由本例可知，采用集成模拟乘法器实现上述功能比分立器件要简单的多，避免了分立元件电路繁杂的运算和调试的过程，而且性能稳定，因此学习新型器件，应该是今后电子技术的方向。

## 3.8 滤 波 器

滤波器在电子设备中无所不在，工程上利用滤波器对信号从频率的角度进行处理和选择。

基本的 4 种滤波电路的幅频特性示意如图 3-60 所示。

利用滤波器，可以了解信号中有那些频率成分，图 3-61 所示是某一收录机的频谱显示器框图。

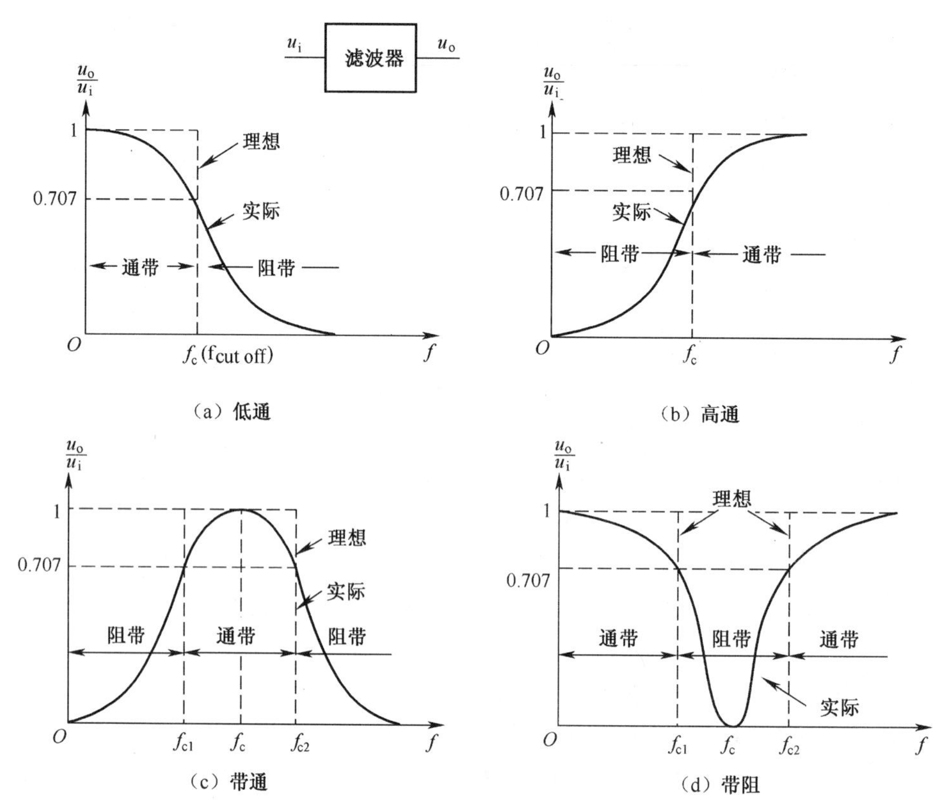


图 3-60　基本的 4 种滤波电路的幅频特性示意图

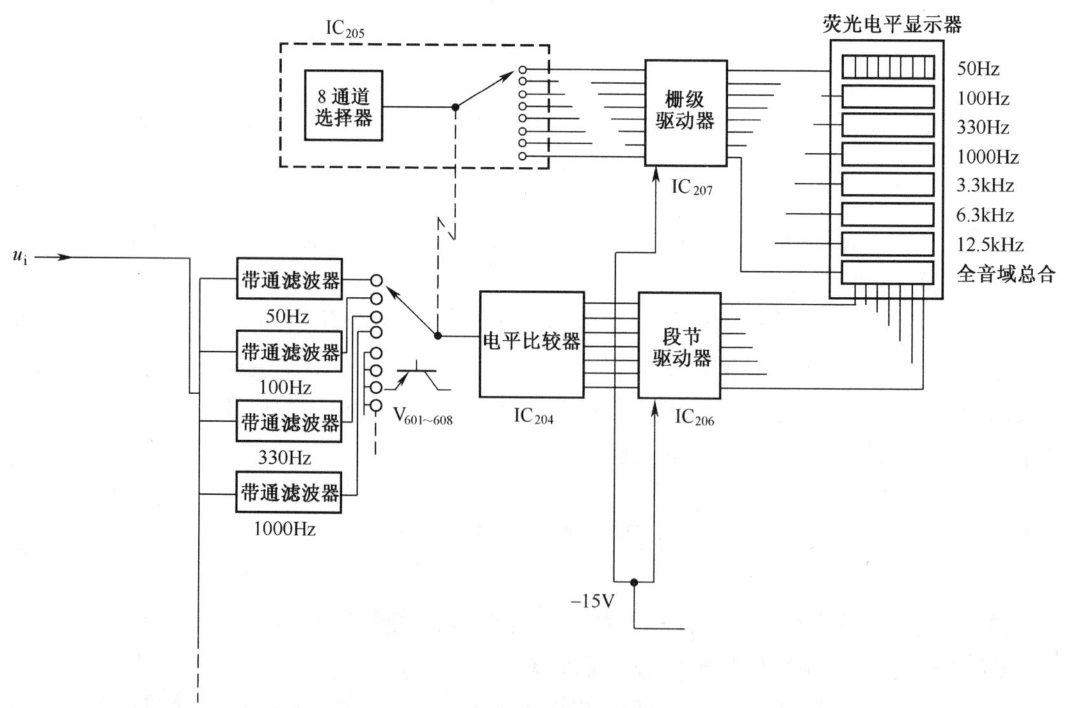


图 3-61　某收录机的频谱显示器框图

电路基本工作过程是：由前方电路送来的音频信号中的各种频率成分通过各自的带通滤波器选频输出，经过一系列的电路处理后，人们可通过荧光电平显示器的显示，感受到输入信号中的频率分布和强度。

根据以上原理人们制造了用途广泛的频谱分析仪。利用滤波器人们也可以对已知信号的频率成分加以取舍。随着科学技术的不断发展，特别是近年来微电子学的迅速发展，滤波器领域已发生了巨大变化，传统的 LC 滤波器、无源滤波器被有源滤波器所取代，小型化、集成化的晶体滤波器、陶瓷滤波器、声表面滤波器等层出不穷。若追根求源，讲究理论的严密，本节所涉及的知识恰如汪洋大海，但对普通学习者而言，了解认识一些基本电路的作用，还是必要的，否则这样的电路发生问题，维修者根本就无法下手。

1. RC 无源滤波器

(1) RC 低通（高通）滤波器（见表 3-10）。

低通滤波器在实践中有多种的电路形式，其中心思想都是为追求理想的幅频特性。

顾名思义，高通滤波器和低通滤波器性质相反，两者在结构上有对偶关系，即将低通滤波器中的电阻和电容位置互换，则成为高通滤波器，其分析过程与低通一致，因此以下的分析仅以低通滤波器为例，而对于高通滤波器不再赘述。

表 3-10 RC 低通（高通）滤波器

| 类别 | 电路形式 | 说明 |
|---|---|---|
| 一阶低通滤波器 | 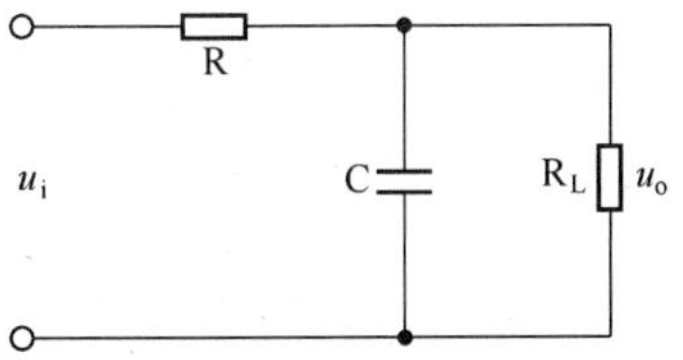  | ① 外特性差：即滤波器的性能受 $R_L$ 改变的影响大；<br>② 通阻过渡带界线不明（与理想曲线比较）；<br>③ $f_c=\frac{1}{2\pi R_L'}$，$R_L'=R//R_L$，根据图中的数据可计算出电路的 $f_c$；<br>④ 不加 $R_L$ 时，$f_c=\frac{1}{2\pi Rc}$ |
| 多节低通滤波器 | 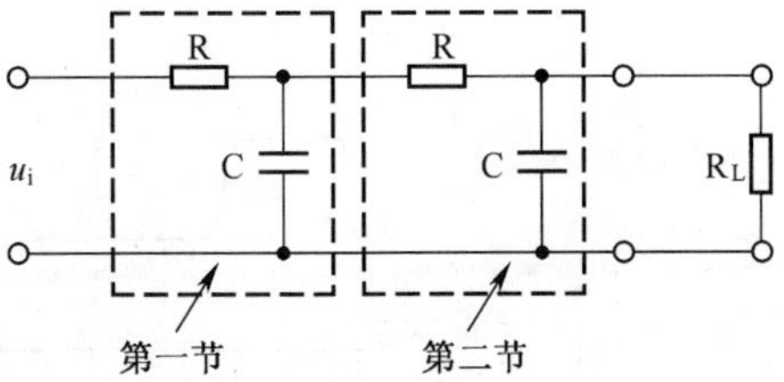 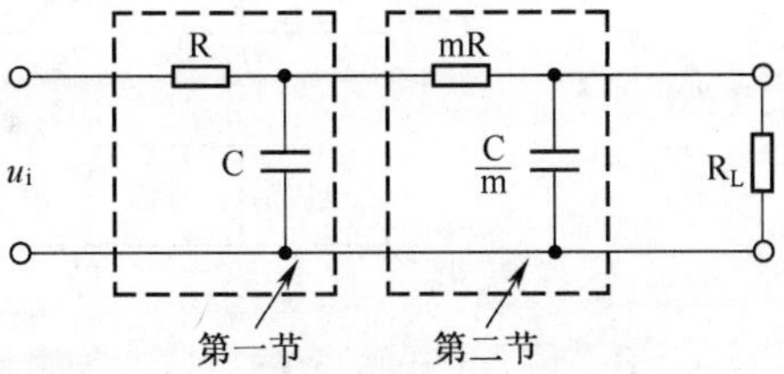  | ① 为了在截止频率处取得陡直的衰减特性，往往采用多节链接；<br>② m 式滤波器（需了解者，可查电信网络等相关教材）。<br>第二节的电阻增大到第一节的 $m$ 倍，而电容减小到第一节电容的 $\frac{1}{m}$，其目的是第二节的阻抗是第一节的 $m$ 倍，以求得截止频率处较大的衰减速率，但 $m$ 的增大，使得有用信号的衰减也跟随增大 |

RC 低通滤波器识图举例如表 3-11 所示。

表 3-11 RC 低通滤波器识图举例

| | | |
|---|---|---|
| 调幅收音机检波电路 | 电路 | 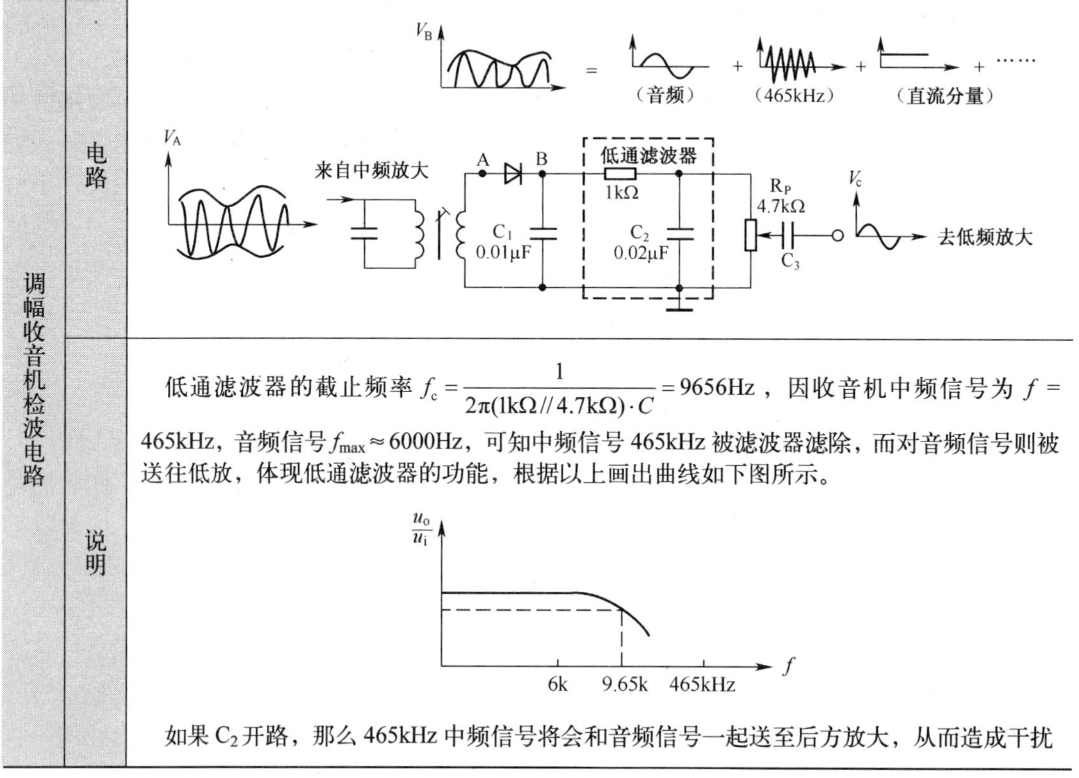 |
| | 说明 | 低通滤波器的截止频率 $f_c=\dfrac{1}{2\pi(1k\Omega//4.7k\Omega)\cdot C}=9656Hz$，因收音机中频信号为 $f=465kHz$，音频信号 $f_{max}\approx6000Hz$，可知中频信号 465kHz 被滤波器滤除，而对音频信号则被送往低放，体现低通滤波器的功能，根据以上画出曲线如下图所示。<br><br>如果 $C_2$ 开路，那么 465kHz 中频信号将会和音频信号一起送至后方放大，从而造成干扰 |

（2）RC 带通（带阻）滤波器（见表 3-12）。

表 3-12 RC 带通（带阻）滤波器

| | |
|---|---|
| RC 带通（带阻）滤波器 | 概述：<br>将低通滤波和高通滤波电路进行不同的组合，就可以获得带通或带阻滤波电路。识图时首先应该看清电路的结构，继而再从数量的角度去进一步认识<br>a．带通滤波器结构（串结构）。<br>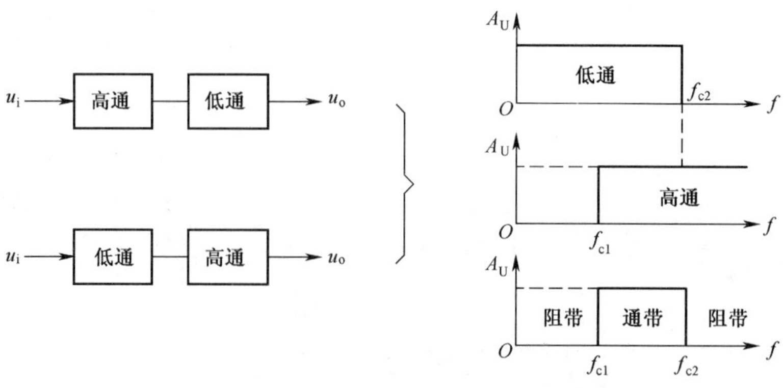<br>带通滤波器常应用于从许多信号（包括干扰、噪声）中获取所需要的信号场合<br>b．带阻滤波器结构（并结构）。 |

续表

| | |
|---|---|
| RC 带通（带阻）滤波器 | 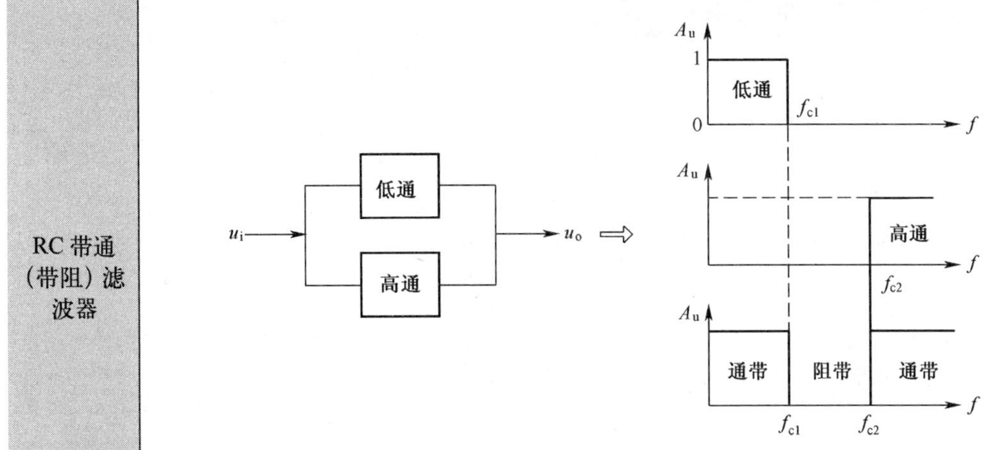<br>带阻滤波电路的性能和带通滤波电路的性能恰恰相反，即在规定的频带内，信号不能通过，或者受到很大衰减（往往被称为陷波器），而其余频率范围的信号都能顺利通过，常用在衰耗和抗干扰电路中 |

（3）有源滤波器（见表 3-13）。

表 3-13 有源滤波器

| 类别 | 电　路 | 说　明 |
|---|---|---|
| 有源一阶低通滤波器 | 同相输入一阶低通<br>反相输入一阶低通<br>$f_c=\dfrac{1}{2\pi RC}$　　$f_c=\dfrac{1}{2\pi R_2 C}$ | （1）外特性好：由于运算放大器在同相放大的条件下，输入阻抗极高，因此该电路的幅频特性不受负载影响。<br>（2）由于电路中增加了放大环节，通带内的信号衰耗的问题得到了有效的解决。<br>（3）由理论推导可知，左示两种电路具有类似的的幅频曲线，其区别仅仅在于放大器的类型不同<br>幅频曲线 |

续表

| 类别 | 电　　路 | 说　　明 |
|---|---|---|
| 有源二阶低通（高通）滤波器 | 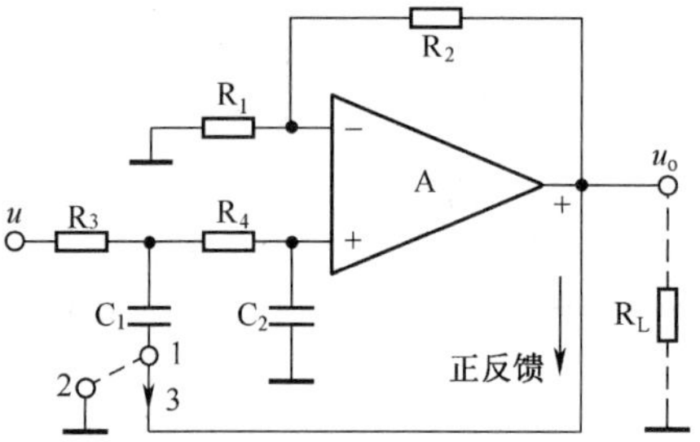 电路性能参数<br>① 截止频率。<br>$\omega_c^2=\frac{1}{R_3R_4C_1C_2}$<br>当 $R_3=R_4=R$，$C_1=C_2=C$ 时<br>$\omega_C=\frac{1}{RC}$　$f_c=\frac{1}{2\pi RC}$<br>② 通带增益。<br>$A_{uf}=1+\frac{R_2}{R_1}$<br>③ 品质因数。<br>$Q=\frac{1}{3-A_{uf}}$<br>其数值可改变 $f_c$ 处的曲线形状，改变 $Q$ 即改变 $R_1$，$R_2$ 的取值 | （1）两节低通链接原形电路是左图中 1、2 两端连接，现改为 1、3 两端连接的意义。<br>① 因为同相放大器为电压负反馈，其 $r_o\to 0$，因此改 1、2 连接为 1、3 连接对 $f_c$ 影响很小；<br>② 因为是同相放大器，所以接向 $C_1$ 的反馈为正反馈。<br>当频率较低时，选择的 $C_1$ 的阻抗很大，正反馈的量很小，另一方面 $C_2$ 对信号的分流也很小，所以幅频曲线保持水平，当频率增加到 $f_c$ 附近时，$C_1$ 的容抗变小，正反馈作用增强，使电路增益提升，但当 $f$ 继续升高时，$C_2$ 的分流增大且造成 $u_o$ 减小，从而使正反馈量减小，信号加快衰减。<br>特性图如下图所示 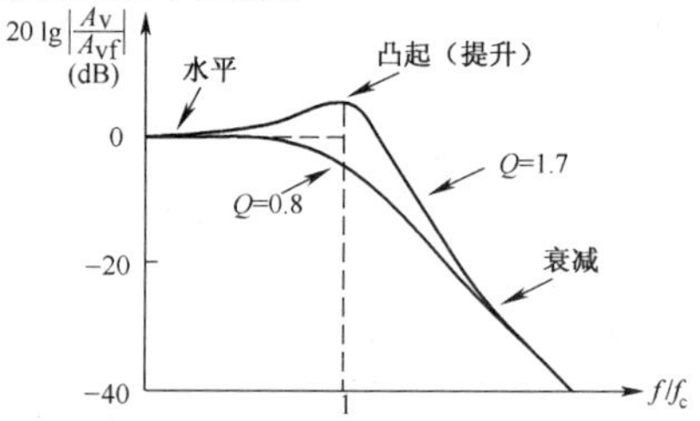<br>（2）二阶高通滤波器。<br>其电路性能参数的涵义与二价低通滤波器相同，其幅频曲线与二阶低通呈镜像关系，如下图所示 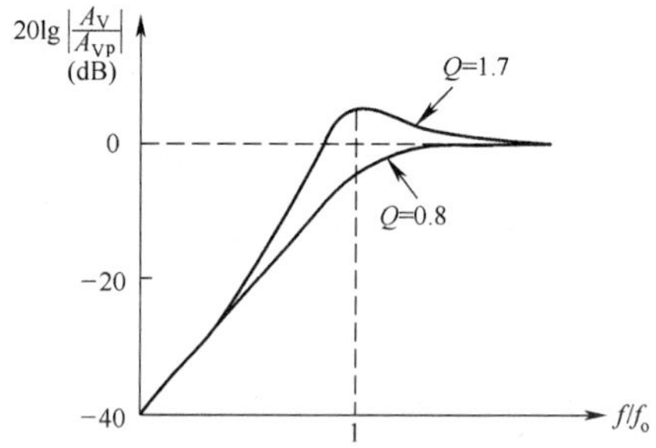 |
| 有源二阶带通滤波器 | 典型电路如下图所示。 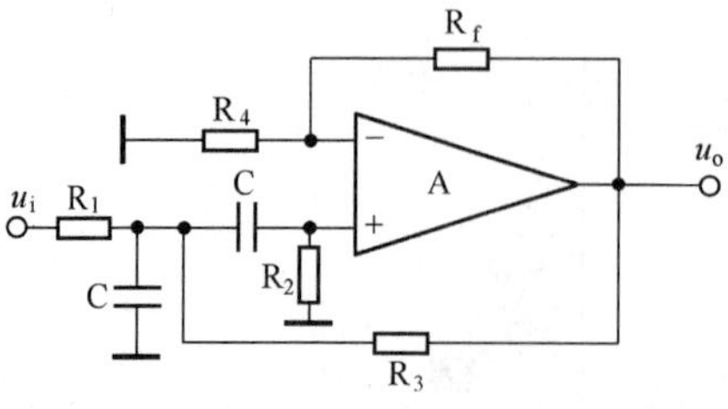<br>电路性能参数 | 幅频特性曲线 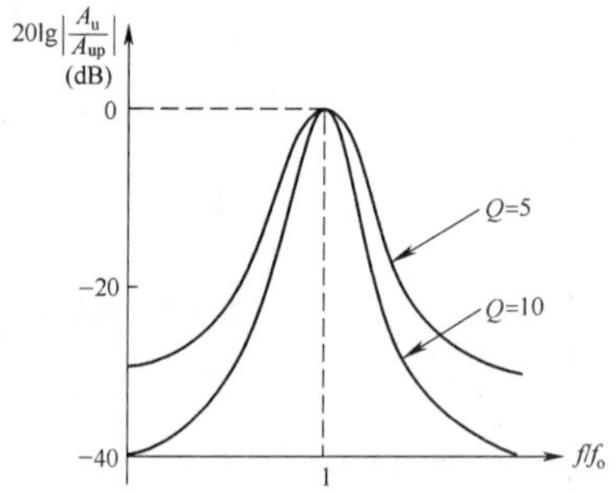 |

续表

| 类别 | 电　　路 | 说　　明 |
|---|---|---|
| 有源二阶带通滤波器 | ① 通带增益。<br>$A_{uf}=\dfrac{R_4+R_f}{R_4+R_1CB}$<br>② 中心频率。<br>$f_0=\dfrac{1}{2\pi}\sqrt{\dfrac{1}{R_2C_2}(\dfrac{1}{R_1}+\dfrac{1}{R_3})}$<br>③ 通带宽度。<br>$B=\dfrac{1}{c}(\dfrac{1}{R_1}+\dfrac{2}{R_2}-\dfrac{R_f}{R_3R_4})$<br>④ 选择性。$Q=\dfrac{\omega_0}{B}$ | |
| 有源二阶带阻滤波器 | 典型电路如下图所示。<br>$R_f$　$R_1$ 200k　C 68μF　C　$u_o$　$u_i$　R　R 47kΩ　2C　$\frac{R}{2}$<br>电路性能参数<br>① 通带增益 $A_{uf}=1+\dfrac{R_f}{R_1}$<br>② 中心频率 $f_0=\dfrac{1}{2\pi RC}$<br>③ 阻带宽度 B= $2(2-A_{uf})f_o$<br>④ 选择性 $Q=\dfrac{1}{2(2-A_{uf})}$ | 幅频特性曲线<br>$20\lg\left\|\frac{A_u}{A_{up}}\right\|$ (dB)　0　−20　−40　1　$f/f_o$　Q=5　Q=1 |

有源滤波器应用举例：

电子分频器电路如图 3-62 所示，图中已给出各分频点的频率，试通过计算输出点 A、B、C、D、E、F 的频率范围的方式来理解电子分频器的功能。

分析：由图可知 PQ 段为二阶有源低通滤波器 $\omega_c=\dfrac{1}{R_1R_2C_1C_2}$

$$f_{c1}=\frac{1}{2\pi\sqrt{R_1\cdot R_2\cdot C_1\cdot C_2}}=\frac{1000}{2\times3.14\times15\times\sqrt{0.14\times0.04}}=142\text{Hz}$$

QA 段为一阶有源低通滤波器

$$f_{c2}=\frac{1}{2\pi R_3C_3}=\frac{1000}{2\times3.14\times15\times0.076}=140\text{Hz}$$

则 $A$ 点处输出信号的频率范围为 $f\leqslant 140$Hz

图中大量采用电压跟随器的原因是利用了电路的缓冲特性。电路其他各点的频率范围，读者可自己去计算、比较和理解。

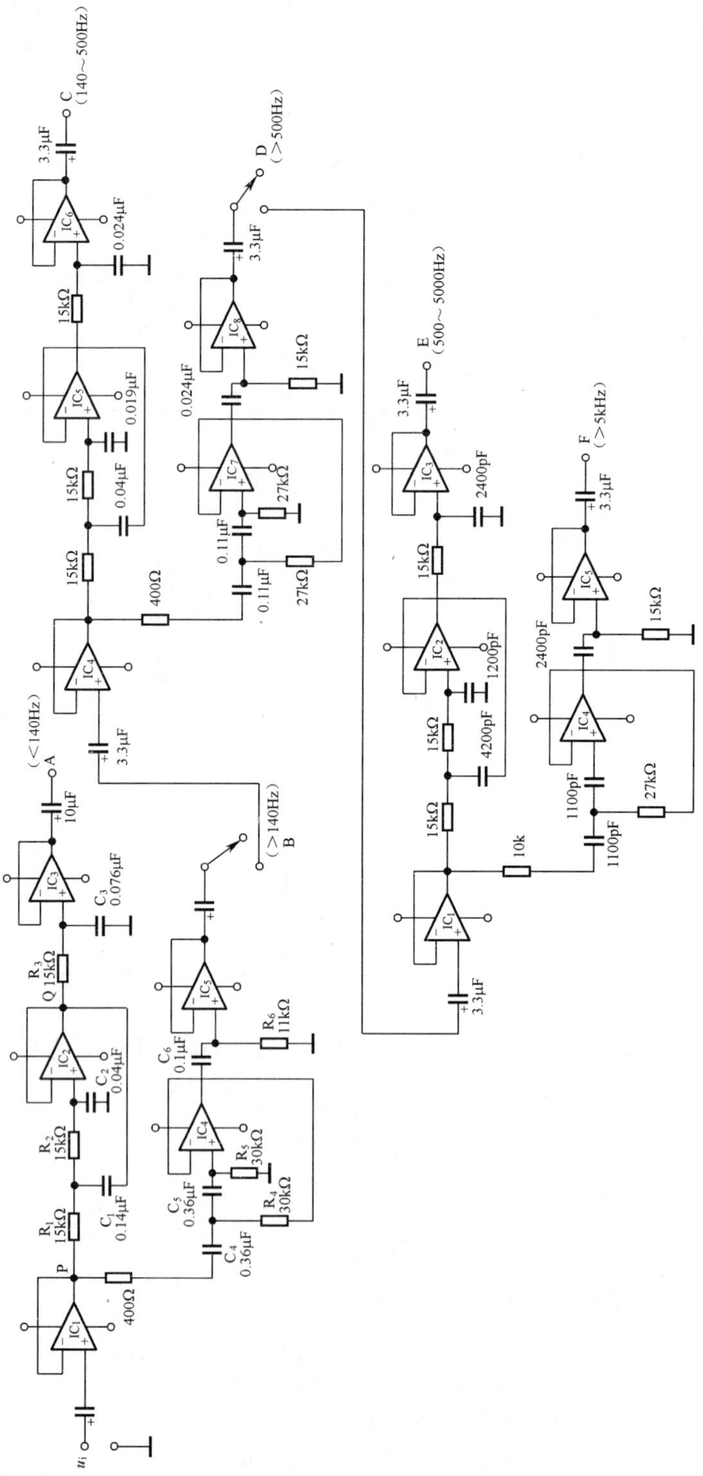

图 3-62 电子分频器电路

2. LC 滤波器

LC 滤波器的简介如表 3-14 所示。

表 3-14 LC 滤波器

| 类型 | 电路 | 简介 |
|---|---|---|
| 低通滤波器基本节 | 串联臂 并联臂 $u_i$ $u_o$ | ① 串臂对低频信号感抗小，对高频信号感抗大；<br>② 并臂对低频信号容抗大，对高频信号容抗大；<br>因此低频信号顺利通过，而高频信号被分流，故呈现低幅度的特征 |
| 高通滤波器基本节 | $u_i$ $u_o$ | 当高、低频信号同时输入时，由于电感、电容对不同频率的不同响应，高频信号易通过网络，网络呈现高通特性 |
| 带通滤波器基本节 | $u_i$ $u_o$ | ① 串联臂是 LC 串联谐振电路；<br>② 并联臂是 LC 并联谐振电路；<br>③ 谐振电路的谐振频率为通频带的中心频率 $f_0$；<br>④ 高通特性：当输入信号频率小于 $f_0$ 时，串联臂呈容性，并联臂呈感性，这是时带通滤波器相当于一个高通滤波器；<br>⑤ 低通特性：当输入信号频率大于 $f_0$ 时，串联臂呈感性，并联臂呈容性，这是时带通滤波器相当于一个低通滤波器；<br>⑥ 带通特性：当输入信号频率为 $f_0$ 时，串联臂的电抗为 0，相当于短路，并联臂的电抗为∞，相当于开路，信号很容易由输入端口传输至输出端口 |
| 带阻滤波器基本节 | $u_i$ $u_o$ | 带阻滤波器的分析类似带通。当输入信号频率为 $f_0$ 时，串联臂的电抗为 0，相当于短路，并联臂的电抗为∞，相当于开路，频率为 $f_0$ 的信号不能被送到输出端口，呈现带阻特性 |

## 3.9 混频电路

1. 混频放大器的任务

在无线电广播和通信领域内，为了改善电路的性能，往往需要改变信号的频率。例如，收音机、电视机都必须在接收端把高频载波的频率变换为中频载波，能完成这种变换的电路为混频放大器，其框图如图 3-63 所示。

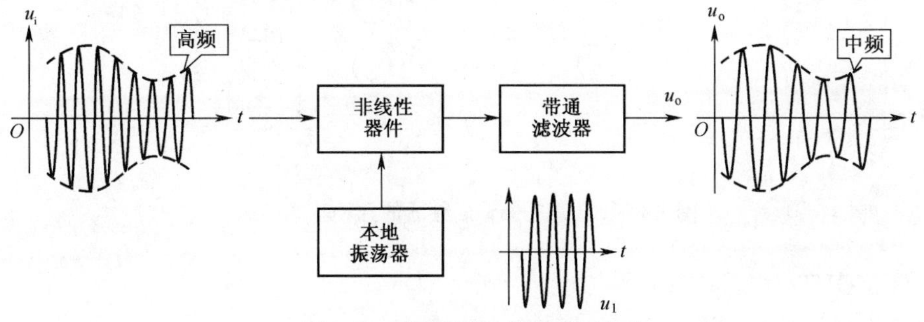


图 3-63 混频器组成框图与波形

2. 混频原理

前面已经说明，将两个频率分别为$f$、$F$的信号，同时作用于一个非线性元件时，可以从非线性元件的输出端得到许多新的频率分量，如图 3-64 所示。

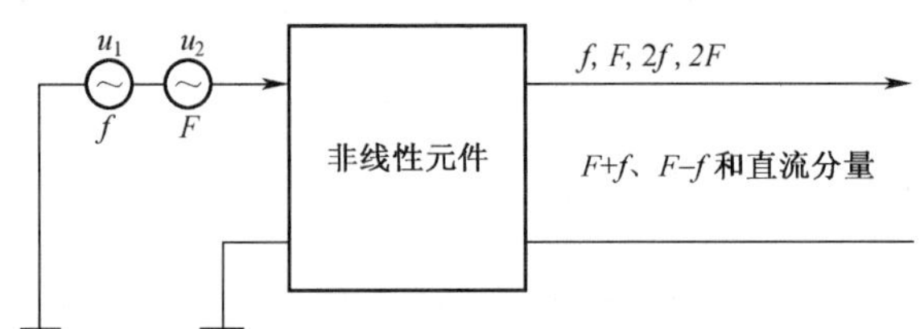


图 3-64 新的频率分量

若在电路输出端并接一个选择回路，并令选择的频率为$F-f$，那么即可把差频信号（$F-f$）取出。如在超外差接收机中就利用变频原理使高频已调波信号$u_1$和接收机本振信号$u_2$产生一个差频（中频）信号。图 3-65 所示为变频原理框图及对应波形。

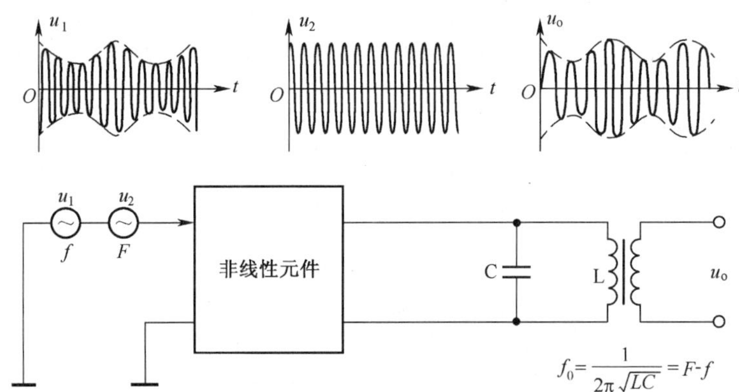


图 3-65 变频原理框图及对应波形

3. 混频放大器

晶体管混频器

如图 3-66 所示的 4 种基本形式的混频原理都是相同的，$u_1$和$u_2$均为串联关系。

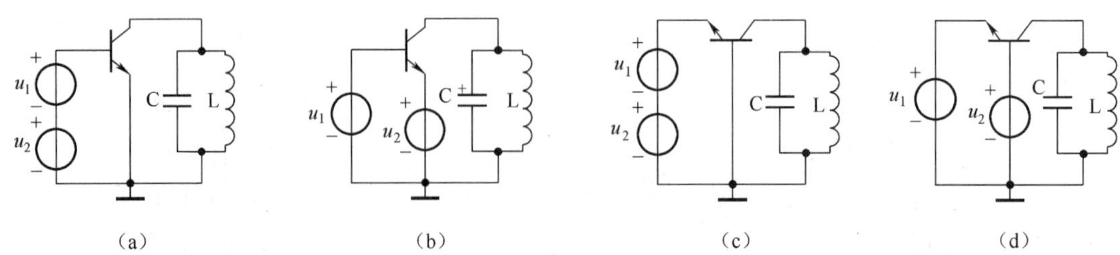


图 3-66 晶体三极管混频器的几种基本形式

4. 用 MC1596 构成的混频器

（1）MC1596 内部电路。

MC1596 乘法器也是一种应用很广泛的集成电路，其内部电路如图 3-67 所示。

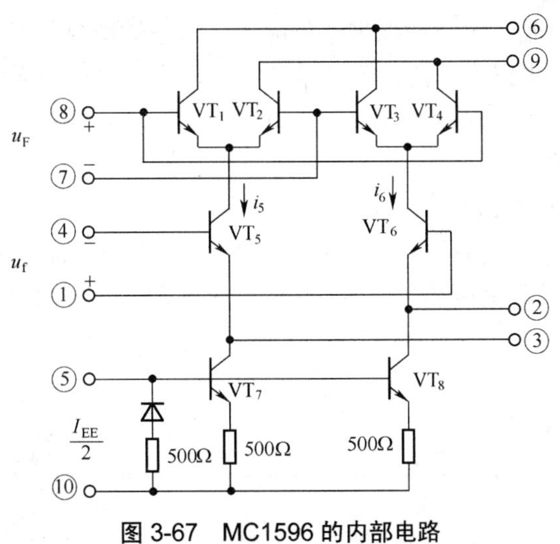


图 3-67 MC1596 的内部电路

（2）MC1596 构成的混频电路如图 3-68 所示，图中各元件的作用请自行分析。

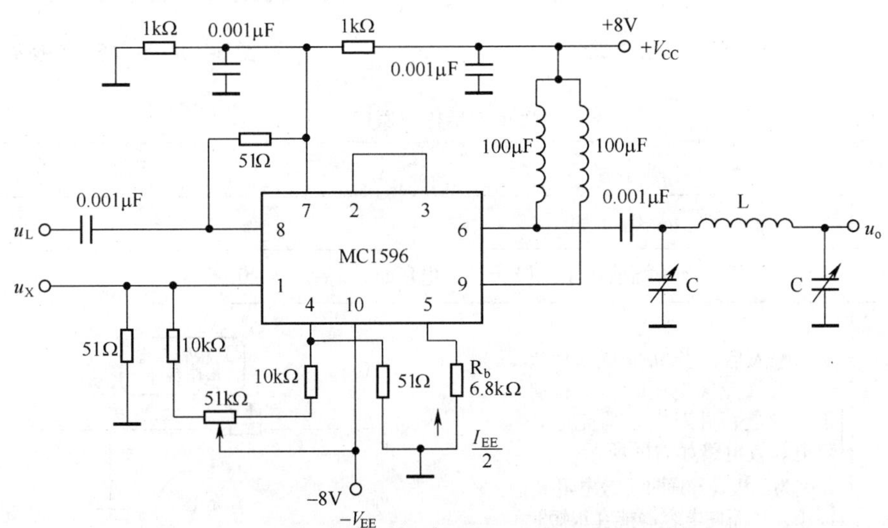


图 3-68 MC1596 组成的混频器

## 3.10 振幅检波器

解调是调制的逆过程。由于调制存在调幅和调频等方式，因而解调也有不同的方式，下面首先介绍调幅波的解调——振幅解调。

1. 振幅解调

从调幅波中还原出原低频调制信号的过程，称为振幅解调。能够完成这种功能的电路称为振幅解调器，习惯上称为检波器。

2. 检波器

从调幅的原理中已知，调幅波携带了低频调制信号的信息，若要将低频调制信号从已调波中取出来，这就要借助于非线性器件将调制信号取出并滤除无用的频率分量。

根据输入信号大小，振幅检波分析方法也不同，下面分别简单介绍。

（1）峰值包络检波。

① 工作原理。检波电路如图 3-69 所示。

电路由 3 部分组成：信号输入回路、检波二极管和检波器负载（低通滤波器）。由 $R_1$ 和 $C_1$ 组成，为了简化分析，将图 3-69 等效为图 3-70，其工作原理说明如表 3-15 所示。

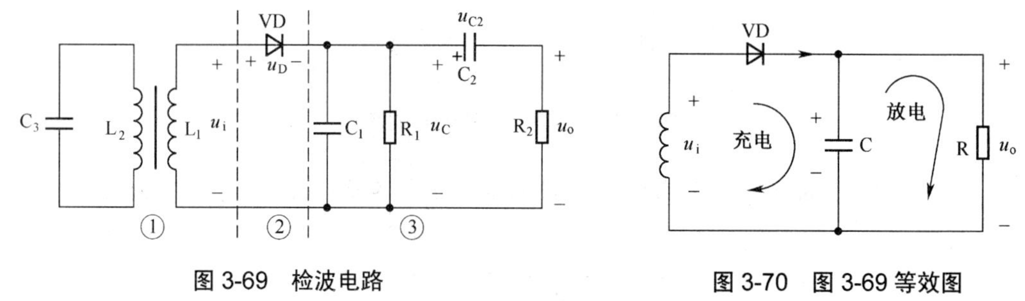


图 3-69　检波电路　　　　图 3-70　图 3-69 等效图

表 3-15　峰值包括检波原理

| 分析步骤 | 说　明 |
|---|---|
| 1 | $u_i$ 未输入前，$u_D=0$；$u_0=0$ |
| 2 | $u_i$ 输入后，当 $u_i$ 幅值小于二极管死区电压时，$i_D=0$，$u_0=0$ |
| 3 | $u_i$ 输入后，当 $u_i$ 正向幅值大于二极管死区电压时，二极管正向导电，并对电容器充电，充电等效电路如右图所示。<br>因为二极管导通时等效电阻 $R_D$ 很小，从而使电容器能在很短时间内充电至最大值<br>二极管正向电阻很小<br>$R_D$　$u_i$　$i_D$充电　C　$u_o$ |
| 4 | 当输入信号电压 $u_i$ 从最大值下降后，当 $u_i < u_c$ 时，二极管就被截止。于是电容器 C 就通过电阻 R 放电。放电等效电路如下图所示<br>因 $u_i < u_c$，二极管截止<br>$u_i$　$u_c$　$i_c$　放电　R<br>$R>>R_D$所以C 放电很慢<br>由于放电负载电阻 R 较大，所以放电速度很慢 |

续表

<table>
<tr><th>分析步骤</th><th colspan="2">说　明</th></tr>
<tr><td>5</td><td>在电容 C 上电压 $u_c$ 下降不多时，输入电压 $u_i$ 的第二个正半周电压又超过 $u_c$，使得二极管又重新导电，同时又对电容 C 充电。$u_c$ 又迅速接近高频电压的峰值。这样周而复始地不断循环下去，就得到电压 $u_c$ 的波形。从下图可知，电容 C 上电压 $u_c$ 的波形和高频调幅波包络相似，且 $u_c$ 的大小接近于输入调幅波的幅值，故称这种检波为峰值包络检波（俗称大信号检波）</td><td>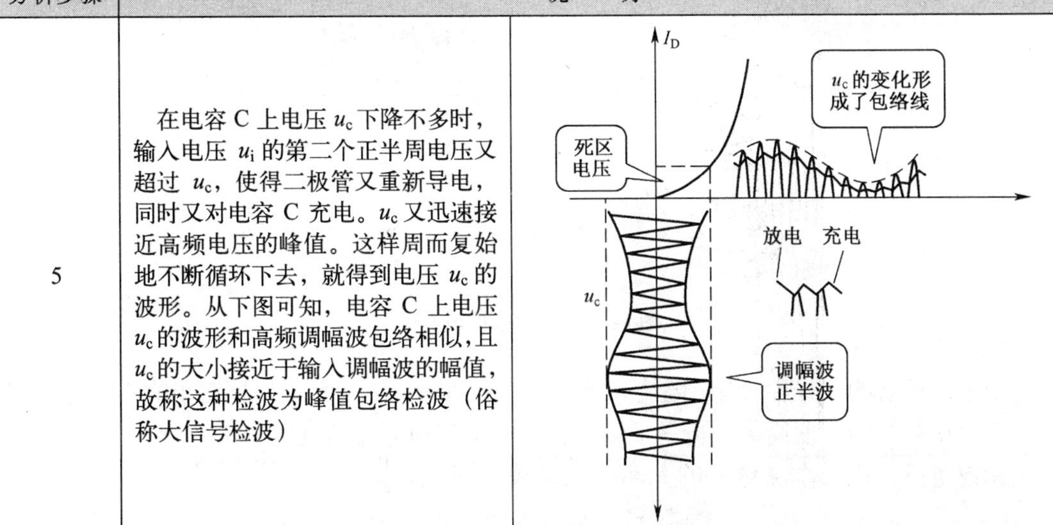<br></td></tr>
<tr><td>6</td><td colspan="2">由上分析可知，已调波经过非线性元件后，成为半波的脉冲。由数学分析可知，这些脉冲电流包含有直流分量、低频分量和高频分量。<br>其中高频分量作为载波已成完运载工具的任务，可由电容 C 加以滤除。直流分量和低频分量在电阻 R 上形成了电压 $u_c$。为了还原音频交流调制信号，只要加一个隔直流电容器即可，近似示意图如下图所示<br>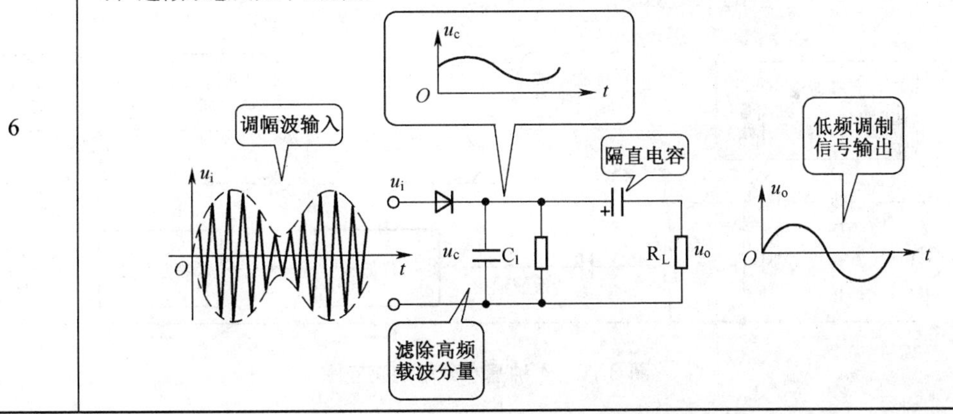<br></td></tr>
</table>

② 峰值包络检波器的缺点。在 $u_i$ 小于二极管死区电压时，检波器无输出，即 $u_i$ 必须克服死区电压后方能输出，因此这种检波器的检波效率相对较差。

(2) 设置静态工作点的检波器（小信号检波器）。

为了提高检波效率，往往给检波二极管设置静态工作点，其等效电路图如图 3-71 所示。

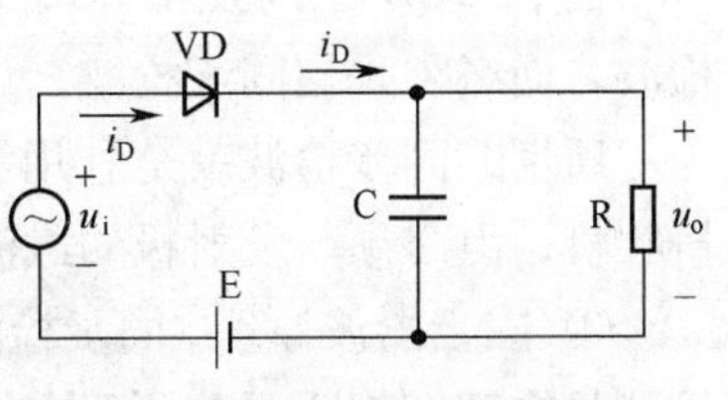

图 3-71 给检波二极管设置静态工作点等效电路图

图中 E 提供了二极管的静态电流 $I_D$，需要特别指出的是，$I_D$ 的大小仅以克服二极管死区电压为准，若 $I_D$ 较大，则电路就演变为小信号检波器。

(3) 小信号检波器。

检波原理如图 3-72 所示。

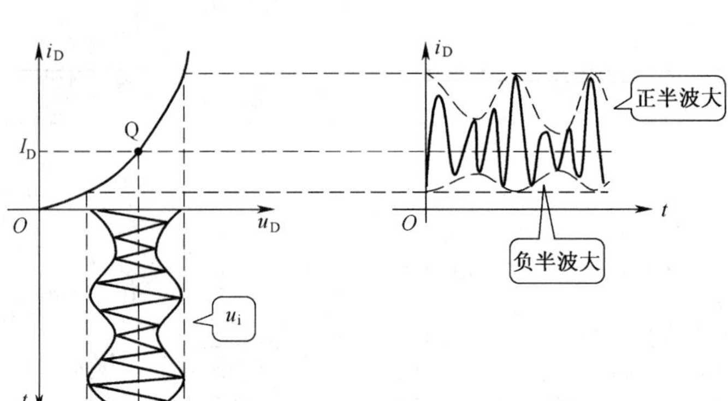


图 3-72　小信号检波原理

由于二极管的非线性，输出电流 $i_D$ 呈现正半周幅度大，面负半周幅度小的不对称波形。下面从数学的角度简单分析一下输出音频电压与输入高频电压的关系。

由前所述，在工作点 Q 处的 $i_D$ 可用幂级数展开，即

$$i_D = I_0 + a_1(u_i + E) + a_2(u_i + E)^2 + \cdots$$

其中 $u_i$ 为已调波，$E$ 为等效的直流偏置电源，将具体数值代入上式后，可了解 $i_D$ 中包含以下 4 种基本分量：①直流分量；②低频基波分量；③低频二次谐波分量；④高频载波分量。

电路对这 4 种分量的响应如图 3-73 所示。

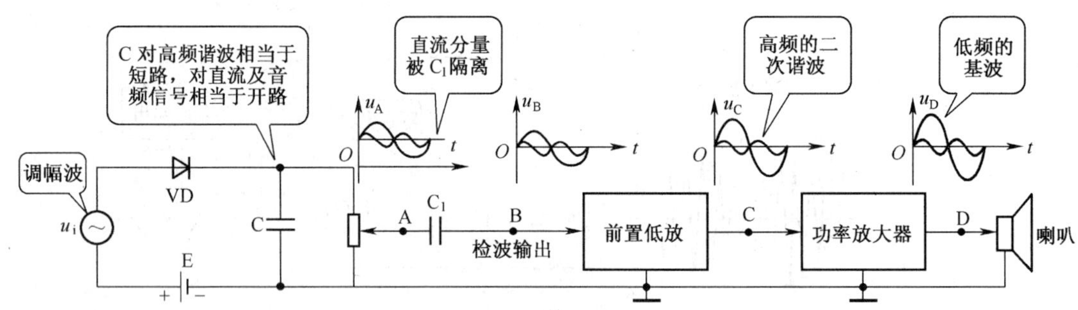


图 3-73　4 种基本分量的响应图

由图示可知，由于输出信号中不仅有原调制信号，同时还有其二次谐波分量（这相当于干扰信号），因此信号出现了严重的失真，因此小信号检波方式应用受到限制。

（4）同步检波。

由于 DSB 已调波和 SSB 已调波信号的包络与调制信号已有差别，因此不能采用包络检波，而必须采用同步检波。

所谓的同步检波就是利用和载波同步的信号进行检波的方式，这里所指的载波产生于接收机，但必须与发射极的载波信号完全同步，这就是同步检波器的来由。

① 同步检波原理。同步检波器通常可用乘法器加以实现，同步检波对 AM、DSB、SSB 等信号的解调都适用其原理方框，如图 3-74 所示。

其数学分析如下。

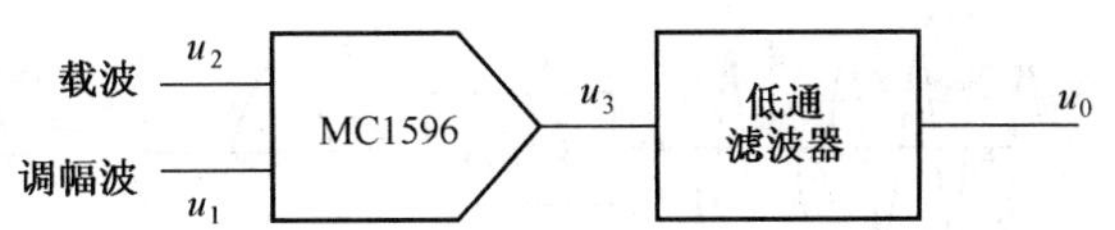


图 3-74 同步检波原理方框图

已知调幅波为 $u_1=\cos 2\pi ft \cos 2\pi Ft$；

载波为 $u_2=\cos 2\pi Ft$。

因此，$u_3=u_1u_2=\cos 2\pi ft \cos 2\pi Ft \cdot \cos 2\pi Ft$

$=\cos 2\pi ft \cos^2 2\pi Ft$

因为 $\cos^2 \alpha = \frac{1}{2}(1+\cos 2\alpha)$

所以 $u_3 = \frac{1}{2}\cos 2\pi ft + \frac{1}{2}\cos 2\pi 2Ft$

由于低通滤波器滤除了载波的 2 倍频信号，所以 $u_o = \frac{1}{2}\cos 2\pi ft$，原调制信号被完全还原了。

② MC1596 构成的同步检波电路如图 3-75 所示，基本上都是固定接线，具体调试时应查 MC1596 的相关资料。

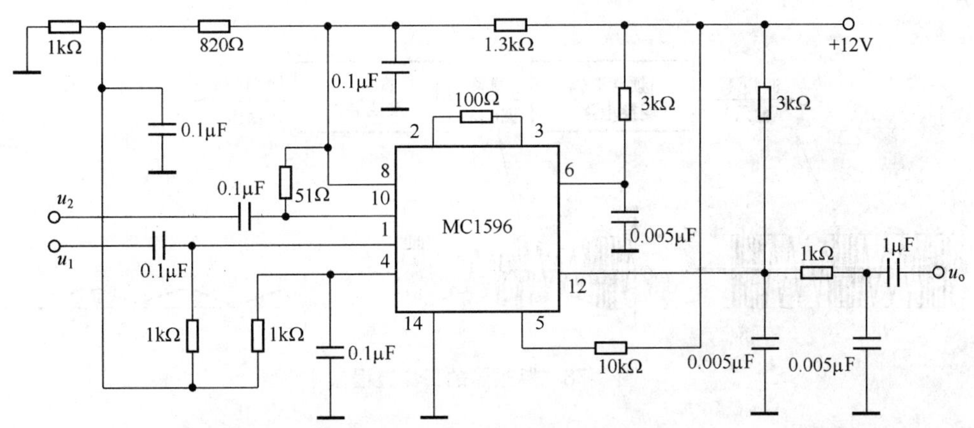


图 3-75 MC1596 构成的同步检波电路

# 3.11 鉴 频 器

1．鉴频器的作用

鉴频器又称为调频检波器，其作用是从调频波中解调出调制信号。鉴频器作用示意如图 3-76 所示。

例如，对于电视伴音电路而言，就是要从 6.5MHz 的伴音调频信号中检出音频信号，鉴频器在调频接收机框图中的位置如图 3-77 所示。

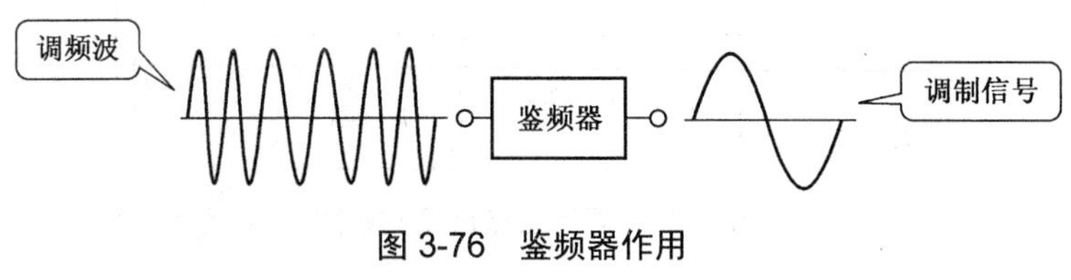


图 3-76　鉴频器作用

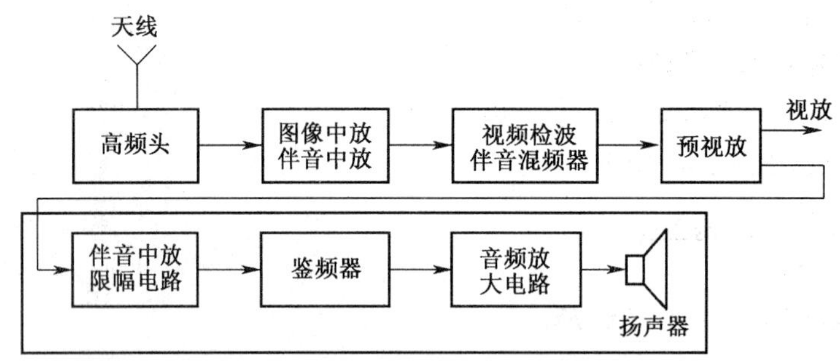


图 3-77　鉴频器在调频接收机框图中的位置

2. 鉴频器的工作过程

一般鉴频器的工作过程如图 3-78 所示，首先谐振回路把等幅的调频波变换为幅度按调制信号的规律而变化的调频——调幅波。再用检波器从调频——调幅波中把幅度变化的包络线检出来。

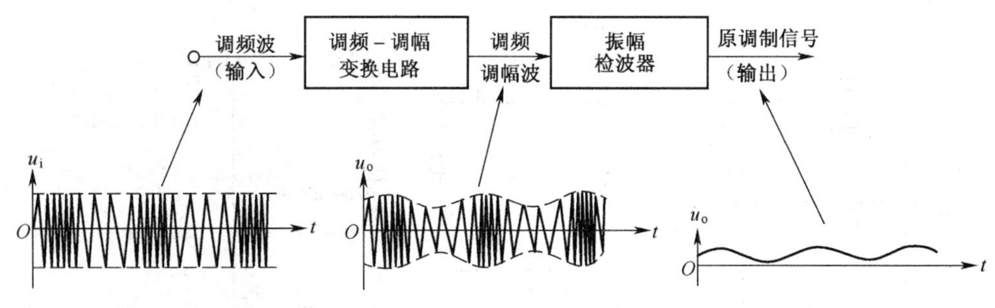


图 3-78　鉴频器的工作过程

3. 鉴频特性曲线

鉴频器输出电压的幅度与调频信号频率之间的关系曲线，称为鉴频特性曲线。如图 3-79 所示，由于曲线的形状很像英文字母 S，往往又称为 S 曲线。S 曲线的横轴表示调频信号的频率，中心频率为 $f_0$；纵轴表示鉴频器输出的音频信号电压幅度 $u_o$。当频偏正、负变化时，输出的音频电压也跟随其正、负变化。从图可以看出，在线性区内，频偏越大，$u_o$ 也越大，且呈线性关系。当频偏超过线性区后，$u_o$ 逐渐减小。

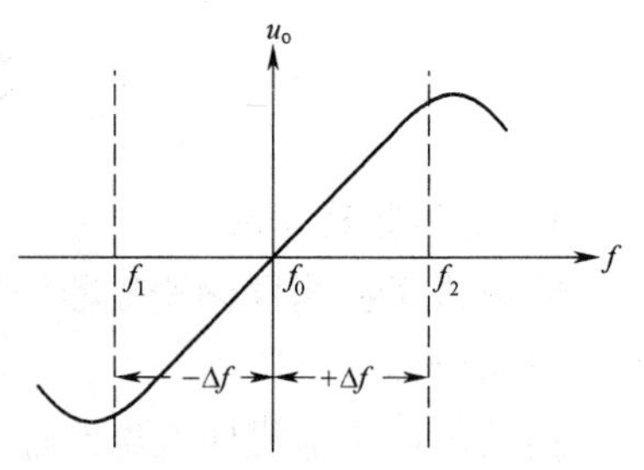


图 3-79　鉴频特性曲线

4. 鉴频器工作原理

鉴频器有许多种类，由于比例鉴频器具有灵敏度高、输出信号幅度大、失真小及具有限幅作用等优点，所以在调频接收电路中得到了广泛的应用。下面讨论其工作原理。

如图 3-80 所示，$C_3=C_4$，$R_3=R_4$，$L_1= L_{11}+ L_{12}$为初级回路电感，$L_2$的中心抽头将 $U_2$平分。$L_1$、$C_1$和 $L_2$、$C_2$组成双调谐回路，并调谐于 6.5MHz，回路间采用互感耦合，$C_3$、$C_4$取值对高频短路，故而施加在二极管上的高频电压为

$$\dot{U}_{\text{VD1}}=\dot{U}_3+\frac{\dot{U}_2}{2}$$

$$\dot{U}_{\text{VD2}}=\dot{U}_3-\frac{\dot{U}_2}{2}$$

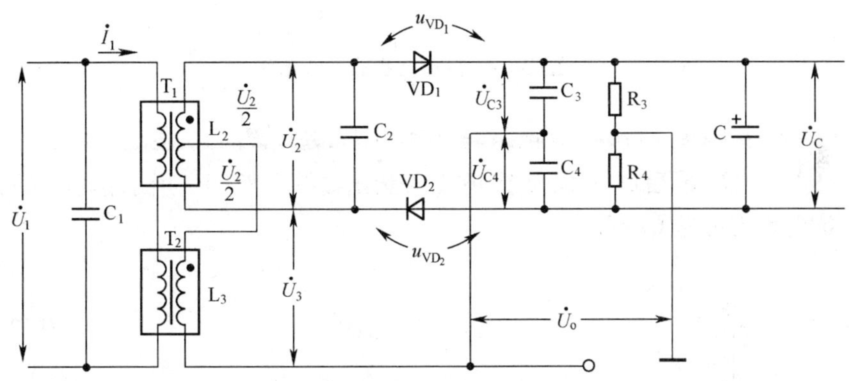


图 3-80 对称式比例鉴频器

输出电压$\dot{U}_{\text{O}}=\dot{U}_{\text{C4}}-\frac{1}{2}\dot{U}_{\text{C}}=\dot{U}_{\text{C4}}-\frac{1}{2}(\dot{U}_{\text{C3}}+\dot{U}_{\text{C4}})$

$$=\dot{U}_{\text{C4}}-\frac{1}{2}\dot{U}_{\text{C3}}-\frac{1}{2}\dot{U}_{\text{C4}}$$

$$=\frac{1}{2}(\dot{U}_{\text{C4}}-\dot{U}_{\text{C3}})$$

又因为初级回路电流为$\dot{I}_1=\frac{\dot{U}_1}{j\omega L_1}$，所以，

$\dot{I}_1$通过互感 M 在 $L_2$内感应的电动势为$\dot{E}_2=j\omega M\dot{I}_1=\frac{M}{L_1}\dot{U}_1$。

此式表明$\dot{E}_2$、$\dot{U}_1$同相。次级等效回路如图 3-81 所示。$C_2$ 中的电流$\dot{I}_2$比电压$\dot{U}_2$超前 90°次级回路电流为$\dot{I}_2=\frac{\dot{E}_2}{R_2+j\left[\left(\omega L_2-\frac{1}{\omega C_2}\right)\right]}$。

式中$R_2$是$L_2$的损耗电阻，由此可见，$\dot{I}_2$与$\dot{E}_2$的相位关系与频率有关，下面分 3 种情况讨论。

（1）当$f=f_0$(6.5MHz)时，$\omega L_2-(1-\omega C_2)=0$，次级回路为纯电阻，故$\dot{I}_2$与$\dot{E}_2$同相位，公式$\dot{E}_2=$（M/L）$\dot{U}_1$，可见，$\dot{I}_2$与$\dot{U}_1$同相，若$\dot{U}_1$与$\dot{U}_3$同相，那么$\dot{I}_2$与$\dot{U}_3$同相。此时$\dot{U}_2$与$\dot{U}_3$相

位差 90°，由此做出的矢量图如图 3-82（a）所示，由于矢量$\dot{U}_{VD1}$和$\dot{U}_{VD2}$的模相等，$U_{VD1}=U_{VD2}$，则两个二极管电流大小相等，在 $C_3$、$C_4$上充电值也相等，因此 $U_{C3}=U_{C4}$，此时输出电压为$U_O=\frac{1}{2}(U_{C4}-U_{C3})=0$。

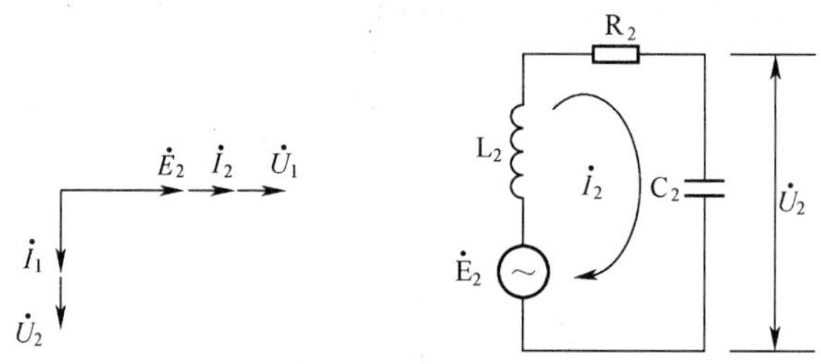


图 3-81　鉴频器次级等效电路

（2）当 $f>f_0$时，$\omega L_2>1/\omega C_2$，电路呈感性，则$\dot{I}_2$超前$\dot{E}_2$一个角度$\theta$，而 $U_2$与$\dot{I}_2$的相位差仍维持 90°，故$\dot{U}_2$落后$\dot{U}_3$相位大于 90°。矢量图如图 3-82（b）所示。此时 $U_{VD1}<U_{VD2}$，$U_{C3}<U_{C4}$，因此输出电压 $U_O>0$。

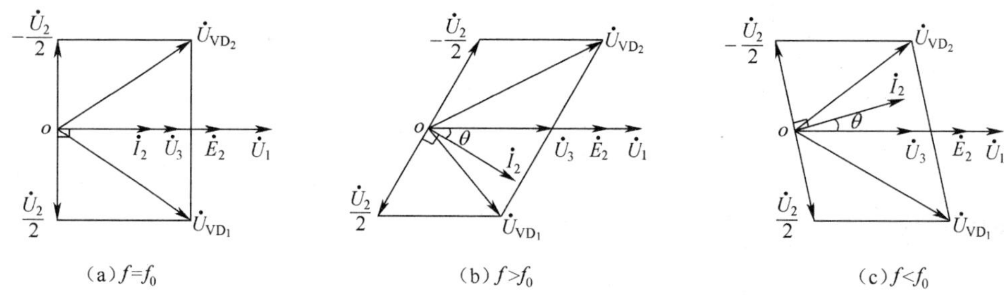


图 3-82　鉴频器矢量图

（3）$f<f_0$时，$\omega L_2<1/\omega C_2$，电路呈容性，则 $I_2$超前 $E_2$一个角度$\theta$，则$\dot{U}_2$落后$\dot{U}_3$相位小于 90°。矢量图如图 3-82（c）所示。结果 $U_{VD1}>U_{VD2}$，$U_{C3}>U_{C4}$，输出电压 $U_O<0$。由此可见，当输入信号为 6.5MHz 时，$U_O=0$；当输入信号频率大于或小于 6.5MHz 时，$U_O$将为正或负，显然，频偏越大，输出电压幅度越大。

## 3.12　自动增益控制 AGC

1. AGC（Automatic Gain Control）电路的作用

不难理解，接收机的输出电平取决于输入信号电平以及接收机的增益。若空间电波的电场强度因各种原因发生的衰落现象等而产生变动，则接收机的输出也会跟随变动。AGC 就是一种使放大电路的增益自动地随信号强度而调整的控制方法。

2. AGC 控制电压的产生

AGC 控制电压形成电路的基本部件是幅度检波器和低通滤波器，放大电路的输出信号

$u_o$ 经检波并经滤波器滤除低频调制分量和噪声后，产生用以控制增益受控放大器的电压 $U_{AGC}$。当输入信号 $u_i$ 增大时，$U_{AGC}$ 跟随增大，自动增益控制电路的组成框图如图 3-83 所示。

3. $U_{AGC}$ 对放大器增益的控制方法

AGC 电路通过 $U_{AGC}$ 的变化使放大电路的增益发生变化，来达到自动增益控制的目的。放大电路增益的一般控制方法有：①改变晶体管的直流工作状态，以改变晶体管的电流放大系数$\beta$；②在放大器各级间插入电控衰减器；③用电控可变电阻作放大器负载等。

实际的 AGC 电路是利用发射极电流增加或减少的方法改变电路的功率增益。调幅收音机一般用反向 AGC 方式，电视机一般用正向 AGC 方式，其示意如图 3-84 所示。

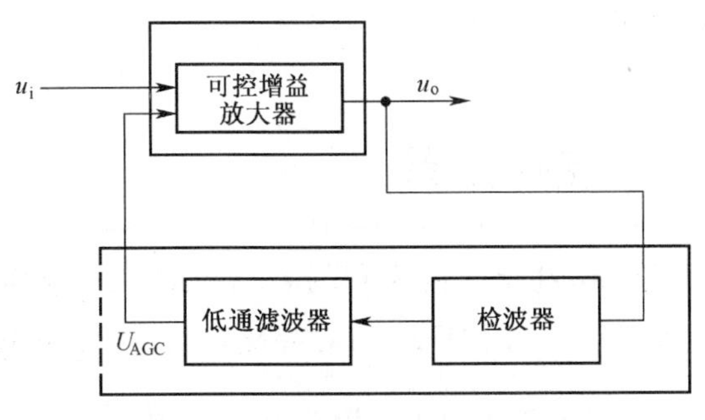


图 3-83 自动增益控制电路的组成

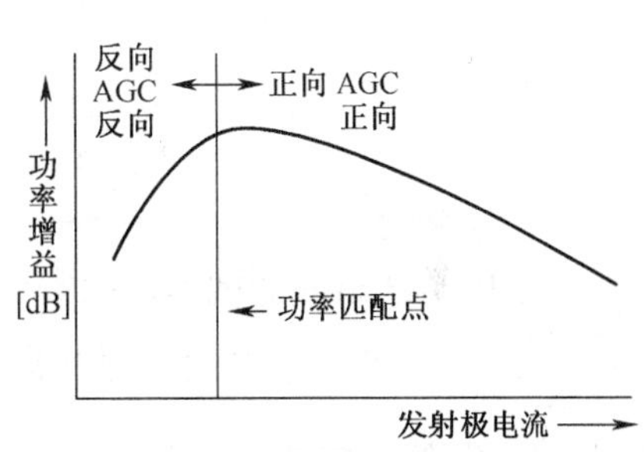


图 3-84 AGC 电路的特性

在电视电路里，还有高放延迟 AGC 控制的方式，那是指在中放 AGC 控制电平信号控制后，信号仍然过强的情况下才起作用，故有“延迟”AGC 一说。

## 3.13 频率自动控制 AFC

1. AFC（Automatic Frequence Control）电路的作用

AFC 是“自动频率控制”的英文缩写。AFC 电路也是一种反馈控制电路，顾名思义，它能自动实现振荡器工作频率的稳定。自动频率电路的原理框图如图 3-85 所示。

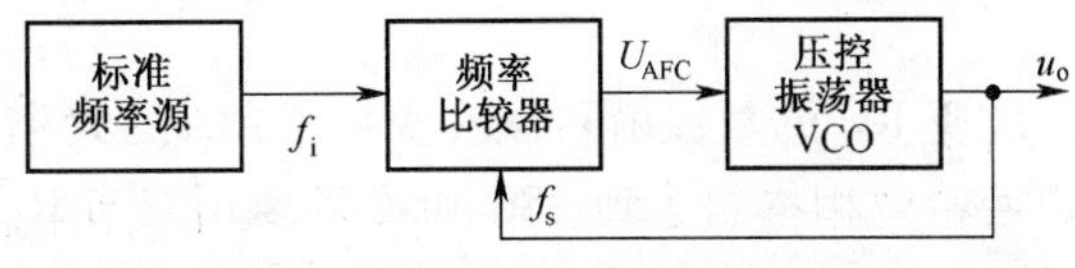


图 3-85 AFC 的原理框图

其中，标准频率源的振荡频率为 $f_i$，压控振荡器 VCO 的震荡频率为 $f_s$。在频率比较器中将 $f_s$ 与 $f_i$ 进行比较后，输出一个与 $f_s$–$f_i$ 误差成正比的电压 $u_c$，$u_c$ 作为 VCO 的控制电压，使 VCO 的输出振荡频率 $f_s$ 趋向 $f_i$。

2. 超外差接收机的 AFC 系统

如图 3-86 所示是采用 AFC 电路的超外差式调频接收机的组成框图。

其中 $f_i$ 可认为是标准频率，外来的调制信号与本振电路（压控振荡器）送出的震荡信号，在混频器中差频，得到了中频信号，再选入中放电路。若混频器输出的中频信号频率发生偏离，鉴频器将能检测其变化的误差，并转换成对应的直流电压 $U_{AFC}$ 去微调本振频率。这个直流电压就是 AFC 电压，用以保证混频器输出的中频信号频率始终为标准值。若 AFC 电路故障，则压控振荡器将会失控，会给电路带来很多问题。

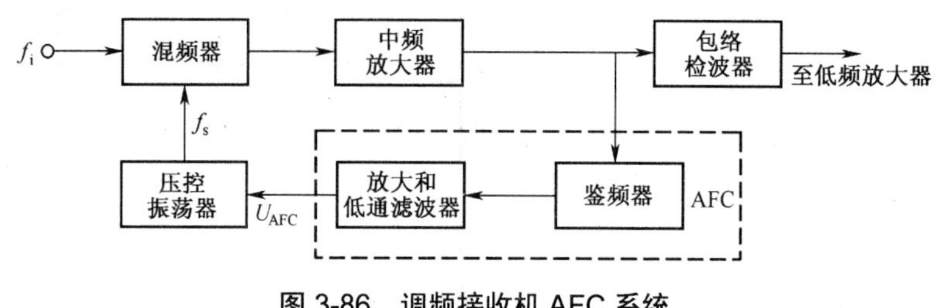


图 3-86　调频接收机 AFC 系统

## *3.14　RC 正弦波振荡器

在对电子线路的测试中，经常要用到低频信号发生器。因为 LC 振荡器的振荡频率为 $f_o = \dfrac{1}{2\pi\sqrt{LC}}$，当要求产生几十千赫以下的较低频率正弦波信号时，LC 振荡电路所需的电感 L 和电容 C 的数值都比较大，故而低频信号发生器大多采用 RC 振荡电路。RC 振荡器有 RC 移相式和 RC 电桥式两类。

1. RC 移相式振荡器

（1）一节 RC 移相网络。

一节 RC 移相网络（超前）及其频率特性如图 3-87、图 3-88 所示。

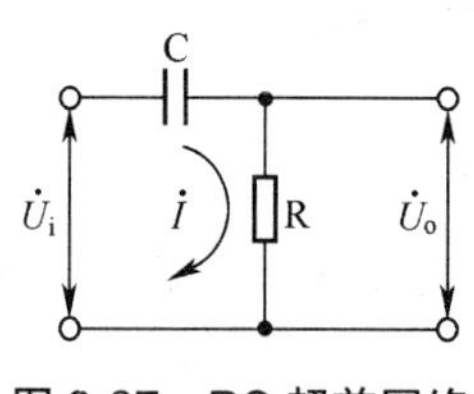


图 3-87　RC 超前网络

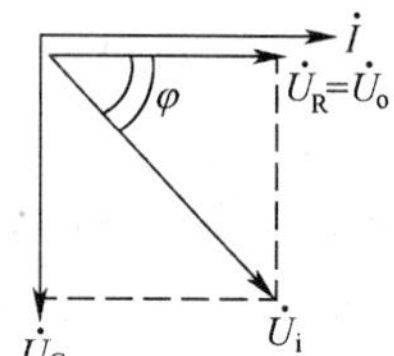


图 3-88　频率特性

由电工学知识可知，改变 RC 的数值就可以改变相移角 $\varphi$ 的大小，但一节 RC 电路最大相移角不可能超过 90°，若希望相移角达到 180° 则必须要用三节 RC 电路来实现。需要指出的是调换 R 和 C 的位置则为 RC 滞后网络，由于原理一改，故不再赘述。

（2）三节 RC 移相网络如图 3-89 所示。

若 $C_1=C_2=C_3=C$，$R_1=R_2=R_3=R$，根据基尔霍夫定律可列出 3 个网络方程如下：

$$\frac{1}{j\omega C}i_1 + R(i_1 - i_2) = u_o$$

$$\frac{1}{j\omega C}i_2 + R(i_2 - i_3) - R(i_1 - i_2) = 0$$

$$\left(R + \frac{1}{j\omega C}\right)i_3 - R(i_2 - i_3) = 0$$

当把输出电压超前输入电压 180°的条件带入上述方程可解得 $\frac{u_o}{u_i}=\frac{1}{29}$，说明电压衰减了 29 倍，$\omega=\frac{1}{\sqrt{6}RC}$，即 $f=\frac{1}{2\pi\sqrt{6}RC}$，这说明了当 $RC$ 的数值确定后，那么只有一种频率能满足输出电压超前输入电压 180°的前提，这就是 RC 网络的选频能力。

（3）RC 相移式振荡器。

RC 相移式振荡器电路如图 3-90 所示。

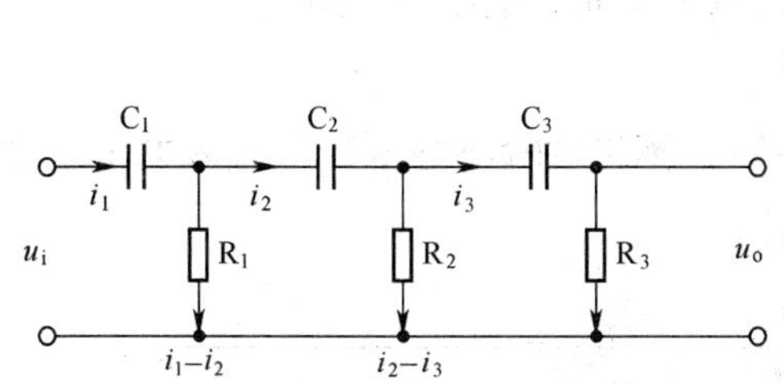


图 3-89　三节 RC 移相网络

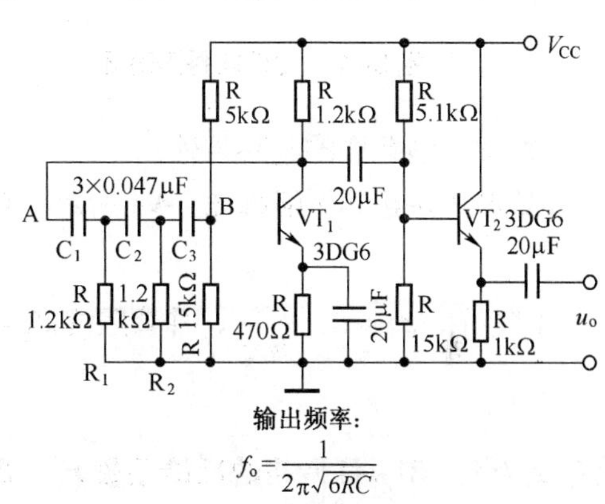


图 3-90　RC 相移式振荡器电路

图式典型的超前型 RC 相移振荡电路，是一个反相放大器和一个移相反馈网络组成的，只要放大器的 $A_u$>29，电路便可工作。

如图 3-91 所示由运算放大器组成的 RC 相移振荡电路，三节 RC 网络在特定频率 $f_0$ 下产生 180°相移，只要反相放大器增益适当，即可满足振荡条件而产生振荡，放大器的放大倍数应当可调，使之既能起振，失真又较小。超前型的运算放大器组成的 RC 相移振荡电路的振荡频率同于式。

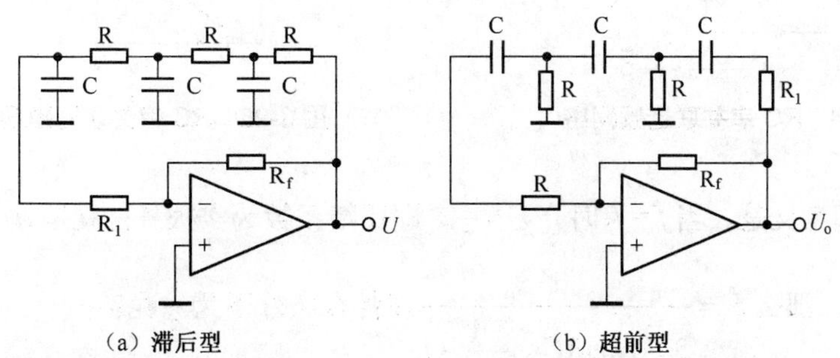


图 3-91　RC 相移振荡电路

RC 移相式振荡器，具有电路简单，经济方便等优点，但选频作用较差，振幅不够稳定，频率调节不便，因此一般用于频率固定，稳定性要求不高的场合。

2. 文氏电桥振荡器

如图 3-92、图 3-93 所示为广泛使用的文氏电桥振荡器。

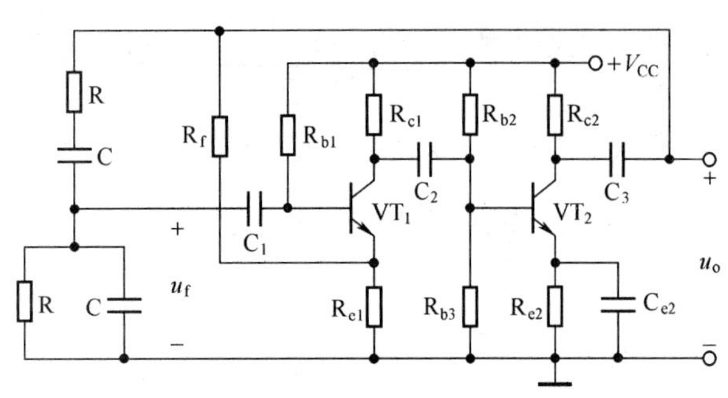


图 3-92 文氏电桥振荡器

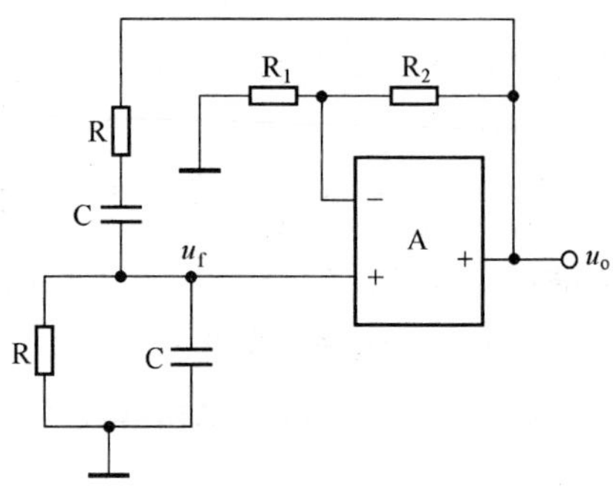


图 3-93 文氏电桥正弦波振荡器

（1）RC 串并联的选频特性。

RC 串并联选频网络如图 3-94 所示，其中输入信号为 $u_1$，输出信号为 $u_2$。

串臂阻抗 $Z_1 = R + \frac{1}{jwc}$，并臂阻抗 $Z_2 = \frac{R\frac{1}{jwc}}{R+\frac{1}{jwc}}$。网络的输出电压 $\dot{U}_2$ 与输入电压 $\dot{U}_1$ 之比定义为 RC 串并联网络的反馈系数 $\dot{F}$，则 $\dot{F} = \frac{\dot{U}_2}{\dot{U}_1} = \frac{Z_2}{Z_1+Z_2} = \frac{1}{3+j\left(\omega RC - \frac{1}{\omega RC}\right)}$。

根据上式画出的 RC 串并联的幅频特性曲线如图 3-95 所示。

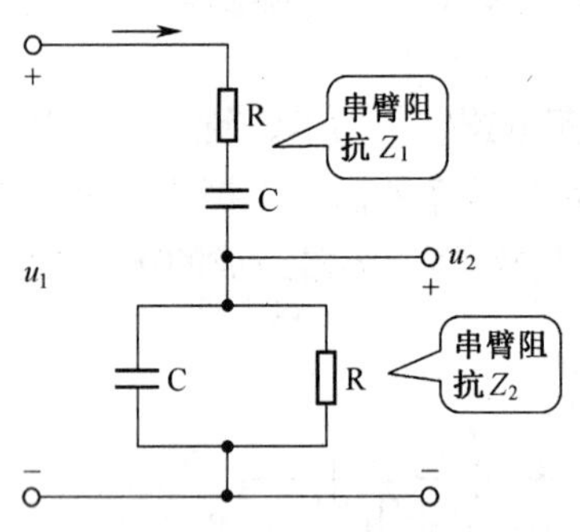


图 3-94 RC 串并联选频网络

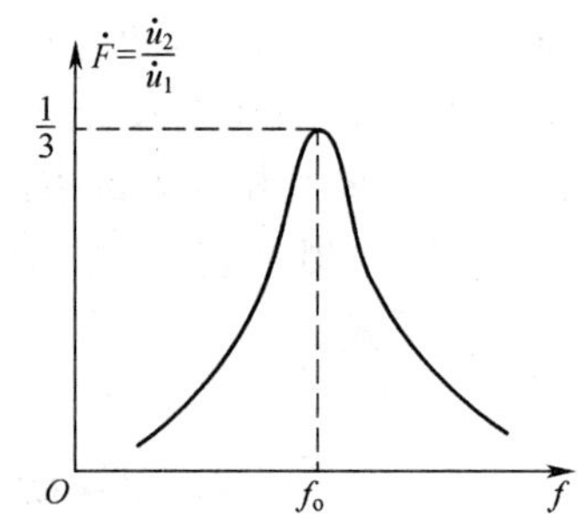


图 3-95 RC 串并联的幅频特性曲线

上图的物理意义是，当 $f=f_0$ 时，$\dot{F} = \frac{1}{3}$，即反馈系数为实数（也就是 $u_2$ 和 $u_1$ 的相位关系是同相关系），那么 $\dot{F} = \frac{1}{3+j\left(\omega RC - \frac{1}{\omega RC}\right)}$ 在什么条件下为 $\frac{1}{3}$ 呢？

从表达式中可以得出唯一的条件是 $\omega RC - \frac{1}{\omega RC} = 0$（注：满足此式的 $\omega$ 通常定义为 $\omega_o$）

即 $\omega_o RC = \frac{1}{\omega RC}$，$\omega_o^2 = \frac{1}{RC}$。

因为 $\omega = 2\pi f_o$，所以 $f_o = \frac{1}{2\pi RC}$。

根据以上分析，如果 RC 串并联电路输入各种频率信号，只有频率 $f=f_0$ 的信号才有较大的电压输出，也就是说，RC 串并联电路能从众多的信号中选出频率为 $f_0$ 的信号。

（2）振荡的建立与稳定。

图 3-92 的简化图如图 3-96 所示，工作原理分析如下。

当 $f=f_\mathrm{o}=\dfrac{1}{2\pi RC}$ 时，经 RC 串并联网络传输到同相放大器输入端的电压 $u_\mathrm{f}$ 与输出电压 $u_\mathrm{o}$ 同相，即 $\varphi_\mathrm{F}=0$，而同相放大器的输入电压 $u_\mathrm{i}$ 与输出电压 $u_\mathrm{o}$ 的相位也是相同的，即 $\varphi_\mathrm{A}=0$，因此，$\sum\varphi=\varphi_\mathrm{A}+\varphi_\mathrm{F}=0$，放大器和由 $Z_1$、$Z_2$ 所组成的反馈网络正好形成正反馈，满足相位平衡条件，有可能产生振荡。对于其他频率的信号，$\varphi_\mathrm{F}\neq0$，不满足相位平衡条件，不可能产生振荡。

根据振荡器的起振条件可知，在正反馈条件下，当 $A_\mathrm{u}\cdot F_\mathrm{u}>1$，即 $A_\mathrm{u}>1/F_\mathrm{u}$ 时，振荡器便能起振。由前述可知，接通电源时，由于电压中包括有 $f=f_\mathrm{o}=\dfrac{1}{2\pi RC}$ 这一频率成分，尽管这个频率的信号很微弱，但经过若干次“放大→选频→正反馈→再放大”的循环过程，输出幅度就会越来越大，最后受电路中放大器本身非线性的限制，使振荡幅度自动稳定下来。

3. RC 桥式振荡电路

实际上，两级放大器的总电压增益远大于 3。如果依靠晶体管的非线性来稳定振幅，输出波形将产生严重的非线性失真。为了减小波形失真，就必须限制振荡幅度的增长，使放大器始终工作有放大区。因此在实际的桥式 RC 振荡电路中，除了起正反馈作用的 RC 选频网络以外，还引入了负反馈稳幅环节。图 3-92 所示电路就是实用的桥式 RC 振荡器电路实例。

在图 3-92 所示电路中，两级共射放大器的输出电压通过由 RC 串并联网络所组成的选频网络反馈到 $VT_1$ 的基极，这是一条正反馈支路。同时输出电压通过由 $R_\mathrm{f}$ 和 $R_\mathrm{e1}$ 所组成的分压器反馈到 $VT_1$ 的发射极，这是一条负反馈支路。

正反馈支路和负反馈支路构成电桥的 4 个臂。放大器的输出电压加在电桥的一对角（1～3 端）上，从电桥的另一对角（2～4 端）取出电压，送至放大器的输入端，如图 3-97 所示。

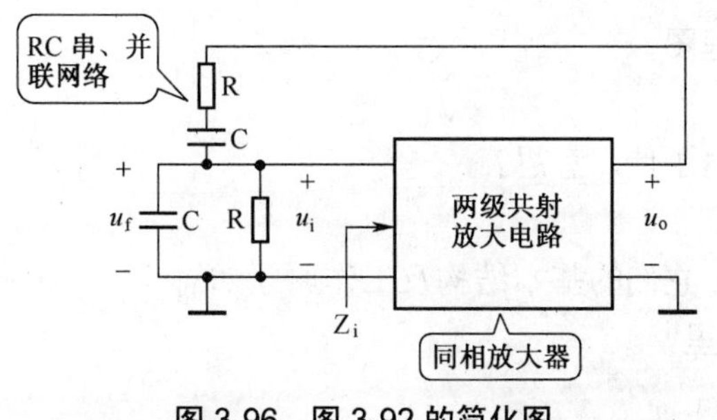


图 3-96 图 3-92 的简化图

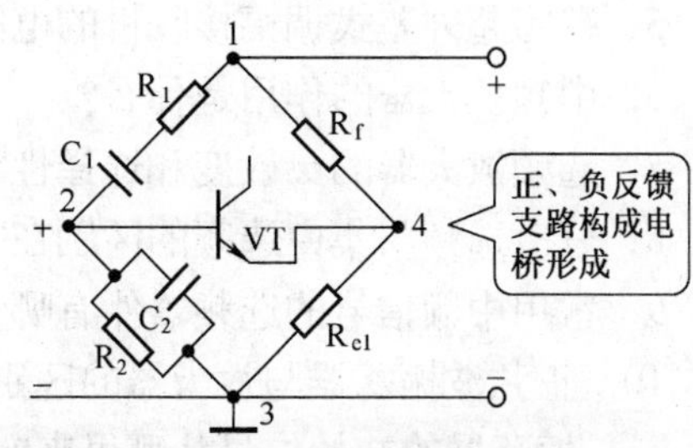


图 3-97 输出电压送至放大器输入端

由图可见，放大器的净输入电压 $\dot{U}_{24}$ 是正反馈电压 $\dot{U}_{23}$ 和负反馈电压 $\dot{U}_{43}$ 之差，不难理解，只有正反馈超过负反馈时，即 $\dfrac{R_\mathrm{e1}}{R_\mathrm{f}+R_\mathrm{e1}}<\dfrac{1}{3}$，才有可能产生振荡。因此，负反馈支路必须满足 $R_\mathrm{f}>2R_\mathrm{e1}$ 的关系。

## 第二部分　工　作　页

发射机与接收机的分析与调试，建议采用个人与小组（4 人组）相结合方式完成工作任务，具体要求如下。

（1）小组分工。

工作页报告目录如下表所示。

| 项　目 | 实施者 | 项　目 | 实施者 |
|---|---|---|---|
| ① 组织学习 | | ④ 工具、器件准备 | |
| ② 产品调研 | | ⑤ 安装与调试 | |
| ③ 电路设计 | | ⑥ 项目小结 | |

（2）产品调研。

读者可以在网络上和商场里调研无线接收机产品的价格和类型，并通过产品使用者了解产品使用的感受和要求，然后撰写调研报告上交。

（3）绘制产品电路框图并加以说明。

（4）分析调频发射机与接收机电路。

（5）无线接收机的制作过程说明。

（6）项目小结。

## 第三部分　基础知识练习页

1．为什么发射台要将信号调制到高频载波上再发送？

2．常用调制方式有几种？

3．调幅波的特点是什么？

4．调频波的特点是什么？

5．默写超外差式调幅接收机的电路方框图。

6．中频放大器的作用是什么？

7．选频放大器的灵敏度和选择性各表达了什么意思？

8．分散选频与集中选频的区别在哪里？

9．常用中频信号的选频器件有哪几种？它们的基本结构及工作原理如何？

10．正弦波振荡器与放大器的区别在哪里？

11．振荡器的初始信号从哪里来？

12．什么是振荡器的幅度平衡条件？

13．什么是振荡器的相位平衡条件？

14．怎样判断变压器耦合振荡器能否产生振荡？

15．什么是三点式振荡器？三点式振荡器的基本结构如何？

16．怎样判断三点式振荡器能否产生振荡？

17．指出图 3-98 所示是哪一类振荡器。

A．考毕兹电路　B．哈特莱电路　C．西勒电路　D．克拉泼电路

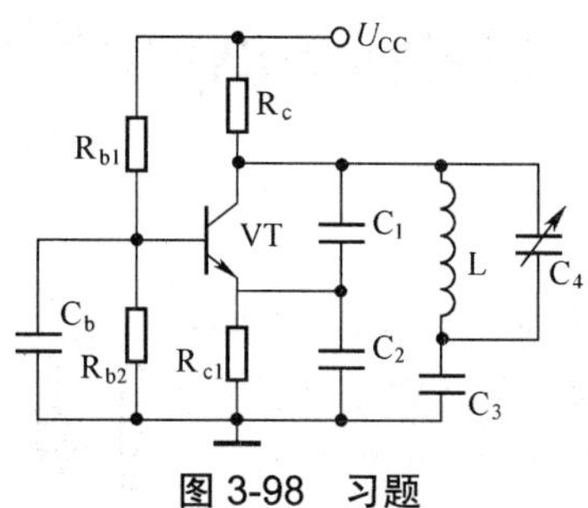


图 3-98　习题

18．分析图 3-99 所示的电路能否产生振荡？若能振荡写出振荡类型，不能振荡是何原因？

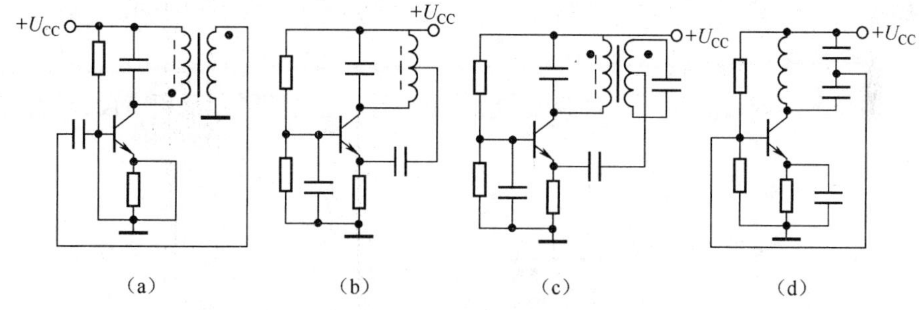


图 3-99　习题

19．怎样估算 LC 振荡器的振荡频率？

20．什么是石英谐振器的电抗-频率特性？

21．RC 网络的选频能力体现在哪里？

22．什么是 RC 桥式正弦波振荡器？

23．试解释调幅原理。

24．调幅电路要求调幅系数 $0<m_a\leqslant 1$ 的意义是什么？若 $m_a>1$ 会产生什么后果？

25．试画出框图解释双边带调制 DSB 和单边带调制 SSB 的物理意义。

26．试解释直接调频和间接调频的区别。

27．试解释倍频器的工作原理。

28．试举例说明集成模拟乘法器的优点所在。

29．试叙述变频器的工作原理。

30．实用变频器的结构及工作原理如何？

31．什么是低通滤波器？

32．什么是高通滤波器？常用高通滤波器有哪几种？

33．简释检波器的工作原理。检波器的基本结构如何？

34．什么是鉴频器？什么是调频波的频偏？

35．AGC 电路的工作原理是什么？

36．AFC 电路的工作原理如何？

# 项目四　电子琴电路的制作与调试（一）

时钟电路及数字电路时序的变化是数字电路中非常重要的核心问题，时序的变化问题如果理解了，那么不管是硬件电路的设计还是软件程序的编写都能够迎刃而解。电子琴的时序变化在数字电路中是非常典型的应用，本项目中电子琴所有的声音都是由石英晶体振荡器的 20MHz 原始频率而产生，通过多次的分频先得到 78125Hz 的时钟信号，然后再经过分频得到所要的音频频率。在实际数字产品中，时序的发生方法非常多，要看产品的成本与功能来选择合适的解决方案，本书介绍了一些常用方法，而电子琴的时序发生方法是数字系统中较为典型的。

电子琴音谱与音频信号频率对应图如图 4-1 所示，电子琴音乐频率设计相关数据如图 4-2 所示。

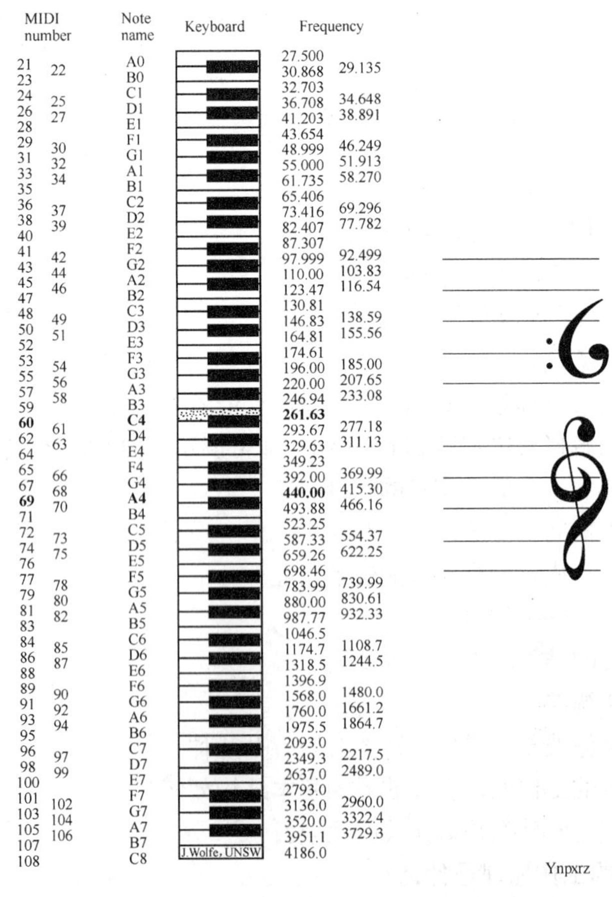


图 4-1　电子琴音谱与音频信号频率

| 标准数据 | | 8 位分频器，$F$=78125Hz | | 12 位分频率器 $F$=1.25MHz | | |
|---|---|---|---|---|---|---|
| 简谱码 | 音符标准频率 Hz | 实测频率 Hz | 预置数（H） | 实测频率 Hz | 预置数（H） | ROM 地址（H） |
| 1（L） | 196.00 | 196.29 | 38 | 196.04 | 27D | 00 |
| 2（L） | 220.00 | 220.69 | 4E | 219.99 | 3D8 | 01 |
| 3（L） | 246.94 | 247.23 | 61 | 246.93 | 50E | 02 |
| 4（L） | 261.63 | 260.41 | 69 | 261.61 | 59C | 03 |
| 5（L） | 293.67 | 293.70 | 7A | 293.70 | 6A1 | 04 |
| 6（L） | 329.63 | 328.25 | 88 | 329.64 | 789 | 05 |
| 7（L） | 349.23 | 348.77 | 8F | 348.19 | 7EE | 06 |
| 1（M） | 392.00 | 390.6 | 9B | 392.09 | 8B7 | 07 |
| 2（M） | 440.00 | 438.90 | A6 | 440.14 | 965 | 08 |
| 3（M） | 493.88 | 494.46 | B0 | 494.07 | A00 | 09 |
| 4（M） | 523.25 | 520.80 | B4 | 523.45 | A47 | 0A |
| 5（M） | 587.33 | 583.00 | BC | 587.40 | AC9 | 0B |
| 6（M） | 659.26 | 662.07 | C4 | 659.28 | B3D | 0C |
| 7（M） | 698.46 | 697.54 | C7 | 698.32 | B72 | 0D |
| 1（H） | 783.99 | 781.25 | CD | 784.19 | BD4 | 0E |
| 2（H） | 880.00 | 887.78 | D3 | 880.28 | C2B | 0F |
| 3（H） | 987.77 | 976.50 | D7 | 987.36 | C78 | 10 |
| 4（H） | 1046.5 | 1055.7 | DA | 1046.9 | C9C | 11 |
| 5（H） | 1174.7 | 1183.7 | DE | 1174.8 | CDD | 12 |
| 6（H） | 1318.5 | 1302.1 | E1 | 1318.6 | D17 | 13 |
| 7（H） | 1396.9 | 1395.1 | E3 | 1395.1 | D31 | 14 |
| 1（H） | 1568.0 | 1562.5 | E6 | 1566.4 | D62 | 15 |
| 2（H） | 1760.0 | 1775.5 | E9 | 1760.5 | D8E | 16 |
| 3（H） | 1975.5 | 1953.5 | EB | 1977.8 | DB5 | 17 |
| 0 | 0.0 | 0 | FFH | 0 | FFF | 2F |

图 4-2 电子琴音乐频率设计相关数据

## 项目描述

| 课程名称 | 电子电路分析与调试 | 建议总学时 | 230 学时 |
|---|---|---|---|
| 项目四 | 电子琴电路的制作与调试（一） | 建议学时 | 20 学时 |
| 建议电路原理图及样机 |  时钟电路板<br>CLK OUTPUT | | |

续表

| 课程名称 | 电子电路分析与调试 | 建议总学时 | 230 学时 |
| --- | --- | --- | --- |
| 项目四 | 电子琴电路制作与调试（一） | 建议学时 | 20 学时 |
| 建议电路原理图及样机 | 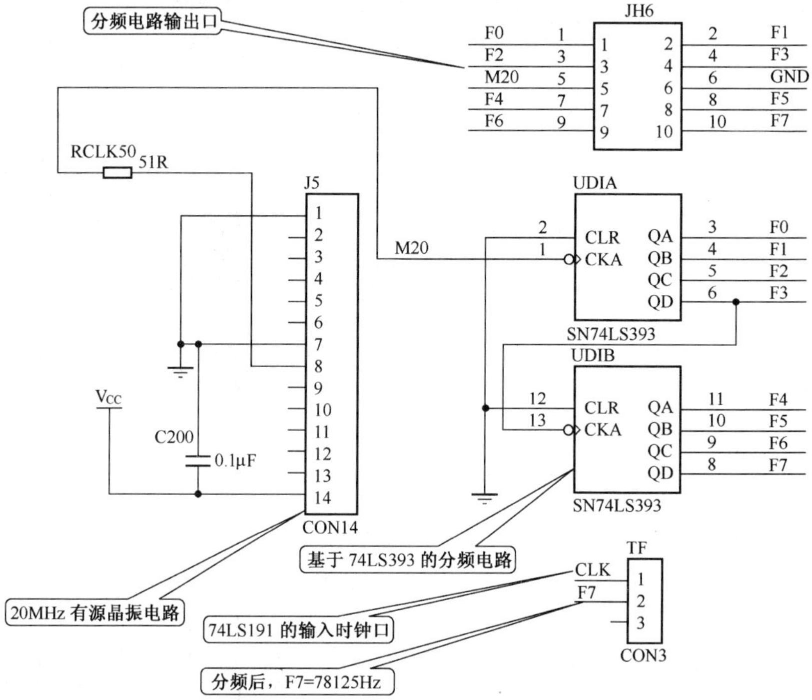 分频电路输出口<br>JH6：F0 1, F2 3, M20 5, F4 7, F6 9; 2 F1, 4 F3, 6 GND, 8 F5, 10 F7<br>RCLK50 51R<br>J5 (CON14)：1–14<br>VCC<br>C200 0.1μF<br>M20<br>UDIA SN74LS393：2 CLR, 1 CKA; QA 3 F0, QB 4 F1, QC 5 F2, QD 6 F3<br>UDIB SN74LS393：12 CLR, 13 CKA; QA 11 F4, QB 10 F5, QC 9 F6, QD 8 F7<br>基于 74LS393 的分频电路<br>20MHz 有源晶振电路<br>TF (CON3)：CLK 1, F7 2, 3<br>74LS191 的输入时钟口<br>分频后，F7=78125Hz | | |
| 学习目标 | （1）掌握脉冲的基本波形、微分电路、积分电路、脉冲整形等基本知识；<br>（2）掌握晶体管开关的工作原理；<br>（3）掌握双稳态电路工作原理及其分频的概念；<br>（4）熟悉单稳态电路、无稳态电路和 555 电路的工作原理和应用 | | |
| 需提交的表单 | 完成配套教材相关内容 | | |
| 学时安排建议 | （1）项目任务、目标的领会和探讨（5 学时）；<br>（2）试制准备（2 学时）；<br>（3）安装和调试（10 学时）；<br>（4）项目评价（3 学时） | | |

# 第一部分　引　导　文

## 4.1　脉冲电路基本知识

数字电子技术是现代电子技术的核心部分之一，但它由脉冲电路发展而来。如今，脉冲电路不仅可单独成立，同时也可视作数字电路的基本组成部分。学习数字电子技术，首先应从学习一些脉冲电路的基本知识开始。

1. 脉冲的基本波形

“脉冲”一词源于对脉搏跳动的形象描写，图 4-3 所示是人的心电图脉冲波形。

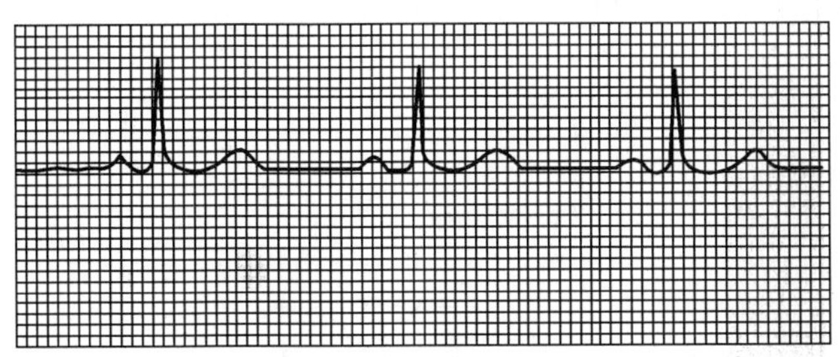

图 4-3 心电图波形（脉冲）

在电子技术中，一般地把类似于这种瞬间突然变化，作用时间极短的电流、电压信号称为脉冲，其相应的英文单词为“pulse”。

如表 4-1 所示为常见的几种脉冲信号波形图。

表 4-1 常见的几种脉冲信号波形图

| 编号 | 脉冲名称 | 脉冲波形 | 编号 | 脉冲名称 | 脉冲波形 |
|---|---|---|---|---|---|
| 1 | 矩形波 | 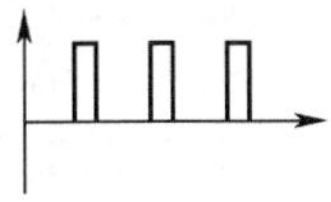 | 6 | 全波整流波 |  |
| 2 | 方波 | 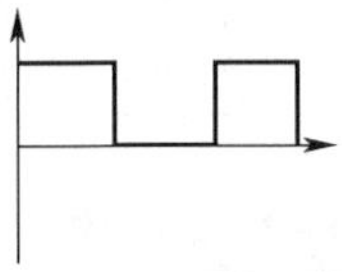 | 7 | 晶闸管控制波 |  |
| 3 | 梯形波 |  | 8 | 等腰三角波 |  |
| 4 | 顶尖波 | 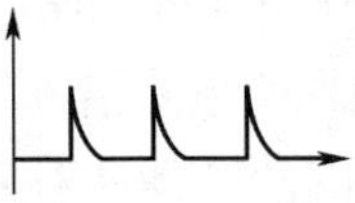 | 9 | 梯形波 | 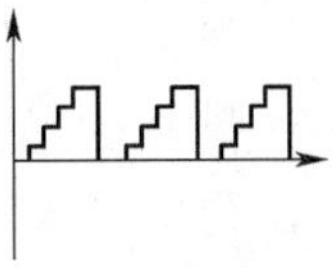 |
| 5 | 半波整流波 | 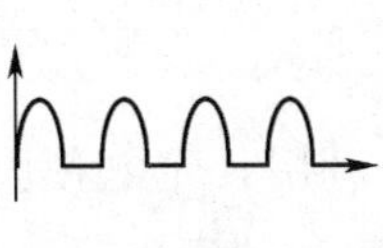 | 10 | 锯齿波 | 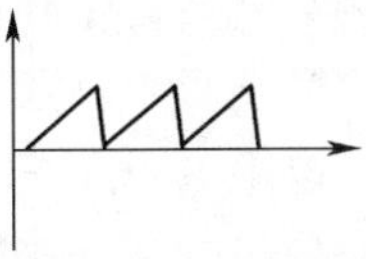 |

从表 4-2 所列举的脉冲信号波形图中看，很容易观察到这些信号与正弦波信号之间的差异，它们不像正弦波那样随时间连续变化而具有脉动的特点。脉冲信号广泛地应用于电子技术的方方面面，如电视、电话、雷达以及自动控制等领域。从技术角度来看，脉冲电路课程主要研究的内容是脉冲信号的产生、波形的变换、整形和传输。

2. 脉冲信号的参数

(1) 理想矩形脉冲。

周期性地反复出现的脉冲称为周期脉冲，只出现一次的脉冲称为单个脉冲。在理想周期性矩形脉冲的情况下，脉冲参数的定义如图 4-4 所示。

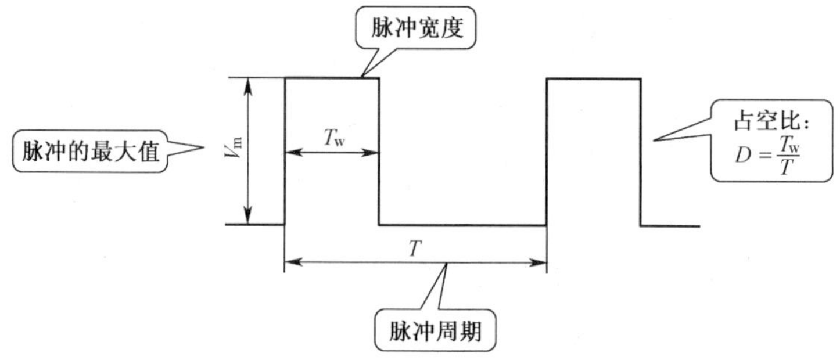


图 4-4　周期性矩形脉冲的参数

（2）实际矩形脉冲。

某矩形脉冲通过某一电路，由于各种原因产生了波形的失真，这时脉冲参数的一般定义如图 4-5 所示。

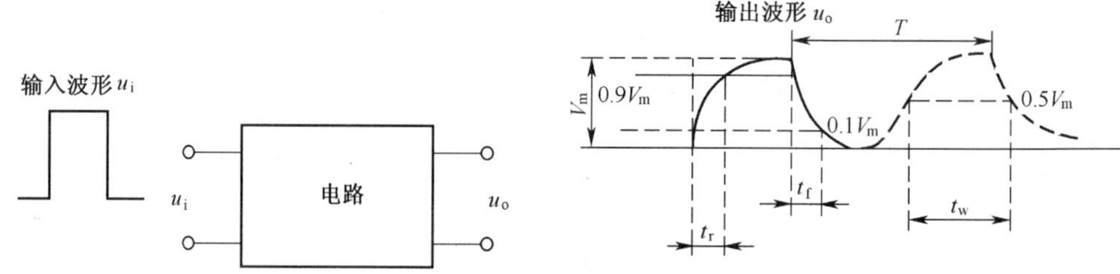


图 4-5　实际周期性矩形脉冲的参数

① 脉冲幅度 $V_m$，指脉冲的最大值。

② 脉冲的上升沿时间 $t_r$，指脉冲从 $0.1V_m$ 上升到 $0.9V_m$ 所需的时间。

③ 脉冲的下降沿时间 $t_f$，指脉冲从 $0.9V_m$ 下降到 $0.1V_m$ 所需的时间。

④ 脉冲的宽度 $t_w$，指从脉冲上升沿 $0.5V_m$ 到脉冲下降沿 $0.5V_m$ 的时间长度。

⑤ 脉冲的周期 $T$，指在周期性脉冲中，相邻的两个脉冲对应点之间的时间长度。周期的倒数就是这个脉冲的频率，即 $f=1/T$。

3. RC 电路的充电和放电

电阻 R 和电容 C 组成的电路称为 RC 电路，利用其充电和放电的特点可以产生不同的脉冲信号。下面简要复习电工学中 RC 电路的充电和放电电路。

在图 4-6 所示的简单 RC 电路中，由实验和数学推导可得到电容 C 在充电和放电时，其电压 $u_c$ 的变化规律如下。

（1）充电时，$u_c=E\left(1-e^{-\frac{t}{\tau}}\right)$，其中 $\tau=R\cdot C$ 称为时间常数。

（2）放电时，$u_c=E\cdot e^{-\frac{t}{\tau}}$。

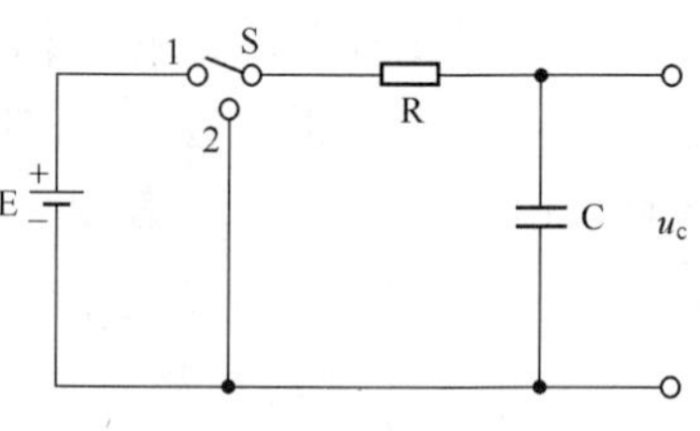


图 4-6　RC 充电、放电示意电路

电容器充电和放电时波形曲线分别如图 4-7（a）、图 4-7（b）所示。

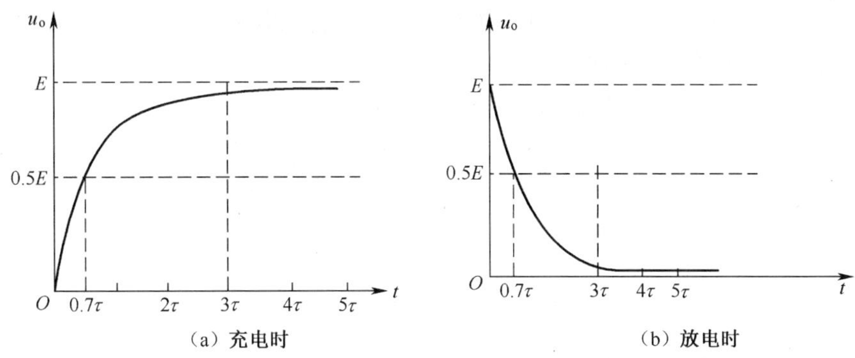


图 4-7　电容器充电和放电时波形曲线

根据数学公式推导和实验测量都能得出，当 C 充电或放电的时间 $t=(3\sim5)\ \tau$时，可认为电容器 C 充电或者放电过程基本结束，也就是说电路由一个稳定状态转换到另一个稳定状态所需时间为（3～5）τ。表 4-2 所示为电容器充电时间表。

表 4-2　电容器充电时间表

| $t/\tau$ | 0 | 0.2 | 0.4 | 0.7 | 3 | 5 |
|---|---|---|---|---|---|---|
| $U_c/E$ | 0 | 0.181 | 0.330 | 0.5 | 0.950 | 0.993 |

4. 部分脉冲信号介绍

（1）矩形脉冲信号产生的基本原理。

产生矩形脉冲的最简单方法就是使用机械开关。如图 4-8 所示，通过连续打开、关闭开关 S 的方式，可以在输出端产生一系列矩形脉冲信号。

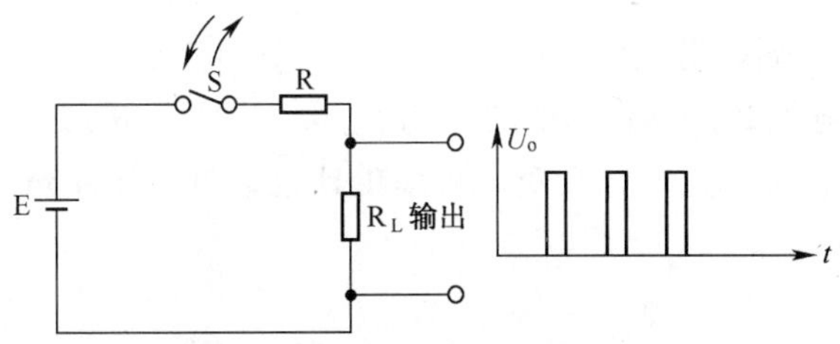


图 4-8　用机械开关产生矩形脉冲

例如，电话拨号的工作原理就是利用拨号盘控制电路接通或断开时间和长短，来输出一系列的寻址信号，如图 4-9 所示。

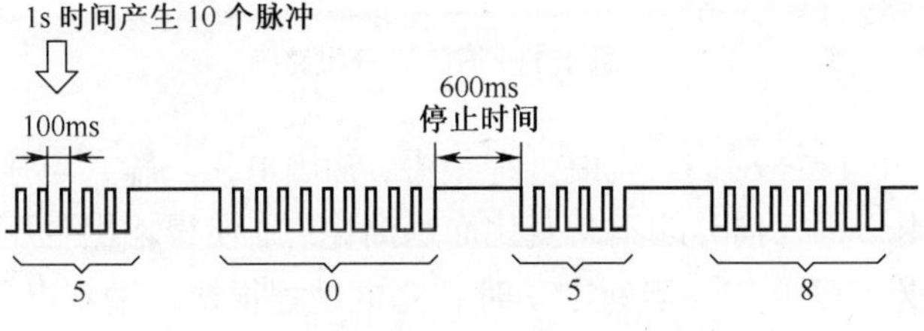


图 4-9　电话机的输入脉冲（拨号 5058）

显然，由于手动的速度太慢，所以用机械开关产生的脉冲频率很低。如今，用电子开关来代替手动开关，使电子技术得到了极大的发展。关于电子开关，将在后面予以介绍。

（2）尖顶波电路（微分电路）。

图 4-10 所示为产生尖顶波信号的 RC 微分电路。

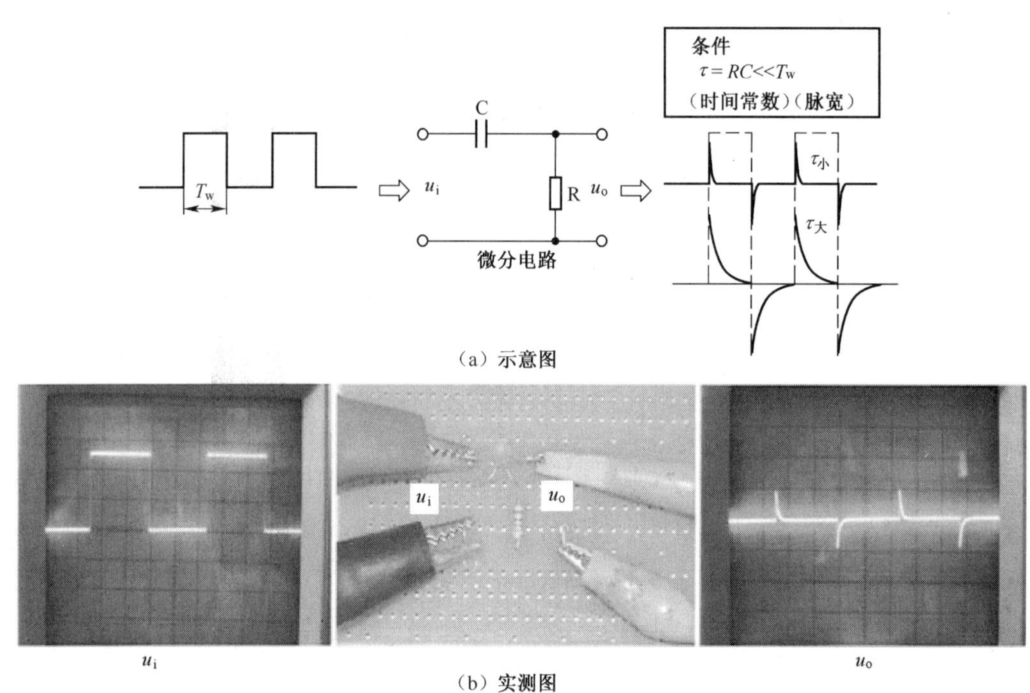


（a）示意图

（b）实测图

图 4-10　产生尖顶波信号的 RC 微分电路

微分电路是一种二端网络。图 4-11 所示为 RC 微分电路，设电容 C 处于零状态，输入为矩形脉冲电压 $u_1$，电阻 R 两端输出的电压为 $u_2= u_1$。电压 $u_2$ 的波形与电路的时间常数 $\tau$ 和脉冲宽度 $t_W$ 有关。当 $t_W$ 一定时，改变 $\tau$ 和 $t_W$ 的比值，电容元件充放电的快慢就不同，输出电压 $u_2$ 的波形也不同。

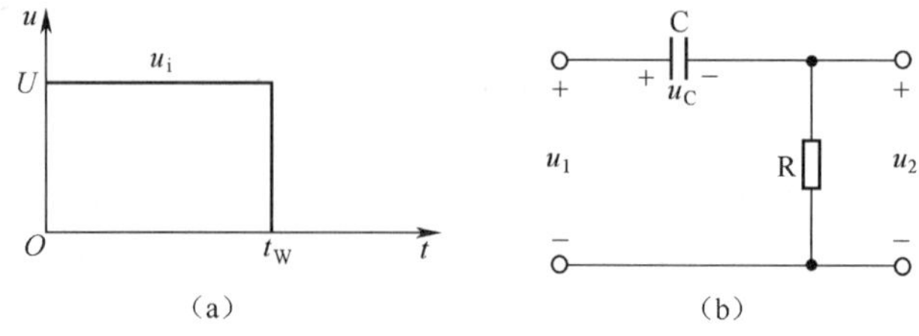


图 4-11　RC 微分电路

如图 4-12 所示，当 $\tau \gg t_W$ 时，充电过程很慢，输出电压与输入电压差别不大，构成 RC 耦合电路（即电路由于输入信号的不断变化而远离稳态，使得输出电压基本等于输入电压，这样的信号传输称为“耦合”）；当 $\tau \ll t_W$ 时，充电过程很快，输出电压将变成尖脉冲，与输入电压近似成为微分关系。

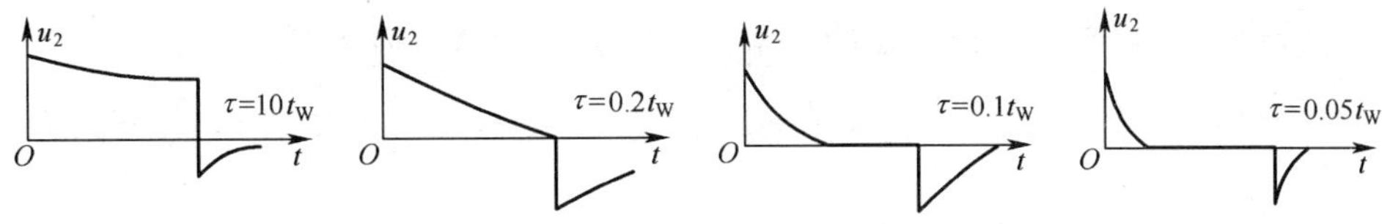


图 4-12 不同$\tau$时的 $u_2$ 波形

从前面的讨论可知，时间常数$\tau$越小则脉冲越窄越尖，其携带的电能也就越少。在 $t$=0 时，输入电压上升，变化率为正且很大，输出电压值很大，在 $t$=$t_W$时，输入电压下降，变化率为负且很大，输出电压值为负值也很大，符合与输入电压的微分关系。

根据电路可推导如下：由于$\tau$<<$t_W$，除了充放电开始的极短瞬间外，有

$$u_1=u_c+u_2\approx u_c>>u_2$$

因而

$$u_2=iR=RC\frac{\mathrm{d}u_c}{\mathrm{d}t}\approx RC\frac{\mathrm{d}u_1}{\mathrm{d}t}$$

上式表明，$u_2$ 和 $u_1$ 的微分近似成正比关系，所以称这种电路为微分电路。

成为 RC 微分电路要具备两个条件：①$\tau$>>$t_W$（一般$\tau$<0.2$t_W$）；②从电阻两端输出电压。

尖顶波信号常被用作电子开关的触发信号，如图 4-13 所示。

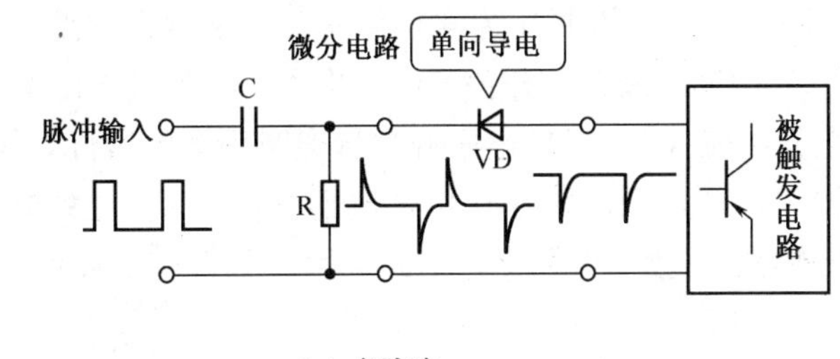


（a）负脉冲

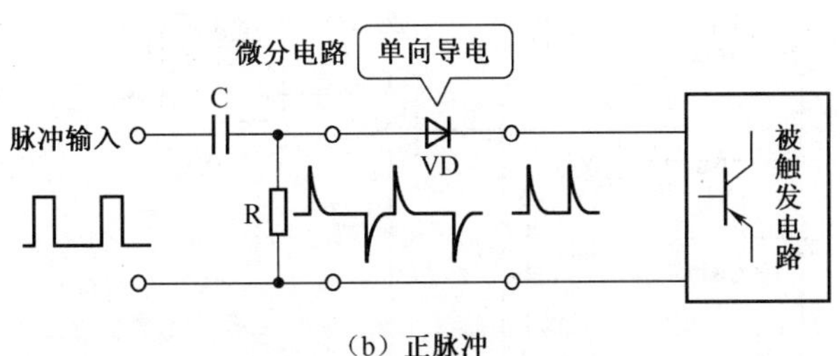


（b）正脉冲

图 4-13 电子开关的触发信号

需要说明的是，所谓的触发就是利用微分波形的正负信号为其他电路发出的动作开始信号，微分波能量的大小对电子开关的导通程度会产生影响。

5. 锯齿波电路（积分电路）

积分电路也是一种无源二端网络。同样是 RC 串联电路，如果条件发生变化所得结论也要发生变化。如果条件转变为$\tau$>>$t_W$和从电容两端输出，则电路就转化成图 4-14（a）所示的积分电路。

图 4-14（b）所示是 RC 积分电路的输入电压 $u_1$ 和输出电压 $u_2$ 波形，由于$\tau$>>$t_W$，

电容充电缓慢，未等电压充到稳定值，输入脉冲就已结束，电容开始放电，输出形成锯齿波。对于缓慢的充放电过程，$u_2=u_c<<u_R$，因此 $u_1=u_R+u_2\approx u_R=iR$ 或 $i\approx\dfrac{u_1}{R}$ 所以输出电压为 $u_2=u_c=\dfrac{1}{C}\int idt=\dfrac{1}{RC}\int u_1dt$。上式表明，输出电压 $u_2$ 与输入电压 $u_1$ 近似成积分关系，所以称这种电路为积分电路。

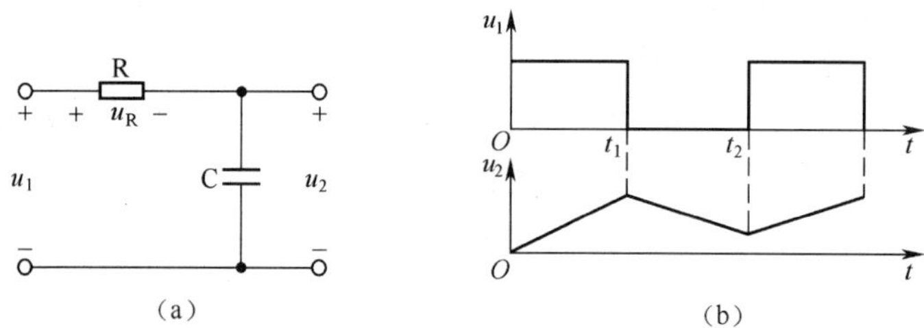


图 4-14　RC 积分电路及输入电压和输出电压的波形

如上所述，微分电路和积分电路都是利用 RC 电路的充放电特性来实现波形变换的。在电子技术中，积分电路应用极广。

**【例】**　延时电路（延时关灯电路）。

延时电路如图 4-15 所示。其中 S 为常闭型开关，平时它使得 $VT_1$、$VT_2$ 截止，$VT_3$ 饱和导通，灯泡发光。当按动（断开）开关 S 时，电源 $V_{CC}$ 通过 $R_1$、$R_P$ 给电容 C 充电，调整 $R_P$ 的值可改变 $U_c$ 上升到使 $VT_1$、$VT_2$ 电子开关导通时所需的时间，从而控制 $VT_3$ 由导通到截止时的时间长短，$VT_3$ 截止后，继电器 K 失电落下，灯灭。这种电路称为延时关灯电路，其中延时环节是积分电路。教师给学生分析此电路，如果有条件可演示此电路。

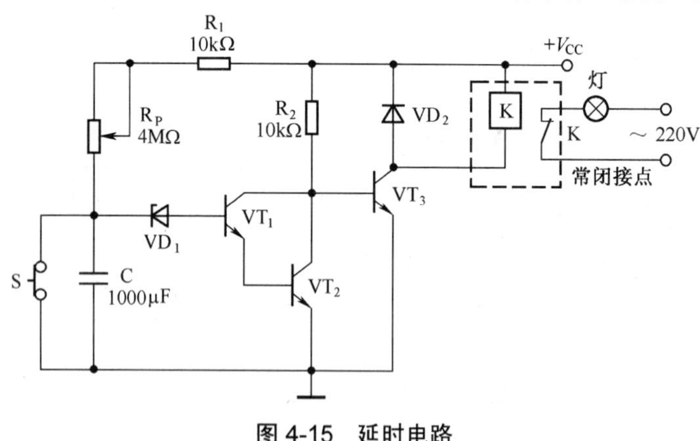


图 4-15　延时电路

## 4.2　晶体管开关

在脉冲与数字电路中，二极管与晶体管常作为开关使用，为了在性能上逼近机械开关的效果，作为电子开关的晶体管必须工作在截止状态（相当于开关断开）或饱和状态（相当于开关接通）。

1. 二极管开关

一般认为，当二极管正偏导通时，其正向压降与正向导通电阻都较小，可视同开关闭合；当二极管反偏截止时，其反向电阻很大，相当于开关断开。

硅二极管的符号和伏安特性曲线如图 4-16 所示。

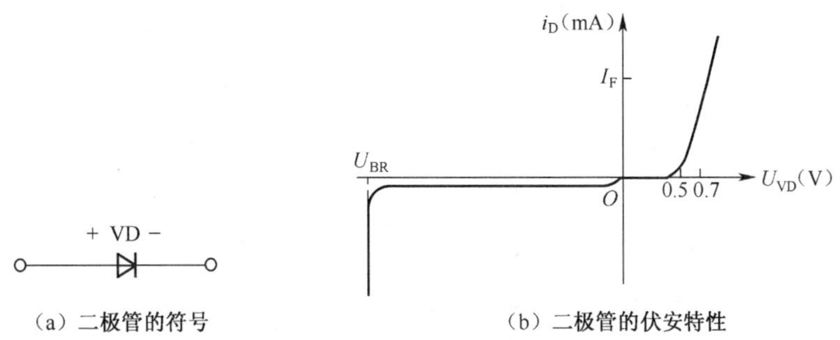


（a）二极管的符号　　（b）二极管的伏安特性

**图 4-16　硅二极管的符号和伏安特性曲线**

如图 4-17（a）所示的是一个简单的硅二极管开关电路。当输入电压 $u_i$=0 时，二极管截止，如同一个断开的开关，等效电路如图 4-17（b）所示；输出电压 $u_o$=0。当输入电压 $u_i$=5V 时，二极管导通，其导通压降 $u_D\approx0.7$V，如同一个具有 0.7V 压降的闭合的开关，等效电路如图 4-17（c）所示，这时的输出电压为 $u_o=u_i-u_D$=(5−0.7）V=4.3V。

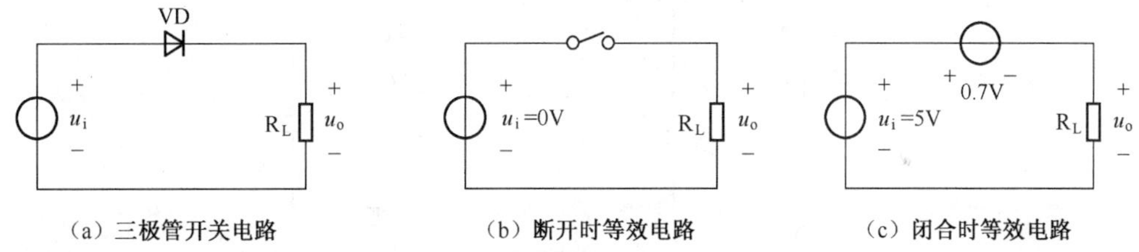


（a）三极管开关电路　　（b）断开时等效电路　　（c）闭合时等效电路

**图 4-17　硅二极管开关电路及其等效电路**

对于理想开关而言，开关闭合时，开关电阻为零，两端电压也为零；开关断开时，开关电阻为无穷大。而二极管导通时，正向压降与正向导通电阻不可能为零；二极管截止时，反向电阻也不可能为无穷大。为了改善二极管的开关效果，在脉冲与数字电路中多采用开关二极管，如 2CK 系列硅二极开关管，有关说明如表 4-3 所示。

**表 4-3**　　**二极管**

| 实　　物 | 特　　性 | 用　　途 | 举例电路 |
|---|---|---|---|
| 开关二极管（2CK） | 从工艺上使得二极管反向恢复时间减短，开关速度加快 | 正偏导通，反偏截止，利用二极管的单向导电性进行逻辑运算 | E, R, 2CK, $U_{i1}$, $U_o$, $U_{i2}$ |

2. 晶体管的开关特性

通过模拟电子线路的学习，我们知道了晶体管有放大、饱和、截止 3 种工作状态。在模拟电子线路中，晶体管一般要求工作在放大区，而在脉冲（开关）电路中，则一般要求晶体管工作在截止区或饱和区。

（1）晶体管截止特点。

当 $I_B$=0 时，晶体管处于截止状态，输出回路 $I_C \approx 0$，相当于开关 S 断开，从而小灯泡熄灭，其形象表达如图 4-18（a）所示。

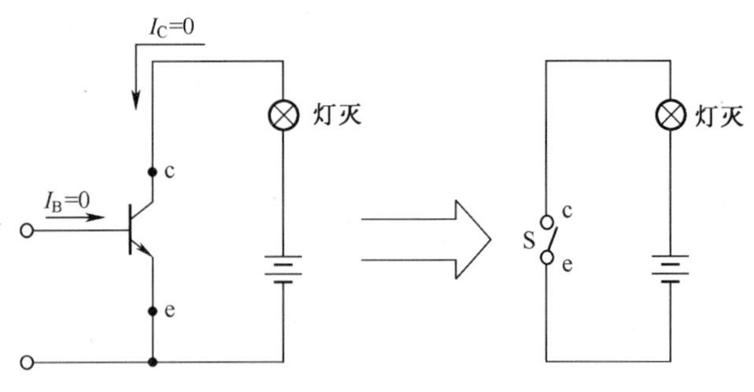


（a）相当于开关断开

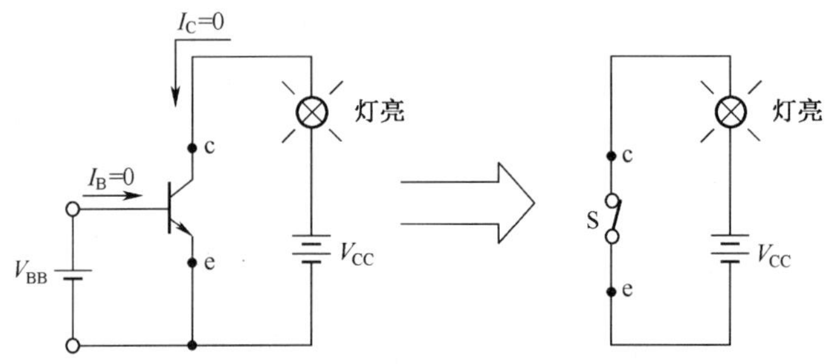


（b）相当于开关闭合

图 4-18　晶体管开关的作用

（2）晶体管饱和导通特点。

在晶体管处于饱和导通状态时，集电极与发射极之间的电压称为饱和管压降，用 $U_{ces}$ 表示。一般硅管约为 0.3V，锗管约为 0.1V，其 c、e 间的阻值 $R_{ce}$ 非常小，故晶体管饱和导通时相当于开关 S 闭合，其形象表达如图 4-18（b）所示。

由以上分析可知，晶体管相当于一个由基极电流控制的电子开关，饱和导通时相当于开关闭合，截止时相当于开关断开。另外，从电平的角度来看，当输入高电平时，输出端为低电平；当输入低电平时，输出端为高电平。因此，往往称图 5-16 所示电路为反相器，在逻辑电路中称为非门电路。

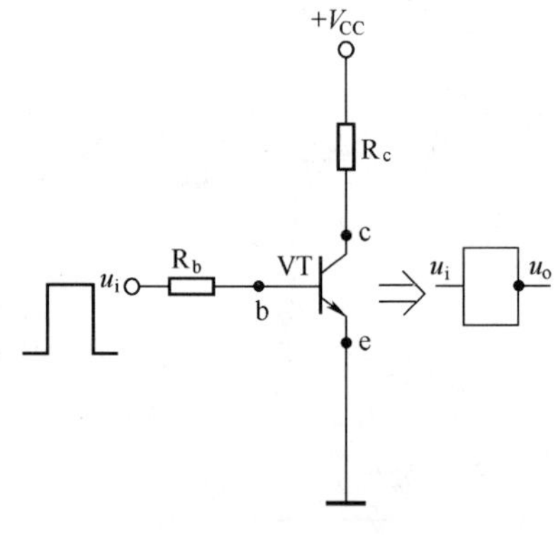


图 4-19　晶体管开关及非门符号

表 4-4 列出了晶体管放大、饱和、截止 3 种工作状态特点（参照图 4-19 所示电路）。

表 4-4　　晶体管放大、饱和、截止 3 种工作状态特点

| 工作状态 | | 截　止 | 放　大 | 饱　和 |
|---|---|---|---|---|
| 条件 | | $I_B=0$ | $0 \leqslant I_B \leqslant \frac{I_{cs}}{\beta}$ | $I_B \geqslant \frac{I_{cs}}{\beta}$ |
| 工作特点 | 偏置情况 | 发射结、集电结均为反偏 | 发射结正偏，集电结反偏 | 发射结、集电结均为正偏 |
| | 集电极电流 | $I_c \approx 0$ | $I_c=\beta \cdot I_B$ | $I_c = I_{cs} \approx \frac{V_{CC}}{R_c}$ |
| | 管压降 | $U_{ce} \approx V_{CC}$ | $U_{ce} \approx V_{CC}-I_c \cdot R_c$ | $U_{ce}=U_{ces} \approx 0$ |
| | c、e 间等效电阻 | 很大，相当于开关断开 | 阻值可变 | 很小，相当于开关闭合 |

## 4.3　脉冲波形整形电路

在脉冲电路中，根据实际需要将输入波形在某一电平处（以上或以下）切除、改变波形的基准电平，或者将输入波形变换为完全不同的波形以及对产生畸变的波形进行修复还原等过程都称为脉冲波形整形。

介绍的 RC 微分电路、RC 积分电路是利用电容器的充放电特性，以及电路时间常数与输入矩形脉冲宽度的相对大小不同来实现波形变换的。下面介绍利用二极管或三极管的开关特性来实现脉冲波形的整形。

1. 削波电路

电路仅让输入波形高于（低于）某个电平的波形输出，这种波形往往被形象地称为削波。例如，负半周削波电路，其电路原理和实测图如图 4-20 所示。

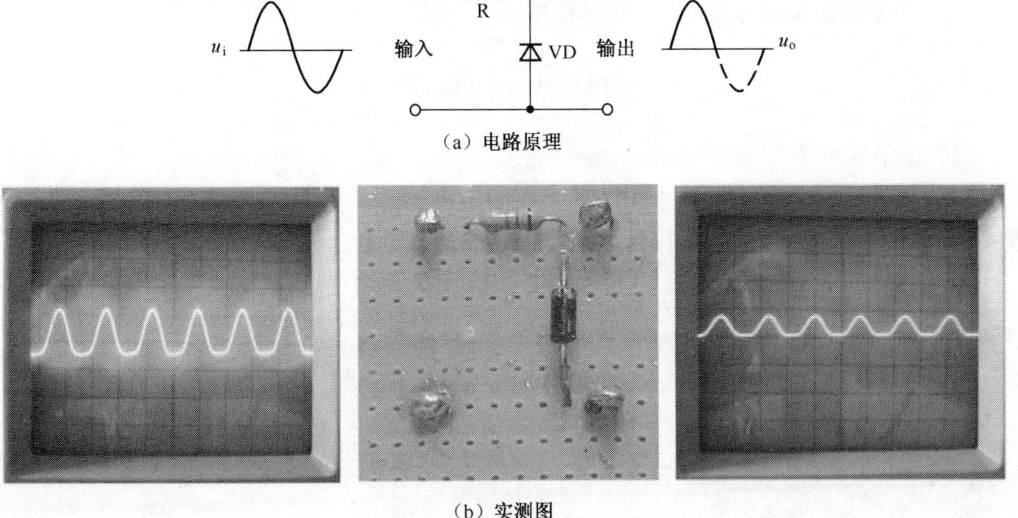


（a）电路原理

（b）实测图

图 4-20　负半周削波电路

当输入电压为正半波时，二极管截止，相当于开路，此时输出波形与输入波形一样。输入波形为负半波时，因为二极管导通，若忽略管压降，可以为输出电压约为 0。

同理，若要截去输入波形的上半部，只需改变上述负半周削波电路二极管的极性便可。

2. 二极管限幅电路

所谓限幅，就是当输入信号的幅度在一定范围内变化时，输出信号随输入信号的变化而变化。但只有超过了这个范围时，限幅电路才起作用，削去超过部分，保持恒定输出。实际上限幅器也是一种削波器。根据削去部位，限幅可分上限幅、下限幅和双向限幅。

（1）下限幅电路。

如图 4-21 所示，当输入信号正半周时，二极管 VD 截止，$u_o$跟随 $u_i$的变化而变化。但当输入信号负半波且$|u_i|>|E|$时，二极管导通，如果忽略二极管的管压降，可使 $u_o$保持在 $E$ 的数值上。

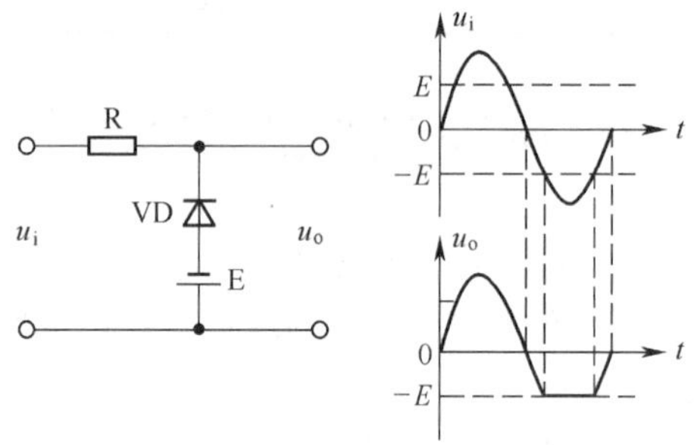


（a）电路原理

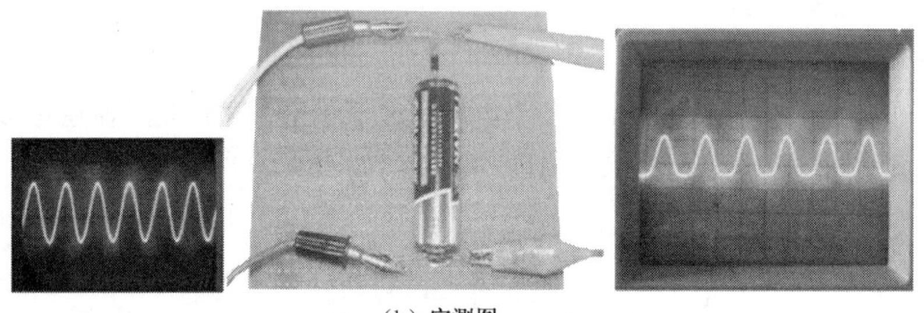

（b）实测图

图 4-21　下限幅电路

（2）上限幅电路。

如图 4-22 所示，当输入信号正半周作用于电路，在 $u_i<E$ 时，由于二极管 VD 受电源电压 $E$ 所加的反向偏压截止，其相当于开路，所以输出电压随输入信号的增加而增大。

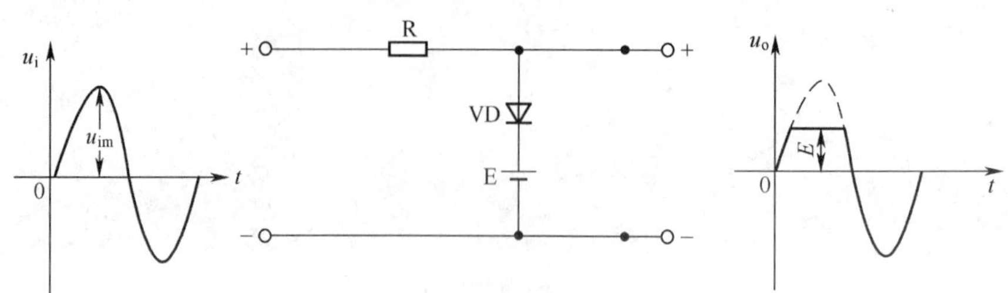


图 4-22　上限幅电路

当输入信号变化到 $u_i>E$ 后，由于二极管 VD 两端的反向偏压消失并出现正向偏压，二极管开始导通，如果忽略二极管的管压降，其相当于短路。这时 $u_o$ 始终保持在 $E$ 的数值上。

（3）双向限幅电路。

如图 4-23 所示，双向限幅电路是上、下限幅电路的综合，其具体工作过程就不再赘述了。

3. 钳位电路

一般 RC 耦合电路如图 4-24 所示，图中有一矩形波信号要通过。电工理论指出，单方向矩形波可以分解为"直流分量"和"谐波分量"二个部分。由于电容 C 有隔直流的作用，因此输出端的信号中不再包含原有的直流成分，从而使输出波形的形状发生了变化。

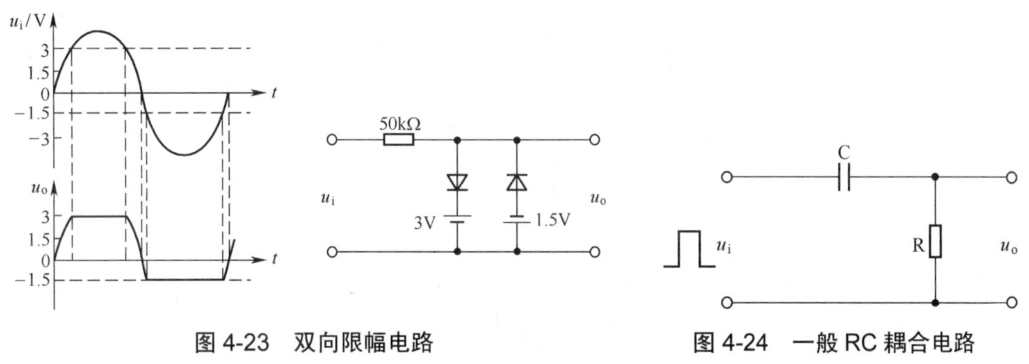


图 4-23　双向限幅电路　　图 4-24　一般 RC 耦合电路

为了解决脉冲信号通过 RC 耦合电路产生失真的问题，即保证脉冲信号通过 RC 耦合电路基本不改变形状，人们设计了钳位电路。

（1）定义。

将输入波形的底部或顶部钳制到所需要的电平上，而保持原来波形基本不变的电路，称为钳位电路。

（2）分类。

钳位电路分为底部钳位电路和顶部钳位电路两种。

（3）基本原理。

由 RC 电路和二极管构成，利用二极管的开关特性和 RC 电路的充放电时间的常数相差悬殊来实现钳位电路。

（4）顶部钳位电路。

如图 4-25 所示为二极管顶部钳位电路，其中图 4-25（a）中钳位电平为零，图 4-25（b）中钳位电平为 $E$。

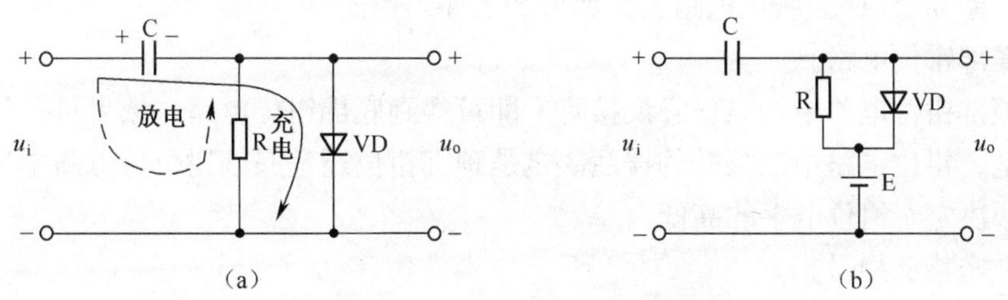


图 4-25　二极管顶部钳位电路

下面以图 4-26 所示电路为例分析其工作原理。

① 电路参数要求。

电路中电阻 $R$ 应满足 $R>>r_D$（$r_D$ 为二极管正向导通电阻）、$R<<r_F$（$r_F$ 为二极管反向截止电阻）。

设输入信号为矩形脉冲系列，且使 $r_D \cdot C<<T_1$、$RC>>T_2$。

② 工作原理。

该电路工作波形如图 4-26 所示，其原理分析说明如表 4-5 所示。

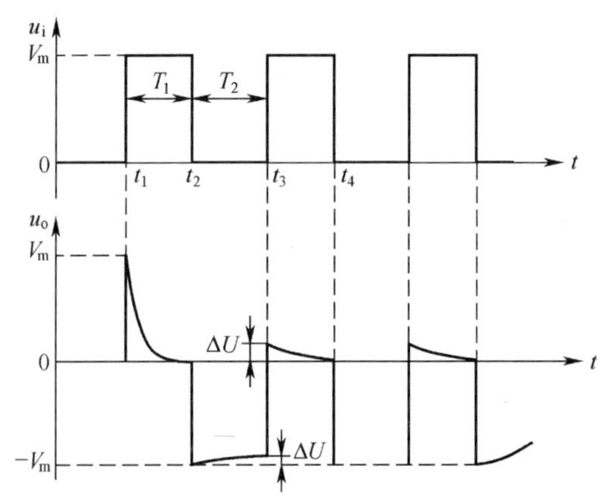


图 4-26 电路工作波形图

表 4-5 钳位电平为零时的顶部钳位电路工作原理

| 条　　件 | 工作原理说明 |
| --- | --- |
| $0\sim t_1$ 期间 | $u_i$=0，$u_o$=0 |
| $t_1$ 时刻 | $u_i$ 从零跳变到 $V_m$，$U_c$ 电压不能突变，$U_c$=0，$u_o=u_i=V_m$ |
| $t_1\sim t_2$ 期间 | VD 导通 C 充电，由于 $r_D \cdot C<<T_1$，C 迅速充电至 $V_m$，使 $U_o$= 0 |
| $t_2$ 时刻 | $u_i$ 从 $V_m$ 跳变到 0，电容 C 与 VD 并联，VD 截止，此时 $u_o= -V_m$ |
| $t_2\sim t_3$ 期间 | C 通过电源对 R 放电，此时 $\tau\approx RC>>T_2$，C 仅放掉少量电荷 |
| $t_3$ 时刻 | 第二个脉冲来临，此时 $u_o=u_i=V_m-u_c=\Delta U$ 很小 |
| $t_3\sim t_4$ 期间 | 电容再次充电，很快恢复到 $V_m$ 值，使 $U_o$=0 |
| $t_4$ 以后 | 过程不断重复，使输出电压顶部被钳制在零电平处 |

同理，图 4-25（b）所示电路工作波形如图 4-27 所示。

（5）底部钳位电路。

当把顶部钳位电路中的二极管反接时，即可得到底部钳位电路，读者可自行分析。值得提出的是，钳位电路中二极管的接法决定是顶部钳位还是底部钳位，电路中串联的直流电源的大小决定着钳位电平的高低。

（6）施密特反相器。

在脉冲与数字电路系统中，施密特反相器是一种非常有用的电路，目前已集成化，主要应用在波形变换和脉冲整形方面。

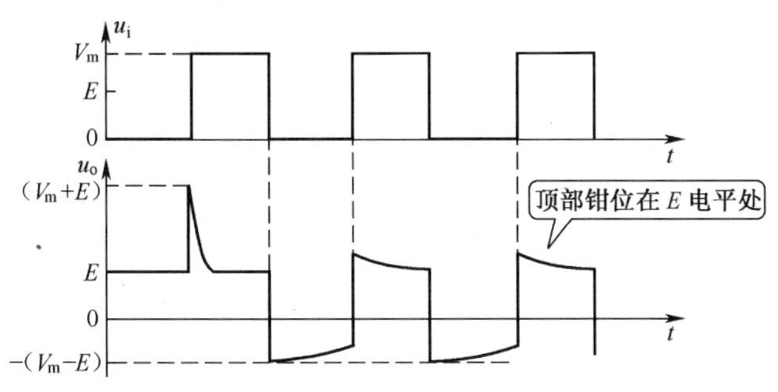


图 4-27　电路工作波形图

① 电路传输特性。如图 4-28（a）所示，当输入电压 $u_i$ 升高并达到 $V_{T+}$ 时，$u_o$ 为低电平；当输入电压 $u_i$ 降低至 $V_{T-}$ 后，$u_o$ 为高电平。$V_{T+}-V_{T-}$ 称为回差电压。施密特反相器电路符号和 74LS14 集成电路分别如图 4-28（b）、图 4-28（c）所示。

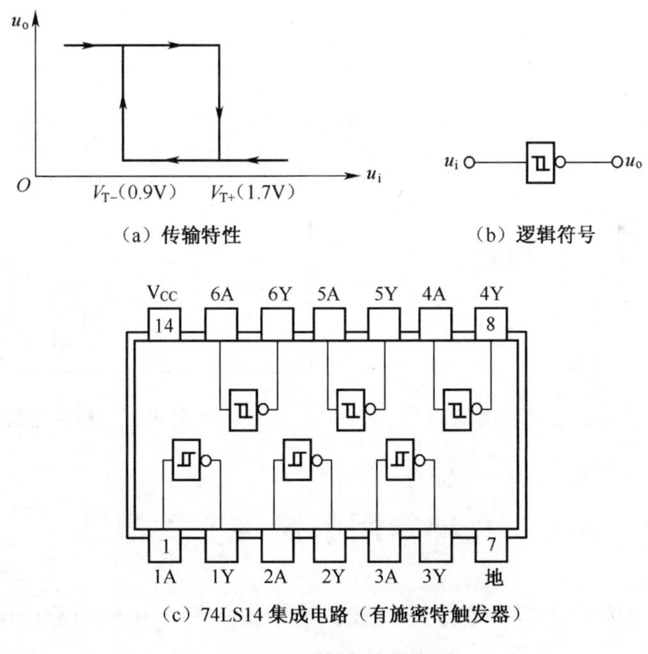


图 4-28　施密特反相器

② 波形的变换。如图 4-29 所示，施密特电路可将非矩形波（正弦波、三角波等）变换为矩形波（$V_{T+}$=1.7V，$V_{T-}$=0.9V）。

③ 脉冲整形。由于一些原因，脉冲波形在传输的过程中会发生波形的畸变，如图 4-30 所示，可以利用施密特特性把前、后沿变坏的矩形波整形为前、后沿陡直的矩形波。经过施密特反相器后的输出信号与输入信号是反相的，如果要求输出与输入信号同相，可在施密特触发器的输出端再接一级反相器，如图 4-31 所示。

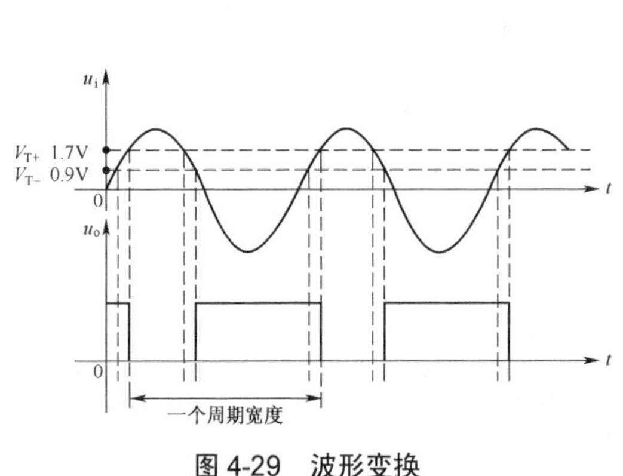

图 4-29　波形变换

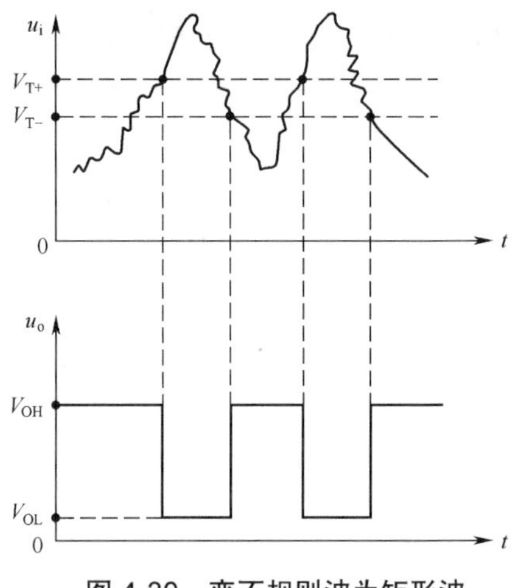

图 4-30　变不规则波为矩形波

④ 脉冲幅度鉴别。如图 4-32 所示，将一系列幅度不同的脉冲信号加到施密特触发器的输入端，只有那些幅度大于 $U_{T+}$的脉冲才会在输出端产生输出信号。由图 4-32 可见，施密特触发器具有幅度鉴别能力。

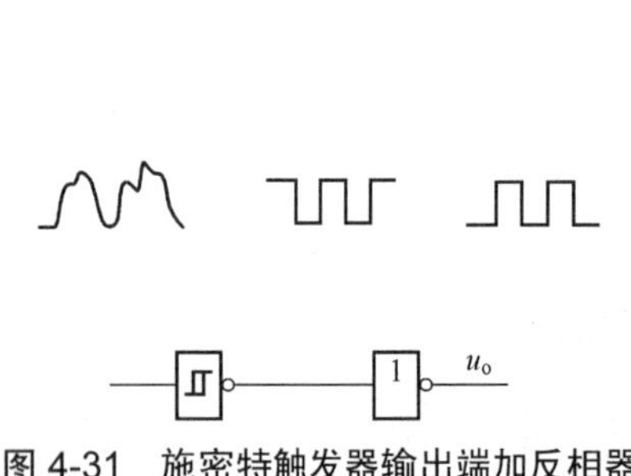

图 4-31　施密特触发器输出端加反相器

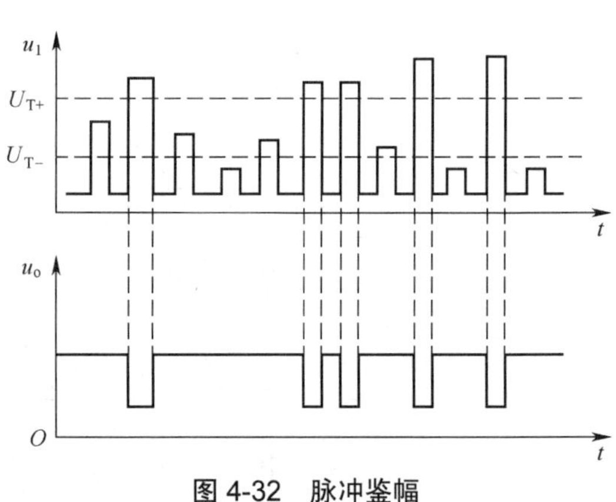

图 4-32　脉冲鉴幅

## 4.4　几种常用的脉冲开关电路

随着近代电子技术的进步，电子开关被赋予了更多的内涵和任务，但其实质就是形形色色的转换开关及其组合。

1．双稳态触发电路

在实际的电路中，非自复的机械开关都具有这样的功能：平时开关处于一种稳定的状态（或开或关），在人为的操纵下，开关能转变为另一种稳定的状态（或关或开）。但是，当人为因素消失后，开关的状态会保持不变，用专业的语言说，这种开关具有转换和记忆的功能。双稳态触发器就是能模拟上述功能的电子开关。

（1）电路结构。

双稳态电路采用两级反相器电路的串联反馈形成，如图 4-33（a）所示。图中前级反相器的输出作为后级反相器的输入，后级反相器的输出又耦合到前级反相器的输入，显然这是一种正反馈的连接。

电路要求前、后级两级电路各元器件参数对称相等，即 $R_{c1}=R_{c2}$、$R_1=R_2$；$VT_1$ 与 $VT_2$ 的$\beta_1=\beta_2$，由于图 4-33（a）前后电路形式完全对称，各种元件参数也基本相同。为了便于分析，常将图 4-33（b）改画为图 4-33（b）、图 4-33（c）的形式，从 4-33（c）图可以看出双稳态触发器就是前面学习过的基本 RS 触发器。

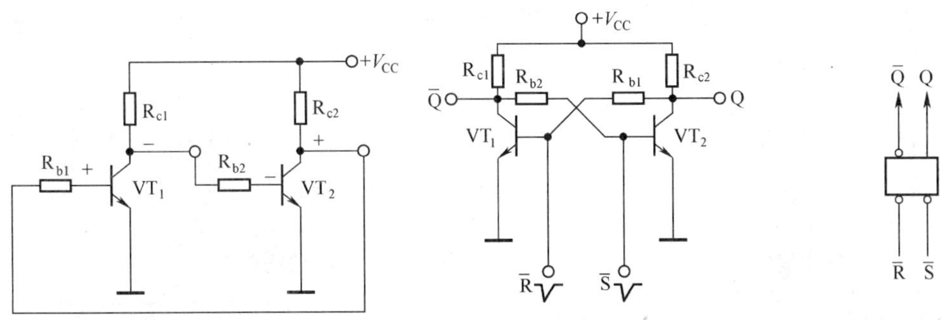


（a）两级"非"门构成的双稳态电路　（b）双稳态电路的习惯画法　（c）双稳态电路的电路符号

图 4-33　双稳态电路

（2）工作原理。

① 稳态之一：$VT_1$ 饱和，$VT_2$ 截止。

② 稳态之二：$VT_1$ 截止，$VT_2$ 饱和。

③ 初始态：电源接通后，电路究竟处于哪一种稳态还不能确认，其初始状态完全取决于偶然的因素：由于晶体管参数的分散性，$VT_1$ 和 $VT_2$ 的导电性能会略有不同，接通电源后，两管的集电极电流增加速度不一样。若假设 $VT_1$ 管导电性比 $VT_2$ 管强，则形成如下正反馈过程：

$$VT_1\text{导电性强}\ i_{c1}\uparrow\rightarrow U_{c1}\downarrow\rightarrow U_{b2}\downarrow\rightarrow i_{b2}\downarrow\rightarrow i_{c2}\downarrow\rightarrow U_{c2}\uparrow\rightarrow U_{b1}\uparrow\rightarrow i_{b1}\uparrow$$

最后导致 $VT_1$ 饱和 $VT_2$ 截止。在外触发信号来之前，两管工作状态相互维持，电路将保持这一稳定状态，如图 4-34（a）所示。

若 $VT_2$ 管导电能力强于 $VT_1$ 管，电源一经接入，则最终导致 $VT_2$ 饱和和 $VT_1$ 截止，如图 4-34（b）所示，这是电路的另一稳态。

④ 电路的翻转。

双稳态处于某一稳态状态后（如 $VT_1$ 饱和和 $VT_2$ 截止），要使它翻转到另一个稳态，必须要有外界触发信号。一般的方法是在饱和管基极加负脉冲，如在 $VT_1$ 基极加入负脉冲会发生以下过程：

$$\text{负脉冲}\rightarrow U_{b1}\downarrow\rightarrow i_{b1}\downarrow\rightarrow i_{c1}\downarrow\rightarrow U_{c1}\uparrow\rightarrow U_{b2}\uparrow\rightarrow i_{b2}\uparrow\rightarrow i_{c2}\uparrow\rightarrow U_{c2}\downarrow$$

最终电路翻转成 $VT_1$ 截止、$VT_2$ 饱和，电路进入了另一稳态。

⑤ 触发方式。触发方式分为分别触发和单端触发（计数触发）。

分别触发的触发信号分别由 R、S 端输入，如图 4-35 所示，触发脉冲经 $R_1$、$C_1$ 微分电路和削波二极管 VD 后，将负尖顶波加至晶体管基极，强迫导通管截止，从而导致电路发生翻转。

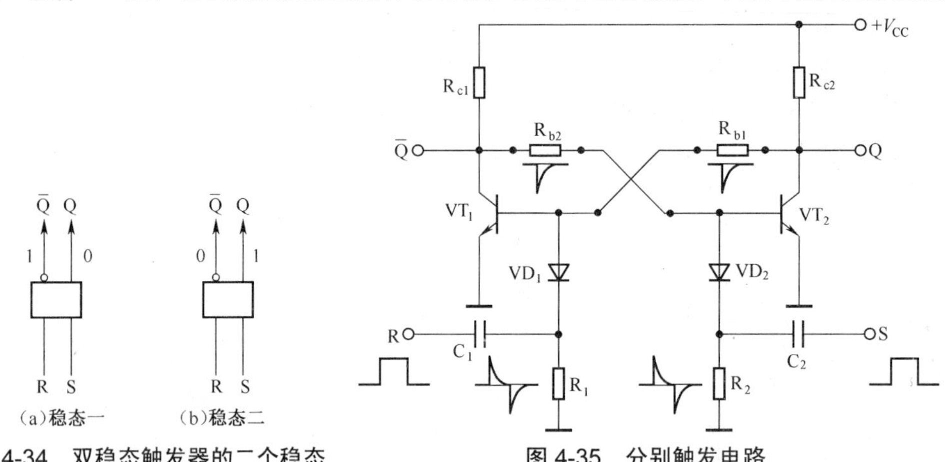


图 4-34 双稳态触发器的二个稳态

图 4-35 分别触发电路

需要指出的是，电路工作时，触发脉冲可以从 R 端输入，也可以从 S 端输入。如从 R 端输入，不管电路原来处于什么状态，负触发脉冲的作用结果总是使 $VT_1$ 截止、$VT_2$ 导通，电路呈现 $Q=0$、$\overline{Q}=1$的状态。在脉冲电路中，一般以双稳态电路右边的输出端 Q 的状态作为触发器的状态，因此分别触发常把 S 端称为置“1”端或置位端，把 R 端称为置“0”端或复位端。

单端触发的电路如图 4-36 所示，电路将 R、S 连在一起，$C_1$、$R_1$ 组成微分电路，$VD_1$、$VD_2$ 能引导负类尖顶触发脉冲，加到导通管的基极使电路状态翻转。

如果在电路输入端输入一系列计数脉冲时，电路将跟随 $U_i$ 的变化而往复翻转，波形图如图 4-37 所示。无论是 $Q$ 端还是 $\overline{Q}$ 端的信号频率都是触发信号频率的二分之一，因此往往称此电路为“÷2”电路或二分频电路。

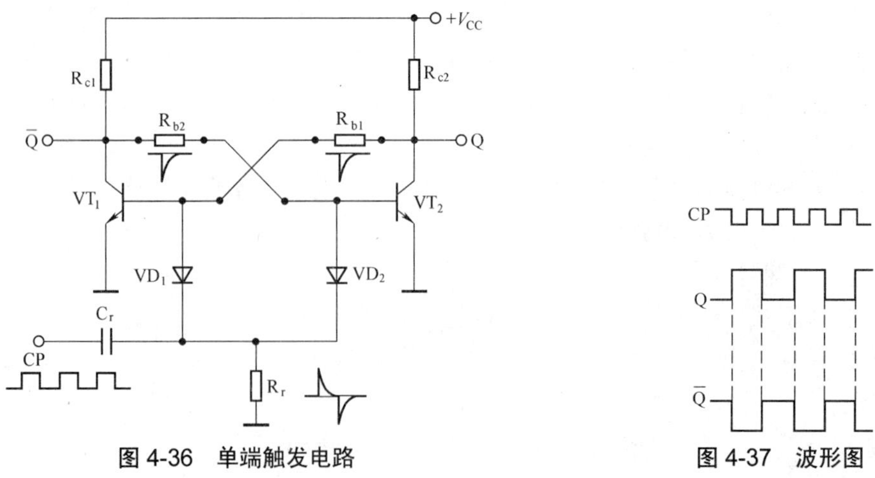


图 4-36 单端触发电路

图 4-37 波形图

2. 单稳态电路

单稳态电路是指只有一个稳态，另一个状态是暂时的电路。该电路由稳态到暂稳态需要外来信号的触发。所谓暂稳态，通俗地讲，就是一个不能长久保持的状态。在经过一段时间后，电路会自动返回到原稳态。需要指出的是，暂稳态的持续时间与触发脉冲无关，仅取决于电路本身的参数。

（1）单稳态电路符号。

单稳态电路如图 4-38（a）所示，其逻辑符号如图 4-38（b）所示。

（2）稳定状态。

选择合适的电路参数，接通电源后，使 $VT_2$ 处于饱和状态，$VT_1$ 处于截止状态。在无外信号触发时，电路将一直保持在 $VT_1$ 截止、$VT_2$ 饱和的状态不变。

需要指出的是，在此期间 $V_{CC}$ 通过 $R_{c1}$ 和 $VT_2$ 对电容 $C_b$ 充电，电容上电压最终达到 $U_C \approx V_{CC}$，图 4-39 所示为电容 $C_b$ 的充电回路示意图。

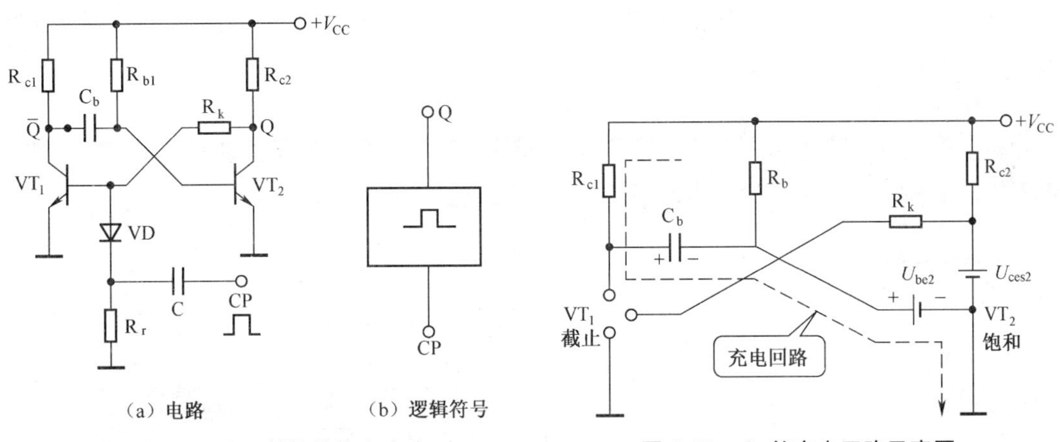


图 4-38　分立元件的单稳态电路

图 4-39　$C_b$ 的充电回路示意图

（3）暂稳状态。

单稳电路在触发脉冲作用后，电路将产生翻转（即电路翻转为 $VT_1$ 饱和、$VT_2$ 截止）。当外加负极性加在 $VT_2$ 基极时，电路发生如下反馈过程。

$$\text{负脉冲} \rightarrow U_{b2}\downarrow \rightarrow i_{b2}\downarrow \rightarrow i_{c2}\downarrow \rightarrow U_{c2}\uparrow$$
$$U_{c1}\downarrow \leftarrow i_{c1}\downarrow \leftarrow i_{b1}\downarrow \leftarrow U_{b1}\uparrow$$

最后使得 $VT_2$ 截止、$VT_1$ 饱和，电路进入另一种状态——暂稳态。由于此时 $VT_1$ 导通，$C_b$ 两端原所充的电压，导致 $VT_2$ 管基极电位为负，迫使 $VT_2$ 截止。但是这个电压是无法维持不变的，因为电容 $C_b$ 两端电压将通过导通管 $VT_1$、$V_{CC}$、$R_b$ 的路径进行放电，使 $VT_2$ 的基极 $U_{b2}$ 逐渐升高。当电容 $C_b$ 放电完毕，将导致被 $V_{CC}$ 电源反充电，但这时只要 $U_{b2}$ 的电位被升高至 0.5V 左右，$VT_2$ 将脱离截止区开始导通，电路又一次的正反馈，使电路结束暂稳态，又回到 $VT_1$ 截止、$VT_2$ 饱和的稳定状态。$C_b$ 的放电回路示意图如图 4-40 所示。

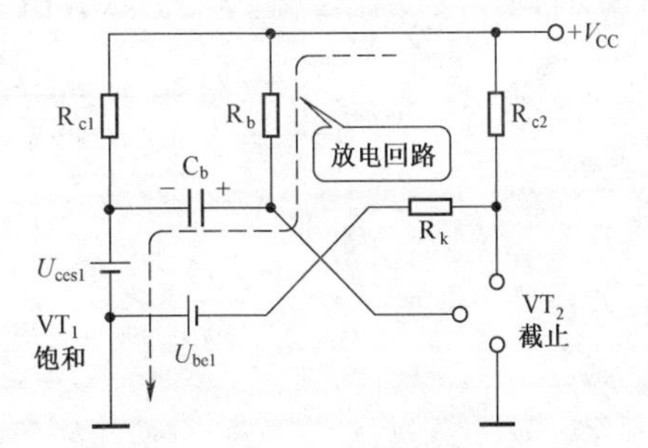


图 4-40　$C_b$ 的放电回路示意图

（4）恢复时间。

电路翻转后，虽然 $VT_2$ 饱和、$VT_1$ 截止，但电路并未完全稳定在初始状态。当 $VT_1$ 由饱和突变为截止，由于耦合电容 $C_b$ 的存在，其两端的电压不能突变，所以当 $VT_1$ 截止后还存在着对电容 $C_1$ 的充电过程。当被充电至 $V_{CC}$ 值后，恢复过程结束，电路各处电压才达到原来的稳定值。

单稳态电路的暂稳态时间即是其输出脉冲的宽度，电路理论指出单稳电路的输出脉冲宽度为 $t_w \approx 0.7R_bC_b$。如果想调整脉冲宽度，可通过改变 $C_b$ 和 $R_b$ 来实现。

（5）单稳态电路的应用。

在实际应用中，单稳态电路主要用于定时、延时脉冲整形，如楼道公共照明电路、工业自动流水线上各段生产工序加工时间的控制等。

鉴于电子技术的飞跃发展，目前实用中多采用集成单稳态触发器，因此下面仅介绍单稳态触发器应用的思路。

利用单稳态触发器能产生一定宽度的脉冲这一特性，可以将过窄或过宽的输入脉冲整形成固定宽度的脉冲输出。

如图 4-41 所示的不规则输入波形，当 $U_i$ 信号电压上升到一定值时，单稳态触发器被触发，状态改变，输出为高电平，过了 $t_w$ 时间后，经单稳态触发器处理后，便可得到固定宽度、固定幅度，且上升沿和下降沿陡峭的规整矩形波输出。

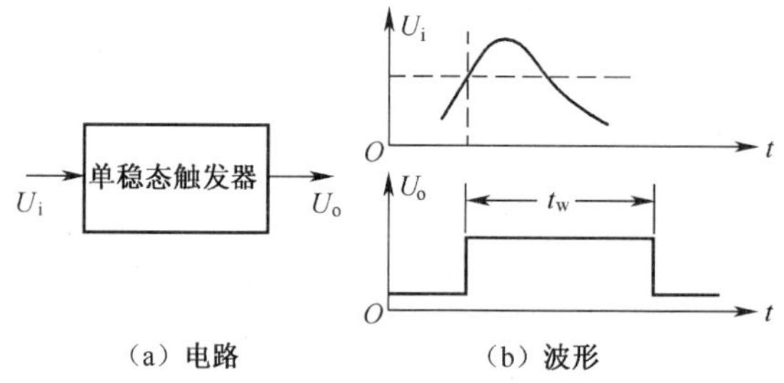


图 4-41　单稳态触发器整形原理

3. 定时功能

利用单稳态触发器暂稳时间可调的特性，可构成各类定时器电路。

如图 4-42 所示，在 $t_1$ 时刻，单稳态触发器输入信号 $U_i$ 由高电平转为低电平，电路被触发，低电平转变成暂稳态输出高电平，发光二极管点亮，在 $t_2$ 时刻，单稳态触发器又返回到原状态“0”，发光二极管熄灭。由于 $t_w$ 时间的长短与触发信号的宽度无关，只与单稳态触发器的 RC 元件有关，改变 RC 元件的值就能改变 $t_w$ 的值，从而改变发光二极管的发光时间，所以往往称 RC 为定时元件。

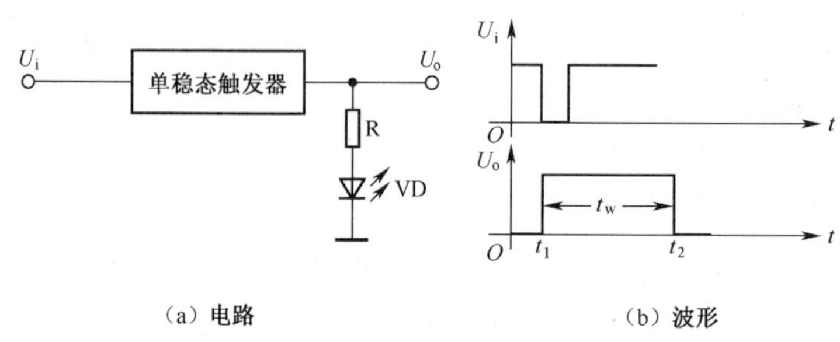


图 4-42　单稳态定时原理

4. 无稳态电路（多谐振荡器）

无稳态电路是一种产生矩形波的电路。这种电路不需要外加触发信号便能连续地、周期性地产生矩形波。由于矩形波是由内含多频率的正弦波组成，因而无稳态电路也称多谐振荡器。

图 4-43 所示为分立元件无稳态电路。当电路接通电源后，电路就像钟摆一样周期性地自行翻转，没有稳定的状态，仅具有暂态。由于电路中电容 $C_1$ 和 $C_2$ 不断地交替充电、放电，使得 $VT_1$ 与 $VT_2$ 交替截止、饱和，$VT_1$ 和 $VT_2$ 的集电极上输出极性相反的矩形脉冲。

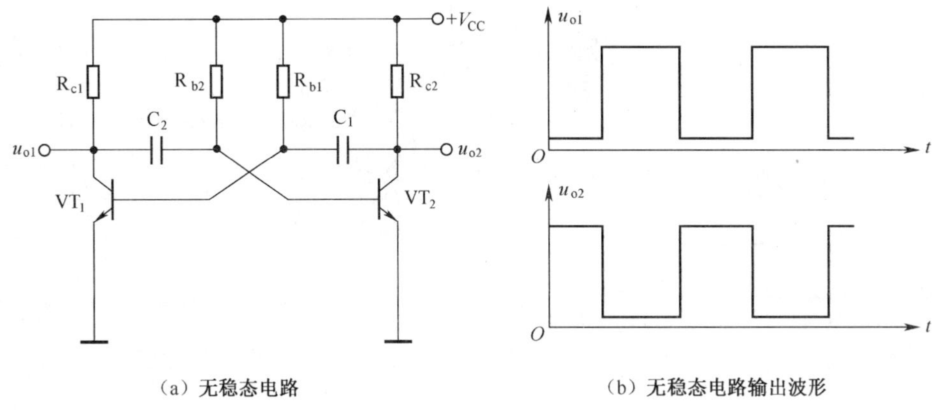


（a）无稳态电路　　（b）无稳态电路输出波形

图 4-43　分立元件无稳态电路

图 4-44 所示为两个暂稳态的等效电路，其暂稳态的过程与单稳态的暂稳态的分析类似，在此不再赘述。

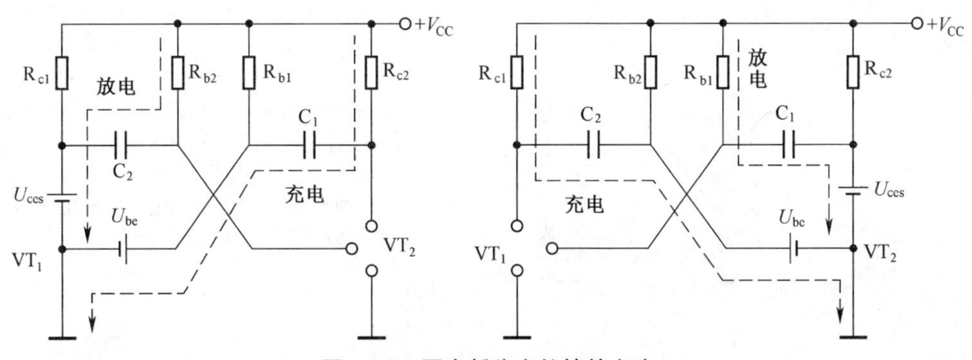


图 4-44　两个暂稳态的等效电路

对应单稳态输出信号的脉冲宽度公式：如果电路对称，即 $R_{b2}=R_{b1}=R_b$、$C_1=C_2=C$、$\beta_1=\beta_2$，那么无稳态电路的振荡周期为 $T=T_1+T_2=0.7R_bC+0.7R_bC=1.4R_bC$，电路的振荡频率 $f=\dfrac{1}{T}$。

## 4.5　555 电路

在实际的数字电路中，往往要求其中的多个组件，在一个控制脉冲（CD）的强制作用下同步翻译。产生这种控制脉冲的电路被称为时钟发生电路。在实际中，产生时钟脉冲的方法很多，下面对常用电路做一简介。

1. 555 电路

(1) 555 电路的简介。

555 电路的简介如表 4-6 所示。

表 4-6　555 电路的简介

| 项　目 | 图　示 | 简　介 |
|---|---|---|
| 555 的类别 |  555 集成块（单时基） 　556 集成块（双时基） | 555 时基电路是一种数字电路和模拟电路混合而成的小规模集成电路。<br>556 双时基电路内含两个独立的 555 电路 |
| 555 内部电路 | 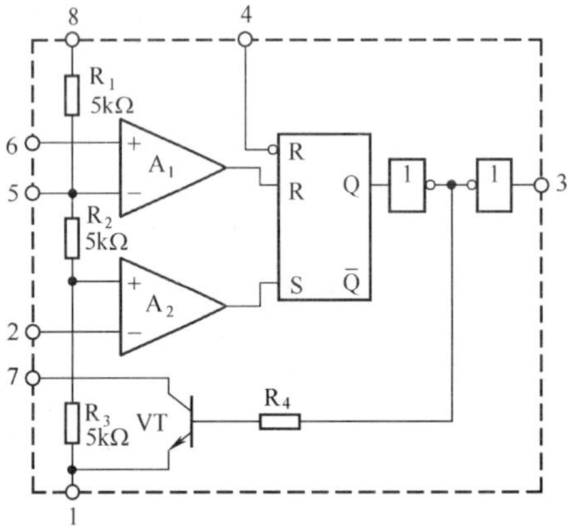 (a) 内部电路 <br>(b) 引脚排列 | 555 电路结构：<br>图 (a) 为 555 电路内部结构图，(b) 图为引脚排列，它由两个电压比较器 A1, A2，一个带清零端的基本 RS 触发器，一个集电极开路输出的放电晶体管和若干电阻和门电路等元器件组成。<br>555 集成电路有 TTL 型和 CMOS 型，但它们的结构基本一致，功能也相同。电路中 $R_1$、$R_2$、$R_3$ 三个电阻值完全相同，如 TTL 型器件中的三个 $R$ 的阻值均为 5kΩ，所以称此电路为 555 电路。但在 CMOS 型器件中 R 的阻值为 200kΩ。<br>一般 CMOS 型 555 电路命名在 555 前加 "7" 或 "C"，例如 5G7555、LMC555 |
| 引脚排列 | 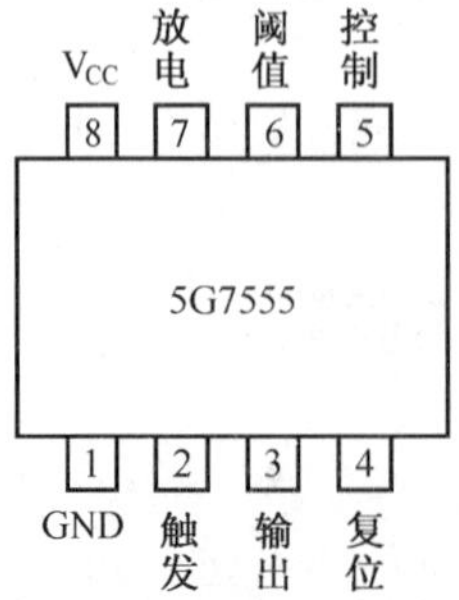 5G7555 型电路引脚排列 | 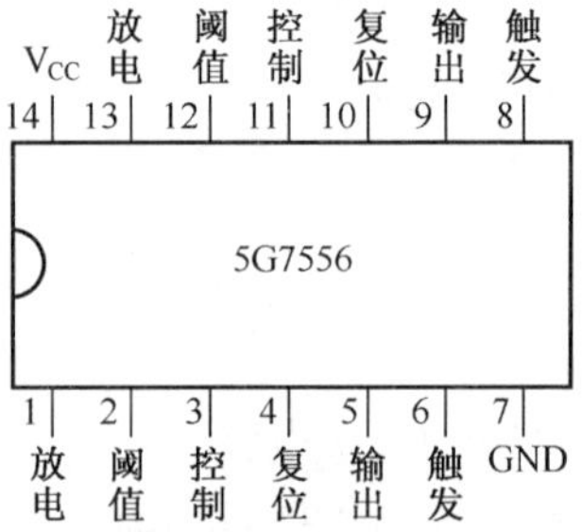 5G7556 型电路引脚排列 |

（2）555 电路外部引脚的功能。

555 电路外部引脚的功能如表 4-7 所示。

表 4-7　555 电路外部引脚功能

| 类　别 | 引　脚 | 符　号 | 名　称 | 说　明 |
|---|---|---|---|---|
| 电源 | 8 | $V_{CC}$（$V_{DD}$） | 电源正 | 外接电源正端（TTL：$V_{CC}$　CMOS：$V_{DD}$） |
| | 1 | GDN（$V_{SS}$） | 电源负 | 外接电源负端（TTL：GND　CMOS：$V_{SS}$） |
| 输入端 | 2 | S | 触发端 | 模拟量输入端，该引脚电位低于（1/3）$V_{CC}$时，比较器 $A_2$ 输出为“1”，RS 触发器置“1”，3 引脚输出为“1” |
| | 6 | R | 阈值电压端 | 模拟量输入端，当 2 引脚电位>（1/3）$V_{CC}$而本脚电位>（2/3）$V_{CC}$时，比较器 $A_1$ 输出为“1”，RS 触发器清“零”，3 引脚输出为“0” |
| | 4 | MR | 直接复位端 | 数字量输出端，当本引脚输入为“0”时，3 引脚输出为“0”，与触发器中的直接清“零”端相同 |
| | 5 | C | 控制电压端 | 内部分压电路（2/3）$V_{CC}$点，一般对地接一个 0.01μF 的电容，以提高电路的抗干扰能力 |
| 输出端 | 3 | $U_o$ | 输出端 | 推拉输出结构，带灌电流负载能力和拉电流负载能力相同，对于 TTL 型为 200mA |
| | 7 | DIS | 放电输出端 | OC 输出，输出逻辑状态与 3 引脚相同。输出“1”时为高阻态 |

（3）555 电路的主要技术参数。

555 电路的主要技术参数如表 4-8 所示。

表 4-8　555 电路的主要技术参数

| 名　称 | 符　号 | 双 极 型 | CMOS 型 | 单　位 |
|---|---|---|---|---|
| 电源电压 | $V_{CC}$（$V_{DD}$） | 4.5～15 | 3～15 | V |
| 静态电流 | $I_{CC}$（） | 10 | 0.2 | mA |
| 定时精度 | $I_{DD}$ | 1 | 1 | % |
| 主复位电流 | $I_{MR}$ | 100μA | 50pA | μA/pA |
| 复位电流 | $I_R$ | 1μA | 100pA | μA/pA |
| 驱动电流 | $I_V$ | 200 | 1～3（与 $V_{DD}$ 有关） | mA |
| 放电电流 | $I_{DIS}$ | 200 | 1～3（与 $V_{DD}$ 有关） | mA |
| 最高工作频率 | $f_{max}$ | 300 | 500 | kHz |

（4）555 电路的典型应用。

555 电路开始出现时，常作为定时器使用，所以称之为 555 定时器或 555 时基电路，现在除了用作定时控制外，还可以用于调光、调温、调压、调速、产生多种脉冲信号等多方面应用，下面通过几个简单实例介绍其应用。

① 单稳态触发器。由 555 电路构成的单稳态触发器如图 4-45（a）所示。

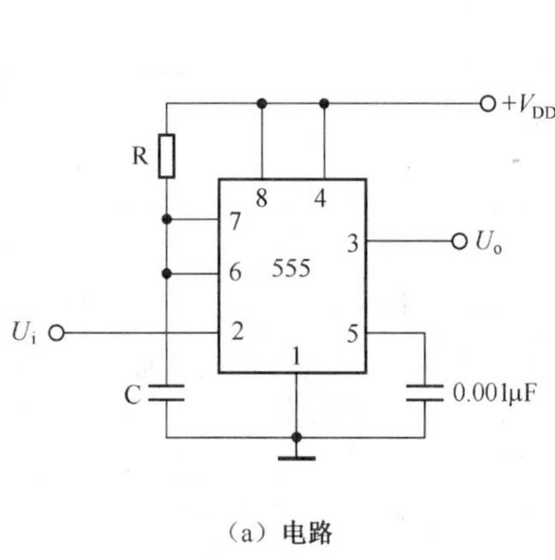


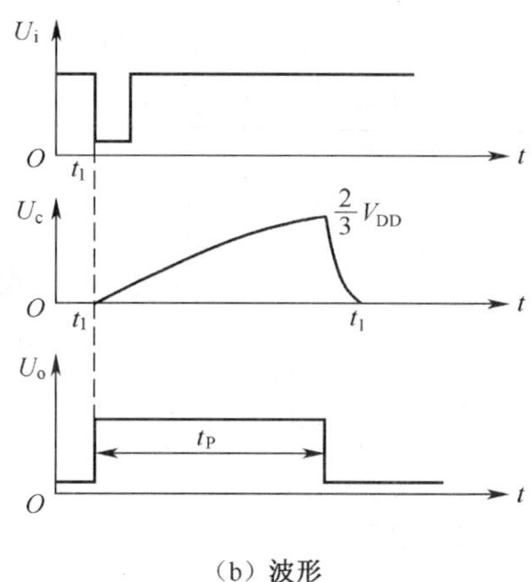


（a）电路　　　　（b）波形

图 4-45　由 555 电路构成的单稳态触发器

若输入端（2）在 $t=t_1$ 时间施加触发信号 $U_i < \frac{1}{3}V_{DD}$，内部 RS 触发器置 1，电路进入暂稳态，输出端 $U_o$ 输出高电平“1”，且开关管 VT 截止。此后电容 C 充电，至 $U_c = \frac{2}{3}V_{DD}$ 时，内部触发器被置 0，输出端 $U_o$ 输出为低电平“0”，开关管 VT 导通，电容 C 放电，电路恢复至稳定状态。其工作波形如图 4-45（b）所示。

由波形图可见，单稳电路输出脉冲宽度，就是 $U_c$ 由零被充电到 $\frac{2}{3}V_{DD}$ 所经历的时间，根据数学分析 $t_p \approx 1.1RC$ 可求得输出脉冲的宽度 $t_p$。即脉冲宽度的大小与定时元件 R、C 的大小有关，而与输入信号脉冲宽度及电源电压大小无关，调节定时元件，可以改变输出脉冲的宽度。

② 多谐振荡器。由 555 定时器构成的多谐振荡器如图 4-46（a）所示，接通电源后，电容 C 被充电，电容两端电压 $U_c$ 上升，当 $U_c$ 上升到 $\frac{2}{3}V_{DD}$ 时阀值输入端（6）使内部 RS 触发器复位，此时输出端 $U_o$ 为低电平，同时放电开关管 VT 导通，电容 C 通过 $R_2$ 和 VT 放电，使电容两端电压 $U_c$ 下降。当 $U_c$ 下降到 $\frac{V_{DD}}{3}$ 时，触发输入端（2）使内部 RS 触发器被置位，$U_o$ 翻转为高电平。工作波形如图 4-46（b）所示。

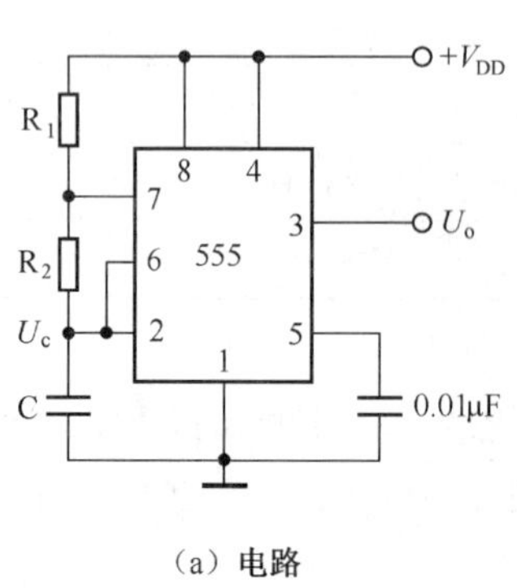


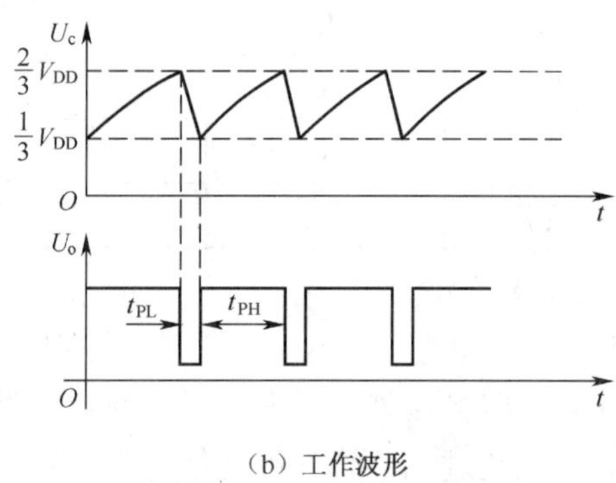


（a）电路　　　　（b）工作波形

图 4-46　555 定时器构成的多谐振荡器

如此周而复始，在输出端就得到周期性的矩形波，其周期为

$$T = t_{pL} + t_{PH} = 0.7R_2C + 0.7(R_1+R_2)\ C$$

电路的振荡频率 $f$ 为

$$f = \frac{1}{T} = \frac{1}{0.7(R_1 + 2R_2)C} = \frac{1.43}{(R_1 + 2R_2)\cdot C}$$

③ 施密特触发器。

将 555 定时器的阈值输入端（6）和触发输入端（2）连在一起，便构成了施密特触发器，如图 4-47 所示。不论输入信号波形如何，只要达到 $\frac{2}{3}V_{CC}$，则阈值输入端（6）使内部 RS 触发器复位，输出端 $U_o$ 为低电平，若输入信号幅度降至 $\frac{1}{3}V_{CC}$，则触发输入端（2）使内部 RS 触发器置位，输出端 $U_o$ 为高电平，因此当输入如图 4-47（b）所示的三角波信号时，则从输出端 $U_o$ 可得到方波输出。

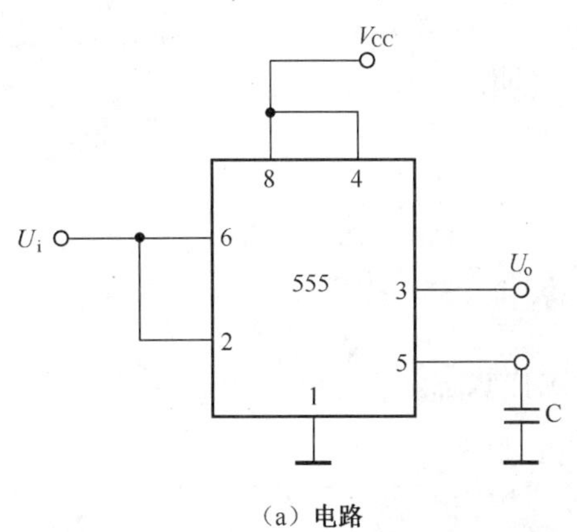


（a）电路

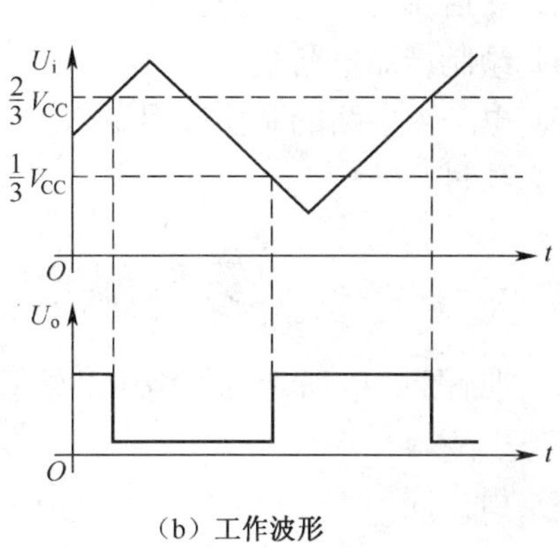


（b）工作波形

图 4-47 555 定时器构成施密特触发器

$$\Delta U = \frac{2}{3}V_{CC} - \frac{1}{3}V_{CC} = \frac{1}{3}V_{DD}$$

555 定时器是一种应用广泛的集成元件，不仅仅限于上述提出的单稳态触发器、多谐振荡器和施密特触发器，这里就不再一一列举。

2. 晶体振荡器

图 4-48 所示是用 CMOS 门和石英晶体组成的多谐振荡器，类似于电感三点振荡器。

图中，反相器 $G_1$ 用于振荡，$G_2$ 用于整形，可调电容 $C_1$ 是频率微调，$C_2$ 则是温度校正电容，反相器 $G_2$ 对输出波形整形以及与负载的隔离作用。石英晶体振荡器的震荡频率就是石英晶体的固有频率 $f_0$。

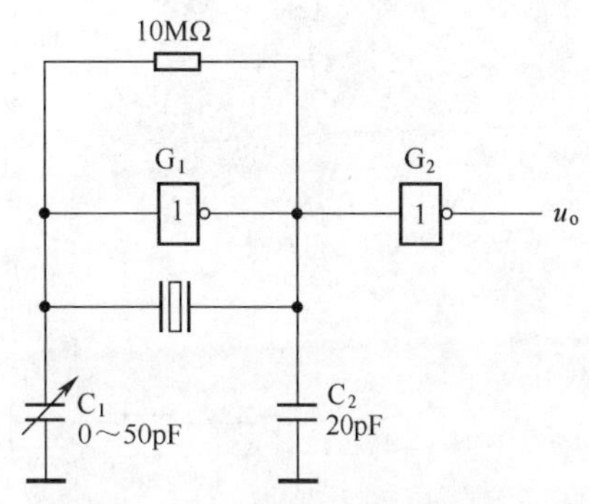


图 4-48 CMOS 石英晶体振荡器

## 第二部分　工　作　页

电子琴电路制作与调试，建议采用个人与小组（4 人组）相结合方式完成工作任务，具体要求如下。

（1）小组分工。

| 项　　目 | 实施者 | 项　　目 | 实施者 |
|---|---|---|---|
| ① 组织学习 | | ④ 工具、器件准备 | |
| ② 产品调研 | | ⑤ 安装与调试 | |
| ③ 电路选用 | | ⑥ 项目小结 | |

（2）产品调研。

学生可以在网络上调研电子琴的价格和类型，并通过产品使用者了解产品使用的感受和要求，然后撰写调研报告上交。

（3）绘制产品电路框图、电路原理图并加以说明。

（4）电子琴电路的制作过程说明。

（5）项目小结。

## 第三部分　基础知识练习页

1．判断图 4-49 所示各电路中晶体管 VT 的工作状态。

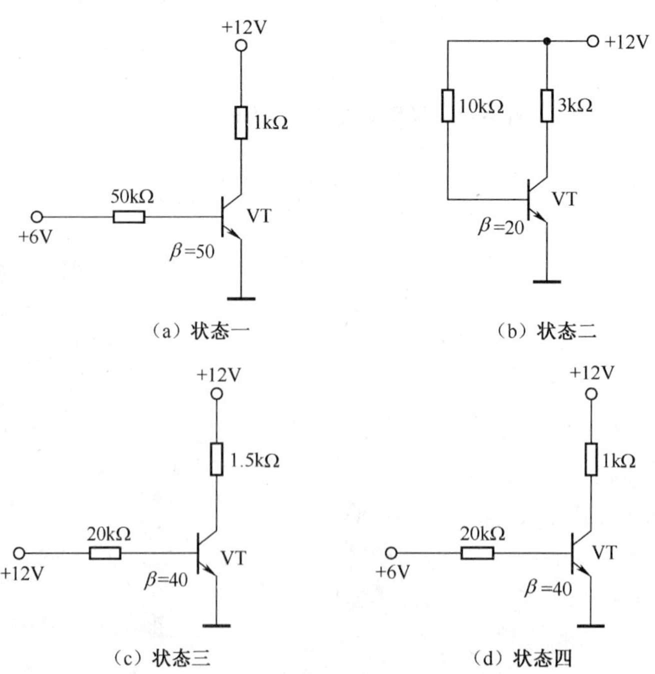


图 4-49　各电路中晶体管 VT 的工作状态

2．图 4-50 所示为串联限幅电路，图 4-51 为其输入信号波形，要求画出相应电路输出端波形（将二极管视为理想型）。

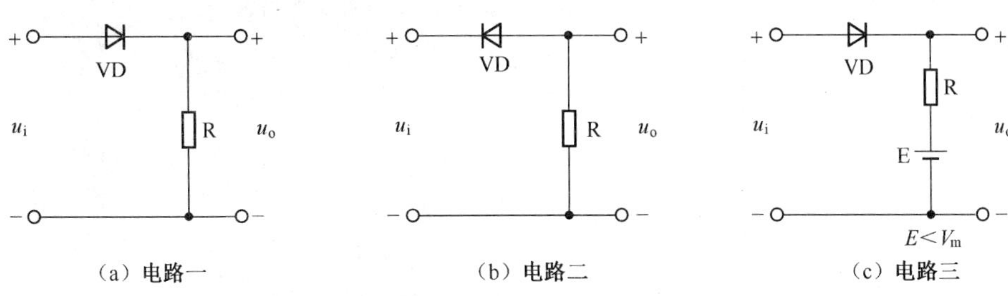


（a）电路一　（b）电路二　（c）电路三

图 4-50　串联限幅电路

3．图 4-52 所示的电路是一种电子玩具的电原理图，讨论该电路可应用于哪些电子玩具。

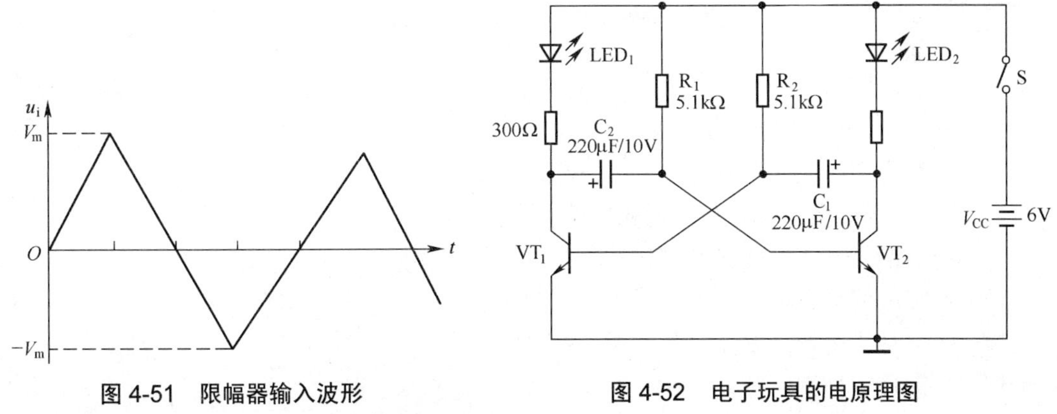


图 4-51　限幅器输入波形　　图 4-52　电子玩具的电原理图

4．根据图 4-53（a）所示的电路，分析两只三极管能否同时处于饱和状态或同时处于截止状态。

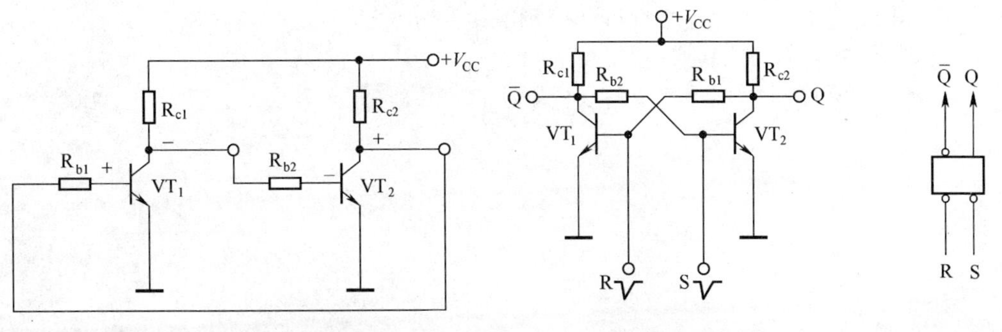


（a）两级“非”门构成的双稳态电路　（b）双稳态电路的习惯画法　（c）双稳态电路的电路符号

图 4-53　双稳态电路

*5．如图 4-54 所示，将施密特反相器的输出端经 RC 充、放电电路与输入端相连，构成多谐振荡器。试根据图 4-54（b）所示工作波形的提示，分析该电路的工作原理。

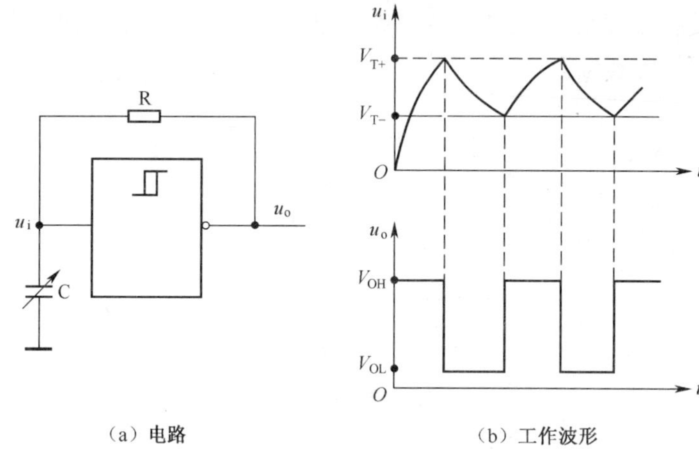


（a）电路　　（b）工作波形

图 4-54　用施密特触发器构成多谐振荡器

6．脉冲整形电路的目的是什么？

7．双稳态触发器有什么特点？

8．什么是计数触发？

9．如何应用单稳态触发器？

10．试解释多谐振荡器的名称。

11．RC 环形多谐振荡器是如何构成的？

12．石英晶体多谐振荡器有哪些特点？它是怎样构成的？

13．石英晶体多谐振荡器是怎样工作的？

14．什么是施密特触发器？它有哪些特性？

15．如何应用施密特触发器？

16．什么是 555 定时器？它有哪些用途？

17．如何用 555 定时器构成单稳态触发器？

18．如何用 555 定时器构成多谐振荡器？

19．怎样用 555 定时器构成路灯自动控制电路？

20．怎样用 555 定时器构成防盗报警器？

21．怎样用 555 定时器构成多路抢答器？

# 项目五 电子琴电路的制作与调试（二）

本项目要求在 PCB 上制作一个 24 键的电子琴，参考实物图如图 5-1、图 5-2 所示。电子琴电路主要由 7 个模块组成，分别是：①24 键电子琴键盘电路；②琴健编码电路；③音符显示译码电路；④预置数存储电路；⑤时钟电路；⑥数控分频电路；⑦音频驱动电路。7 个模块组成相对完整的小型数字系统，如图 5-3 所示。

在电子琴的制作与调试过程中，让读者学会在具体的应用中理解数字电子技术基础知识，同时懂得在具体的产品中进行制作与调试。按照传统数字电路分为组合逻辑与时序逻辑，在学习过程中也分为组合逻辑与时序逻辑两大部分来理解。

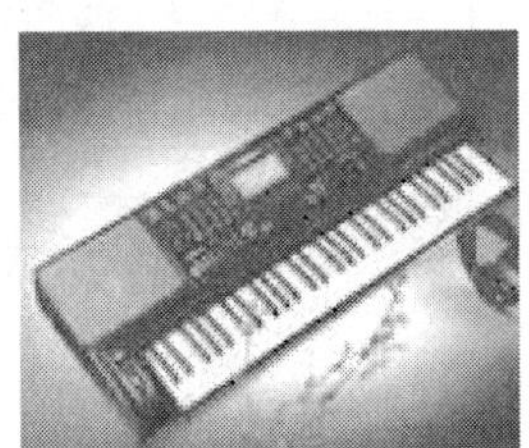

图 5-1

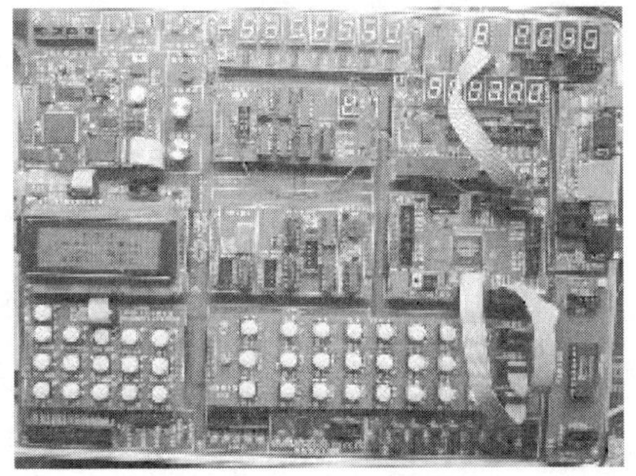

图 5-2

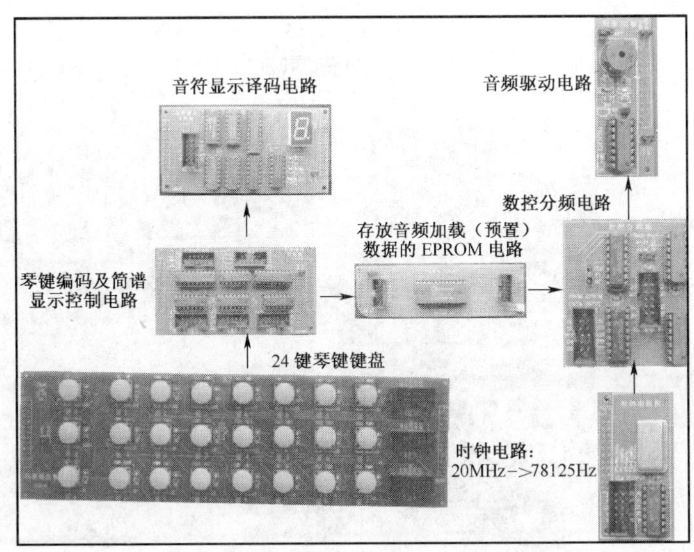


图 5-3 电子琴电路的 7 个模块

## 项目描述

| 课程名称 | 电子电路分析与调试 | 建议总学时 | 230 学时 |
|---|---|---|---|
| 项目五 | 电子琴电路的制作与调试（二） | 建议学时 | 60 学时 |

样机及建议电路原理图

（1）24 键琴键及编码控制电路。

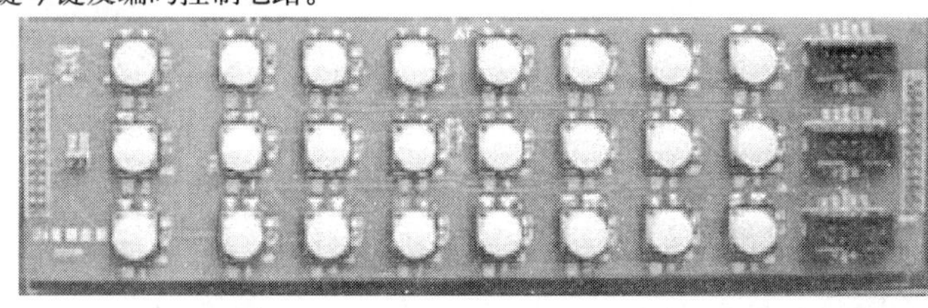

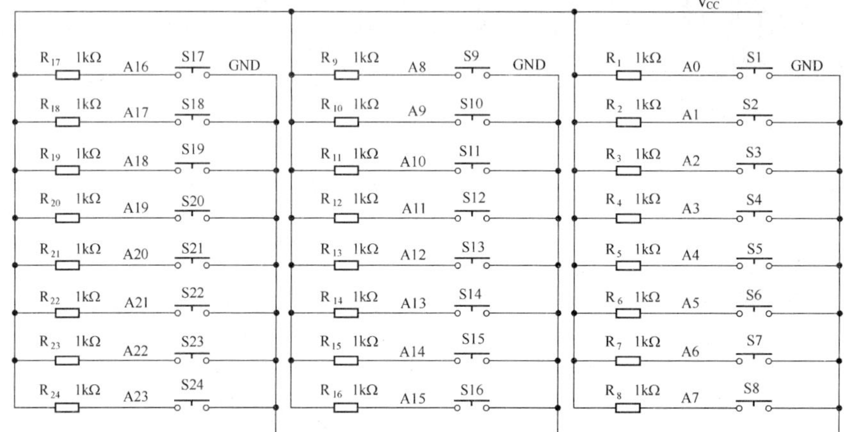


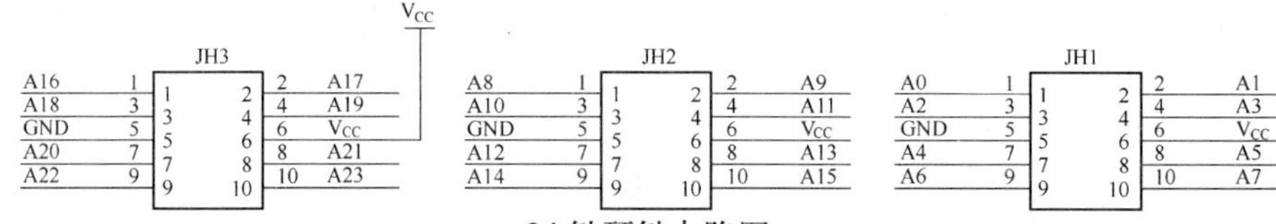


24 键琴键电路图

琴键编码控制板实物图

续表

| 课程名称 | 电子电路分析与调试 | 建议总学时 | 230 学时 |
|---|---|---|---|
| 项目五 | 电子琴电路的制作与调试（二） | 建议学时 | 60 学时 |
| 样机及建议电路原理图 | 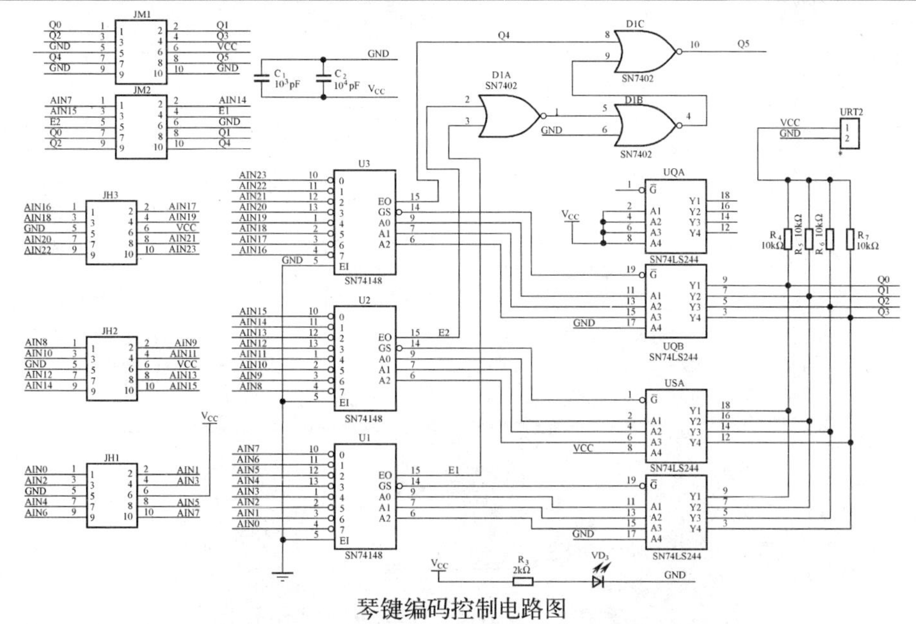<br>琴键编码控制电路图<br>（2）音符显示译码电路。<br><br>音符显示译码电路板实物图<br>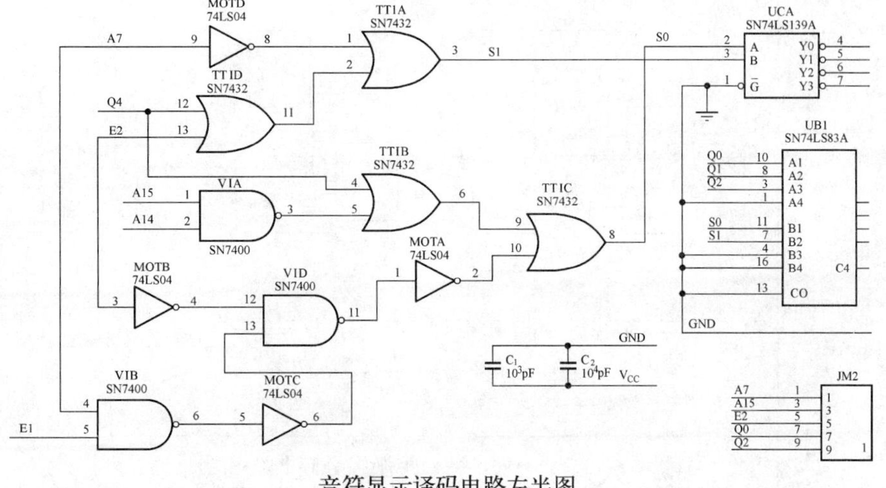<br>音符显示译码电路左半图 | | |

续表

<table>
<tr><td>课程名称</td><td>电子电路分析与调试</td><td>建议总学时</td><td>230 学时</td></tr>
<tr><td>项目五</td><td>电子琴电路的制作与调试（二）</td><td>建议学时</td><td>60 学时</td></tr>
<tr><td>样机及建议电路原理图</td><td colspan="3">
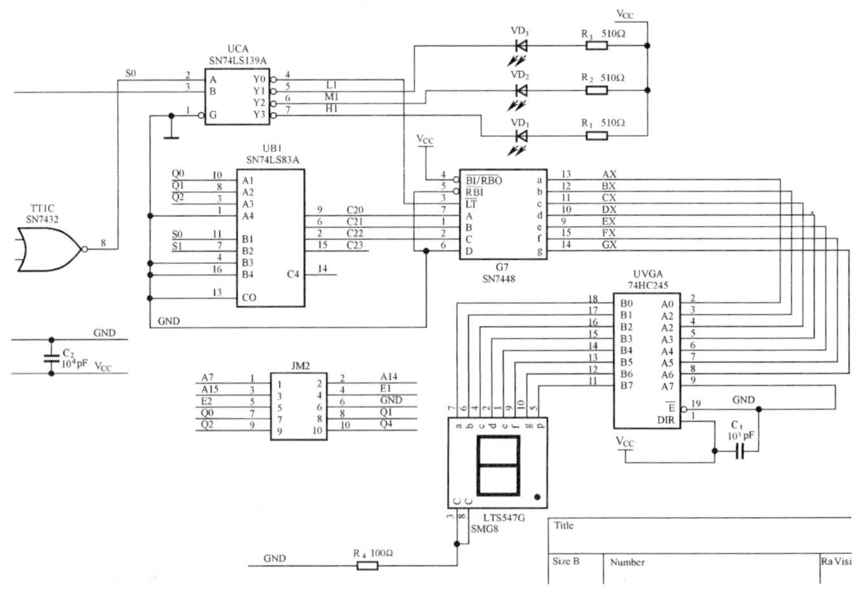

音符显示译码电路右半图<br>
（3）数控分频电路。<br>
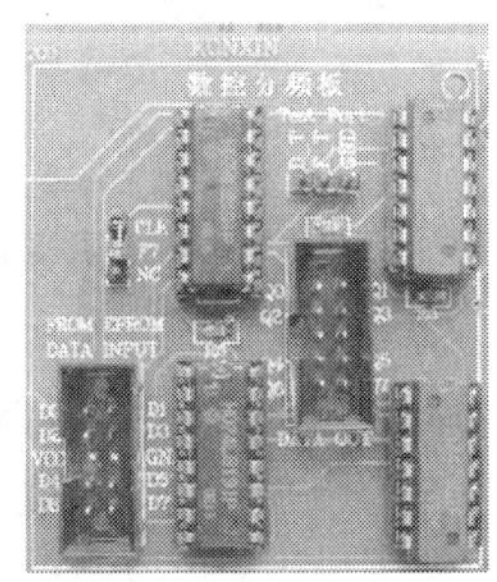

数控分频电路板实物图<br>
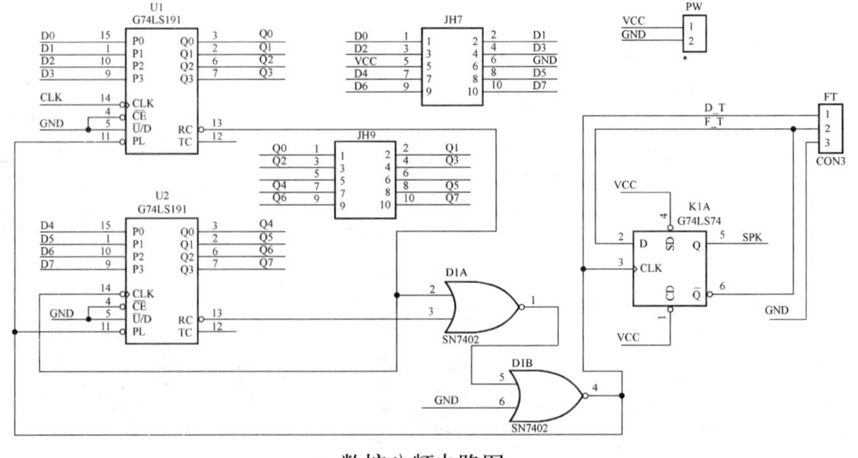

数控分频电路图
</td></tr>
</table>

续表

<table>
<tr><td>课程名称</td><td>电子电路分析与调试</td><td>建议总学时</td><td>230 学时</td></tr>
<tr><td>项目五</td><td>电子琴电路的制作与调试（二）</td><td>建议学时</td><td>60 学时</td></tr>
<tr><td>样机及建议电路原理图</td><td colspan="3">（4）存放音频加载（预置）数据的 EPROM 电路。<br>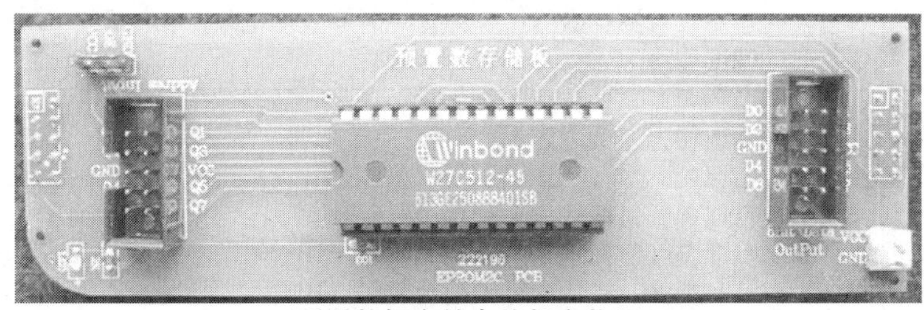<br><br>预置数据存储电路板实物图<br>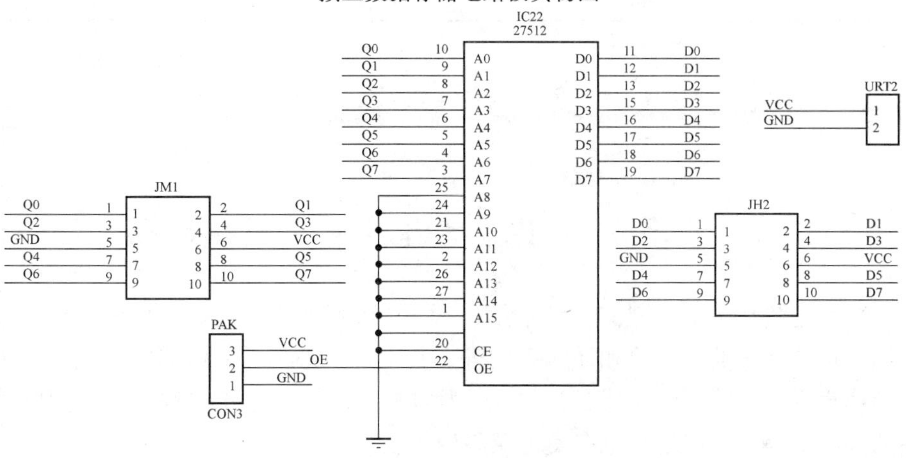<br><br>预置数据存储电路图<br>（5）D/A 转换与音频输出电路。<br><br>D/A 转换与音频输出的电子琴实物图<br>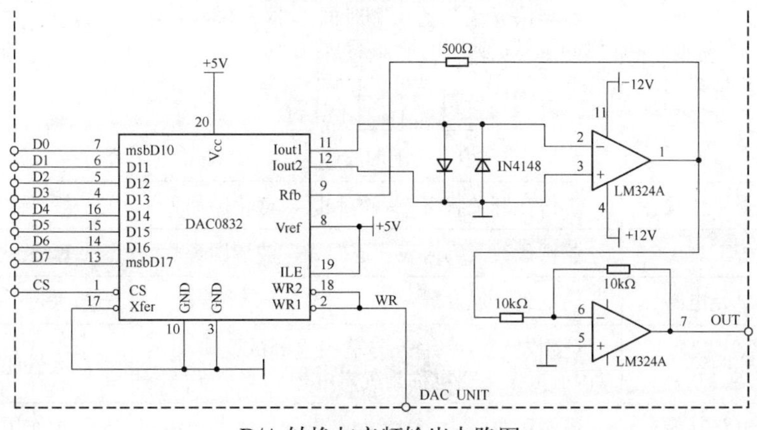<br><br>D/A 转换与音频输出电路图</td></tr>
</table>

续表

| 课程名称 | 电子电路分析与调试 | 建议总学时 | 230 学时 |
| --- | --- | --- | --- |
| 项目五 | 电子琴电路的制作与调试（二） | 建议学时 | 60 学时 |
| 学习目标 | 通过对电子琴的制作与调试，学习有关数字电子技术中的基础概念，掌握编码、译码等组合逻辑电路，掌握计数器、分频器等时序逻辑电路，存储器与 D/A 等电路的工作原理及其一般的调试方法 | | |
| 需提交的表单 | 完成配套教材上相关内容 | | |
| 学时安排建议 | （1）项目任务、目标的领会和探讨（5 学时）；<br>（2）试制准备（5 学时）；<br>（3）安装和调试，具体内容见配套教材（10 学时）；<br>（4）项目评价（5 学时） | | |

# 第一部分 引 导 文

## 5.1 24 键琴键及编码控制电路

数字电路是逻辑控制、数字通信和计算机电路的基础。数字电路大致包括信号的传输、控制、存储、记数、运算和显示等内容。其中，重心在于电路逻辑功能的实现。随着中、大规模集成电路的飞跃发展，分立元件脉冲电路的许多电路已逐渐被它们所替代，数字电路的内涵（深度和广度）也在发生深刻变化。

### 5.1.1 数字电路基本知识

1. 数字电路与模拟电路的比较（见表 5-1）

表 5-1 数字电路与模拟电路的比较

| 项 目 | 数 字 电 路 | 模 拟 电 路 |
| --- | --- | --- |
| 工作信号 | 数字信号是数值上和时间上都是不连续变化的信号，典型波形如下<br>矩形波 | 模拟信号——数值上和时间上都是连续变化的信号：<br>正弦波 |
| 半导体管工作状态 | 工作在开关状态——饱和区或截止区 | 一般要求工作在放大状态（区） |
| 分析工具 | 逻辑代数（真值表、逻辑式、波形图等） | 估算法、图解法、等效电路法等 |
| 基本单元电路 | 门电路，触发器 | 放大器 |
| 研究内容 | 逻辑功能——输入与输出之间的逻辑关系（因而数字电路也称为逻辑电路） | 放大性能 |
| 主要电路功能 | 逻辑运算 | 放大作用 |

2. 数字电路中的“数”

在数字电路中，参与电路逻辑运算的是二进制数“0”和“1”，这里的“0”和“1”和普通代数中的0和1是不同的。在普通代数中，0和1是表示数值的，而逻辑值“0”和“1”则完全没有数量的意思。它们所代表的是两种相反的状态，两种相互对立的方面，例如，开关的开和关、电位的高和低、晶体管的饱和和截止、灯的亮和灭、命题的真和假等。只要是反映两种相反状态的命题，都可以用逻辑“0”和逻辑“1”来进行表示。

### 5.1.2 数字电路中的数制与码制

数制就是计数的进位制。在实际应用中，用得最多的是十进制；而在数字电路中，二进制应用最广泛。二进制数码不仅可以表示数值的大小，还可用来表示一些非数值信息，如文字、符号等。通常把表示这些非数值信息的二进制数码称为代码，把建立这些代码和信息之间一一对应的关系的过程称为编码，把编码的规则称为码制。数制和码制是数字电子技术的基础知识。

1. 数制

（1）十进制数。

十进制将0～9 10个数码以一定的规律排列起来，来表示数值的大小。计数数码的个数叫做基数，十进制数的基数是10。十进制数相邻位之间，低位逢10向高位进1，即十进制计数法。

十进制数中，数码所在的位置不同，所表示的值也不同，如

$$[5186]_{10} = 5\times10^3 + 1\times10^2 + 8\times10^1 + 6\times10^0$$

上式中，乘数 $10^3$、$10^2$、$10^1$、$10^0$ 等是根据每个数字在数中的位置得来的，称为该位的“权”。由此可得，任意一个十进制正整数都可以像上式那样展开。

（2）二进制数。

二进制数中，每位只有0和1两个数码。当本位是1，再加1时，本位就变为0，并向高位进位，使高位加1；当本位是0，再加上1时，本位变成1。其运算法则是“逢二进一”，任意一个二进制正整数也可按位权方式展开，如

$$[1011]_2 =1\times2^3 + 0\times2^2 + 1\times2^1 + 1\times2^0$$

（3）十六进制数。

二进制数只有0和1两个数码，不仅易于实现，且运算简单，因而在数字技术中广泛应用。但是，二进制数有字码长、位数多的缺点。在数字计算机编程中，为了书写方便，也常采用十六进制数。

十六进制有0、1、2、3、4、5、6、7、8、9、A、B、C、D、E、F 16个数码，符号A～F对应10～15，计数时“逢十六进一”，基数为16。一个 $n$ 位十六进制正整数 $[N]_{16}$ 也可按位权展开。

**【例1】** 写出十六进制正整数 $[8F8]_{16}$ 的位权展开式。

解 $[8F8]_{16}=8\times16^2+15\times16^1+8\times16^0$

（4）不同数制的相互转换。

二进制数转化为十进制数。

【例 2】 将$[1001]_2$转化为十进制数

解 $[1001]_2 = 1\times2^3+0\times2^2+0\times2^1+1\times10^0$

$=8+0+0+1$

$=[9]_{10}$

将十进制转化为二进制数。将十进制整数转换为二进制数一般采用除 2 取余法，具体方法是：将十进制整数连续除以 2 进制的基数 2，取得各次的余数，将先得到的余数列在低位，将后得到的余数列在高位。

【例 3】 将十进制数$[342]_{10}$转化为二进制数。

解

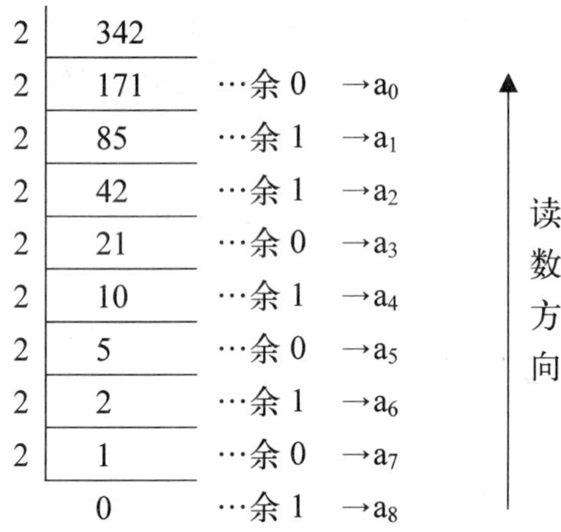


所以$[342]_{10}=[101010110]_2$

【例 4】 将十六进制数$[1BF]_{16}$转化为十进制数

解 $[1BF]_{16}=1\times16^2+11\times16^1+15\times16^0=[447]_{10}$

2. 码制

在数字电路中，电路元件处理二进制形式的信号较为方便，而人们又习惯使用十进制数码。于是出现了一种用四位二进制数码表示一位十进制数码的计数方法，这种用于表示十进制数的二进制代码称为二-十进制编码，简称 BCD 码。

四位二进制数码有 16 种组合，而每位十进制数只需要 10 种组合，因此，用四位二进制数码表示十进制数时，可以有多种选择方式。表 5-2 中列出了几种常用的 BCD 码。

表 5-2 常用的 BCD 码

| 四位二进制数码 | | | | 序号 | 编码对应的十进制数 | | |
|---|---|---|---|---|---|---|---|
| | | | | | 8421 码 | 2421 码 | 格 雷 码 |
| 0 | 0 | 0 | 0 | 0 | 0 | 0 | 0 |
| 0 | 0 | 0 | 1 | 1 | 1 | 1 | 1 |
| 0 | | 1 | 0 | 2 | 2 | 2 | 3 |
| 0 | 0 | 1 | 1 | 3 | 3 | 3 | 2 |
| 0 | 1 | 0 | 0 | 4 | 4 | 4 | 7 |

续表

<table>
<tr><th colspan="4" rowspan="2">四位二进制数码</th><th rowspan="2">序号</th><th colspan="3">编码对应的十进制数</th></tr>
<tr><th>8421 码</th><th>2421 码</th><th>格 雷 码</th></tr>
<tr><td>0</td><td>1</td><td>0</td><td>1</td><td>5</td><td>5</td><td rowspan="6">↑<br>不允许出现<br>↓</td><td>6</td></tr>
<tr><td>0</td><td>1</td><td>1</td><td>0</td><td>6</td><td>6</td><td>4</td></tr>
<tr><td>0</td><td>1</td><td>1</td><td>1</td><td>7</td><td>7</td><td>5</td></tr>
<tr><td>1</td><td>0</td><td>0</td><td>0</td><td>8</td><td>8</td><td>9</td></tr>
<tr><td>1</td><td>0</td><td>0</td><td>1</td><td>9</td><td>9</td><td rowspan="3">↑<br>不允许出现<br>↓</td></tr>
<tr><td>1</td><td>0</td><td>1</td><td>0</td><td>10</td><td rowspan="6">↑<br>不允许出现<br>↓</td></tr>
<tr><td>1</td><td>0</td><td>1</td><td>1</td><td>11</td><td>5</td></tr>
<tr><td>1</td><td>1</td><td>0</td><td>0</td><td>12</td><td>6</td><td>8</td></tr>
<tr><td>1</td><td>1</td><td>0</td><td>1</td><td>13</td><td>7</td><td rowspan="3">↑<br>不允许出现<br>↓</td></tr>
<tr><td>1</td><td>1</td><td>1</td><td>0</td><td>14</td><td>8</td></tr>
<tr><td>1</td><td>1</td><td>1</td><td>1</td><td>15</td><td>9</td></tr>
</table>

（1）8421 码。

8421 码是最基本的一种 BCD 编码，是一种有权码，其各位的权从最高有效位到最低有效位的权分别是 8、4、2、1。表 5-3 是 8421BCD 码编码表。

表 5-3　　8421BCD 码编码表

| 十进制数码 | 二进制数码 | | | |
|---|---|---|---|---|
| | 权位 8 | 权位 4 | 权位 2 | 权位 1 |
| 0 | 0 | 0 | 0 | 0 |
| 1 | 0 | 0 | 0 | 1 |
| 2 | 0 | 0 | 1 | 0 |
| 3 | 0 | 0 | 1 | 1 |
| 4 | 0 | 1 | 0 | 0 |
| 5 | 0 | 1 | 0 | 1 |
| 6 | 0 | 1 | 1 | 0 |
| 7 | 0 | 1 | 1 | 1 |
| 8 | 1 | 0 | 0 | 0 |
| 9 | 1 | 0 | 0 | 1 |

从表中可以看出，如果将每一组代码看成一个四位二进制数，则这个数值正好等于它所代表的十进制数的大小。

需要指出的是，在 8421BCD 码中，不允许出现 1010～1111 六种组合的二进制码。另外，此码制在实际应用中还存在一定的问题。

例如，对于$[3]_{10}=[0011]_{8421BCD}$，$[4]_{10}=[0100]_{8421BCD}$ 当数由$[3]_{10}$递增至$[4]_{10}$时，8421BCD 中的四位数需变化了 3 位，这种情况对于实际的电路极易造成电路的错误动作，故而 8421BCD 这种码制的应用受到了限制。

【例 5】　将十进制数$[128]_{10}$转换成 8421BCD 码。

解　$[128]_{10}$=[0001、0010、1000]$_{8421BCD}$

【例 6】　将 8421BCD 码[0011000100011000]转换成十进制数。

解　[0011100000011000]$_{8421BCD}$=[0011、1000、0001、1000]$_{8421BCD}$

=$[3818]_{10}$

【例 7】　将十进制数$[5]_{10}$、$[21]_{10}$用 8421BCD 码形式表示。

解　$[5]_{10}$=[0101]$_{8421BCD}$

$[21]_{10}$=[00100001]$_{8421BCD}$

（2）2421 码。

2421 码也是有“权”码，从左到右的位“权”分别是 2、4、2、1。不允许出现的数码组合见表 2 所示，与十进制数的相互转换方法与 8421BCD 码是类似的。

（3）格雷码。

格雷码是一种循环码。格雷码的优点是相邻的两组代码中只有一位数码不同。这样，可使数码在连续变化时产生错误的可能性减小，按十进制数顺序的格雷码，如表 5-4 所示。

表 5-4　按十进制数顺序的格雷码

| 十进制数 | 格雷码 | 十进制数 | 格雷码 |
|---|---|---|---|
| 0 | 0000 | 5 | 0111 |
| 1 | 0001 | 6 | 0101 |
| 2 | 0011 | 7 | 0100 |
| 3 | 0010 | 8 | 1100 |
| 4 | 0110 | 9 | 1000 |

3. 对 ASCII 码（美国标准信息交换码）的说明

通常可以通过键盘上的字母、符号和数值向计算机发送数据和指令，每一个键符都有一组二进制代码，ASCII 码即是其中的一种，它采用 7 位（$b_6b_5b_4b_3b_2b_1b_0$）二进制数进行编码，可以表示 $2^7$=128 个符号，其编码如表 5-5 所示。

表 5-5　ASCⅡ码编码表

| $b_3b_2b_1b_0$ | $b_6b_5$=00 | | | $b_6b_5$=01 | | $b_6b_5$=10 | | $b_6b_5$=11 | |
|---|---|---|---|---|---|---|---|---|---|
| | | $b_4$=0 | $b_4$=1 | $b_4$=0 | $b_4$=1 | $b_4$=0 | $b_4$=1 | $b_4$=0 | $b_4$=1 |
| 0000 | 控制符 | NUL | DLE | 间隔 | 0 | @ | P | | p |
| 0001 | | SOH | DC1 | ! | 1 | A | Q | a | q |
| 0010 | | STX | DC2 | “” | 2 | B | R | b | r |
| 0011 | | ETX | DC3 | # | 3 | C | S | c | s |
| 0100 | | EOT | DC4 | $ | 4 | D | T | d | t |
| 0101 | | ENQ | NAK | % | 5 | E | U | e | u |
| 0110 | | ACK | SYN | & | 6 | F | V | f | v |
| 0111 | | BEL | ETB | ´ | 7 | G | W | g | w |

续表

| $b_3b_2b_1b_0$ | $b_6b_5$=00 | | | $b_6b_5$=01 | | $b_6b_5$=10 | | $b_6b_5$=11 | |
|---|---|---|---|---|---|---|---|---|---|
| | | $b_4$=0 | $b_4$=1 | $b_4$=0 | $b_4$=1 | $b_4$=0 | $b_4$=1 | $b_4$=0 | $b_4$=1 |
| 1000 | 控制符 | BS | CAN | ( | 8 | H | X | h | x |
| 1001 | | HT | EM | ) | 9 | I | Y | i | t |
| 1010 | | LF | SUB | * | : | J | Z | j | z |
| 1011 | | VT | ESC | + | ; | K | [ | k | { |
| 1100 | | FF | FS | , | < | L | \ | l | \| |
| 1101 | | CR | GS | - | = | M | ] | m | } |
| 1110 | | SO | RS | . | > | N | ^ | n | ~ |
| 1111 | | SI | US | / | ? | O | _ | o | 注销(DEL) |

比如，当按下键盘上“A”键时，这时产生的代码为“1100001”，输出显示为小写字母“a”；又如，先按下键盘上“Caps Lock”键，然后再按下“A”键时，这时产生的代码为“1000001”，则输出显示为大写字母“A”。

按下键盘上不同的键时，实质上也就是产生了不同的代码输出，通过计算机内部其他电路的处理完成相应的工作。学生可以自己分析一下其他字母、符号、数值的代码组合。

### 5.1.3 逻辑代数基本知识

逻辑是指思维的规律，逻辑思维是指人们在认识事物的过程中借助于概念，判断，推理，反映现实的思维方式。所谓的逻辑代数，就是用数学的方法研究某些逻辑关系的代数，是对事物逻辑推理的一种数学工具。

逻辑代数与普通代数相似，但逻辑代数研究的不是数量之间的关系，而是“因果”关系，例如条件（电路输入）与结果（电路输出）之间的因果关系。如图 5-4 所示是两个开关并联的电路，y 是一只灯泡。不难理解，在并联开关电路中，只有当开关 A 接通，或开关 B 接通，或 A、B 都接通时，灯 y 才会点亮。

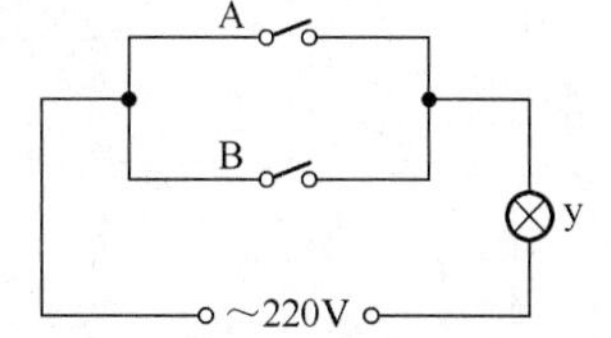

图 5-4 两个开关并联的电路

不难理解，开关 A、B 的状态（通、断）就是条件，电灯 y 的状态（亮、灭）就是结果。人们把开关 A、B 状态和电灯 y 状态间的关系，用一逻辑关系代数式来加以描述，同时也将这种逻辑关系引入到自动控制的系统中去。如今，自动控制已进入了数字时代，因此学习电子技术也需要学习一些逻辑代数方向的知识。

1. 逻辑变量与逻辑函数

（1）逻辑变量。

与普通代数相似，逻辑代数也用英文大写字母 A、B、C…来表示变量。

（2）逻辑函数。

如果输入变量 A、B 的值确定后，输出变量 Y 的值也被确定，且是唯一的；对于 A、B 的不同取值，Y 值一般也是不同的。A、B 和 Y 之间的这种关系，应该为函数关系，Y

被称为逻辑变量 A、B 的逻辑函数。

(3) 正逻辑、负逻辑。

为了描述逻辑电路的方便，人们常以逻辑“1”表示高电平（H），用逻辑“0”表示低电平（L），并将这种约定定义为正逻辑，若用逻辑“1”表示低电平（L），用逻辑“0”表示高电平（H）则定义为负逻辑。实际中，采用正逻辑分析电路的情况居多。

2. 基本逻辑运算

逻辑代数的基本运算有“逻辑加”、“逻辑乘”、“逻辑非”3 种，这 3 种逻辑运算，使用极为灵活、方便，而且具有足够的表达能力。

(1) 逻辑加（“或”运算）如表 5-6 所示。

表 5-6　　逻辑加

<table>
<tr><td>定义</td><td colspan="3">逻辑加是逻辑加法运算的简称，是一种“或”逻辑运算，它通俗的语言表达为：如果决定某一件事发生的多个条件，只要有一个或一个以上的条件成立，事件便可发生</td></tr>
<tr><td>说明</td><td colspan="3">逻辑表达式为：Y=A+B<br>式中，Y 为逻辑函数；A、B 为逻辑变量；“+”号表示逻辑加法，即“和”运算符；Y、A、B 的取值只能是“1”或“0”</td></tr>
<tr><td rowspan="5">运算规则</td><td>Y=A+B 电路示意图</td><td>逻辑运算</td><td>开关模型</td></tr>
<tr><td rowspan="4"> 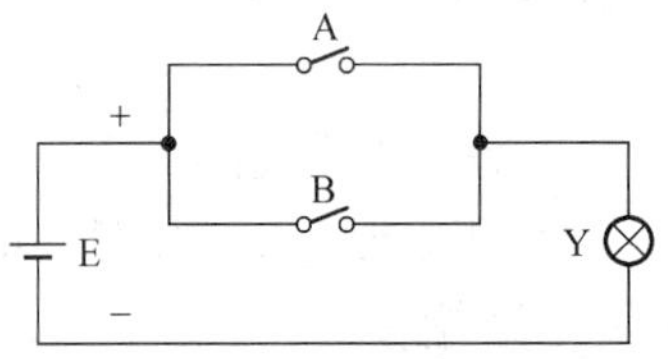A　B　+　E　−　Y</td><td>0+0=0</td><td> 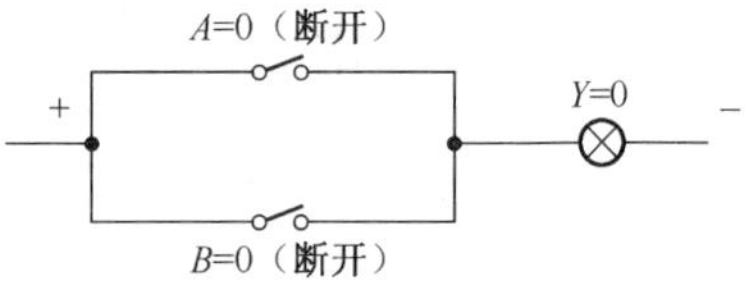A=0（断开）　+　Y=0　−　B=0（断开）</td></tr>
<tr><td>0+1=1</td><td> 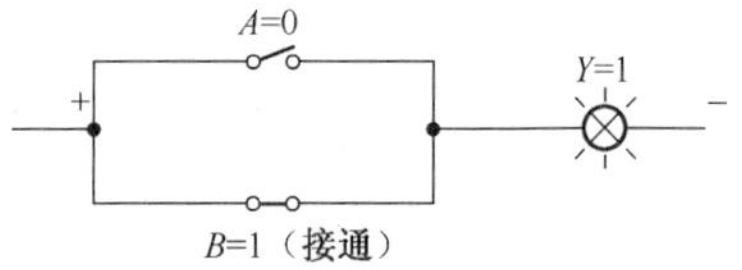A=0　+　Y=1　−　B=1（接通）</td></tr>
<tr><td>1+0=1</td><td> 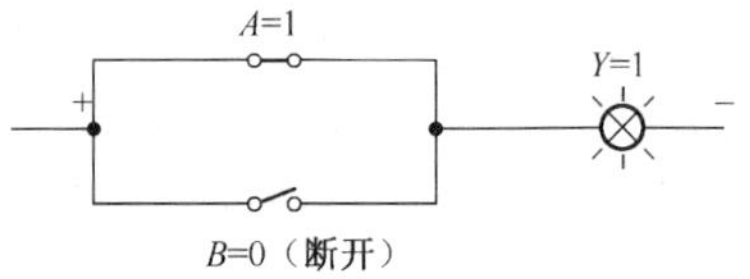A=1　+　Y=1　−　B=0（断开）</td></tr>
<tr><td>1+1=1</td><td> 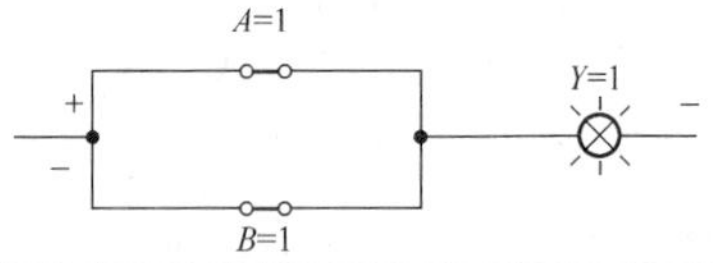A=1　+　−　Y=1　−　B=1</td></tr>
<tr><td>“或”运算电路逻辑符号</td><td colspan="3"> 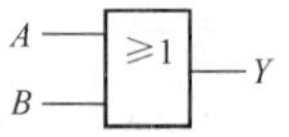A　B　≥1　Y</td></tr>
</table>

(2) 逻辑乘（“与”运算）如表 5-7 所示。

表 5-7　　逻辑乘

| | |
|---|---|
| 定义 | 逻辑乘法运算，就是“与”逻辑运算，它通俗的语言意义为：如果决定某一事件的发生的多个条件必须同时具备，事件才能发生 |
| 说明 | 逻辑“乘”表达式 $Y=A\cdot B$　简化为 $Y=AB$<br>式中，“· ”表示“与”逻辑运算符，实用中往往省略 |

续表

| | $Y=A \cdot B$ 的电路示意图 | 逻辑运算 | 开关模型 |
|---|---|---|---|
| 运算规则 | A B E Y | $0 \cdot 0=0$ | + − $A=0$ $B=0$ $Y=0$ |
| | | $1 \cdot 0=0$ | + − $A=1$ $B=0$ $Y=0$ |
| | | $0 \cdot 1=0$ | + − $A=0$ $B=1$ $Y=0$ |
| | | $1 \cdot 1=0$ | + − $A=1$ $B=1$ $Y=1$ |
| “与”运算电路逻辑符号 | A, B — & — Y | | |

（3）逻辑非（“非”运算）如表 5-8 所示。

表 5-8　　逻辑非

| 定义 | 用通俗的语言表达为：某一事件的发生取决于对条件的否定 | | |
|---|---|---|---|
| 说明 | 逻辑表达式为：$Y=\overline{A}$<br>式中，“—”表示“非”运算符 | | |
| 运算规则 | $Y=\overline{A}$ 电路图示意 | 逻辑运算 | 开关模型 |
| | 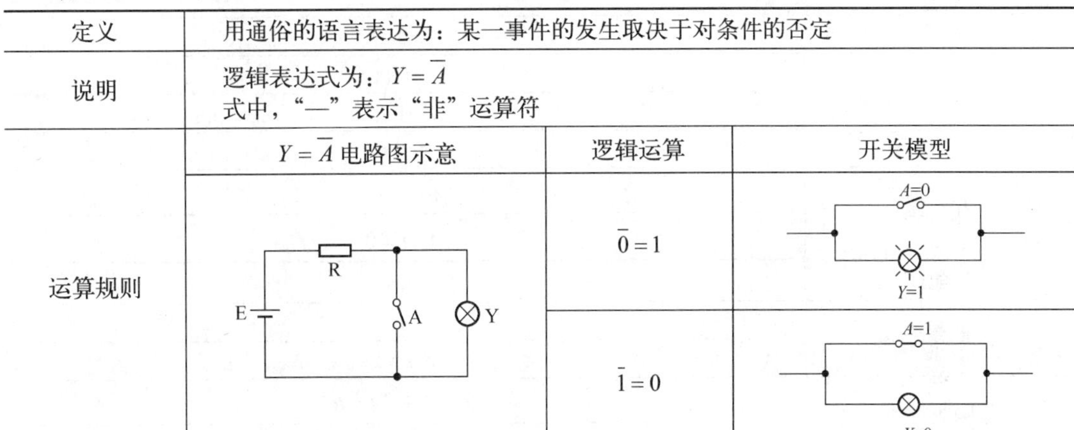 | $\overline{0}=1$ | $A=0$ $Y=1$ |
| | | $\overline{1}=0$ | $A=1$ $Y=0$ |
| “非”运算电路逻辑符号 | A — 1 ○— Y | | |

3. 几种常见的逻辑运算

除了与、或、非这 3 种基本逻辑运算之外，经常用到的还有由这 3 种基本运算构成的一些复合运算，如与非、或非、与或非、同或和异或等运算，其逻辑符号及说明分别如表 5-9、表 5-10 所示。

表 5-9　　与非、或非、与或非逻辑运算

| 运 算 类 型 | 与　非 | 或　非 | 与 或 非 |
|---|---|---|---|
| 逻辑表达式 | $Y=\overline{AB}$ | $Y=\overline{A+B}$ | $Y=\overline{AB+CD}$ |
| 逻辑运算符 | A, B — & ○— Y | A, B — ≥1 ○— Y | A, B — &; C, D — &; ≥1 ○— Y |

表 5-10　　同或、异或逻辑运算

| 运算类型 | 同或 | 异或 |
| --- | --- | --- |
| 逻辑表达式 | $Y = AB + \overline{A}\,\overline{B}$ | $Y = A\overline{B} + \overline{A}B$ |
| 逻辑运算符 | A B =1 Y | A B =1 Y |
| 开关模型 | Y 电源 A $\overline{A}$ B $\overline{B}$ | A $\overline{A}$ B $\overline{B}$ Y 电源 |

4. 逻辑代数基本公式

常用逻辑代数基本公式如表 5-11 所示。

表 5-11　　常用逻辑代数基本公式

| 项目 | 表达式 |
| --- | --- |
| 01 律 | $A+0=A$ |
| | $A\cdot 1=A$ |
| | $A+1=1$ |
| | $A\cdot 0=0$ |
| 互补律 | $A+\overline{A}=1$ |
| | $A\cdot\overline{A}=0$ |
| 分配律 | $A+BC=(A+B)(A+C)$ |
| 重叠律 | $A+A=A$ |
| | $A\cdot A=A$ |
| 吸收律 | $A+\overline{A}B=A+B$ |
| | $A+AB=A$ |
| 反演律（摩根定律） | $\overline{A+B+C}=\overline{A}\cdot\overline{B}\cdot\overline{C}$ |
| | $\overline{ABC}=\overline{A}+\overline{B}+\overline{C}$ |
| 否定律 | $\overline{\overline{A}}=A$ |

以上这些公式有效的证明方法是利用真值表进行检验，即对应于变量任何一种取值组合，若等号两边的逻辑值均对应相同，则该公式成立。

**【例 8】**　验证 $A+\overline{A}B=A+B$，可列出真值表 5-12 加以验证。

表 5-12

| A | B | $A+\overline{A}B$ | $A+B$ |
| --- | --- | --- | --- |
| 0 | 0 | 0 | 0 |
| 0 | 1 | 1 | 1 |
| 1 | 0 | 1 | 1 |
| 1 | 1 | 1 | 1 |

由表 5-12 显示的结果看来，$A+\overline{A}B=A+B$。

在逻辑代数定律中，也有与普通代数一样的定律（公式），如

$$\text{交换律}\quad A+B=B+A$$
$$A\cdot B=B\cdot A$$
$$\text{结合律}\quad A+(B+C)=(A+B)+C$$
$$A\cdot(B\cdot C)=(A\cdot B)\cdot C$$
$$\text{分配律}\quad A(B+C)=AB+AC$$

5. 逻辑表达式的标准形式

一个电路可以有许多不同的接线方式，同样，一个逻辑函数也可以有多种不同的逻辑表达式，如

$$\begin{aligned}Y&=A+\overline{B}\\&=A+\overline{AB}\\&=AB+\overline{B}\\&=AB+A\overline{B}+\overline{A}\overline{B}\\&\cdots\end{aligned}$$

在这许许多多的表达式中，每一种表达式都具有特殊的意义，也是任何的逻辑函数经转换后都能达到的。因此，逻辑表达式的形式不是唯一的，至于选择哪一种形式，完全取决于实际的需要。

6. 逻辑表达式的化简

一个逻辑函数可以写成不同形式的逻辑表达式，但在许多不同的表达式中，有的较为简单，有的较为复杂。比较简单的表达式，不仅使运算简化而且能使相应的电路节省元件、降低成本，还减少了故障产生的几率。因此，逻辑表达式的化简，在实践上有重要意义。

所谓化简，就是“减少”逻辑表达式的项数和变量数的过程。但是，一个逻辑表达式的“简”、“繁”、“大”、“小”，因电路类型多样性而没有绝对的标准，而且在实际问题中对化简的要求也不尽相同。因此，只能在大体上定个化简原则：第一，项数应该是最少的；第二，每一项所包含的变量个数应该是最少的。一般来说，最简表达式不一定是唯一的，也不见得是最合适的。例如图 5-5 所示电路，从逻辑关系的角度来看是一致的，但从实际应用的角度来看则有很大的差别。

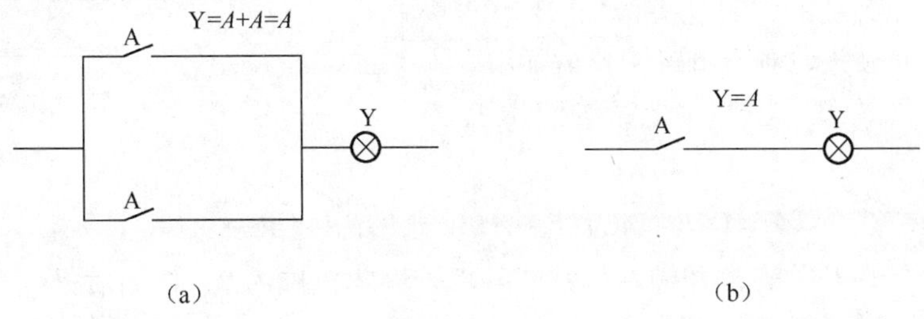


图 5-5 示例电路

逻辑函数式的化简方法有代数法（公式法）和卡诺图法，下面仅介绍代数法。

【例 9】 化简$Y = ABC + AB\overline{C}$

解 $Y = ABC + AB\overline{C}$

$= AB\left(C + \overline{C}\right)$ （利用公式$A + \overline{A} = 1$）

$= AB$

【例 10】 化简$Y = \overline{A}B + \overline{A}B(C + D)$

解 $Y = \overline{A}B + \overline{A}B(C + D)$

$= \overline{A}B$ （利用公式$A + AB = A$）

【例 11】 化简$Y = AB + \overline{A}C + \overline{B}C$

解 $Y = AB + \overline{A}C + \overline{B}C$

$= AB + (\overline{A} + \overline{B}) \cdot C$

$= AB + \overline{AB} \cdot C$ （利用公式$A + \overline{A}B = A + B$）

$= AB + C$

【例 12】 化简$Y = AB + \overline{A}C + \overline{B}C$

解 $Y = AB + \overline{A}C + \overline{B}C$

$= AB + \overline{A}C + \left(A + \overline{A}\right)\overline{B}C$

$= AB + \overline{A}C + A\overline{B}C + \overline{A}\overline{B}\overline{C}$

$= \left(AB + A\overline{B}C\right) + \left(\overline{A}C + \overline{A}\overline{B}C\right)$ （利用公式$A + \overline{A} = 1$进行配项）

$= AB + AC + \overline{A}C$

$= AB + C$

需要强调的是，由于逻辑函数表达式表达的是逻辑电路输入与输出之间的逻辑关系，即条件与结果之间的规律，因而逻辑函数表达式等号两边不能采取移项的方法。

7. 逻辑化简的实际意义

在设计实际电路时，开始人们往往不知道所研究问题的逻辑关系，但是人们可以根据设计的条件列出真值表。有了真值表，就能写出逻辑代表式，这就体现了真值表在实际应用中的重要性。换句话说，真值表是研究逻辑函数的一种重要手段，学生务必要把它搞清楚。

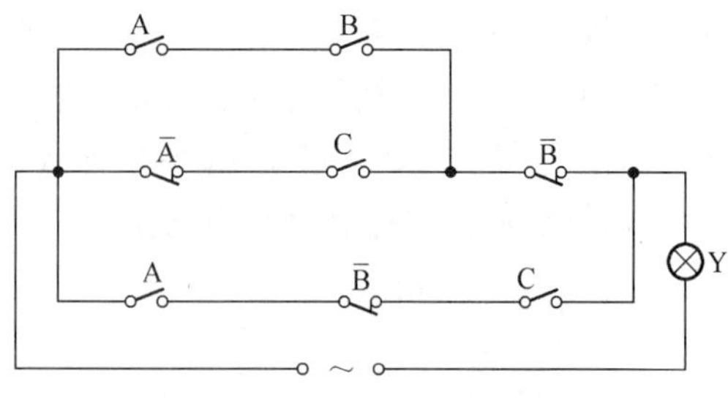

图 5-6 开关电路

例如，已知图 5-6 所示的开关电路，图中$\overline{A}$、$\overline{B}$、$\overline{C}$表示开关的常闭触头，A、B、C 表示开关的常开触头，对该电路的分析如下。

根据电路图，可写出开关电路的逻辑表达式

$$Y = (AB + \overline{A}C) \cdot \overline{B} + A\overline{B}C = AB\overline{B} + \overline{A}\overline{B}C + A\overline{B}C$$

第一项含有 B 开关的常开触点和常闭触点，因此该项为 0，化简后 Y 可写成

$$Y = \overline{B}C$$

这是 $Y$ 的最简式，根据 $Y$ 的最简式所画的电路，就是与原电路等效的最简电路，如图 5-7 所示。

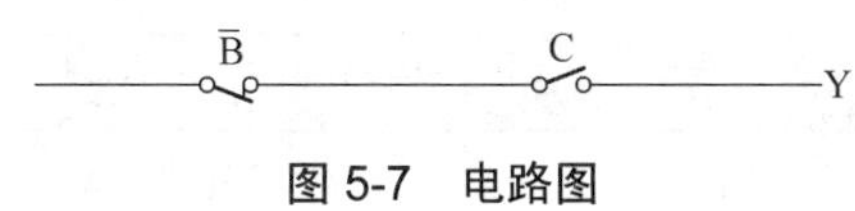


图 5-7　电路图

### 5.1.4　逻辑门电路

逻辑门电路是数字电路的基本单元电路。所谓“门”就是一种条件开关，当满足一定条件时，电路“开门”，允许信号通过；条件不满足时，电路“关门”，信号就不能通过。由于门电路的输入与输出之间存在着一定的逻辑因果关系，故称为逻辑门电路，简称门电路。

门电路的种类很多，最基本的门电路有与门、或门和非门。在逻辑电路发展的初期，门电路都是由分立元件构成。如今，大量使用的是集成门电路。

学习逻辑门电路，应重点掌握各种门电路的逻辑功能及外部特性，并能正确使用。

1. 常见的组合逻辑门电路

常见的组合逻辑门电路如表 5-13 所示。表中列出了多种逻辑符号，目的在于满足市场电子产品来源多元化的实际。

表 5-13　常见的组合逻辑门电路

| 逻辑门 | 逻辑符号 | 真值表 | 逻辑式 | 内部接线图和实物图 |
|---|---|---|---|---|
| 与非门 | （新符号）<br>（旧符号）<br>（国外符号） | A B Y<br>0 0 1<br>0 1 1<br>1 0 1<br>1 1 0 | $Y=\overline{A\cdot B}$ | 四二输入与非门（型号 74LS00）<br>$V_{CC}$ 4B 4A 4Y 3B 3A 3Y<br>14 8<br>1 7<br>1A 1B 1Y 2A 2B 2Y 地 |
| 或非门 | （新符号）<br>（旧符号）<br>（国外符号） | A B Y<br>0 0 0<br>0 1 1<br>1 0 1<br>1 1 1 | $Y=\overline{A+B}$ | 四二输入或非门（型号 74S02）<br>$V_{CC}$ 4Y 4B 4A 3Y 3B 3A<br>14 8<br>1 7<br>1Y 1A 1B 2Y 2A 2B 地 |

续表

| 逻辑门 | 逻辑符号 | 真值表 | 逻辑式 | 内部接线图和实物图 |
|---|---|---|---|---|
| 非门 | A —[&]o— Y<br>（新符号）<br>A —[ ]o— Y<br>（旧符号）<br>A —▷o— Y<br>（国外符号） | A Y<br>0 1<br>1 0 | $Y=\overline{A}$ | 六反相器（型号 74LS04）<br>$V_{CC}$ 6A 6Y 5A 5Y 4A 4Y<br>14 … 8<br>1 … 7<br>1A 1Y 2A 2Y 3A 3Y 地<br>74LS04 |
| 异或门 | A, B —[=1]— Y<br>（新符号）<br>A, B —[⊕]— Y<br>（旧符号）<br>A, B —(XOR)— Y<br>（国外符号） | A B Y<br>0 0 0<br>0 1 1<br>1 0 1<br>1 1 0 | $Y=A\oplus B$<br>$Y=A\overline{B}+\overline{A}B$ | 四二输入异或门（型号 74LS86）<br>$V_{CC}$ 4B 4A 4Y 3B 3A 3Y<br>14 … 8<br>1 … 7<br>1A 1B 1Y 2A 2B 2Y 地 |
| 四二输入与门 | A, B —[&]— Y<br>（新符号）<br>A, B —[ ]— Y<br>（旧符号）<br>A, B —(AND)— Y<br>（国外符号） | A B Y<br>0 0 0<br>0 1 0<br>1 0 0<br>1 1 1 | $Y=A\cdot B$<br>（共 4 组） | 四二输入与门（型号 74LS08）<br>$V_{CC}$ 4B 4A 4Y 3B 3A 3Y<br>14 … 8<br>1 … 7<br>1A 1B 1Y 2A 2B 2Y 地<br>SN74LS08N |

说明：（1）TTL 型电源用 $V_{CC}$ 表示，共用接地点是 GND；CMOS 型电源用 $V_{DD}$ 表示，共用接地点是 $V_{SS}$。

（2）TTL 型 $V_{CC}$ 一般为 5V；CMOS 型 $V_{DD}$ 为 3～18V。

（3）NC 为空脚标记。

2．TTL 与非门电路的工作原理

（1）TTL 与非门。

TTL 集成电路的全名是 Transistor-Transistor Logic，意思是“晶体管-晶体管逻辑电路”。TTL 与非门电路的工作原理如表 5-14 所示。

表 5-14　　TTL“与非”门电路的工作原理

| 条　件 | 电 路 图 | 说　明 |
|---|---|---|
| TTL 与非门 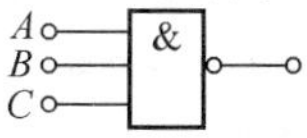 | 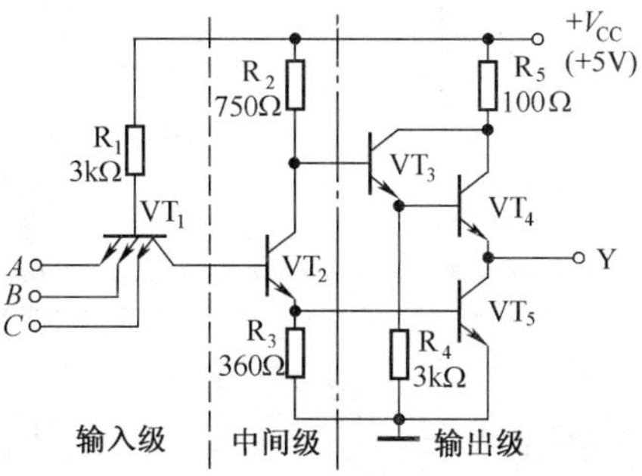 输入级　中间级　输出级<br>$Y=\overline{A\cdot B\cdot C}$ | 如左图所示，TTL“与非”门由输入级、中间级、输出级三部分组成。<br>（1）输入级：由多发射极晶体管 $VT_1$ 和 $R_1$ 组成，输入信号。$A$、$B$、$C$ 通过 $VT_1$ 实现“与”的功能。<br>（2）中间级：这一级的主要作用是从集电极和发射极同时输出两个相位相反的信号，作为 $VT_3$ 和 $VT_5$ 的驱动信号。<br>（3）输出级：这一级的作用是完成“非”的功能和提高电路的带负载能力。<br>电路中的各元件包括它们之间的连线都制作在同一块半导体基片上，这是一种小规模集成电路 |
| 当输入端 A、B、C 有一端（或多端）为低电平（0 或低于 0.4V）时 | 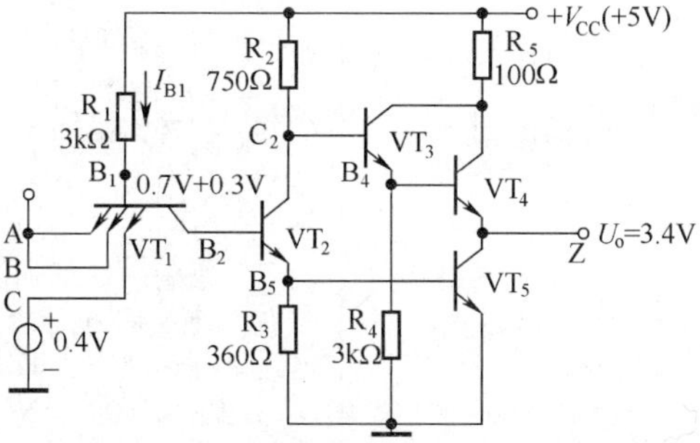  | 欲使 $VT_2$ 导通，$V_{B_1}$ 必须在 1.4V 以上。但当输入端有低电平信号输入时，<br>$V_{B_1}=V_{BE_1}+V_c=0.7V+0.4V$<br>$=1.1V<1.4V$<br>因此 $VT_2$ 截止，$C_2$ 点为最高电位，所以 $U_o$ 为高电平输出（$U_o$=3.4V） |
| 当输入端 A、B、C 全部为高电平（3.4V）时 | 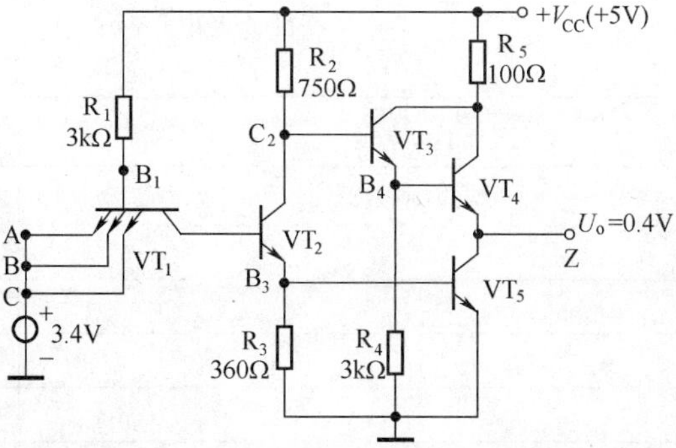  | 当输入端全为高电平时 $V_{B_1}=3.4V+0.7V=4.1V$，所以 $VT_2$、$VT_5$ 均导通，输出为低电平（$U_o$=0.4V） |

（2）集电极开路门。

集电极开路门简称 OC 门（Open Collector Gate）。OC 门的工作原理如表 5-15 所示。

表 5-15　　OC 门的工作原理

| 电路符号 | 电路图 | 说明 |
| --- | --- | --- |
| | | OC 门具有两个明显的特点：<br>(1)"与非"门的输出高电平数值可以改变，如 $U_{OH}$ 可以大于 3.4V。<br>(2) 能将门的输出端直接并联起来，以获得"线与"的逻辑功能，如可将图 (a) 等效为图 (b) 来进行分析<br>(a)　(b) |

(3) TTL 三态门

三态门简称为 TSL 门（Three-State Logic），其特点就是在普通门的基础上加上使能控制信号。三态门的工作原理如表 5-16 所示，其真值表如表 5-17 所示。

表 5-16　　TSL 门工作原理

| 电路符号 | 电路图 | 说明 |
| --- | --- | --- |
| | | 三态门有 3 种状态：高电平输出状态、低电平输出状态和高阻状态。<br>三态门是由一个与非门和一只二极管构成的。当控制端 EN 为高电平时，二极管 VD 截止，输出完成与非计算，有 $Y=\overline{A\cdot B}$；当 EN 为低电平时，$VT_2$、$VT_5$ 截止，同时，由于二极管 VD 的通导将 VT3 钳位于 1V 左右，使 VT4 也截止。这时从输出端看，电路呈开路状态，即高阻状态 (Z)。<br>EN 是控制端，EN 为高电平时，三态门是正常的与非门，称为三态门的工作状态；EN 为低电平时，三态门处于高阻状态或禁止状态 |

表 5-17　　三态门真值表

| 使能端 | 数据输入端 | | 输出端 Z |
| --- | --- | --- | --- |
| | A | B | |
| 1 | 0 | 0 | 1 |
| 1 | 0 | 1 | 1 |
| 1 | 1 | 0 | 1 |
| 1 | 1 | 1 | 0 |
| 0 | 不定 | 不定 | (高阻) |

3. 常见的集成门电路种类

（1）常见集成门电路种类。

中、小规模数字集成电路最常用的是晶体管型（TTL 电路）和场效应管型（CMOS 电路）两大系列产品，其基本分类如表 5-18 所示。

表 5-18 集成电路基本分类

| 系　列 | 子 系 列 | 名　称 | 型　号 | 功　耗 | 工作电压（V） |
|---|---|---|---|---|---|
| TTL 系列 | TTL | 普通系列 | 74/54 | 10mW | 74 系列 4.75～5.25 |
| | HTTL | 高速 TTL 系列 | 74/54H | 22mW | |
| | STTL | 超高速 TTL 系列 | 74/54S | 19mW | |
| | LSTTL | 低功耗 TTL | 74/54LS | 2mW | |
| | ALSTTL | 低功耗 TTL | 74/54ALS | 1mW | |
| CMOS 系列 | CMOS | 互补场效应管型 | 40/45 | 1.25μW | 3～18 |
| | HCMOS | 高速 CMOS | 74HC | 2.5μW | 2～6 |
| | ACTMOS | 与 TTL 电平兼容型 | 74ACT | 2.5μW | 4.5～5.5 |

注：74 表示民用产品；54 表示军用产品；40 表示 RCA 公司的产品；45 表示 Motorola 公司的产品。

（2）集成门电路的符号。

数字集成电路的型号主要由 3 部分组成。

第一部分（数字）：系列代码，常见数字集成电路系列有“40”、“45”、“74”、“54”等。

第二部分（字母）：子系列代码，表示器件的工艺类型（无此部分即表示为普通类型）。

第三部分（数字）：功能代码，表示该器件的逻辑功能。

【例 13】 数字集成电路型号举例（如图 5-8 所示）：74LS00 和 C4011。

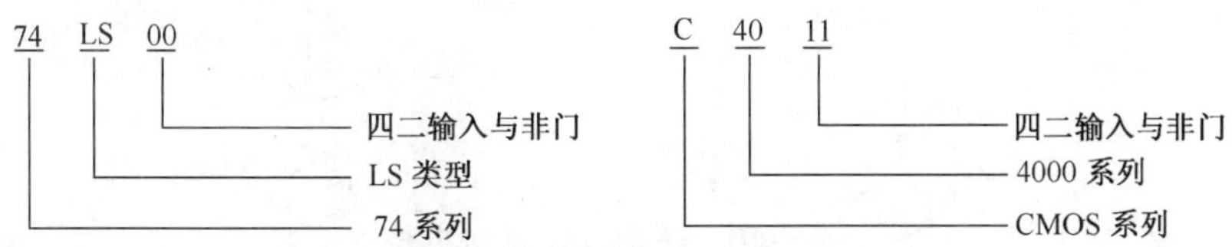


图 5-8 数字集成电路型号举例

4. 逻辑门电路部分参数介绍

数字集成电路种类繁多，每个品种的参数也有差异，因此在使用前必须了解其相应参数，才能正确且安全地使用该器件。下面以 TTL 集成电路为例进行逻辑门电路部分参数的介绍。

（1）TTL 与非门的电压传输特性。

电压转移特性是指输出电压随输入电压变化的关系。TTL 与非门的电压传输特性的测试电路和测试曲线如图 5-9 所示。

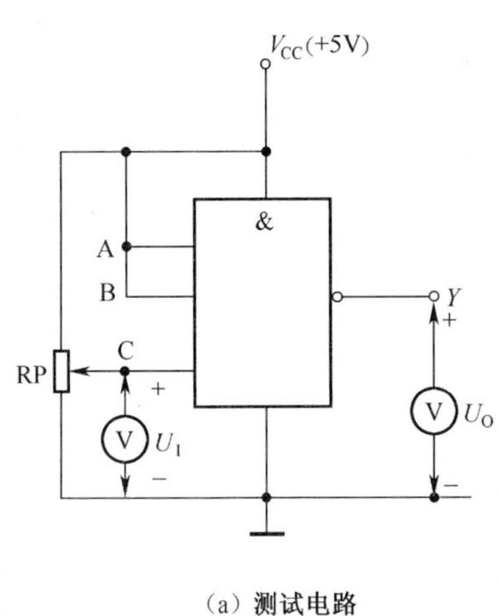

（a）测试电路

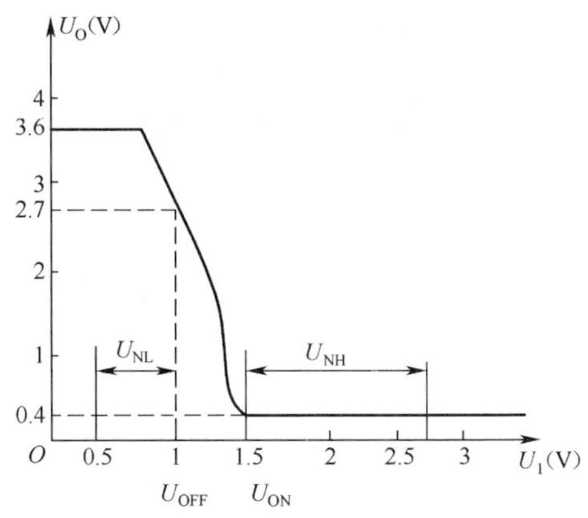

（b）测试曲线

图 5-9　TTL 与非门传输特性

从使用的角度来说，除需掌握门电路的逻辑功能外，还应掌握电路的外部特性和一些主要的参数。因为这些知识是指导合理地使用集成电路和判断 TTL 集成电路的质量的根据。

（2）输出高电平（$U_{OH}$）和输出低电平（$U_{OL}$）。

输出高电平是指输入端至少有一端接低电平，输出端空载时的输出电平，它的大小反映了输出的幅度，其典型电路规范值 $U_{OH} \geqslant 2.7V$，其测试电路如图 5-10（a）所示。

输出低电平是在额定负载下，输入端均接高电平时的输出电平，它的典型电路规范值 $U_{OL} \leqslant 0.4V$，其测试电路如图 5-10（b）所示。

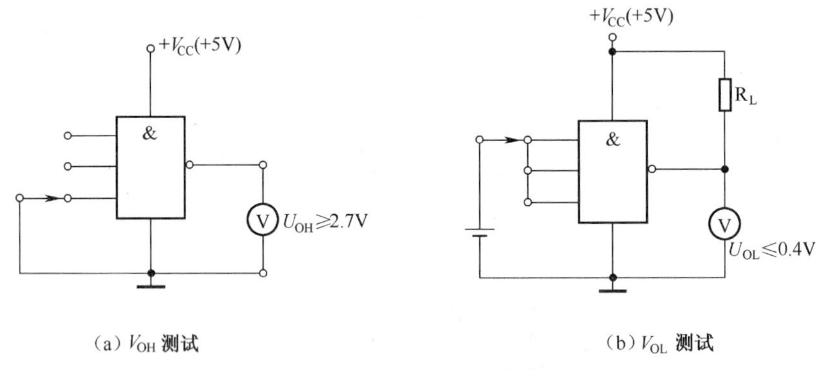

（a）$V_{OH}$ 测试　　（b）$V_{OL}$ 测试

图 5-10　$U_{OH}$、$U_{OL}$ 测试电路

（3）开门电平（$U_{ON}$）和关门电平（$U_{OFF}$）。

开门电平是指在额定负载下，确保输出为额定低电平（$U_{OL} \leqslant 0.4V$）时，所允许的最小输入高电平值。它的测试电路如图 5-11（a）所示，其典型值 $U_{ON} \approx 1.8V$。

关门电平是指在空载条件下，确保输出为额定高电平（$U_{ON} \geqslant 2.7V$）时所允许的最大输入低电平值。它的测试电路如图 5-11（b）所示，其典型值 $U_{OFF} \approx 0.8V$。

$U_{ON}$ 和 $U_{OFF}$ 是 TTL 与非门电路的主要静态参数，表明了门电路的抗干扰能力。

（4）不同系列的数字集成电路的电压参数。

为了保证正确地判断电路的工作状态和性能，下面将几种不同系列的数字集成电路的电压参数列表（见表 5-19），实作时可加以对照。

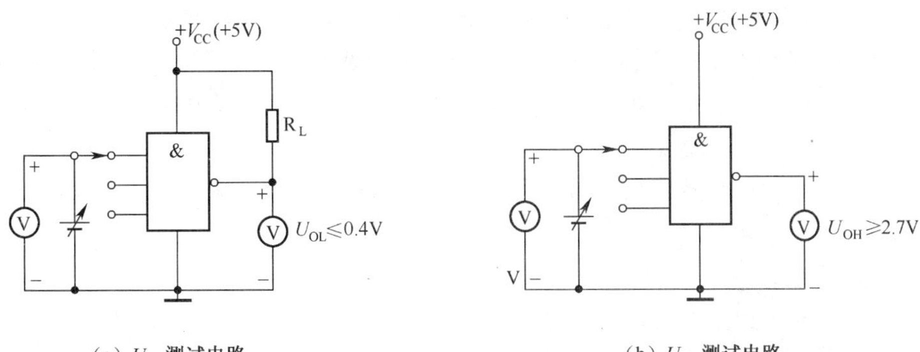


（a）$U_{ON}$测试电路　　（b）$U_{OFF}$测试电路

图 5-11　$U_{ON}$、$U_{OFF}$、测试电路

表 5-19　　数字集成电路的电压参数

| 符号 | 名　　称 | 74 系列 | 74LS 系列 | 4000 系列 | 74HC 系列 |
|---|---|---|---|---|---|
| $U_{OH}$ | 高电平输出电压（V） | ≥2.4 | ≥2.7 | ≥4.95 | ≥4.95 |
| $U_{OL}$ | 低电平输出电压（V） | ≤0.5 | ≤0.5 | ≤0.05 | ≤0.05 |
| $U_{IH}$ | 高电平输入电压（V） | ≥1.8 | ≥1.8 | ≥3.5 | ≥3.5 |
| $U_{IL}$ | 低电平输入电压（V） | ≤0.8 | ≤0.8 | ≤1.5 | ≤1 |

注：本表中所有器件的工作电压均为 5V。

（5）驱动能力参数。

数字集成电路在安全可靠工作的前提下，能输入、出的最大电流值称为该集成电路的驱动能力。了解这一点，对于数字电路的实际应用非常重要。其驱动能力参数如表 5-20 所示。

表 5-20　　数字集成电路的驱动能力参数

| 符号 | 名　　称 | 图　　示 | 74 系列 | 74LS 系列 | 40 系列 | 74HC 系列 |
|---|---|---|---|---|---|---|
| $I_{OH}$ | 高电平输出电流 | 2.4V $I_{OH}$ H $R_L$ | 0.4mA | 0.4mA | 0.51mA | 4mA |
| $I_{OL}$ | 低电平灌入电流 | $V_{CC}$ $R_L$ H H 0.4V L $I_{OL}$ | 16mA | 8mA | 0.51mA | 4mA |
| $I_{IH}$ | 高电平输入电流 | 前级 H $I_{IH}$ | 40μA | 20μA | 20μA | 0.1μA |
| $I_{IL}$ | 低电平输入电流 | L $I_{IL}$ | 1.6mA | 0.4mA | 0.1mA | 1mA |

说明：① 高电平输出电流 $I_{OH}$：输出为高电平时，提供给外接负载的最大输出电流，

若实际电流超过此值会使输出高电平下降。$I_{OH}$表示电路的拉电流负载能力；

② 低电平输出电流 $I_{OL}$：输出为低电平时，外接负载的最大输出电流，若实际电流超过此值会使输出低电平上升。$I_{OL}$表示电路的灌电流负载能力；

③ 高电平输入电流 $I_{IH}$：输入为高电平时的输入电流，即当前级输出为高电平时，本级输入电路造成的前级拉电流；

④ 低电平输入电流 $I_{IL}$：输入为低电平时的输入电流，即当前级输出为低电平时，本级输入电路造成的前级灌电流。

（6）扇出系数。

扇出系数表示一个门电路最多能接几个同类门的个数，成一扇形结构，如图 5-12 所示。由于对拉电流负载和灌电流负载的驱动能力不同，扇出系数又分为高电平扇出系数和低电平扇出系数。高电平扇出系数如图 5-13 所示。数字集成电路高电平输入电流的规定如表 5-21 所示。

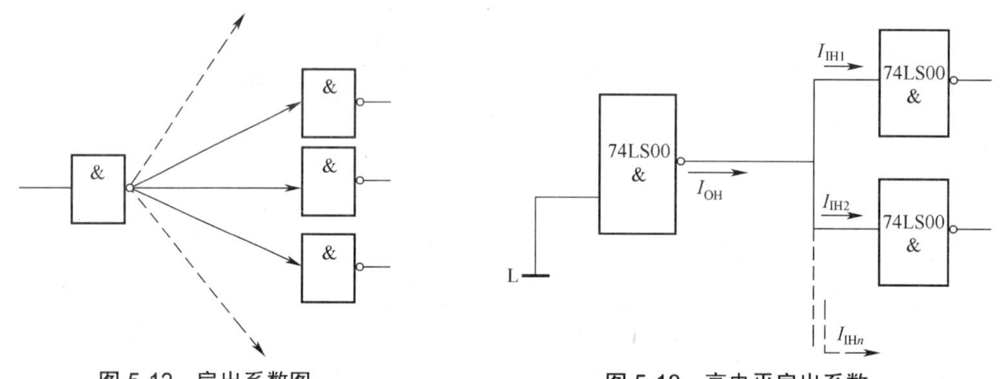


图 5-12 扇出系数图

图 5-13 高电平扇出系数

表 5-21 数字集成电路高电平输入电流规定

| 符号 | 名　称 | 74 系列 | 74LS 系列 | 4000 系列 | 74HC 系列 |
|---|---|---|---|---|---|
| $I_{IH}$ | 高电平输入电流 | 40μA | 20μA | 0.1μA | 1μA |

高电平扇出系数$=\dfrac{I_{OH}}{I_{IH}}$，对照表 5-20、表 5-22 可求出 74LS00 的高电平扇出系数（74LS00 的高电平扇出系数$=\dfrac{I_{OH}}{I_{IH}}=\dfrac{0.4\text{mA}}{20\text{mA}}=20$）。

低电平扇出系数如图 5-14 所示。数字集成电路低电平输入电流的规定如表 5-22 所示。

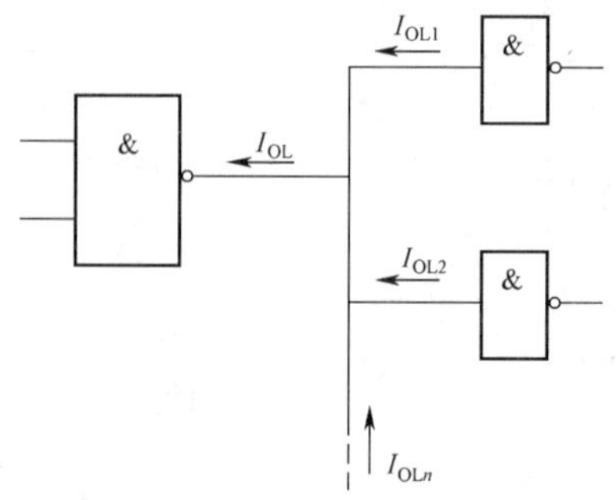


图 5-14 低电平扇出系数

表 5-22　　数字集成电路低电平输入电流规定

| 符　号 | 名　称 | 74 系列 | 74LS 系列 | 4000 系列 | 74HC 系列 |
|---|---|---|---|---|---|
| $I_{IL}$ | 低电平输入电流 | 1.6mA | 0.4mA | 0.1mA | 1mA |

低电平扇出系数$=\dfrac{I_{OL}}{I_{IL}}$，对照表 4-20、表 4-22 可求出 74LS00 的低电平扇出系数(74LS00 的低电平扇出系数$=\dfrac{I_{OL}}{I_{IL}}=\dfrac{8mA}{0.4mA}=20$)。

需要指出的是，CMOS 电路（绝缘栅场效应型）由于输入电阻极高，故扇出系数极大。

5. 门电路的驱动负载方式

（1）TTL 电路驱动发光二极管。

如图 5-15 所示，发光二极管（LED）正常发光时必须流过数毫安或数十毫安电流，可通过调节串联电阻 $R_1$ 或 $R_2$ 来控制流过 LED 的电流来改变 LED 的亮度。

（2）TTL 电路驱动继电器。

由于 TTL 电路输出的电流较小，难以直接驱动继电器动作，可在输出端加一级放大器加以驱动，如图 5-16 所示。图中 K 为继电器，$R_P$ 为可调电阻。

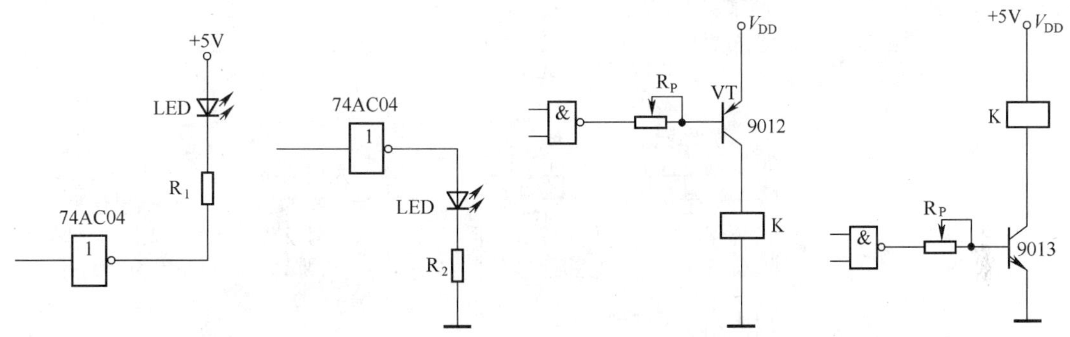


图 5-15　TTL 电路驱动发光二极管　　图 5-16　TTL 电路驱动继电器

（3）CMOS 的驱动方式。

CMOS 电路能输出的驱动电流较小，如果要驱动指示灯、继电器、晶闸管等大电流器件，则必须通过晶体管将电流放大后才能驱动，示意电路如图 5-17 所示。

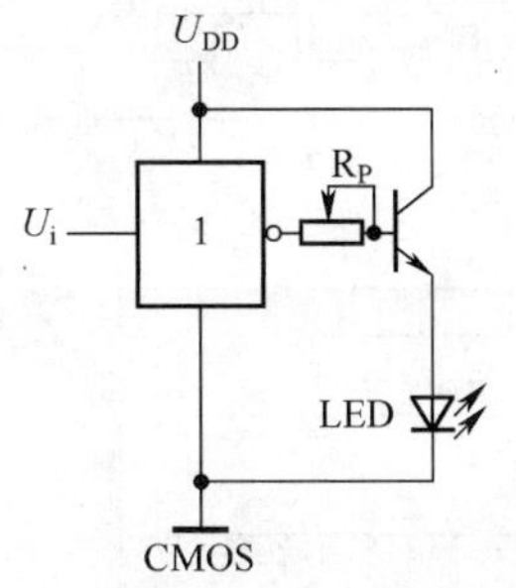


图 5-17　CMOS 驱动发光二极管

6. 数字集成电路图中小圆圈的意义（如表 5-23 所示）

表 5-23　　数字集成电路图中小圆圈的意义

| 项　目 | | 示例数字集成块 | 说　明 |
|---|---|---|---|
| 数字集成电路输入端的小圆圈 | | 7470 门输入上升沿 JK 触发器 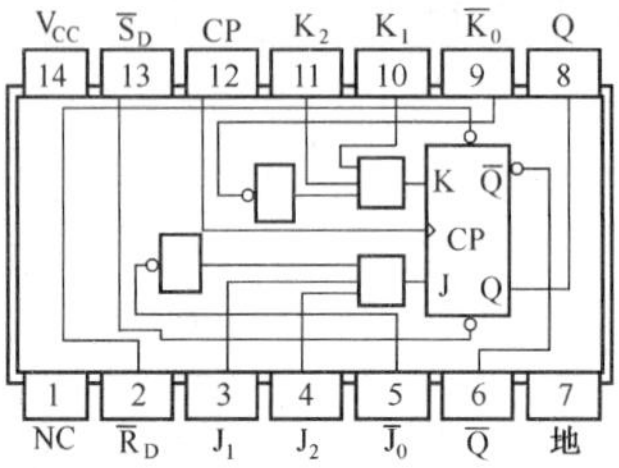 | 输入端的小圆圈：表示输入为低电平有效，高电平是无效（不起作用）。7470 型 JK 触发器的功能图如左图所示，其中 5 脚、9 脚外低电平时输入端有效。触发器 J、K 逻辑表达式分别为 $J=\overline{J}_0\cdot J_1\cdot J_2$ $K=\overline{K}_0K_1K_2$ |
| 数字集成电路控制端的小圆圈 | | 7473 74H73 74LS73 双 JK 触发器（带清除，负触发） 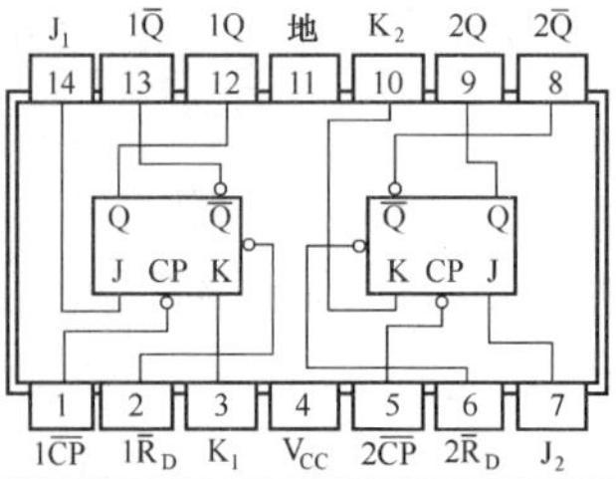 | 控制端的小圆圈，表示低电平有效，执行控制功能，高电平时无效。如左图中 1 脚、2 脚、5 脚、6 脚均为低电平有效 |
| 数字集成电路输出端的小圆圈 | 单端输出 | 7470 74H04 74S04 74LS04 六反相器 正逻辑：$Y=\overline{A}$ 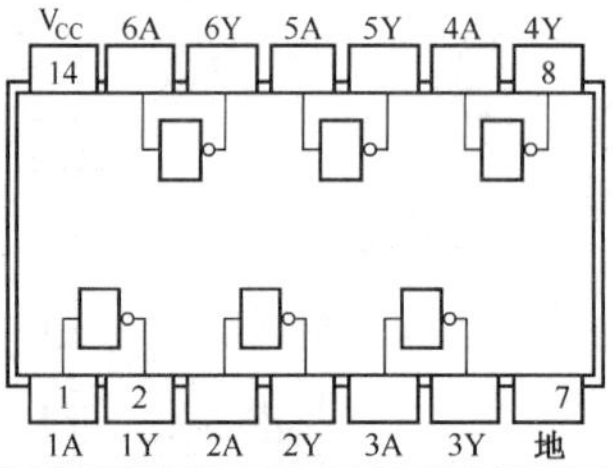 | 左图为 6 个独立的反相器，每个输出端的小圆圈表示输出信号与输入信号反相。例如输入端 1 脚输入“1”，那么 2 脚则输出为“0” |
| | 互补输出 | 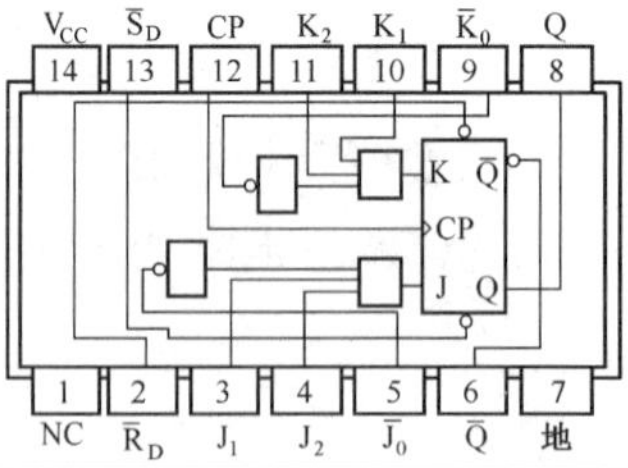 | 互补输出时，表示两个输出信号反相。如左图 6 脚和 8 脚的输出信号反相 |
| | 译码器输出 | 74145 74LS145 4-10 译吗器/驱动器（BCD 输入，OC） 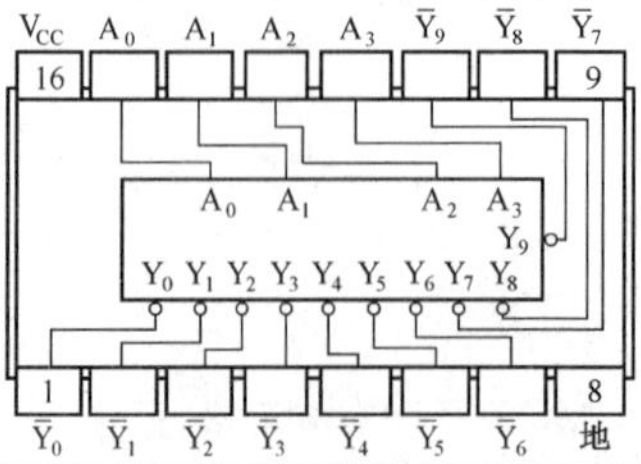 | 左图译码器输出端 $\overline{Y}_0\sim\overline{Y}_9$ 的标本表示该译码器低电平输出有效 |

### 5.1.5 TTL 集成门电路使用常识

1. TTL 集成电路使用常识（见表 5-24）

表 5-24 TTL 集成电路使用常识

| 要点 | | 图示 | 说明 |
|---|---|---|---|
| 对电源的要求 | 1 | 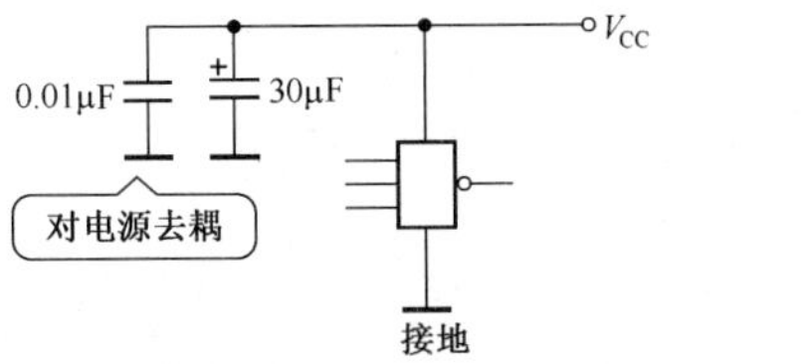  | (1) 其电源电压的允许偏差必须在±10%以内。<br>(2)要在 TTL 集成电路电源端和地之间接 0.01μF 的高频滤波电容和 20～50μF 的低频滤波电容,并保证系统良好接地 |
| | 2 | 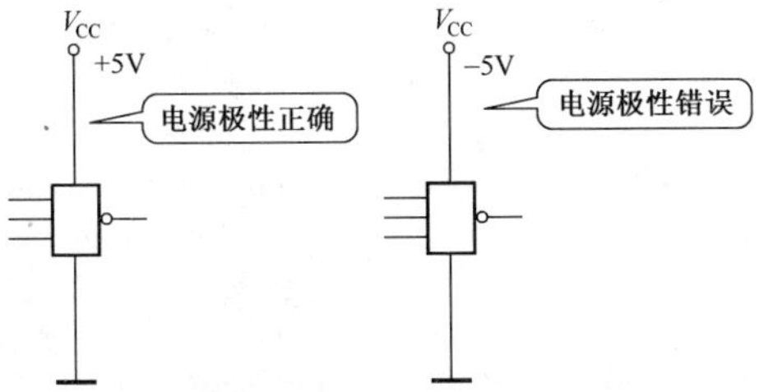  | 电源极性不能接错，否则电路不能正常工作，但错接电源极性一般不会损坏集成块 |
| 输出端注意点 | 1 | 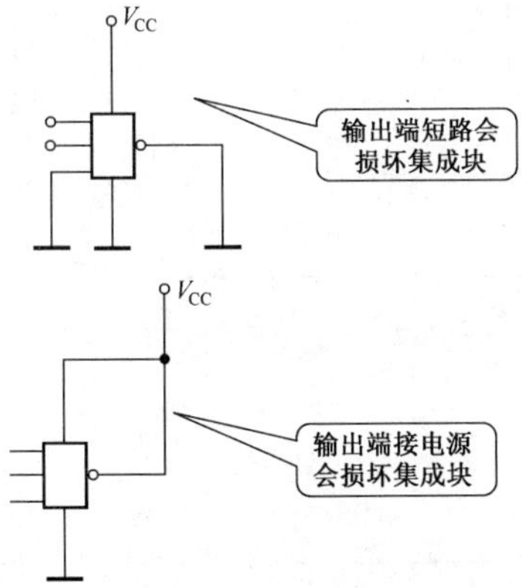  | 输出端不允许直接接地或者直接接电源端，否则会损坏集成块 |
| | 2 | 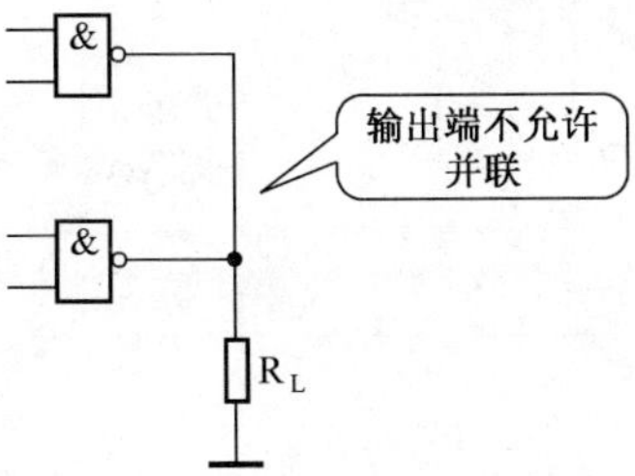  | 与非门（OC 门除外）不允许“线与”，否则会损坏集成块 |
| | 3 | 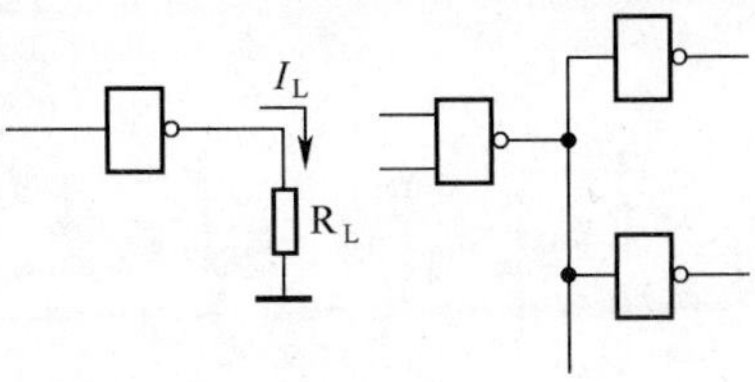  | 输出端带动负载时，负载电流不能超过手册的规定，对同类门电路而言不能超过规定的扇出系数 |

续表

| 要　点 | | 图　示 | 说　明 |
| --- | --- | --- | --- |
| 输入端注意点 | 1 | 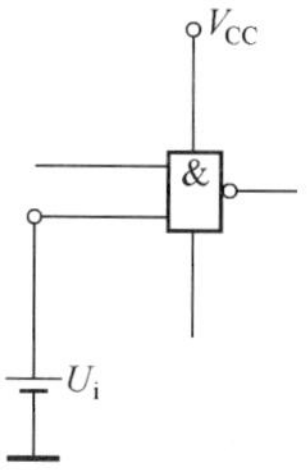  | 各输入端信号 $U_i$ 不能高于 5.5V 或低于−0.5V，否则会损坏集成块 |
| | 2 | 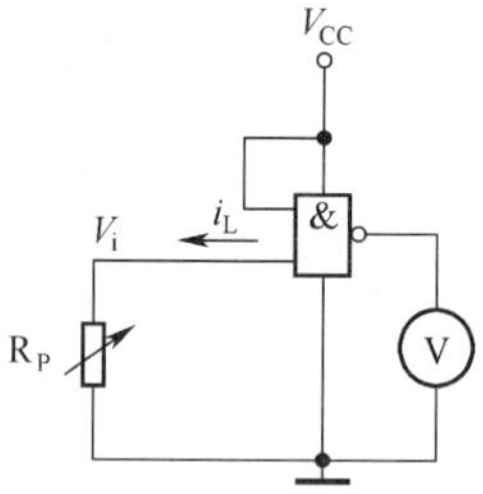 <br>(a) 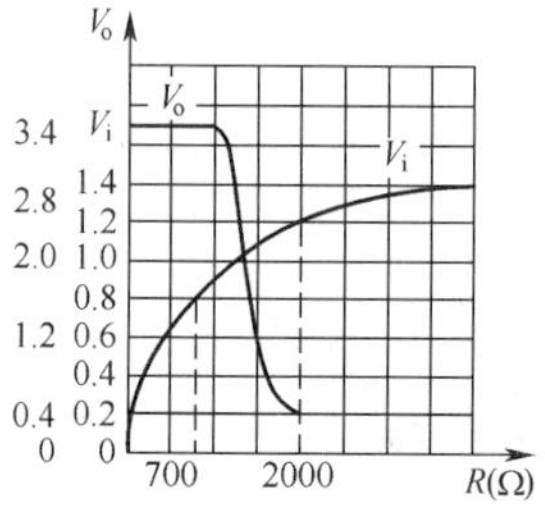<br><br>(b) | (1) 电路引脚有时需要通过一个电阻接地，根据电阻的阻值大小会出现两种情况：当电阻阻值小于某值时，输入端相当于接入逻辑“0”，当电阻大于某值时，输入端相当于接入逻辑“1”。<br>(2) 按图（a）所示的电路连接，可调电阻 $R$ 阻值为 0 时，$V_i=0_0$；当可调电阻 $R$ 阻值从 0 开始增大时，输入电压也逐渐增加[其变化规律如图(b)中曲线变化，同时输出电压也按电压转移特性进行变化。从曲线图中可得出结论：当 $R<700\Omega$时，输入端相当于低电平接入；当 $R>2k\Omega$时，输入端相当于高电平接入。在实用中要特别注意这一点 |
| 对多余端的处置(应根据电路的逻辑功能分别处理) | 1 | 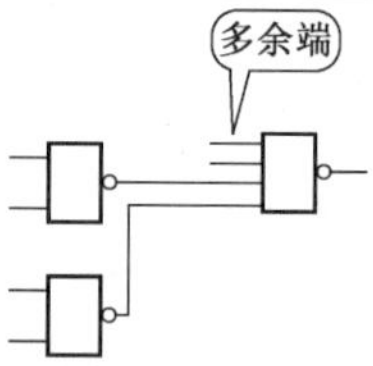  | 与非门电路多余的输入端悬空时，相当于逻辑“1”状态 |
| | 2 | 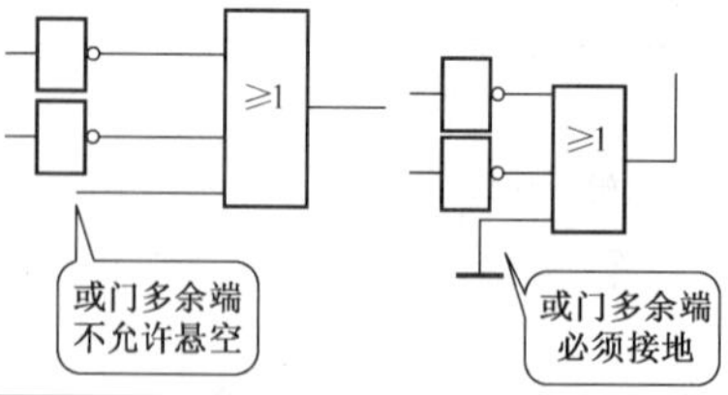  | 或门、或非门的多余输入端不允许悬空，多余端必须接地或接低电平 |
| | 3 | 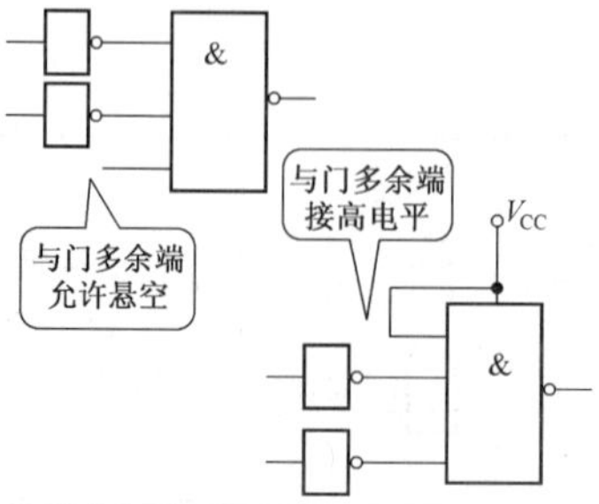  | 与门、与非门的多余端一般可悬空，但为了逻辑功能稳定可靠，与门、与非门的多余输入端最好接到电源上或并联使用为好。不用的电路输出端则应该悬空 |

2. CMOS 集成电路使用常识

CMOS 集成电路使用常识如表 5-25 所示。

表 5-25　　CMOS 集成电路使用常识

<table>
<tr><th colspan="2">要　点</th><th>图　示</th><th>说　明</th></tr>
<tr><td rowspan="4">静电保护</td><td>储存</td><td> 防静电元件盒</td><td rowspan="4">（1）栅极有极薄的 $SiO_2$ 氧化膜与其他部分绝缘隔离，绝缘阻抗高达 $10^{12}\Omega$以上，很容易受静电感应累积电荷[因为栅极电容量为 5pF 左右，由公式 $V_c=\frac{Q}{C}$（$Q$ 为电量）可知，稍有微量的静电荷充电就会形成高压，将 $SiO_2$ 绝缘层击穿，致使电路失去功能。<br>（2）为了保护栅极不被高压破坏，电路在储存、运输、组装和使用过程中都必须注意，凡是与电路接触的工序、使用的工作台及地板都严禁铺垫高绝缘的板材（如橡胶板、玻璃板、有机玻璃、胶木板等）。<br>（3）应在工作台上铺放严格接地的细钢丝网或铜丝网，并经常检查其接地是否良好。防静电工作台示意如左图所示</td></tr>
<tr><td>运输</td><td> 防静电屏蔽袋</td></tr>
<tr><td>组装</td><td> 防静电电烙铁</td></tr>
<tr><td>防静电</td><td>  防静电手套　防静电指套 <br>防静电手腕带 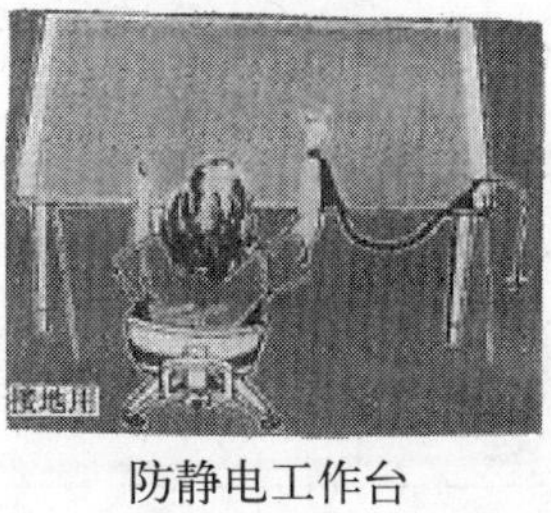<br>防静电工作台</td></tr>
</table>

续表

| 要　点 | 图　示 | 说　明 |
|---|---|---|
| 对电源的要求 | 电路对电源要求不是很严格，但电路正负电源极性不允许接反，否则会使集成电路损坏。另外在电源输入端要加去耦电路 | |
| 对输入电压 $U_i$ 的要求 | 输入电压不允许超出电源电压范围 | |
| 对测试仪表的要求 | 测试所有电路的仪器、仪表均应良好接地 | |
| 对多余输入端的处理 | 电路输入端不允许悬空，因为悬空的输入端输入电位不定，会破坏电路的正常逻辑关系。另外悬空时输入的阻抗高，易受外界噪声干扰，使电路误动作，甚至损坏。对与非门、与门的多余输入端应接高电平，而或门、或非门则应接低电平 | |
| 装拆时注意点 | 在接通电源的情况下，不允许装拆电路 | |

### 5.1.6 编码器

按照电路的结构和工作原理的不同，数字电路通常分为组合逻辑电路和时序逻辑电路两类。在任何时刻，电路的稳定输出只取决于同一时刻各输入变量的取值，而与电路以前的状态无关的逻辑电路称为组合逻辑电路，简称组合电路。

组合电路具有以下特点：①输出、输入之间没有反馈延时通路；②电路中没有记忆单元。

本书介绍的编码器、译码器、数据选择器、数据分配器和数值大小比较器都是应用极为广泛的组合逻辑电路。下面首先介绍编码器。

所谓编码，就是使用数字、文字或符号来表示某一特定对象的过程。一般把执行编码功能的电路称为编码器。

1．编码器的工作原理（以二-十进制编码器为例）

二-十进制编码器示意图如图 5-18 所示。

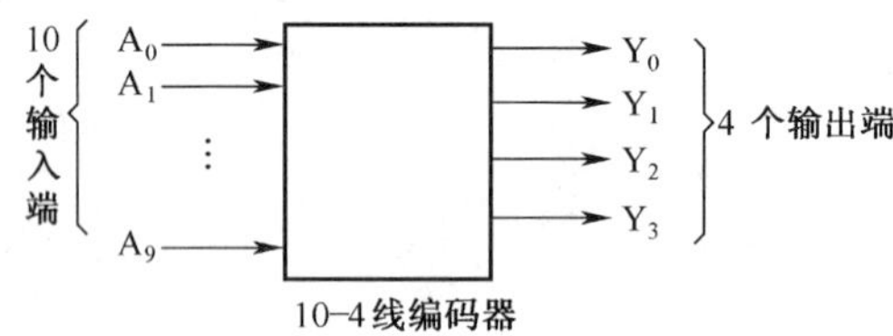


图 5-18　10-4 线编码器

8421BCD 码编码器真值表（编码表）如表 5-26 所示。

表 5-26　　8421BCD 码编码器真值表

| 十进制数 | 输入变量 | 输出代码 | | | |
|---|---|---|---|---|---|
| | | $Y_3$ | $Y_2$ | $Y_1$ | $Y_0$ |
| 0 | $A_0$ | 0 | 0 | 0 | 0 |
| 1 | $A_1$ | 0 | 0 | 0 | 1 |

续表

| 十进制数 | 输入变量 | 输出代码 | | | |
|---|---|---|---|---|---|
| | | $Y_3$ | $Y_2$ | $Y_1$ | $Y_0$ |
| 2 | $A_2$ | 0 | 0 | 1 | 0 |
| 3 | $A_3$ | 0 | 0 | 1 | 1 |
| 4 | $A_4$ | 0 | 1 | 0 | 0 |
| 5 | $A_5$ | 0 | 1 | 0 | 1 |
| 6 | $A_6$ | 0 | 1 | 1 | 0 |
| 7 | $A_7$ | 0 | 1 | 1 | 1 |
| 8 | $A_8$ | 1 | 0 | 0 | 0 |
| 9 | $A_9$ | 1 | 0 | 0 | 1 |

由编码表得各输出端相应逻辑函数式。

$$Y_0 = A_1 + A_3 + A_5 + A_7 + A_9 = \overline{\overline{\overline{A_1}\,\overline{A_3}\,\overline{A_5}\,\overline{A_7}\,\overline{A_9}}}$$

$$Y_1 = A_2 + A_3 + A_6 + A_7 = \overline{\overline{\overline{A_2}\,\overline{A_3}\,\overline{A_6}\,\overline{A_7}}}$$

$$Y_2 = A_4 + A_5 + A_6 + A_7 = \overline{\overline{\overline{A_4}\,\overline{A_5}\,\overline{A_6}\,\overline{A_7}}}$$

$$Y_3 = A_8 + A_9 = \overline{\overline{\overline{A_8}\,\overline{A_9}}}$$

根据上述逻辑表达式可画出 8421BCD 码编码器逻辑电路，如图 5-19 所示。

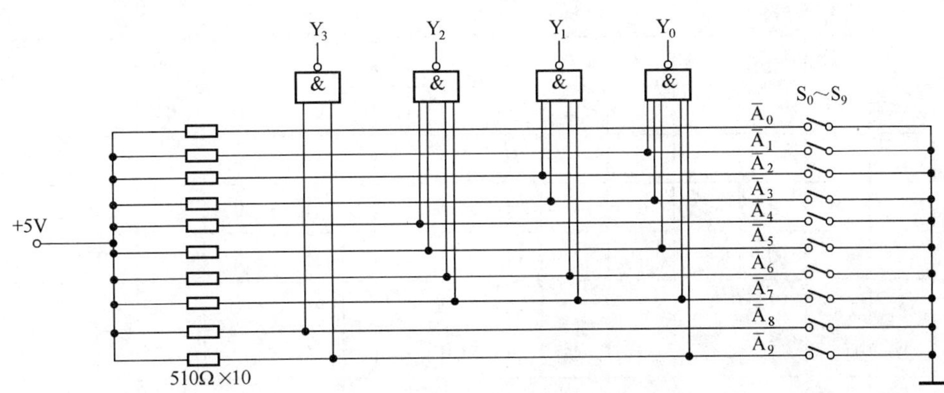


图 5-19 8421BCD 码编码器逻辑电路

例如，某开关 S 闭合时，该输入线接低电平 0，其余输入线为高电平 1，编码器输出端有相应的代码输出。

2. 优先编码器

一般编码器结构相对较简单（如图 5-19 所示），由于输入的信号都是相互排斥的，若同时按下多个键时，则代码输出必然混乱。而优先编码器允许几个信号同时输入，但该电路只对级别最高的信号进行编码。这种能识别多个信号的优先级别并进行编码的电路称为优先编码器。

（1）74LS147 优先编码器举例。

图 5-20 所示为 74LS147 优先编码器外部引脚示意图。74LS147 是一种常用的 10-4 线具有优先编码功能的编码器，其编码表如表 5-27 所示。

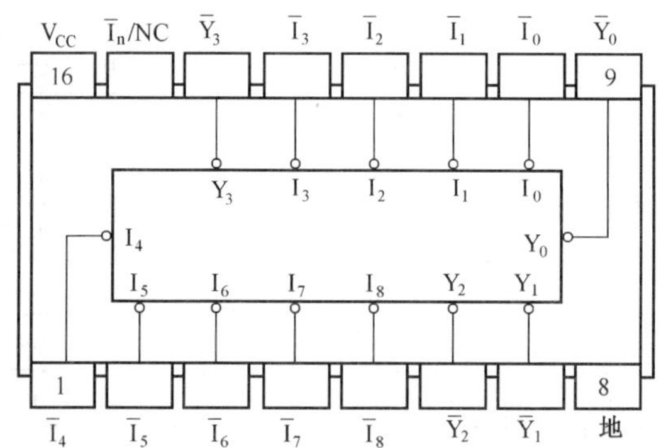


图 5-20　74LS147 优先编码器外部引脚示意图

表 5-27　　74LS147 优先编码器编码表

| 输入 | | | | | | | | | | 输出 | | | | |
|---|---|---|---|---|---|---|---|---|---|---|---|---|---|---|
| $\overline{I}_0$ | $\overline{I}_1$ | $\overline{I}_2$ | $\overline{I}_3$ | $\overline{I}_4$ | $\overline{I}_5$ | $\overline{I}_6$ | $\overline{I}_7$ | $\overline{I}_8$ | $\overline{I}_9$ | $\overline{Y}_3$ | $\overline{Y}_2$ | $\overline{Y}_1$ | $\overline{Y}_0$ | 对应十进制数字 |
| × | × | × | × | × | × | × | × | × | 0 | 0 | 1 | 1 | 0 | 9 |
| × | × | × | × | × | × | × | × | 0 | 1 | 0 | 1 | 1 | 1 | 8 |
| × | × | × | × | × | × | × | 0 | 1 | 1 | 1 | 0 | 0 | 0 | 7 |
| × | × | × | × | × | × | 0 | 1 | 1 | 1 | 1 | 0 | 0 | 1 | 6 |
| × | × | × | × | × | 0 | 1 | 1 | 1 | 1 | 1 | 0 | 1 | 0 | 5 |
| × | × | × | × | 0 | 1 | 1 | 1 | 1 | 1 | 1 | 0 | 1 | 1 | 4 |
| × | × | × | 0 | 1 | 1 | 1 | 1 | 1 | 1 | 1 | 1 | 0 | 0 | 3 |
| × | × | 0 | 1 | 1 | 1 | 1 | 1 | 1 | 1 | 1 | 1 | 0 | 1 | 2 |
| × | 0 | 1 | 1 | 1 | 1 | 1 | 1 | 1 | 1 | 1 | 1 | 1 | 0 | 1 |
| 0/× | 1 | 1 | 1 | 1 | 1 | 1 | 1 | 1 | 1 | 1 | 1 | 1 | 1 | 0 |

注：“×”表示随意状态（无关状态），即可为“0”或“1”。

74LS147 型 10-4 线优先编码器有 10 个低电平有效输入端$\overline{I}_0\sim\overline{I}_9$，4 个低电平有效输出端$\overline{Y}_3$、$\overline{Y}_2$、$\overline{Y}_1$、$\overline{Y}_0$(反码输出)，实行 10-4 线优先编码功能，优先等级由 9 到 0 依次降低。

例如，当输入端$\overline{I}_9$（输入为“0”）有效时，无论其他输入端为何状态，都输出“9”$(1001)_2$的反码“0110”，其余依此类推。

（2）应用举例。

人们经常使用的遥控器实际上就是一种编码器的应用。图 5-21 所示为采用 74LS147 型编码器完成对 10 个按钮信号进行编码的电路示意图。

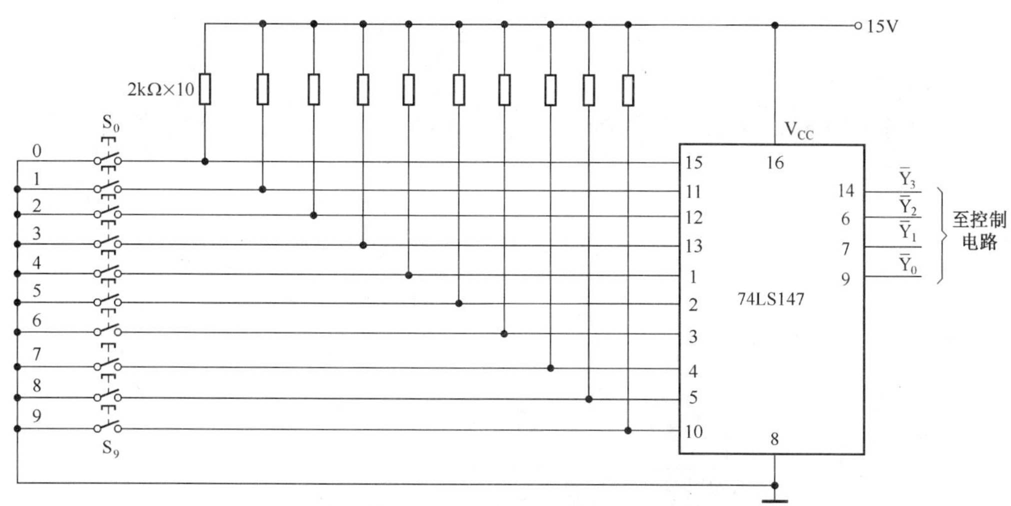


图 5-21 采用 74LS147 型编码器进行编码的电路

## 5.2 音符显示译码电路

译码是把代码的特定含义“翻译”出来的过程，是编码的逆过程。实现译码功能的电路，称为译码器。实际上译码器也是一种代码变换电路，是将一种代码变换成了另一种代码，然后进行操作或显示。

### 5.2.1 译码器基本工作原理

下面以二位二进制译码器为例来介绍译码器的基本工作原理。

2-4 线译码器示意图如图 5-22 所示，译码器的真值表如表 5-28 所示。

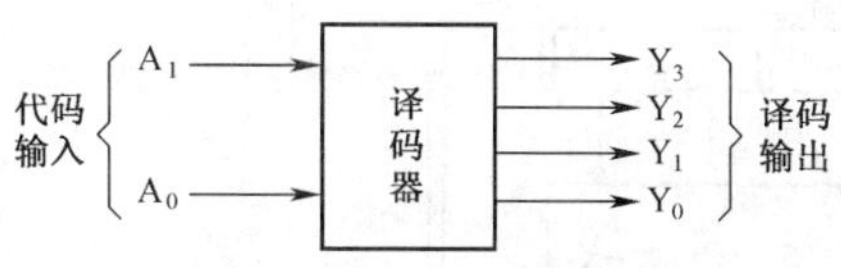


图 5-22 线译码器示意图

表 5-28 译码器的真值表

| （代码）输入 | | 译 码 输 出 | | | |
|---|---|---|---|---|---|
| $A_1$ | $A_0$ | $Y_3$ | $Y_2$ | $Y_1$ | $Y_0$ |
| 0 | 0 | 0 | 0 | 0 | 1 |
| 0 | 1 | 0 | 0 | 1 | 0 |
| 1 | 0 | 0 | 1 | 0 | 0 |
| 1 | 1 | 1 | 0 | 0 | 0 |

表 5-28 中译码器输出为高电平有效。

由真值表可写出函数表达式

$$Y_0 = \overline{A_1}\,\overline{A_0} \qquad Y_1 = \overline{A_1}A_0$$

$$Y_2 = A_1\overline{A_0} \qquad Y_3 = A_1A_0$$

由此可画出图 5-23 所示 2-4 线译码器逻辑电路图。

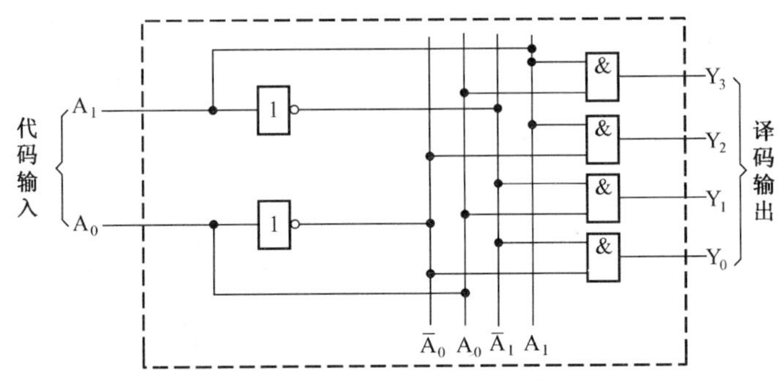


图 5-23　二位二进制译码器逻辑电路图

由上可知，译码器实质上是门电路组成的“条件开关”，输入信号（代码）满足一定条件时，相应的门电路就开启，输出线上就有信号；不满足条件，相应的门电路就关闭，无信号输出，译码器通过输出的逻辑电平以表达与识别不同的输入代码的结果。

## 5.2.2　常用集成译码器

常用的集成译码器主要有 2-4 线译码器，3-8 线译码器，4-10 线译码器，4-16 线译码器，7 段显示译码器等。

1. 3-8 线译码器

下面通过对 74LS138 型集成译码器的介绍 3-8 线集成译码器。

74LS138 集成译码器外部引脚示意图如图 5-24 所示，其真值表（译码表）如表 5-29 所示。

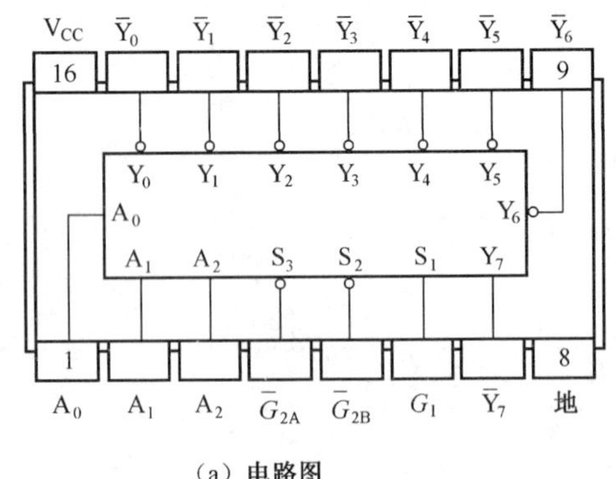


（a）电路图

（b）实物图

图 5-24　74LS138 集成译码器外部引脚示意图

74LS138 是集成译码器中最常用的 3-8 线译码器，主要功能如下。

数据输入：$A_0$，$A_1$，$A_2$，高电平有效。

译码输出：$\overline{Y_7} \sim \overline{Y_0}$，低电平有效。

使能端：$G_{2B}$ 与 $G_{2A}$ 低电平有效，$G_1$ 高电平有效。

设置多个使能端，主要是为了使译码器能灵活地组成各种电路，如将几块 74LS138 级联使用，可对多位输入信号进行译码等。

表 5-29　　74LS138 集成译码器真值表

| 说明 | 输入 | | | | | | 输出 | | | | | | | |
|---|---|---|---|---|---|---|---|---|---|---|---|---|---|---|
| | $G_1$ | $\overline{G}_{2A}$ | $\overline{G}_{2B}$ | $A_2$ | $A_1$ | $A_0$ | $\overline{Y_0}$ | $\overline{Y_1}$ | $\overline{Y_2}$ | $\overline{Y_3}$ | $\overline{Y_4}$ | $\overline{Y_5}$ | $\overline{Y_6}$ | $\overline{Y_7}$ |
| 不允许译码 | × | 1 | × | × | × | × | 1 | 1 | 1 | 1 | 1 | 1 | 1 | 1 |
| | × | × | 1 | × | × | × | 1 | 1 | 1 | 1 | 1 | 1 | 1 | 1 |
| | 0 | × | × | × | × | × | 1 | 1 | 1 | 1 | 1 | 1 | 1 | 1 |
| 允许译码 | 1 | 0 | 0 | 0 | 0 | 0 | 0 | 1 | 1 | 1 | 1 | 1 | 1 | 1 |
| | 1 | 0 | 0 | 0 | 0 | 1 | 1 | 0 | 1 | 1 | 1 | 1 | 1 | 1 |
| | 1 | 0 | 0 | 0 | 1 | 0 | 1 | 1 | 0 | 1 | 1 | 1 | 1 | 1 |
| | 1 | 0 | 0 | 0 | 1 | 1 | 1 | 1 | 1 | 0 | 1 | 1 | 1 | 1 |
| | 1 | 0 | 0 | 1 | 0 | 0 | 1 | 1 | 1 | 1 | 0 | 1 | 1 | 1 |
| | 1 | 0 | 0 | 1 | 0 | 1 | 1 | 1 | 1 | 1 | 1 | 0 | 1 | 1 |
| | 1 | 0 | 0 | 1 | 1 | 0 | 1 | 1 | 1 | 1 | 1 | 1 | 0 | 1 |
| | 1 | 0 | 0 | 1 | 1 | 1 | 1 | 1 | 1 | 1 | 1 | 1 | 1 | 0 |

在 $G_1$=1，$\overline{G}_{2A}$=0，$\overline{G}_{2B}$=0 时，即允许译码的条件下，由译码表可得到每个输出端的逻辑表达式为

$$\overline{Y}_0 = \overline{A}_2\overline{A}_1\overline{A}_0$$
$$\overline{Y}_1 = \overline{A}_2\overline{A}_1A_0$$
$$\overline{Y}_2 = \overline{A}_2A_1\overline{A}_0$$
$$\overline{Y}_3 = \overline{A}_2A_1A_0$$
$$\overline{Y}_4 = A_2\overline{A}_1\overline{A}_0$$
$$\overline{Y}_5 = A_2\overline{A}_1A_0$$
$$\overline{Y}_6 = A_2A_1\overline{A}_0$$
$$\overline{Y}_7 = A_2A_1A_0$$

图 5-25 所示是将两片 74138 级联扩展为 4-16 线译码器。

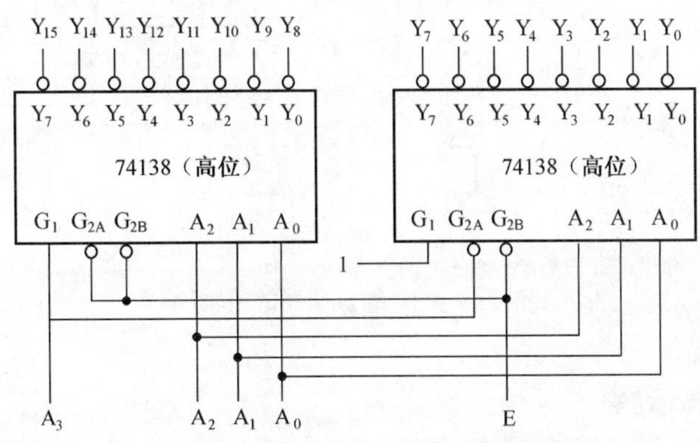


图 5-25　两片 74138 扩展为 4-16 线译码器

其工作原理为：当 $E$=1 时，两个译码器都禁止工作，输出全 1；当 $E$=0 时，译码器工作。这时，如果 $A_3$=0，高位片禁止，低位片工作，输出 $Y_0 \sim Y_7$ 由输入二进制代码 $A_2A_1A_0$ 决定；如果 $A_3$=1，低位片禁止，高位片工作，输出 $Y_8 \sim Y_{15}$ 由输入二进制代码 $A_2A_1A_0$ 决定。从而实现了 4-16 线译码器功能。

2. 4-10 线译码器

把二-十进制代码翻译成 10 个十进制数字信号的电路，称为二-十进制译码器。二-十进制译码器的输入是十进制数的 4 位二进制编码（BCD 码），分别用 $A_3$、$A_2$、$A_1$、$A_0$ 表示；输出的是与 10 个十进制数字相对应的 10 个信号，用 $Y_9 \sim Y_0$ 表示。由于二-十进制译码器有 4 根输入线，10 根输出线，所以又称为 4-10 线译码器。功能表如图 5-26 所示。

| $A_3$ | $A_2$ | $A_1$ | $A_0$ | $Y_9$ | $Y_8$ | $Y_7$ | $Y_6$ | $Y_5$ | $Y_4$ | $Y_3$ | $Y_2$ | $Y_1$ | $Y_0$ |
|---|---|---|---|---|---|---|---|---|---|---|---|---|---|
| 0 | 0 | 0 | 0 | 0 | 0 | 0 | 0 | 0 | 0 | 0 | 0 | 0 | 1 |
| 0 | 0 | 0 | 1 | 0 | 0 | 0 | 0 | 0 | 0 | 0 | 0 | 1 | 0 |
| 0 | 0 | 1 | 0 | 0 | 0 | 0 | 0 | 0 | 0 | 0 | 1 | 0 | 0 |
| 0 | 0 | 1 | 1 | 0 | 0 | 0 | 0 | 0 | 0 | 1 | 0 | 0 | 0 |
| 0 | 1 | 0 | 0 | 0 | 0 | 0 | 0 | 0 | 1 | 0 | 0 | 0 | 0 |
| 0 | 1 | 0 | 1 | 0 | 0 | 0 | 0 | 1 | 0 | 0 | 0 | 0 | 0 |
| 0 | 1 | 1 | 0 | 0 | 0 | 0 | 1 | 0 | 0 | 0 | 0 | 0 | 0 |
| 0 | 1 | 1 | 1 | 0 | 0 | 1 | 0 | 0 | 0 | 0 | 0 | 0 | 0 |
| 1 | 0 | 0 | 0 | 0 | 1 | 0 | 0 | 0 | 0 | 0 | 0 | 0 | 0 |
| 1 | 0 | 0 | 1 | 1 | 0 | 0 | 0 | 0 | 0 | 0 | 0 | 0 | 0 |

图 5-26　4-10 线译码器功能表

由表可写出各输出函数表达式。

$$Y_0 = \overline{A}_3\overline{A}_2\overline{A}_1\overline{A}_0 \qquad Y_1 = \overline{A}_3\overline{A}_2\overline{A}_1 A_0 \qquad Y_2 = \overline{A}_3\overline{A}_2 A_1\overline{A}_0 \qquad Y_3 = \overline{A}_3\overline{A}_2 A_1 A_0$$

$$Y_4 = \overline{A}_3 A_2\overline{A}_1\overline{A}_0 \qquad Y_5 = \overline{A}_3 A_2\overline{A}_1 A_0 \qquad Y_6 = \overline{A}_3 A_2 A_1\overline{A}_0 \qquad Y_7 = \overline{A}_3 A_2 A_1 A_0$$

$$Y_8 = A_3\overline{A}_2\overline{A}_1\overline{A}_0 \qquad Y_9 = A_3\overline{A}_2\overline{A}_1 A_0$$

用门电路实现 4-10 线译码器的逻辑电路如图 5-27 所示。若将与门换成与非门，则输出为反变量，即为低电平有效。

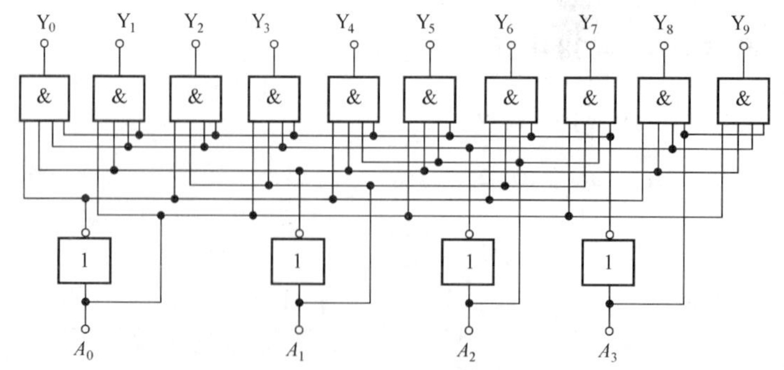


图 5-27　4-10 线译码器的逻辑电路

### 5.2.3　数码显示器

在电子设备中，经常需要显示数字、文字或符号供人们直接读取，因此，数显电路成为很多现代化设备中不可或缺的部分。使用显示器件，将输入的二进制代码还原成人们习惯的形式，并直观地显示出来的电路称为数码显示器。

目前常用的数码显示器有荧光数码管（CRT）、发光二极管（LED）和液晶显示器（LCD）等类型，目前应用最广泛的是 LED 数码管，简介如表 5-30 所示。

表 5-30　　数码显示器介绍

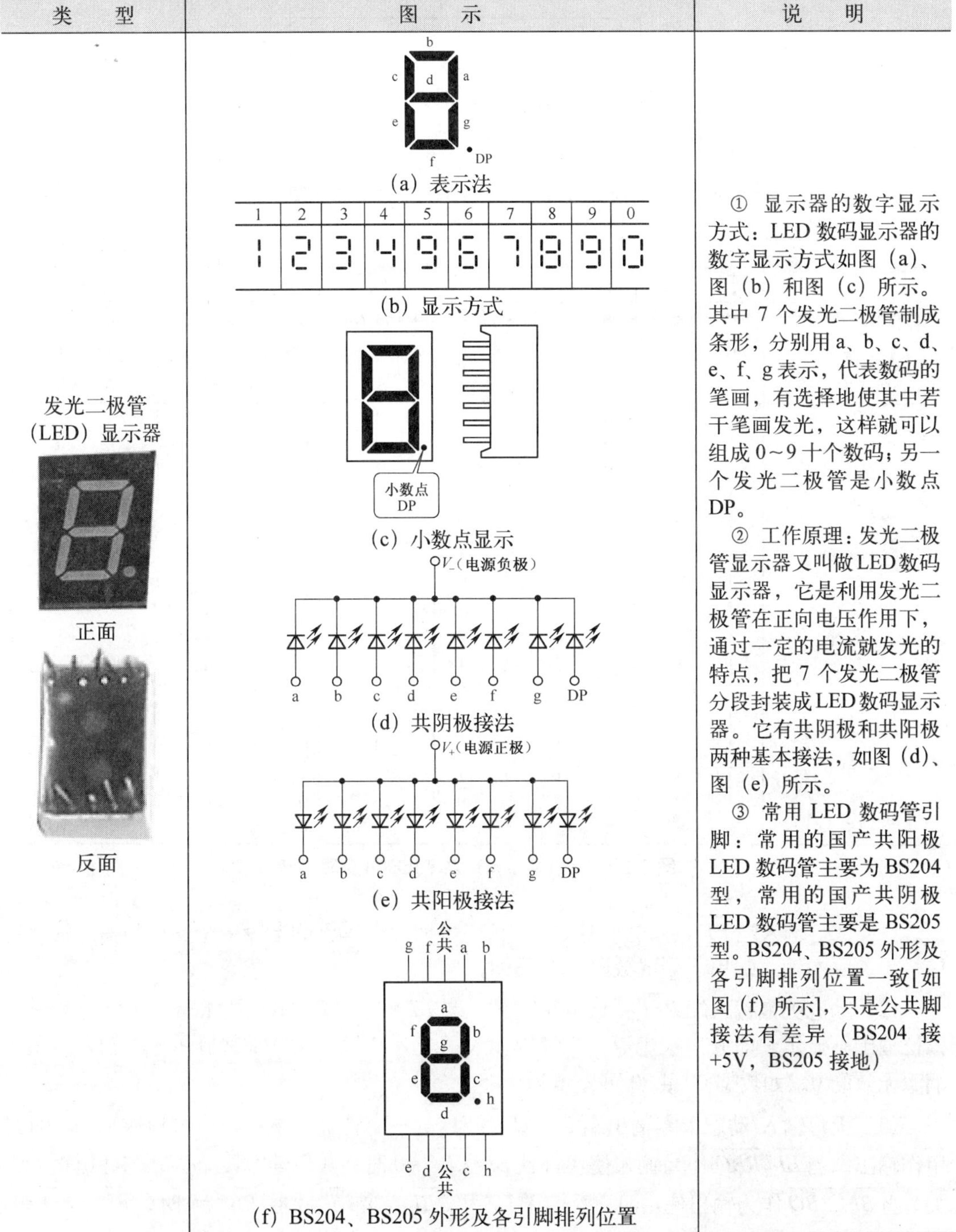

| 类　型 | 图　示 | 说　明 |
|---|---|---|
| 发光二极管（LED）显示器<br>正面<br>反面 | (a) 表示法<br>(b) 显示方式<br>(c) 小数点显示<br>(d) 共阴极接法<br>(e) 共阳极接法<br>(f) BS204、BS205 外形及各引脚排列位置 | ① 显示器的数字显示方式：LED 数码显示器的数字显示方式如图（a）、图（b）和图（c）所示。其中 7 个发光二极管制成条形，分别用 a、b、c、d、e、f、g 表示，代表数码的笔画，有选择地使其中若干笔画发光，这样就可以组成 0～9 十个数码；另一个发光二极管是小数点 DP。<br>② 工作原理：发光二极管显示器又叫做 LED 数码显示器，它是利用发光二极管在正向电压作用下，通过一定的电流就发光的特点，把 7 个发光二极管分段封装成 LED 数码显示器。它有共阴极和共阳极两种基本接法，如图（d）、图（e）所示。<br>③ 常用 LED 数码管引脚：常用的国产共阳极 LED 数码管主要为 BS204 型，常用的国产共阴极 LED 数码管主要是 BS205 型。BS204、BS205 外形及各引脚排列位置一致[如图（f）所示]，只是公共脚接法有差异（BS204 接+5V，BS205 接地） |

### 5.2.4 七段显示译码器74LS48

七段显示译码器 74LS48 接线图及其电路功能如图 5-28 和图 5-29 所示。

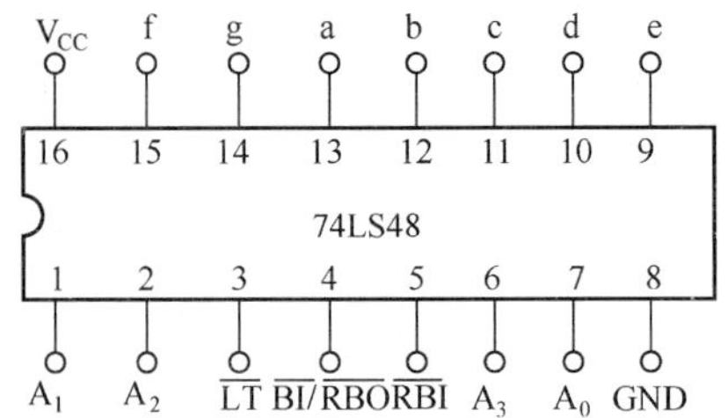


图 5-28 七段显示译码器 74LS48 接线图

| 功能或十进制数 | 输入 | | | | | | 输出 | | | | | | | |
|---|---|---|---|---|---|---|---|---|---|---|---|---|---|---|
| | $\overline{LT}$ | $\overline{RBI}$ | $A_3$ | $A_2$ | $A_1$ | $A_0$ | $\overline{BI}/\overline{RBO}$ | $a$ | $b$ | $c$ | $d$ | $e$ | $f$ | $g$ |
| $\overline{\mathrm{BI}}/\overline{\mathrm{RBO}}$（灭灯） | × | × | × | × | × | × | 0（输入） | 0 | 0 | 0 | 0 | 0 | 0 | 0 |
| $\overline{\mathrm{LT}}$（试灯） | 0 | × | × | × | × | × | 1 | 1 | 1 | 1 | 1 | 1 | 1 | 1 |
| $\overline{\mathrm{RBI}}$（动态灭零） | 1 | 0 | 0 | 0 | 0 | 0 | 0 | 0 | 0 | 0 | 0 | 0 | 0 | 0 |
| 0 | 1 | 1 | 0 | 0 | 0 | 0 | 1 | 1 | 1 | 1 | 1 | 1 | 1 | 0 |
| 1 | 1 | × | 0 | 0 | 0 | 1 | 1 | 0 | 1 | 1 | 0 | 0 | 0 | 0 |
| 2 | 1 | × | 0 | 0 | 1 | 0 | 1 | 1 | 1 | 0 | 1 | 1 | 0 | 1 |
| 3 | 1 | × | 0 | 0 | 1 | 1 | 1 | 1 | 1 | 1 | 1 | 0 | 0 | 1 |
| 4 | 1 | × | 0 | 1 | 0 | 0 | 1 | 0 | 1 | 1 | 0 | 0 | 1 | 1 |
| 5 | 1 | × | 0 | 1 | 0 | 1 | 1 | 1 | 0 | 1 | 1 | 0 | 1 | 1 |
| 6 | 1 | × | 0 | 1 | 1 | 0 | 1 | 0 | 0 | 1 | 1 | 1 | 1 | 1 |
| 7 | 1 | × | 0 | 1 | 1 | 1 | 1 | 1 | 1 | 1 | 0 | 0 | 0 | 0 |
| 8 | 1 | × | 1 | 0 | 0 | 0 | 1 | 1 | 1 | 1 | 1 | 1 | 1 | 1 |
| 9 | 1 | × | 1 | 0 | 0 | 1 | 1 | 1 | 1 | 1 | 0 | 0 | 1 | 1 |
| 10 | 1 | × | 1 | 0 | 1 | 0 | 1 | 0 | 0 | 0 | 1 | 1 | 0 | 1 |
| 11 | 1 | × | 1 | 0 | 1 | 1 | 1 | 0 | 0 | 1 | 1 | 0 | 0 | 1 |
| 12 | 1 | × | 1 | 1 | 0 | 0 | 1 | 0 | 1 | 0 | 0 | 0 | 1 | 1 |
| 13 | 1 | × | 1 | 1 | 0 | 1 | 1 | 1 | 0 | 0 | 1 | 0 | 1 | 1 |
| 14 | 1 | × | 1 | 1 | 1 | 0 | 1 | 0 | 0 | 0 | 1 | 1 | 1 | 1 |
| 15 | 1 | × | 1 | 1 | 1 | 1 | 1 | 0 | 0 | 0 | 0 | 0 | 0 | 0 |

图 5-29 七段显示译码器 74LS48 电路功能

（1）试灯输入端 $\overline{LT}$：低电平有效。当 $\overline{LT}$=0 时，数码管的七段应全亮，与输入的译码信号无关。本输入端用于测试数码管的好坏。

（2）动态灭零输入端 $\overline{RBI}$：低电平有效。当 $\overline{LT}$=1、$\overline{RBI}$=0、且译码输入全为 0 时，该位输出不显示，即 0 字被熄灭；当译码输入不全为 0 时，该位正常显示。本输入端用于消隐无效的 0。如数据 0034.50 可显示为 34.5。

（3）灭灯输入/动态灭零输出端 $\overline{BI}/\overline{RBO}$：这是一个特殊的端钮，有时用作输入，有时用作输出。当 $\overline{BI}/\overline{RBO}$ 作为输入使用，且 $\overline{BI}/\overline{RBO}$=0 时，数码管七段全灭，与译码输入无关。当 $\overline{BI}/\overline{RBO}$ 作为输出使用时，受控于 $\overline{LT}$ 和 $\overline{RBI}$：当 $\overline{LT}$=1 且 $\overline{RBI}$=0 时，$\overline{BI}/\overline{RBO}$=0；

其他情况下 $\overline{BI}/\overline{RBO}=1$。本端钮主要用于显示多位数字时，多个译码器之间的连接。

在多位十进制数码显示时，整数前和小数后的 0 是没有意义的，称为“无效 0”。在图 5-30 所示的多位数码显示系统中，就可将无效 0 灭掉。从图 5-30 中可见，由于整数部分 7448 除最高位的 RBI 接 0、最低位的 RBI 接 1 外，其余各位的 RBI 均接受高位的 RBO 输出信号。所以整数部分只有在高位是 0，而且被熄灭时，低位才有灭零输入信号。同理，小数部分除最高位的 RBI 接 1、最低位的 RBI 接 0 外，其余各位均接受低位的 RBO 输出信号。所以小数部分只有在低位是 0、而且被熄灭时，高位才有灭零输入信号。从而实现了多位十进制数码显示器的“无效 0 消隐”功能。

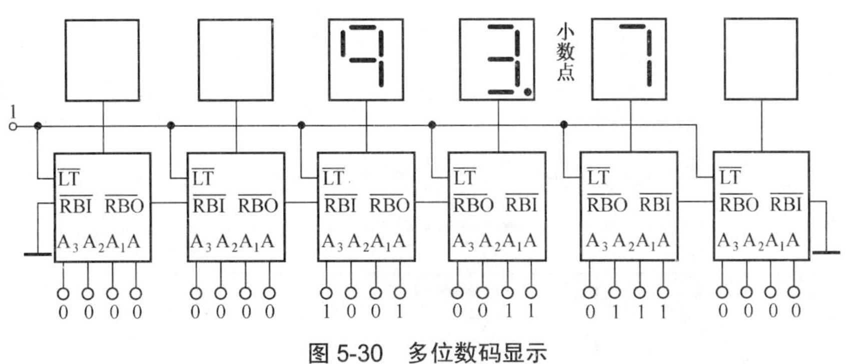


图 5-30 多位数码显示

## *5.2.5 数据选择器和数据分配器

利用一条线路传送多路信号给多个终端，如图 5-31 所示，在终端要求对多路输入信号按约定进行选择。在终端要求把线上传送的信号按约定分配到相应的输出端去。数据选择器和数据分配器就是具有这两种电路功能的逻辑部件。

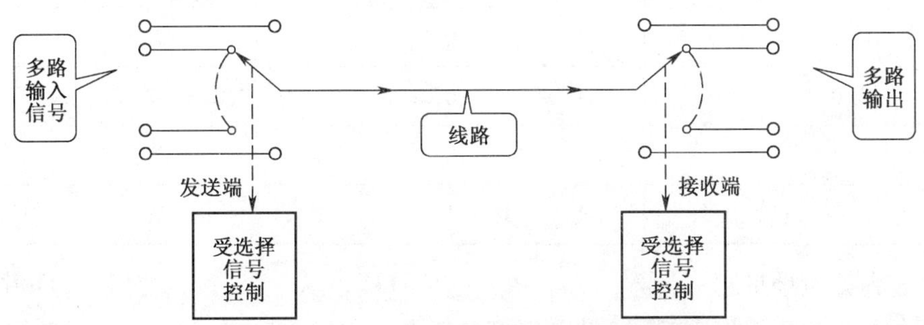


图 5-31 利用一条线路传送多路信号

1. 数据选择器

(1) 数据选择器的功能。

数据选择器类似一个单刀多掷开关，如图 5-32 所示，图中有 4 路数据 $D_0\sim D_3$，通过选择控制信号 $A_1$、$A_0$（地址码）从 4 路数据中选中某一数据送至输出端 Q。例如在视频会议电路中令 $D_0$、$D_1$、$D_2$、$D_3$ 分别代表 4 个分会场的视频信号，Q 代表终端显示，那么通过控制地址码就可以了解各分会场的情况了。

数据选择器应用广泛，主要有 4 选 1、8 选 1、16 选 1 等类别。

(2) 8 选 1 数据选择器（74LS151）。

74LS151 为互补输出的 8 选 1 数据选择器，引脚排列如图 5-33 所示，功能如表 5-31 所示。

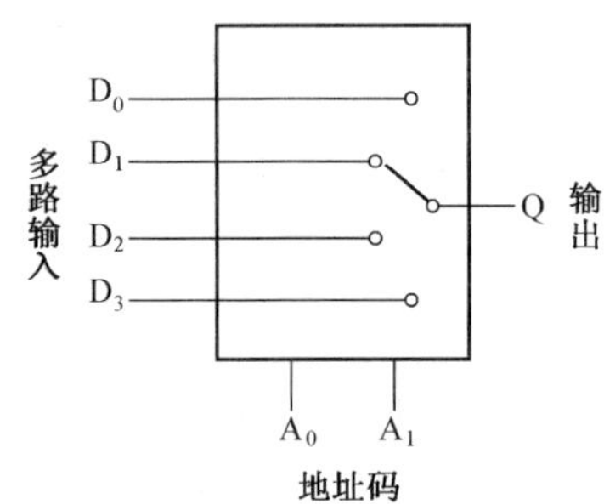


图 5-32　4 选 1 数据选择器示意图

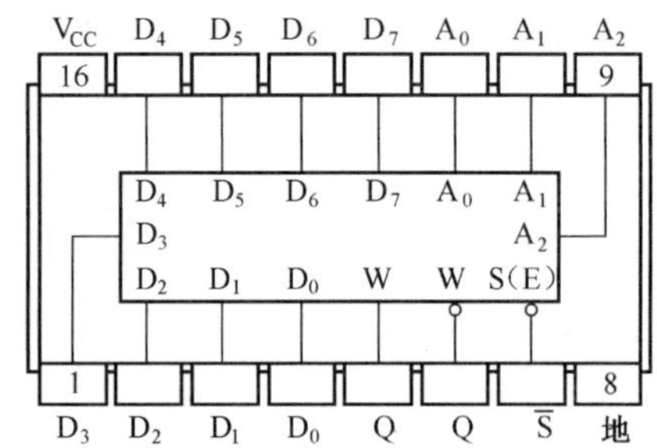


图 5-33　74LS151 引脚排列

表 5-31　　74LS151 功能表

| 使　能 | 输 | 入 | | 输 | 出 |
|---|---|---|---|---|---|
| $\overline{S}$ | $A_2$ | $A_1$ | $A_0$ | $Q$ | $\overline{Q}$ |
| 1 | × | × | × | 0 | 1 |
| 0 | 0 | 0 | 0 | $D_0$ | $\overline{D_0}$ |
| 0 | 0 | 0 | 1 | $D_1$ | $\overline{D_1}$ |
| 0 | 0 | 1 | 0 | $D_2$ | $\overline{D_2}$ |
| 0 | 0 | 1 | 1 | $D_3$ | $\overline{D_3}$ |
| 0 | 1 | 0 | 0 | $D_4$ | $\overline{D_4}$ |
| 0 | 1 | 0 | 1 | $D_5$ | $\overline{D_5}$ |
| 0 | 1 | 1 | 0 | $D_6$ | $\overline{D_6}$ |
| 0 | 1 | 1 | 1 | $D_7$ | $\overline{D_7}$ |

选择控制端（地址端）为 $A_2$～$A_0$，按二进制译码，从 8 个输入数据 $D_0$～$D_7$ 中，选择一个需要的数据送到输出端 Q，$\overline{S}$ 为使能端，低电平有效。

(1) 使能端 $\overline{S}=1$ 时，不论 $A_2$～$A_0$ 状态如何，均无输出（$Q=0$、$\overline{Q}=1$），多路开关被禁止。

(2) 使能端 $\overline{S}=0$ 时，多路开关正常工作，根据地址码 $A_2$、$A_1$、$A_0$ 的状态选择 $D_0$～$D_7$ 中某一个通道的数据输送到输出端 Q。

如 $A_2A_1A_0$=000，则选择 $D_0$ 数据到输出端，即 $Q=D_0$；

如 $A_2A_1A_0$=001，则选择 $D_1$ 数据到输出端，即 $Q=D_1$；

……

依此类推。

2. 数据分配器

（1）数据分配器的功能。

数据分配器的功能与数据选择器的相反，是将输入数据按照地址码的要求分配到多个输出端的其中一个相应输出端输出的电路，也相当于一只单刀多掷开关。数据分配是数据选择的逆过程，其示意图如图 5-34 所示。

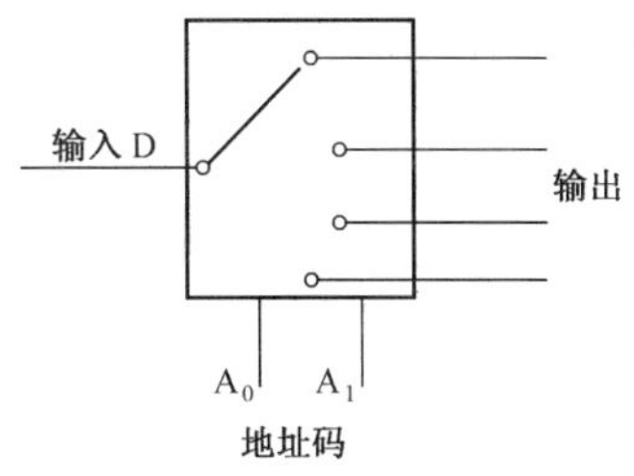


图 5-34　4 路数据分配器示意图

需要指出的是，数据分配器和二进制译码器具有类似的电路结构形式，在数据分配器中，D 是数据输入端，$A_0$、$A_1$是选择信号控制端，在二进制译码器中，与 D 相应的是使能端，$A_0$、$A_1$是输入的二进制代码。实际上可以认为数据分配器就是带使能端的二进制译码器。

（2）4 路数据分配器。

4 路数据分配器如图 5-35 所示，图中 74LS139 是双 2-4 译码器可单独一组使用。其引脚排列如图 5-36 所示。

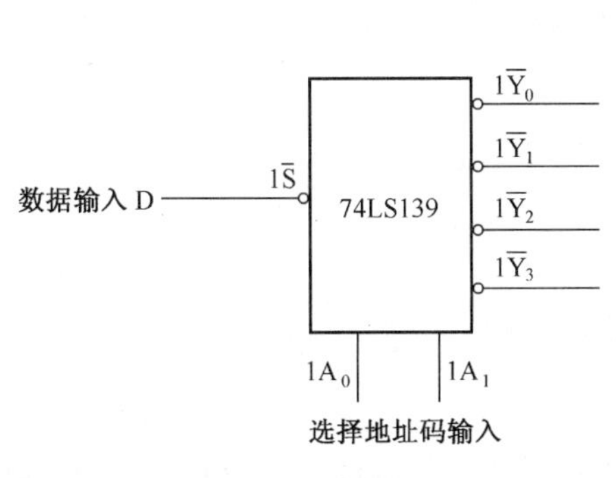


图 5-35　4 路数据分配器示意图

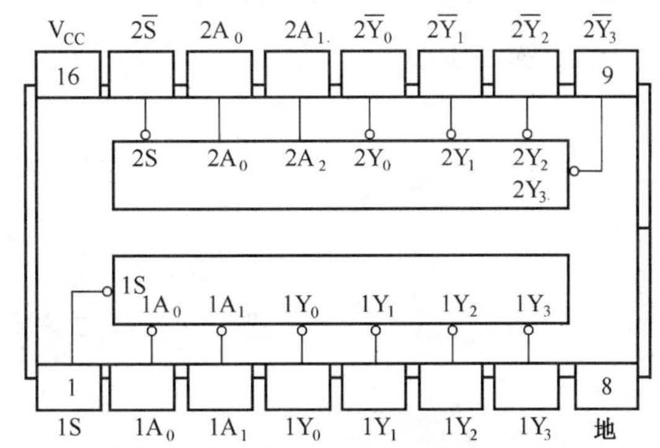


图 5-36　4 路数据分配器引脚排列

数据 D 从使能端输入地址，根据地址输入信号 $1A_0$、$1A_1$ 的控制，可将数据输入信号分配到对应的$1\overline{Y}_0$ ~ $1\overline{Y}_3$输出端，具体分配如表 5-32 所示。

表 5-32　4 路分配器真值表

| 地 址 输 入 | | 数 据 输 入 |
|---|---|---|
| $A_1$ | $A_0$ | $1\overline{Y}$ |
| 0 | 0 | $1\overline{Y}_0 = D$ |
| 0 | 1 | $1\overline{Y}_1 = D$ |
| 1 | 0 | $1\overline{Y}_2 = D$ |
| 1 | 1 | $1\overline{Y}_3 = D$ |

例如，当 $A_1A_2$=01 时，则$1\overline{Y}_1 = D$，其他输出端不接通。

### *5.2.6　数值大小比较器

在数字系统中，常常需要对两个二进制数进行比较，然后根据比较的结果去实施对某一目标的控制。实现这一功能的电路称为比较器，下面介绍数值大小比较器。

1. 一位二进制比较器

两个一位二进制数 $A$ 与 $B$ 的大小关系比较的真值表如表 5-33 所示。

表 5-33　　一位二进制数比较器真值表

| 输　入 | | 输　出 | | |
|---|---|---|---|---|
| $A$ | $B$ | $Y_1$（$A>B$） | $Y_2$（$A<B$） | $Y_3$（$A=B$） |
| 0 | 0 | 0 | 0 | 1 |
| 0 | 1 | 0 | 1 | 0 |
| 1 | 0 | 1 | 0 | 0 |
| 1 | 1 | 0 | 0 | 1 |

当 $A=B$ 时，电路输出 $Y_3=1$；当 $A<B$ 时，输出 $Y_2=1$；当 $A>B$ 时，输出 $Y_1=1$。

由表可得 $Y_1=A\overline{B}$，$Y_2=\overline{A}B$，$Y_3=\overline{A}\,\overline{B}+AB$（$\overline{A\overline{B}+\overline{A}B}$）

根据逻辑表达式，可画出图 5-37 所示的一位数字比较器的逻辑电路。

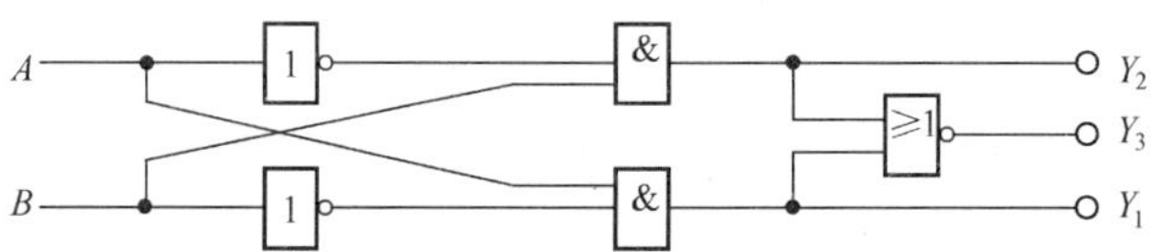


图 5-37　一位二进制比较器逻辑电路

2. 四位数值大小比较器

对于多位数码，首先应从最高位开始比较。若最高位相等，则比较次高位……依此类推，采取逐位比较法，直到比较出最后结果。

在电路中，具体应用的主要是多位数值大小比较器，而且都有成品集成电路。下面通过 74LS85 型数值大小比较器，来介绍集成数值大小比较器的功能和应用。

74LS85 是一个四位大小比较器，其外部引脚和真值表分别如图 5-38 和表 5-34 所示。

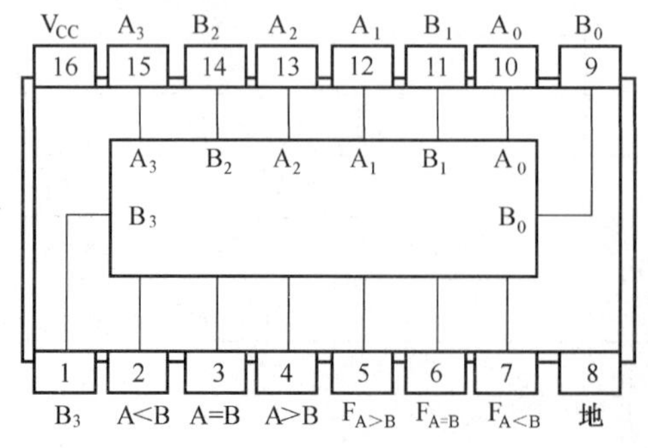

（a）电路图

（b）实物图

图 5-38　74LS85 型数字比较器的外部引脚

表 5-34　　74LS85 型数字比较器真值表

| 比较过程 | 比较输入 | | | | 级联输入 | | | 输出 | | |
|---|---|---|---|---|---|---|---|---|---|---|
| | $A_3$，$B_3$ | $A_2$，$B_2$ | $A_1$，$B_1$ | $A_0$，$B_0$ | $A>B$ | $A<B$ | $A=B$ | $A>B$ | $A<B$ | $A=B$ |
| 1 | $A_3>B_3$ | × | × | × | × | × | × | 1 | 0 | 0 |
| 2 | $A_3<B_3$ | × | × | × | × | × | × | 0 | 1 | 0 |
| 3 | $A_3=B_3$ | $A_2>B_2$ | × | × | × | × | × | 1 | 0 | 0 |
| 4 | $A_3=B_3$ | $A_2<B_2$ | × | × | × | × | × | 0 | 1 | 0 |
| 5 | $A_3=B_3$ | $A_2=B_2$ | $A_1>B_1$ | × | × | × | × | 1 | 0 | 0 |
| 6 | $A_3=B_3$ | $A_2=B_2$ | $A_1<B_1$ | × | × | × | × | 0 | 1 | 0 |
| 7 | $A_3=B_3$ | $A_2=B_2$ | $A_1=B_1$ | $A_0>B_0$ | × | × | × | 1 | 0 | 0 |
| 8 | $A_3=B_3$ | $A_2=B_2$ | $A_1=B_1$ | $A_0<B_0$ | × | × | × | 0 | 1 | 0 |
| 9 | $A_3=B_3$ | $A_2=B_2$ | $A_1=B_1$ | $A_0=B_0$ | 1 | 0 | 0 | 1 | 0 | 0 |
| 10 | $A_3=B_3$ | $A_2=B_2$ | $A_1=B_1$ | $A_0=B_0$ | 0 | 1 | 0 | 0 | 1 | 0 |
| 11 | $A_3=B_3$ | $A_2=B_2$ | $A_1=B_1$ | $A_0=B_0$ | 0 | 0 | 1 | 0 | 0 | 1 |

在图 5-39 中，数据输入端 $A_3A_2A_1A_0$、$B_3B_2B_1B_0$，输出端 F（$A>B$、$A=B$、$A<B$）经过逐位比较，可进行四位二进制数的比较。至于外部引脚 2、3、4 的级联输入端，在扩展比较位数时使用。例如，对一个八位二进制数进行比较，就可以使用两段四位比较器级联的方式解决，具体接法如图 5-39 所示。

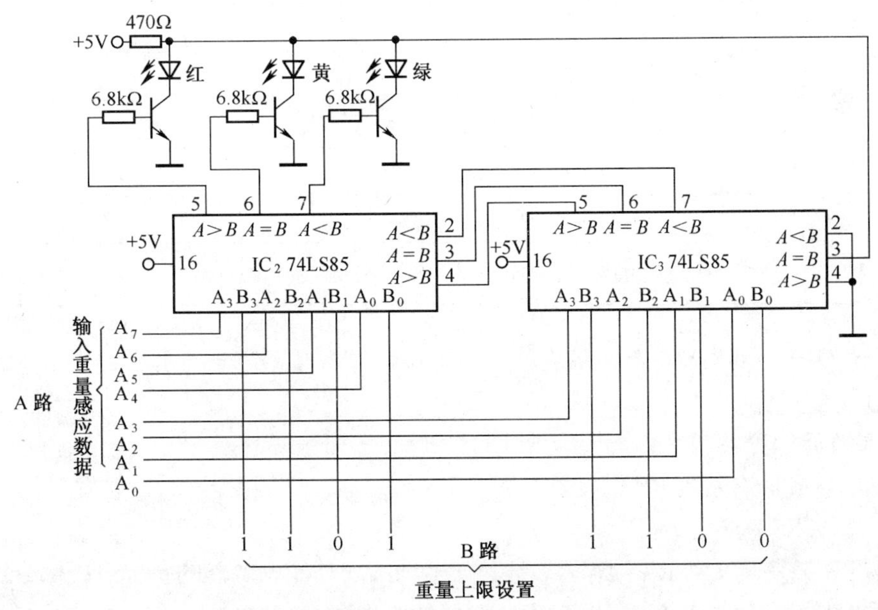


图 5-39　两段四位比较器级联

需要指出的是，对于 TTL 集成数值大小比较器，最低四位的级联输入端 $A>B$、$A<B$ 和 $A=B$，必须分别预置为 0、0、1，这就指出最低四位的级联输入信号应为 0。这样才能保证

两个多位数的各位都相同时，比较器的 $A=B$ 输出端输出为 1，即最低四位级联输入端要按如下要求连接：2 号端子（$A>B$）= “0”，3 号端子（$A=B$）= “1”，4 号端子（$A<B$）= “0”，即 2 号、4 号端子接地，3 号端子接高电平。

# 5.3 数控分频电路制作与调试

## 5.3.1 触发器

逻辑电路按其性能分为组合逻辑电路与时序逻辑电路。前面学习的是组合逻辑电路，这种电路任何时刻的输出状态由当时输入状态决定，它没有记忆功能，相当于一种自复式的机械条件开关。而在数字系统中，还常常需要一种具有记忆功能的电路，即任何时刻的输出状态不仅与当时输入状态有关，还与该电路以前所处的状态有关，这种具有记忆功能的电路称为时序逻辑电路。

触发器是组成时序逻辑电路的基本单元，触发器有“0”和“1”两个稳定状态，它在触发脉冲（输入信号）的作用下，可以从一种稳定状态翻转到另一种稳定状态；在输入信号消失之后，它又能保持触发器的状态不变。因此，一个触发器可以记忆一位二进制信息。

1. 触发器的基本功能

触发器具有 4 种功能，如表 5-35 所示。

表 5-35　　触发器的几种功能

| 项　目 | 功　能 | 输出状态 |
|---|---|---|
| 置 0（复位） | 触发器状态转变为“0”态 | $Q^{n+1}=0$ |
| 置 1（置位） | 触发器状态转变为“1”态 | $Q^{n+1}=1$ |
| 保持 | 触发器状态保持不变 | $Q^{n+1}=Q^n$ |
| 翻转 | 触发器状态转变为与原状态相反的状态 | $Q^{n+1}=\overline{Q}^n$ |

说明：$Q^n$——触发器现态（触发脉冲作用前的状态）；$Q^{n+1}$——触发器次态（触发脉冲作用后的状态）。

2. 触发器的分类

常见的触发器有基本 RS 触发器、同步 RS 触发器、D 触发器和 JK 触发器。

（1）基本 RS 触发器。

基本 RS 触发器又称 RS 锁存器，是其他各种不同功能触发器的基本组成部分。图 5-40 所示为采用与非门组成的基本 RS 触发器逻辑线路图和逻辑符号。

基本 RS 触发器功能如表 5-36 所示，因为 $\overline{S}=0$（$\overline{R}=1$）时，触发器被置“1”，所以通常称 $\overline{S}$ 为置“1”端，同理 $\overline{R}$ 为置“0”端。需要强调指出的是，当 $\overline{S}=\overline{R}=0$ 时，触发器状态不定，实用中不允许出现这种输入组合。

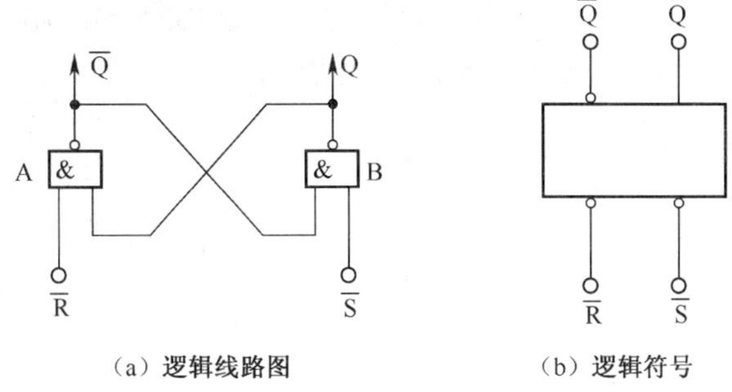

（a）逻辑线路图 （b）逻辑符号

图 5-40 采用与非门组成的基本 RS 触发器逻辑线路图和逻辑符号

表 5-36 基本 RS 触发器功能表

| 输 入 | | 输 出 | | |
|---|---|---|---|---|
| $\overline{S}$ | $\overline{R}$ | $Q^{n+1}$ | $\overline{Q}^{n+1}$ | 功能 |
| 0 | 1 | 1 | 0 | 置 1 |
| 1 | 0 | 0 | 1 | 置 0 |
| 1 | 1 | $Q^n$ | $\overline{Q}^n$ | 保持 |
| 0 | 0 | 不定 | 不定 | 不定 |

基本 RS 触发器也可以用两个“或非”门组成。如图 5-41 所示，此时为高电平触发有效。基本 RS 触发器 74LS279 的引脚排列如图 5-42 所示，从图中可以看出 74LS279 内部集成了 4 个相互独立的由与非门构成的基本 RS 触发器。

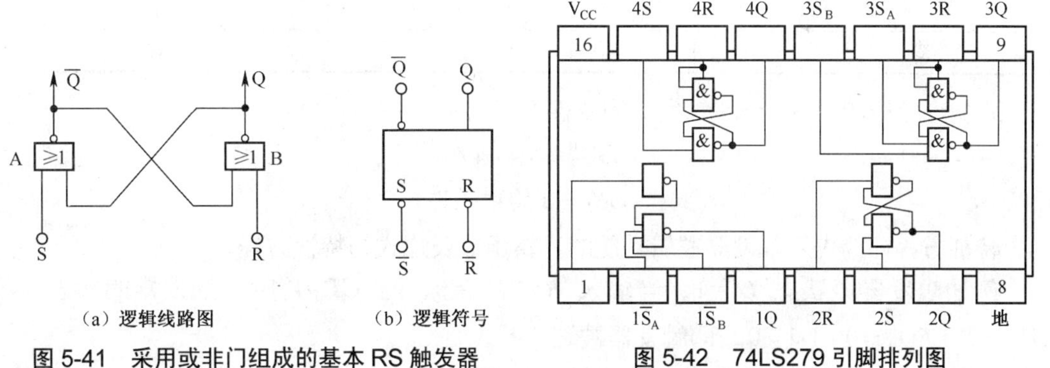

（a）逻辑线路图 （b）逻辑符号

图 5-41 采用或非门组成的基本 RS 触发器

图 5-42 74LS279 引脚排列图

（2）同步 RS 触发器。

① 同步 RS 触发器组成。在实际数字电路中，一般具有多个触发器，常常要求各触发器在一个时钟脉冲（控制脉冲）的强制作用下，同步翻转。这就要求除了相应的输入端外，须再增加一个控制端。只有在控制端出现时钟脉冲时，触发器才动作。至于触发器的状态，仍由输入端相应输入信号来决定，这种触发器称为同步触发器，也称时钟控制触发器。其中，时钟脉冲 CP（Clock Pulse）又称主控脉冲（触发脉冲），指挥数字系统中各触发器协同工作。CP 脉冲是具有一定频率的矩形波。

同步 RS 触发器如图 5-43 所示。A、B 门组成基本 RS 触发器，C、D 组成控制门，CP

为时钟脉冲，CP=0 时，无论输入端 R、S 信号如何，触发器输出端 Q 保持原来状态不变，只有当 CP=1 时，Q 端状态才受 R、S 输入信号影响。

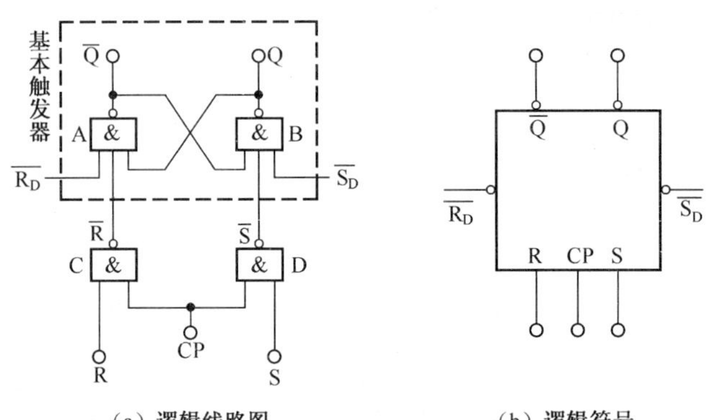


（a）逻辑线路图　　（b）逻辑符号

图 5-43　同步 RS 触发器

② 同步 RS 触发器的功能。描述触发器的功能一般有真值表、特性方程和状态转移图三种方法，在分析触发器逻辑电路时都会经常运用。

同步 RS 触发器真值表如表 5-37 所示。

表 5-37　同步 RS 触发器真值表

| CP=1 | | $Q^{n+1}$ |
|---|---|---|
| $S$ | $R$ | |
| 0 | 0 | $Q^n$ |
| 0 | 1 | 0 |
| 1 | 0 | 1 |
| 1 | 1 | 不定 |

根据理论分析，同步 RS 触发器的特性方程为

$$\begin{cases} Q^{n+1} = S + \overline{R}Q^n \\ RS = 0(\text{约束条件}) \end{cases}$$

特征方程即为表示触发器逻辑功能的逻辑函数表达式为特性方程。

例如触发器原状态 $Q^n$=1，当输入 $R$=1，$S$=0，当 $CP$=1 时，触发器的次态应为 $Q^{n+1} = S + \overline{R}Q^n = 0 + \overline{1} \cdot 1 = 0$，即触发器被置“0”。

状态转换图用来描述触发器的状态转换关系及转换条件的图形称为状态图。如图 5-44 所示，图中的两个圆圈分别代表触发器的两种稳定状态。箭头表示转移方向，箭头旁的标注表示转移条件。从图中可以看出：如果触发器状态 $Q^n$=0，输入信号 $S$=1，$R$=0，则状态将由 $Q^n$=0 转移为 $Q^{n+1}$=1；其余依此类推。

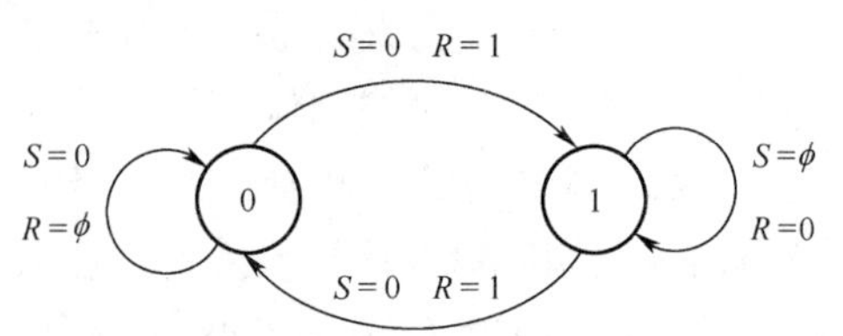


图 5-44　状态转换图（$\phi$代表任意）

(3) D 触发器。

① D 触发器电路符号，引脚排列和实物如图 5-45 所示。

② D 触发器真值表如表 5-38 所示。

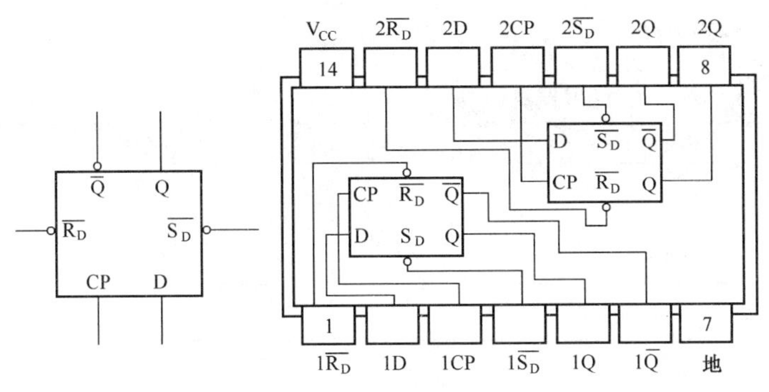


（a）电路符号　（b）引脚排列

（c）实物图

图 5-45　D 触发器

表 5-38　D 触发器真值表

| $D$ | $Q^{n+1}$ |
|---|---|
| 0 | 0 |
| 1 | 1 |

③ 特征方程如下。

$$Q^{n+1}=D$$

④ 状态转移图如图 5-46 所示。

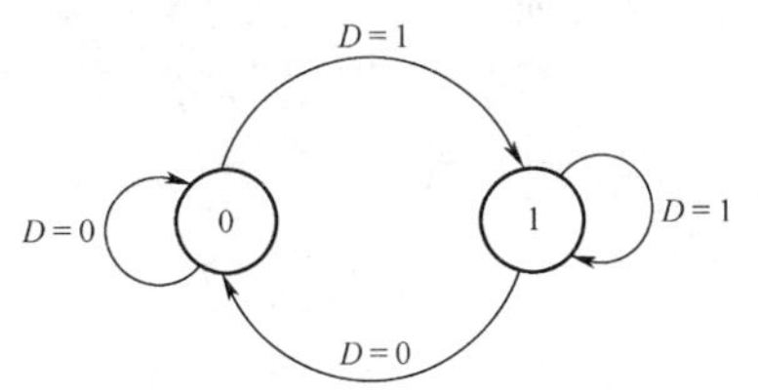


图 5-46　D 触发器状态转移图

(4) JK 触发器。

① JK 触发器电路符号和引脚排列和实物图如图 5-47 所示。

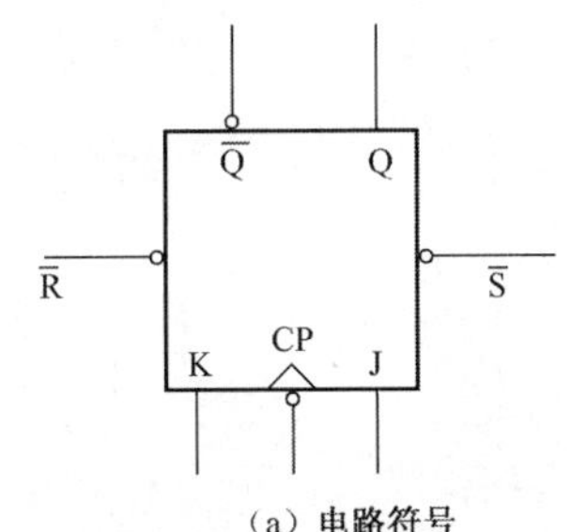


（a）电路符号

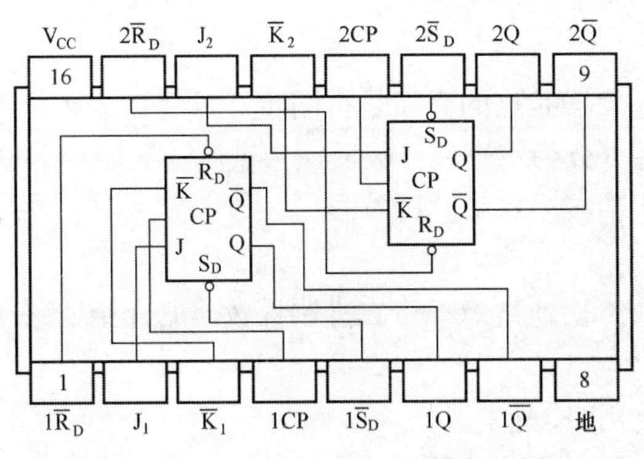


（b）引脚排列

（c）实物图

图 5-47　74F109N 双 JK 触发器

② JK 触发器真值表如表 5-39 所示。

表 5-39　　JK 触发器真值表

| J | K | $Q^{n+1}$ |
|---|---|---|
| 0 | 0 | $Q^n$ |
| 0 | 1 | 0 |
| 1 | 0 | 1 |
| 1 | 1 | $\overline{Q^n}$ |

③ 特征方程如下。

$$Q^{n+1} = J\overline{Q}^n + \overline{K}Q^n$$

④ 状态转换图如图 5-48 所示。

### 5.3.2　计数器

计数器是数字电路中最常用的功能器件，主要用于记忆输入脉冲的个数，图 5-49 所示的是流水线上产品计数器的原理图，每当有产品经过时，干簧管吸合一次，计数器不断累加，关于干簧管的知识，请看附录 4。另外，计数器还可根据实际需要广泛用于分频、定时、测量等电路。

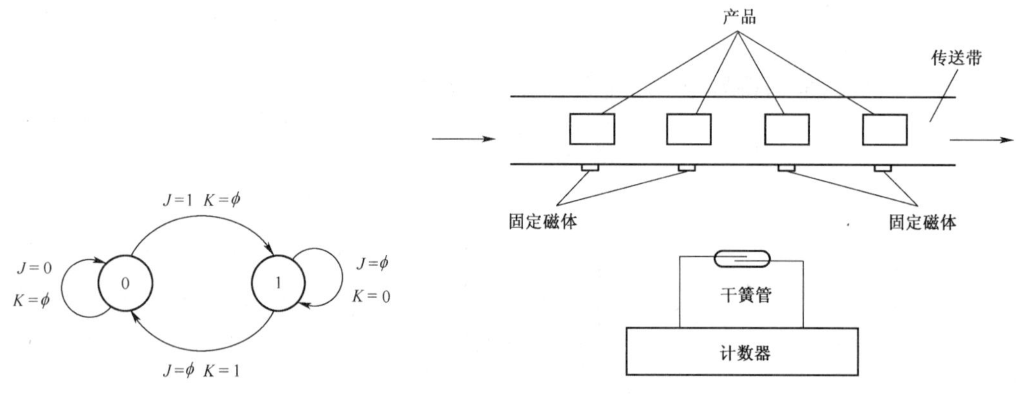


图 5-48　JK 触发器状态转移图　　　图 5-49　产品计数器原理图

1. 计数器的分类

计数器种类很多。按计数器中各个触发器状态的更新是否同步，可将计数器分为同步计数器和异步计数器。根据计数制不同，可分为二进制计数器，十进制计数器和 N 进制计数器。根据计数的性质来分，可分为加法，减法和可逆计数器。

2. 二进制计数器

二进制计数器是各种计数器的基础，下面通过对异步二进制计数器的介绍，来了解计数器计数的基本原理。

（1）二位异步二进制加法计数器（使用 JK 触发器）。

若计数器的计数值随着输入端脉冲个数递增的计数器称为加法器。为了实现二进制加法计数，特将 2 个 JK 触发器连接起来，计数脉冲由 $F_1$ 的 CP 输入，J、K 端悬空（$J$=$K$=1），如图 5-50 所示。

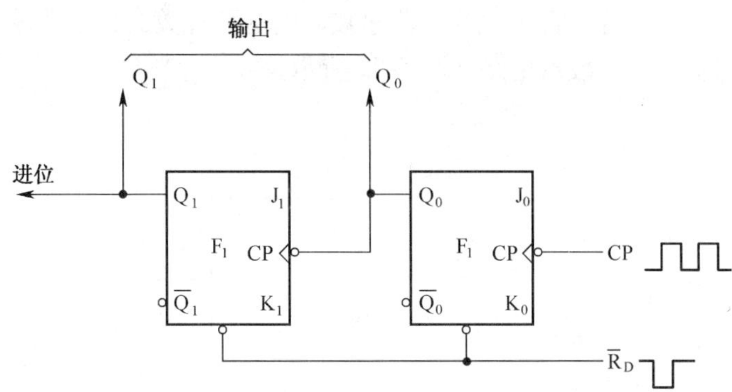


图 5-50 二位异步二进制计数器电路

① 计数器工作前，使 $\overline{R}_D=0$，各触发器清 0，则 $Q_1Q_0$=00（开始输入计数脉冲 CP 时，使 $\overline{R}=1$）。

② 输入第一个计数脉冲时，$F_0$ 翻转，根据 $Q^{n+1}=J\overline{Q}^n+\overline{K}Q^n=\overline{Q}^n$ 的特征方程，$Q_0$ 由 0 变 1，$Q_0$ 的正跳变信号加到 $F_1$ 触发端 CP 端，属无效触发，$F_1$ 的状态不变。计数状态为 $Q_1Q_0$=01；

③ 输入第二个计数脉冲时，$F_0$ 再次翻转，$Q_0$ 由 1 变 0，$Q_0$ 的负跳变信号加到 $F_1$ 触发端 CP 端，属有效触发，$F_1$ 状态翻转，$Q_1$ 由 0 变 1。计数状态为 $Q_1Q_0$=10；

根据以上分析可知，触发器 $F_1$ 和 $F_2$ 两个触发器状态的更新不同步，因此称为异步计数器。

随着计数脉冲的不断输入，计数器则有相应的输出，当输入第四个计数脉冲时，计数可向更高位进位，本位则恢复到 0 状态。

表 5-40 所示为该计数器计数状态表，其工作波形如图 5-51 所示。

表 5-40 计数器计数状态表

| 输入计数脉冲数 | 计数器状态 | |
|---|---|---|
| | $Q_1$ | $Q_0$ |
| 0 | 0 | 0 |
| 1 | 0 | 1 |
| 2 | 1 | 0 |
| 3 | 1 | 1 |
| 4 | 0 | 0 |

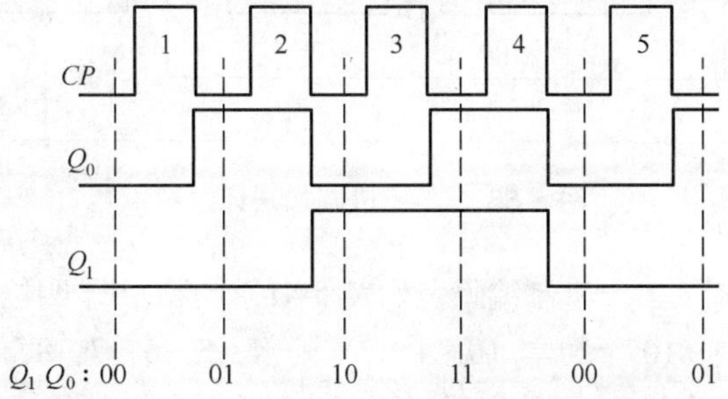


图 5-51 二位异步二进制计数器工作波形

(2) 四位异步二进制减法器计数器。

若计数器的计数值随着计数脉冲的个数递减，则这种计数器称之为减法器。

四位异步二进制减法计数器电路如图 5-52 所示。

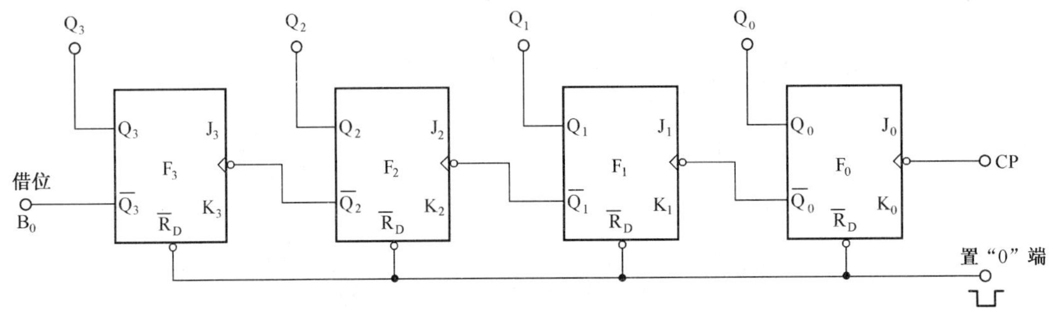


图 5-52　异步二进制减法计数器

比较一下加法计数器和减法计数器电路的接线便可知晓，加法和减法计数器的差别在于各触发器之间进位线和借位线的连接。如将图 5-50 中触发器 $F_0$ 的 $Q_0$ 端与触发器 $F_1$ 的 CP 端相连，则图 5-52 所示的加法计数就转换成了减法计数。

(3) 十进制计数器。

日常生活中，人们多使用十进制计数，因此十进制计数器应运而生。下面介绍用得最多的十进制计数器——二-十进制计数器，电路如图 4-53 所示。

由图 4-53 可见，该计数器是一个异步十进制加法计数器，由 4 个 JK 触发器和一个与非门构成，其中与非门的输出端接到触发器 $F_1$、$F_2$ 的 $\overline{S}_D$ 端（置“1”端），输入端则接到时钟信号输入端（CP 端），触发器的输出端为 $Q_0$、$Q_1$、$Q_2$、$Q_3$，$\overline{R}_D$ 为清零端。对图 5-53 所示的电路分析如下。

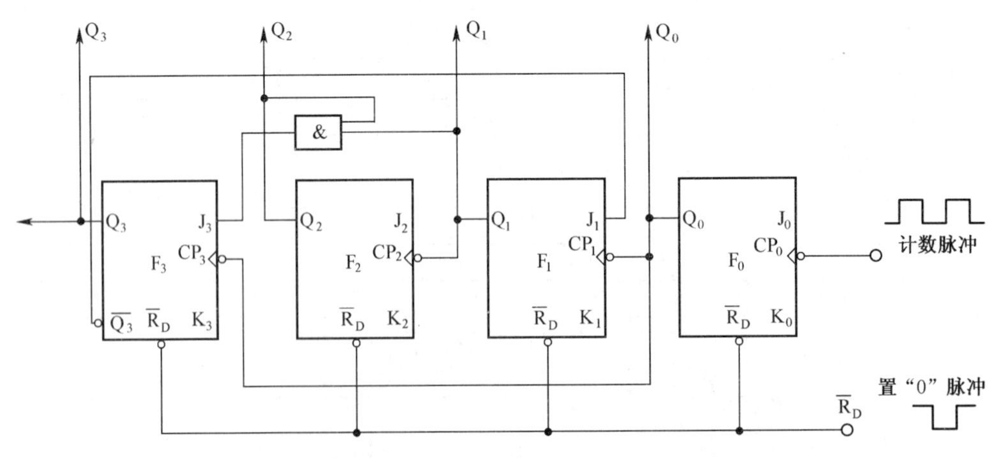


图 5-53　二-十进制加法计数器

① 二-十进制编码表。二-十进制编码表如表 5-41 所示，由于四位二进制计数器可以表示 16 种状态，而十进制只有 10 个数字（0、1、2、3、4、5、6、7、8、9），所以必须跳过多余的 6 种状态，使得计数器在计到“9”以后，再加上一个计数脉冲便返回到“0 0 0 0”状态。

表 5-41 二-十进制编码表

| 输入脉冲 | 二进制数码输出 | | | | 对应的十进制数 |
|---|---|---|---|---|---|
| | $Q_4$ | $Q_3$ | $Q_2$ | $Q_1$ | |
| 清零 | 0 | 0 | 0 | 0 | 0 |
| 1CP | 0 | 0 | 0 | 1 | 1 |
| 2CP | 0 | 0 | 1 | 0 | 2 |
| 3CP | 0 | 0 | 1 | 1 | 3 |
| 4CP | 0 | 1 | 0 | 0 | 4 |
| 5CP | 0 | 1 | 0 | 1 | 5 |
| 6CP | 0 | 1 | 1 | 0 | 6 |
| 7CP | 0 | 1 | 1 | 1 | 7 |
| 8CP | 1 | 0 | 0 | 0 | 8 |
| 9CP | 1 | 0 | 0 | 1 | 9 |
| | 1 | 0 | 1 | 0 | 跳过 6 个码 |
| | 1 | 0 | 1 | 1 | |
| | 1 | 1 | 0 | 0 | |
| | 1 | 1 | 0 | 1 | |
| | 1 | 1 | 1 | 0 | |
| | 1 | 1 | 1 | 1 | |
| 10CP | 0 | 0 | 0 | 0 | |

② 计数器工作过程简介。

计数器的工作过程分为两步。

第一步：计数器复位清零。在工作前应先对计数器进行复位清零。在复位控制端送一个负脉冲到各触发器 $\overline{R_D}$ 端，强制触发器状态都变为“0”，即 $Q_3Q_2Q_1Q_0$=0000；

第二步：计数器开始计数。

当计数脉冲 1CP 下降沿送到触发器 $F_0$ 的 CP 端时，因为 $J$=$K$=1，$Q^{n+1}=\overline{Q}_n$，所以触发器 $F_0$ 翻转，$Q_0$ 由“0”变为“1”，触发器 $F_1$、$F_2$、$F_3$ 状态不变，$Q_3$、$Q_2$、$Q_1$ 均为“0”，与非门的输出端为“1”（$\overline{Q_3 \cdot Q_0 \cdot CP}=1$），即触发器 $F_1$、$F_2$ 置位端 $\overline{S_D}$ 为“1”，不影响 $F_1$、$F_2$ 的状态，计数器输出为 $Q_3Q_2Q_1Q_0$=0001。

当 2CP 下降沿送到触发器 $F_0$ 的 CP 端时，触发器 $F_0$ 翻转，$Q_0$ 由“1”变为“0”，$Q_0$ 的变化相当于一个脉冲的下降沿送到触发器 $F_1$ 的 CP 端，$F_1$ 翻转，$Q_1$ 由“0”变为“1”，与非门输出端仍为“1”，计数器输出为 $Q_3Q_2Q_1Q_0$=0010。

同理，当依次输入 3CP～9CP 时，计数器则依次输出 0011、0100、0101、0110、0111、1000、1001。

当 10CP 上升沿送到触发器 $F_0$ 的 CP 端时，CP 端由“0”变为“1”，相当于 $CP$=1，此时 $Q_0$=1，$Q_3$=1，与非门三个输入端都为“1”，因此输出“0“，分别送到触发器 $F_1$、$F_2$ 的置“1”端（$\overline{S_D}$ 端），$F_1$、$F_2$ 的状态均由“0”变为“1”，即 $Q_1$=1，$Q_2$=1，计数器的输出

为 $Q_3Q_2Q_1Q_0$=1111。

当 10CP 下降沿送到触发器 $F_0$ 的 CP 端时，$F_0$ 翻转，$Q_0$ 由“1”变“0”，它送到触发器 $F_1$ 的 CP 端，$F_1$ 翻转，$Q_1$ 由“1”变为“0”，$Q_1$ 的变化送到触发器 $F_2$ 的 CP 端，$F_2$ 翻转，$Q_2$ 由“1”变为“0” $Q_2$，的变化送到触发器 $F_3$ 的 CP 端，$F_3$ 翻转，$Q_3$ 由“1”变为“0”，计数器输出为 $Q_3Q_2Q_1Q_0$=0000，同时向高位输出一个二进位脉冲。

当 11CP 下降沿到来时，计数器周而复始又重复上述过程进行计数。

从上述过程可以看出，当输入 1～9 计数脉冲时，计数器依次输出 0000～1001，当输入第十个计数脉冲时，计数器输出变为 0000，然后重新开始计数，跳过了 4 位二进制数表示十进制数出现的 1010、1011、1100、1101、1111 六个数。

3. 分频器

图 5-54 所示是异步 3 位二进制加法计数器，但可作为÷2、÷4 分频器使用。如表 5-42 所示是其真值表。

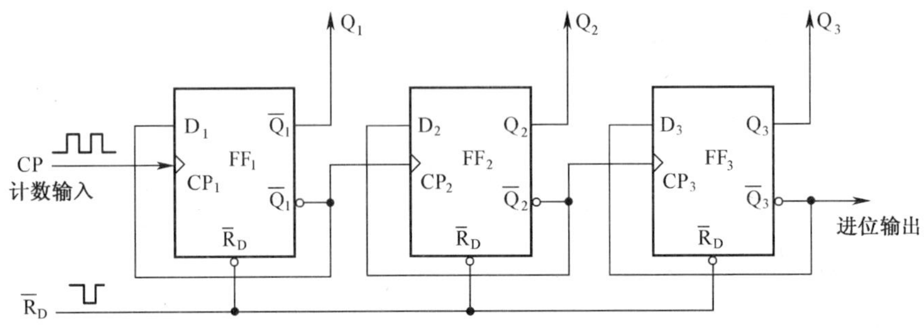


图 5-54　异步 3 位二进制加法计算器

表 5-42　真值表

| *CP* | $Q_3$ | $Q_2$ | $Q_1$ |
|---|---|---|---|
| 0 | 0 | 0 | 0 |
| 1 | 0 | 0 | 1 |
| 2 | 0 | 1 | 0 |
| 3 | 0 | 1 | 1 |
| 4 | 1 | 0 | 0 |
| 5 | 1 | 0 | 1 |
| 6 | 1 | 1 | 0 |
| 7 | 1 | 1 | 1 |
| 8 | 0 | 0 | 0 |

如图 5-55 所示，$Q_1$ 频率为 *CP* 频率的一半，为二分频；$Q_2$ 的频率为 *CP* 频率的 1/4，为四分频；$Q_3$ 的频率为 *CP* 频率的 1/8，为八分频。

### 5.3.3　寄存器

寄存器是一种重要的数字逻辑部件，能将输入的数据、信息保存在电路中，这种储存作用使电子电路具备了记忆功能。此外，电路能在控制信号的作用下，又能非常灵活地进行接收数据和传送数据，从而增强电路功能的实用性。

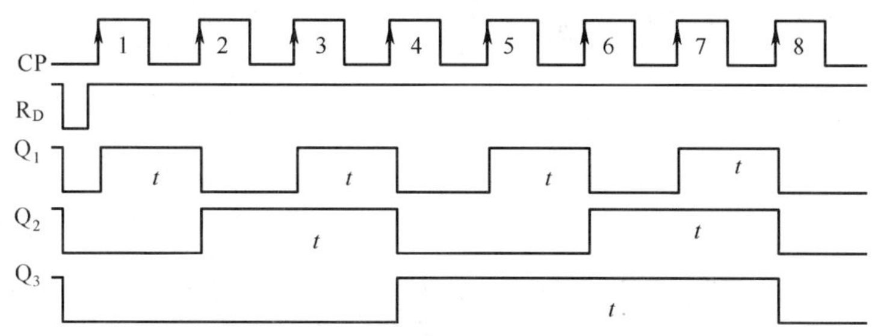


图 5-55　异步 3 位二进制加法计数器的工作波形

1. 寄存器的工作原理

与计数器电路一样，构成寄存器的基本部件是触发器。每个触发器可以存放一位二进制数码，存放 $n$ 位二进制数码则需要 $n$ 个触发器。

图 5-56 所示的电路是一个四位数码寄存器，由 4 个 D 触发器构成，其工作过程如下。

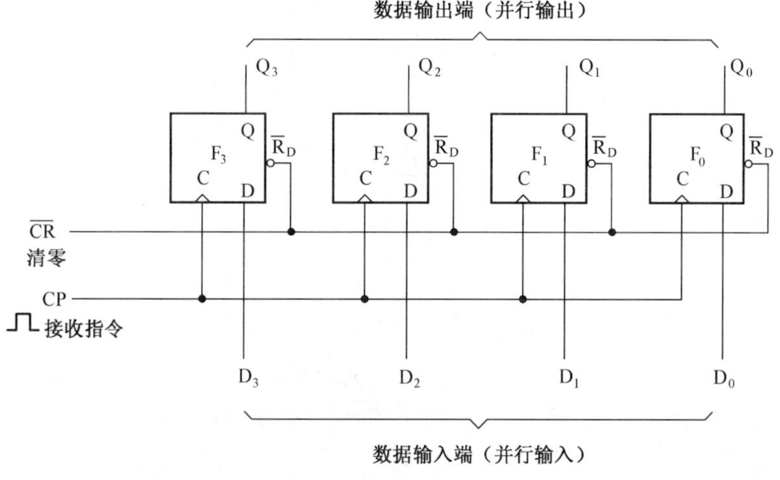


图 5-56　四位数码寄存器

（1）清零。

令 $\overline{CR}$=0，清除原有数码，使触发器清零，即使 $Q_3$～$Q_0$ 起始状态均为“0”态。

（2）写入。

令 $\overline{CR}$=1，根据 D 触发器的逻辑功能 $Q^{n+1}=D$，因此当接收指令脉冲 CP 的上升沿一到，$D_1$～$D_4$ 数据输入各自触发器，寄存器状态 $Q_1Q_2Q_3Q_4=D_4D_3D_2D_1$。

（3）读出。

存入各触发器的信息，可以在数据输出端随意读出。

（4）保存。

数据被“读”，并不影响寄存器内部的工作状态，即寄存器中的该数据不会消失。只要 $\overline{CR}$=1，$CP$=0，寄存器就会处于保持状态。

综上所述，寄存器具有接收并能保存数码的功能。

如图 5-56 所示的寄存器，各位数码同时输入，同时输出，所以此种结构的寄存器又被称为并行输入，并行输出数码寄存器。

2. 移位寄存器

在数字电路系统中，由于运算或控制的需要，有时需要将寄存器中储存或输入的数码能逐位向左或向右移动，这种具有数码移位功能的寄存器称为移位寄存器。

移位寄存器按数据的移动方向来分，可分为左移寄存器、右移寄存器和双向移位寄存器；按输入、输出方式来分，可分为串行输入-并行输出寄存器、串行输入-串行输出寄存器、并行输入-并行输出寄存器和并行输入-串行输出寄存器。

图 5-57 所示为由 D 触发器组成的四位右移寄存器的电路，第一位触发器的 D 输入端接串行输入数码，触发器的输出接下一级触发器的输入端 D，移位脉冲直接加到各触发器的 CP 端。

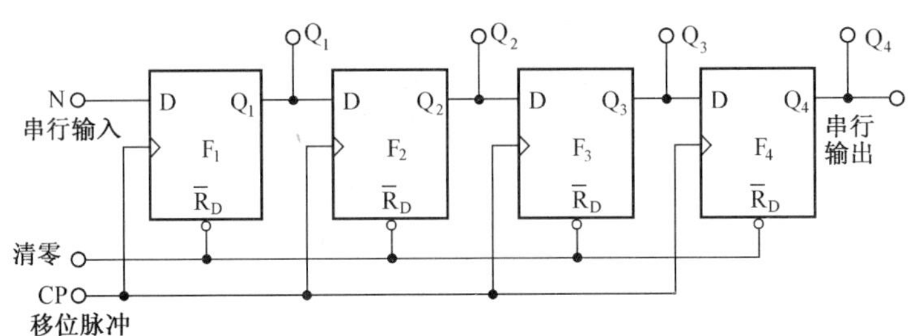


图 5-57 四位右移寄存器电路

根据 D 触发器的逻辑功能 $Q^{n+1}=D$，可知每当移位脉冲上升沿到达时，输入数码移入触发器 F，同时每个触发器的状态也右移给相邻的一位触发器。设串行输入数码为“1011”，那么在移位脉冲作用下，移位寄存器中数码的右移过程如表 5-43 所示。

表 5-43 四位右移寄存器的移位状态

| 移位脉冲 $CP$ 次数 | 串行输入数码 $N$ | 移位寄存器中的数码 | | | |
|---|---|---|---|---|---|
| | | $Q_1$ | $Q_2$ | $Q_3$ | $Q_4$ |
| 0 | | 0 | 0 | 0 | 0 |
| 1 | 1 | 1 | 0 | 0 | 0 |
| 2 | 0 | 0 | 1 | 0 | 0 |
| 3 | 1 | 1 | 0 | 1 | 0 |
| 4 | 1 | 1 | 1 | 0 | 1 |
| 5 | 0 | 0 | 1 | 1 | 0 |

由表可见，原移位寄存器的状态是 0000，每来一个移位脉冲，数码就由高位向低位逐位右移送到各触发器中，在输入第四个脉冲后，1011 四位数码全部移入寄存器中，如图 5-58 所示，画出了右移的工作波形。移位寄存器中串行存入的数码，若需要得到并行输出信号，则可从各触发器的 Q 端直接引出。也可以从触发器的最后一位 $Q_4$ 端串行输出，这时需要再输入 4 个移位脉冲，四位数码才能依次从 $Q_4$ 端输出。

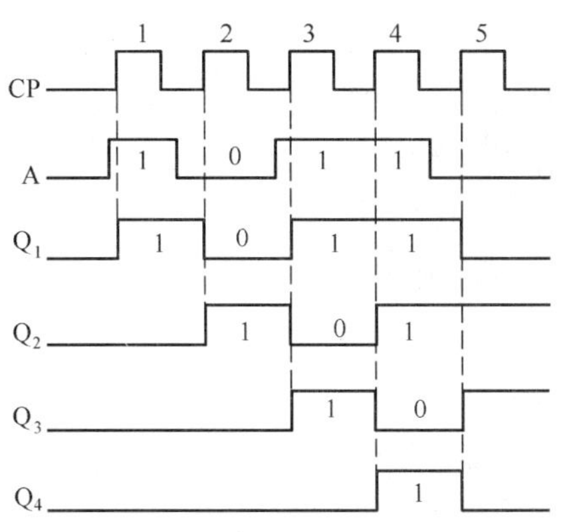


图 5-58　右移寄存器工作波形

串行左移寄存器和右移寄存器电路相同，仅是连接顺序方向改变。如图 5-59 所示。即串行输入数码，右 $F_4$ 触发器输入，所以输出由 $Q_4$ 向 $Q_1$ 逐位传送移位。

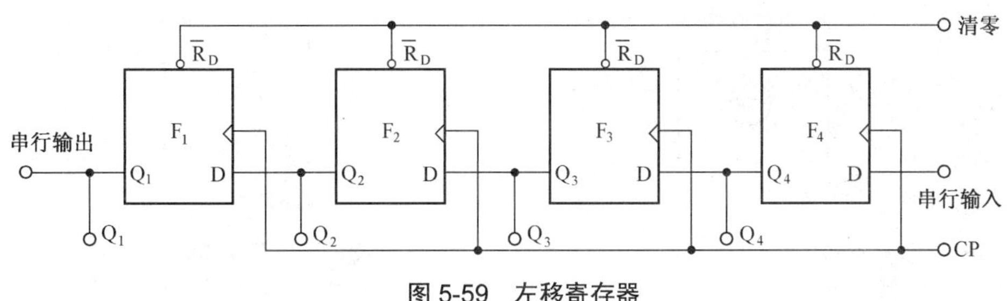


图 5-59　左移寄存器

## 阅读材料　干簧管

干簧管又称磁簧开关，是一种非接触性磁控元件，分为常开型和常闭型两种，实际中常开型居多。

1. 结构（常开型）

常开型干簧管结构和磁铁如图 5-60 所示。干簧管的玻璃管中充有惰性气体，有两片平行的既导磁又导电的簧片。

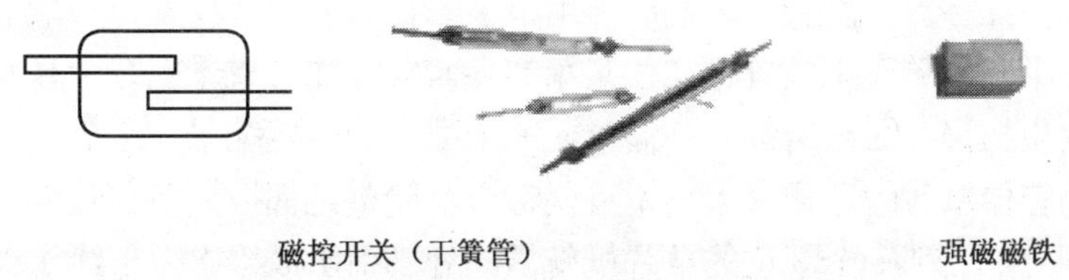

磁控开关（干簧管）　　强磁磁铁

图 5-60　干簧管结构与磁铁

2. 工作原理（常开型）

常开型干簧管工作原理示意图如图 5-61 所示。

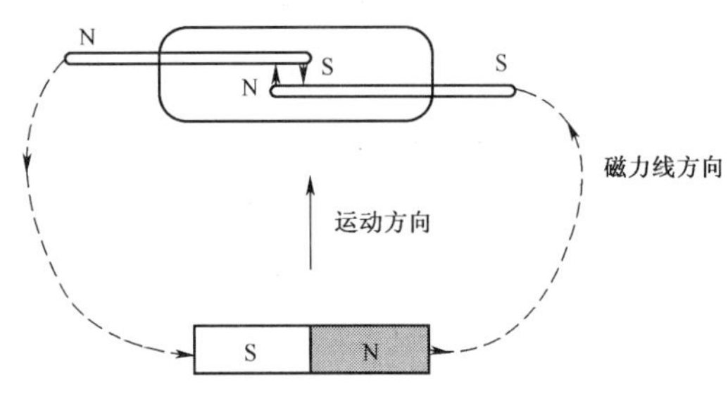

图 5-61 常开型干簧管工作原理示意图

永久磁铁远离干簧管时，内部触头无磁性，处于断路状态；当永久磁铁靠近干簧管时，簧片沿磁力线方向被磁化，簧片触点就感生出极性相反的磁极，因异性磁极相互吸引而使吸引磁力超过簧片的弹力时触点吸合；而磁铁离开簧管时，磁场不复存在，触点就会被弹力打开。

3. 干簧管的检测

（1）静止状态检测，如图 5-62 所示。

（2）当磁铁靠近到一定程度，万用表指针指零时，说明干簧管的两个触点接通，如图 5-63 所示。

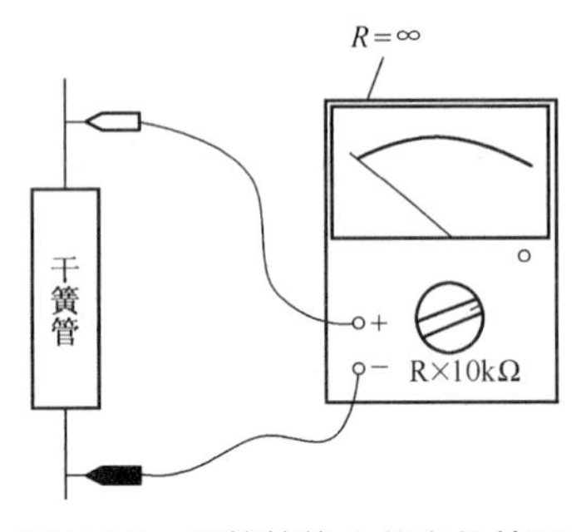

图 5-62 干簧管静止状态的检测

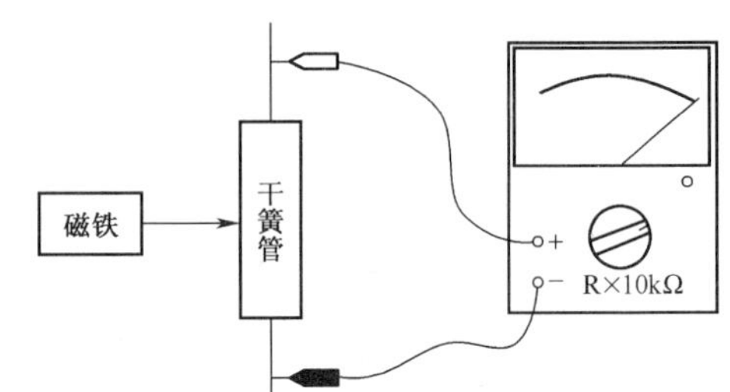

图 5-63 干簧管接通时的检测

## 5.4 存放音频加载（预置）数据的 EPROM 电路

### 5.4.1 半导体存储器概述

1. 存储器存储单元

存储器——用以存储二进制信息的器件。存储器是由大量寄存器组成的，其中每一个寄存器就称为一个存储单元。它可存放一个有独立意义的二进制代码。一个代码由若干位（bit）组成，代码的位数称为位长，习惯上也称为字长。通常一个存储单元存放的内容难以表达一件事的完整意义。如存放一段音乐，就需要用很多的存储单元来放置；一个工作系统的处理程序也要用若干个存储单元来放置；往往实用的存储器往往有成千上万个存储单元，为了使存入和取出不发生错误，必须给每个存储单元一个唯一的固定编号，这个编号就称为存储单元的地址。因为存储单元的数量很大，不可能每个存储单元都把线引到外部，如果每个存储单元都引根线到外部，那一个 8 位的单片机就需向外部引出成千上万根线了，这在现实中是不可能的。为了减少存储器向外引出的地址线，在存储器内部都带有译码器。根据二进制编码、译码的原理，除地线公用之外，$n$ 根导线可以译成 $2^n$ 个地址号。例如，当地址线为 3 根时，可以译成 $2^3$=8 个地址号；地址线为 8 根时，可以译成 $2^8$=256 个地址号。

需要指出的是存储单元地址和这个存储单元的内容含义是不同的。存储单元如同一个旅馆的每个房间；存储单元地址则相当于每个房间的房间号；存储单元内容（二进制代码）就相当于这个房间的房客。

2. 存储器的主要指标

（1）存储器的容量：存储器的容量$=2^n\times m$(bit)。

$n$：地址线总数，$2^n$称为字线数。$m$每一地址单元存储$m$位二值数，又称为位线数。8位为1B，$2^{10}$=1024=1KB，$2^{20}$=1024KB=1MB，$2^{30}$=1024MB=1GB

例：11根地址线，8根数据线（8位输出），容量为$2^{11}\times 8$=16kbit

（2）存取时间。

接收到寻址信号到读/写数据为止。

3. 存储器的结构和工作原理

（1）存储器的结构，如图5-64所示。

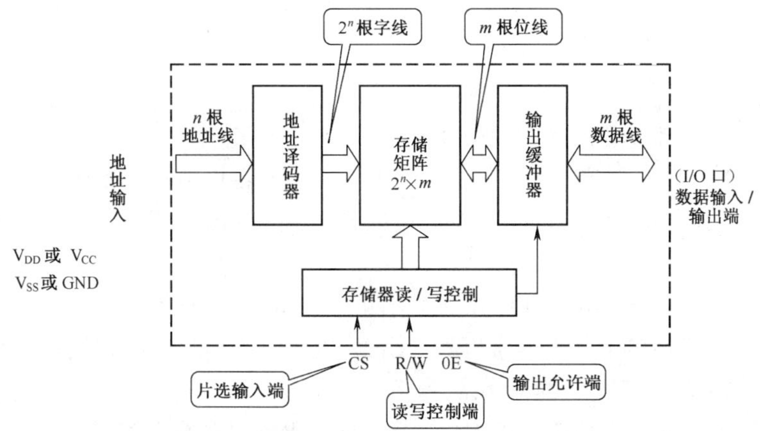


图5-64 存储器的电路结构

（2）存储器的工作原理。

以一个$2^2\times 4$的存储器为例进行说明。电路如图5-65所示，它有2根地址线$A_1$、$A_0$，4根数据线$D_3$～$D_0$。2根地址线有4种地址组合，假设对应输出数据和存储内容如表5-44所示。

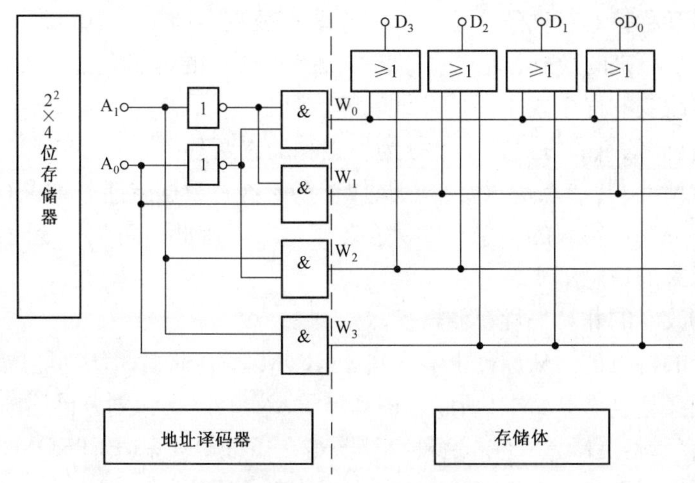


图5-65 $2^2\times 4$的存储器电路

表 5-44 假设对应输出数据和存储内容

| 地址 | | 字线 | | | | 存储内容 | | | |
|---|---|---|---|---|---|---|---|---|---|
| $A_1$ | $A_0$ | $W_0$ | $W_1$ | $W_2$ | $W_3$ | $D_3$ | $D_2$ | $D_1$ | $D_0$ |
| 0 | 0 | 1 | 0 | 0 | 0 | 1 | 0 | 1 | 1 |
| 0 | 1 | 0 | 1 | 0 | 0 | 0 | 1 | 0 | 1 |
| 1 | 0 | 0 | 0 | 1 | 0 | 1 | 1 | 0 | 0 |
| 1 | 1 | 0 | 0 | 0 | 1 | 0 | 1 | 1 | 1 |

4. 半导体存储器种类与应用

（1）只读存储器（ROM）。

只读存储器在使用时，只能读出而不能写入，断电后 ROM 中的信息不会丢失。因此一般用来存放一些固定程序，如监控程序、子程序、字库及数据表等。ROM 按存储信息的方法又可分为以下几种。

① 掩膜 ROM。掩膜 ROM 也称固定 ROM，是由厂家编好程序写入 ROM（称固化）供用户使用，用户不能更改内部程序，其特点是价格便宜。

② 可编程的只读存储器（PROM）。PROM 中的内容可由用户根据自已所编程序一次性写入，一旦写入，只能读出，而不能再进行更改，这类存储器现在也称为 OTP（Only Time Programmable）。

③ 可改写的只读存储器（EPROM）。前两种 ROM 只能进行一次性写入，因而用户较少使用，目前较为流行的 ROM 芯片为 EPROM。因为它的内容可以通过紫外线照射而彻底擦除，擦除后又可重新写入新的程序。

④ 可电改写只读存储器（EEPROM）。EEPROM 可用电的方法写入和清除其内容，其编程电压和清除电压均与微型计算机 CPU 的 5V 工作电压相同，不需另加电压。它既有与 RAM 一样读写操作简便，又有数据不会因掉电而丢失的优点，因而使用极为方便。现在这种存储器的使用最为广泛。

（2）随机存储器（RAM）。

随机存储器又称读写存储器。它不仅能读取存放在存储单元中的数据，还能随时写入新的数据，写入后原来的数据就丢失了。断电后 RAM 中的信息全部丢失。因些，RAM 常用于存放经常要改变的程序或中间计算结果等信息。

RAM 按照存储信息的方式，又可分为静态和动态两种。

① 静态 SRAM：其特点是只要有电源加于存储器，数据就能长期保存。

② 动态 DRAM：写入的信息只能保存若干毫秒，因此，每隔一定时间必须重新写入一次，以保持原来的信息不变。

（3）可现场改写的非易失性存储器。

这种存储器的特点是：从原理上看，属于 ROM 型存储器，从功能上看，又可以随时改写信息，作用又相当于 RAM。所以，ROM、RAM 的定义和划分已逐渐的失去意义。

① 快擦写存储器（FLASH）。这种存储器是在 EPROM 和 EEPROM 的制造基础上产生的一种非易失性存储器。其集成度高，制造成本低于 DRAM，既具有 SRAM 读写的灵活

性和较快的访问速度，又具有 ROM 在断电后可不丢失信息的特点，所以发展迅速。

② 铁电存储器（FRAM）。这种存储器是利用铁电材料极化方向来存储数据的。其特点是集成度高，读写速度快，成本低，读写周期短。

### 5.4.2　半导体存储器应用

1. 计算机中的存储器

计算机是典型的集成数字系统，主要由五大部份组成，运算器，用于实现算术和逻辑运算。计算机的运算和处理都在这里进行；控制器，是计算机的控制指挥部件，使计算机各部分能自动协调的工作；存储器，用于存放程序和数据（又分为内存储器和外存储器，内存储器就如计算机的硬盘，外存储器就如 U 盘）；输入设备，用于将程序和数据输入到计算机（例如计算机的键盘、扫描仪）；输出设备，输出设备用于把计算机数据计算或加工的结果以用户需要的形式显示或保存（例如打印机）。通常把运算器和控制器合在一起称为中央处理器（Central Processing Unit，CPU），把外存储器、输入设备和输出设备合在一起称之为计算机的外围设备。不管是计算机内部还是外部，存储器的作用都是非常重要的。

2. 单片机中的存储器

图 5-66 所示是 MCS-51 单片机的结构框图，存储器 ROM、RAM 是单片机中的重要组成部件。

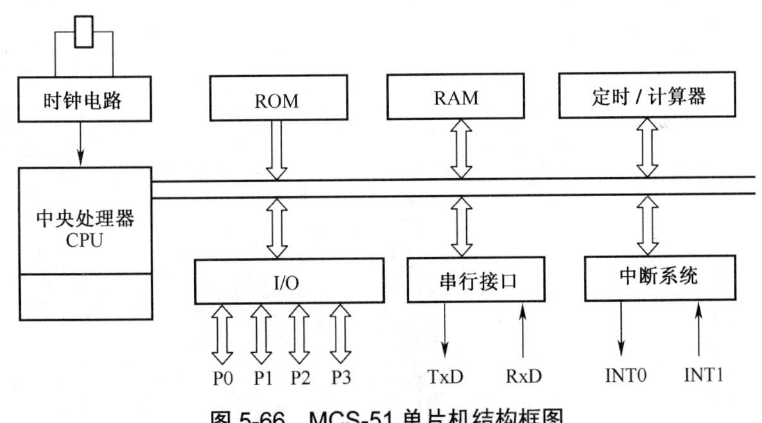


图 5-66　MCS-51 单片机结构框图

（1）内部数据存储器（RAM）。

MCS-51 单片机芯片共有 256 个 RAM 单元，其中后 128 单元被专用寄存器占用（稍后会有详解），能作为寄存器供用户使用的只是前 128 单元，用于存放可读写的数据。因此通常所说的内部数据存储器就是指前 128 单元，简称内部 RAM。地址范围为 00H～FFH（256B）。是一个多用多功能数据存储器，有数据存储、通用工作寄存器、堆栈、位地址等空间。

（2）内部程序存储器（ROM）。

MCS-51 内部有 4KB/8KB 的 ROM，用于存放程序、原始数据或表格。因此称为程序存储器，简称内部 ROM。地址范围为 0000H～FFFFH（64KB）。

程序是控制计算机动作的一系列命令，单片机只识别由“0”和“1”代码构成的机器指令。在单片机处理问题之前必须事先将编好的程序、表格、常数汇编成机器代码后存入单片机的存储器中，此类存储器称为程序存储器，程序存储器可以放在片内或片外。

（3）外部扩展存储器。

通过单片机的地址总线可传送单片机送出的地址信号，用于访问外部存储器单元或 I/O 端口。外部扩展存储器与微型机三总线的连接：数据线 $D_{0\text{-}n}$ 连接数据总线 $DB_{0\text{-}n}$，如图 5-67 所示。

地址线 $A_{0\text{-}n}$ 连接地址总线低位 $AB_{0\text{-}n}$，片选线 CS 连接地址总线高位 $AB_{N+1}$，读写线 OE、WE（R/W）连接读写控制线 RD、WR。

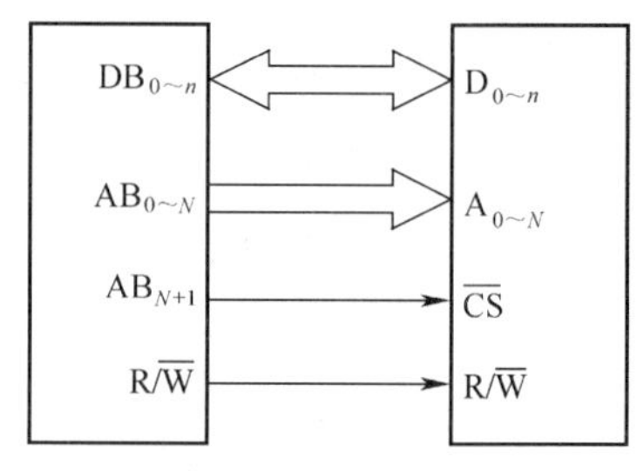


图 5-67　单片机外部扩展存储器

## 5.4.3　EEPROM-W27C512电擦除电路

EEPROM-W27C512 电擦除电路的简介如表 5-45 所示。

表 5-45　EEPROM-W27C512 电擦除电路

<table>
<tr><th>项目</th><th colspan="2">说　明</th></tr>
<tr><td rowspan="2">引脚</td><td>示意图</td><td>引脚功能</td></tr>
<tr><td>A15 1 — 28 VCC<br>A12 2 — 27 A14<br>A7 3 — 26 A13<br>A8 4 — 25 A8<br>A5 5 — 24 A9<br>A4 6 — 23 A11<br>A3 7 — 22 $\overline{OE}$/VPP<br>A2 8 — 21 A10<br>A1 9 — 20 $\overline{CE}$<br>A0 10 — 19 Q7<br>Q0 11 — 18 Q8<br>Q1 12 — 17 Q5<br>Q2 13 — 16 Q4<br>GND 14 — 15 Q3<br>28-pin DIP</td><td><table>
<tr><th>引脚号</th><th>描述</th></tr>
<tr><td>A0　A15</td><td>地址输入</td></tr>
<tr><td>Q0　Q7</td><td>数据输入/输出</td></tr>
<tr><td>CE</td><td>芯片使能</td></tr>
<tr><td>OE/VPP</td><td>输出使能，编程/擦除</td></tr>
<tr><td>GND</td><td>地</td></tr>
<tr><td>VCC</td><td>电源</td></tr>
<tr><td>GND</td><td>Ground</td></tr>
<tr><td>NC</td><td>No</td></tr>
</table></td></tr>
<tr><td>实物图</td><td colspan="2">W27C512</td></tr>
</table>

### 5.4.4 几种不同存储芯片的容量和结构

几种不同存储芯片的容量和结构如表 5-46 所示。

表 5-46 不同型号的芯片所对应的容量和结构

| 存储芯片型号 | 实 物 图 | 存 储 容 量 | 地 址 线 | 数 据 线 |
|---|---|---|---|---|
| 2101（1K×1B） | | 1024×1B | $A_0 \sim A_9$ | $D_0$ |
| 2114（1K×4B） | | 1024×4B | $A_0 \sim A_9$ | $D_0 \sim D_3$ |
| 4118（1K×8B） | | 1024×8B | $A_0 \sim A_9$ | $D_0 \sim D_7$ |
| 6116（2K×8B） | | 2048×8B | $A_0 \sim A_{10}$ | $D_0 \sim D_7$ |
| 6232（4K×8B） | | 4×1024×8B | $A_0 \sim A_{11}$ | $D_0 \sim D_7$ |
| 6264（8K×8B） | | 8×1024×8B | $A_0 \sim A_{12}$ | $D_0 \sim D_7$ |
| 61256（32K×8B） | | 32×1024×8B | $A_0 \sim A_{14}$ | $D_0 \sim D_7$ |
| 2732（4K×8B） | | 4×1024×8B | $A_0 \sim A_{11}$ | $D_0 \sim D_7$ |

## 5.5 A/D、D/A 转换与音频输出电路

计算机以及数字电路处理的信息一般是数字量（Digital，D），而实际中的物理量大多数为模拟量（Analog，A）。因此，用数字电路处理模拟信号时，必须将模拟信号转换成数字信号，这种把模拟信号转换为数字信号的电路称为模拟—数字转换器，简称 ADC（Analog to Digital Converter）或模/数转换器、A/D 转换器。计算机处理后输出的数据仍然是数字信号，这时，还须将这些数字信号再转化为模拟量，才能驱动执行机构，实施对控制对象的控制。这种把数字信号转换为模拟信号的电路称为数字—模拟转换器，简称 DAC（Digital to Analog Converter）或数/模转换器、D/A 转换器。处理完成后得到的结果往往又需要从数字量转换为模拟量。因此 A/D 转换和 D/A 转换是一个数字控制系统不可缺少的部分，以上表述示意如图 5-68 所示。

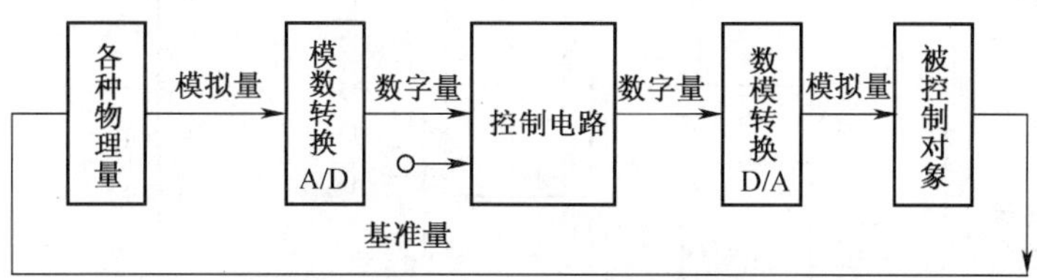


图 5-68 数字控制系统

### 5.5.1 A/D 转换

1. A/D 转换

A/D 转换器的功能就是将模拟量量化，用 $N$ 位二进制数表达出来，示意如图 5-70 所示。

图 5-69 所示为 3 位 A/D 框图，若需要把 0～+1V 的模拟电压信号转换成 3 位二进制代码，由图可知，3 位 ADC 有 $2^3=8$ 个输出状态，分别是 000～111。凡数值在（0～1/8）V 之间的模拟电压都当作 0 看待，用二进制的 000 表示；凡数值在（1/8～2/8）V 之间的模拟

电压都当作 1 看待，用二进制的 001 表示；同理，在（3/8～4/8）V 之间的模拟电压用 011 表示；…；（7/8～1）V 之间的电压用 111 代表。若 $N$=8，则有（00000000）～（11111111）共 256 个数字的输出，因此，除了 OV 外，可以将满刻度电压（$U_{REF}$）分成 2$n$–1 等份，即能分辨的最小输入电压 $U_{\min}=\frac{U_{\mathrm{REF}}}{2^n-1}$。

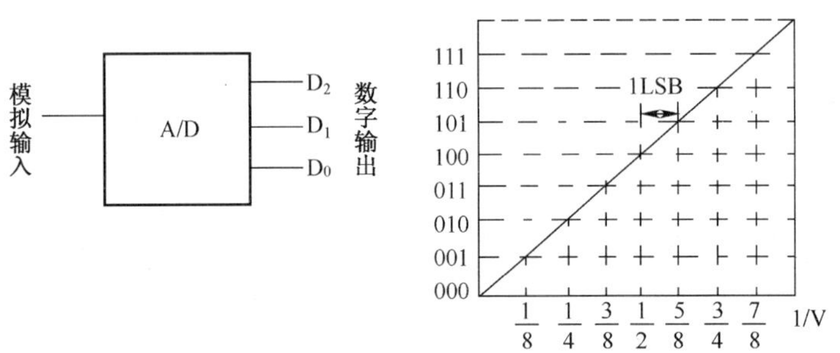


（a）3 位 ADC 框图　　（b）3 位 ADC 的输入、输出关系

图 5-69　3 位 A/D 框图和输入、输出

2. A/D 转换器 ADC0809 简介

ADC0809 是采用 CMOS 工艺制成的单片 8 位 8 通道逐次渐近型模/数转换器，其逻辑框图及引脚排列如图 5-70 所示。

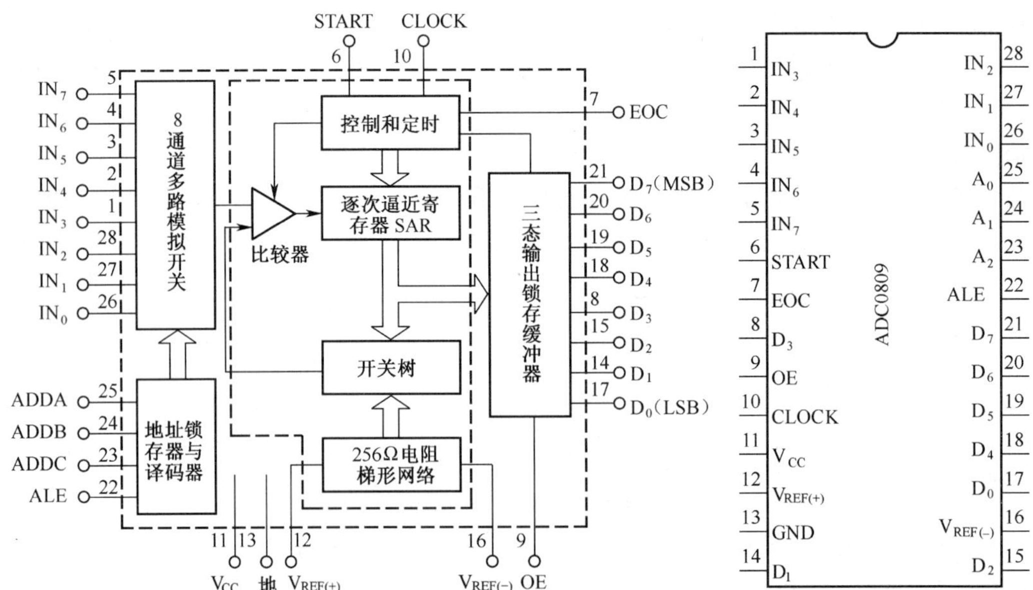


图 5-70　ADC0809 转换器逻辑框图及引脚排列

器件的核心部分是 8 位 A/D 转换器，由比较器、逐次渐近寄存器、D/A 转换器、控制和定时 5 部分组成。

ADC0809 的引脚功能说明如下。

$IN_0$–$IN_7$：8 路模拟信号输入端。

$A_2$、$A_1$、$A_0$：地址输入端。

ALE：地址锁存允许输入信号，在此脚施加正脉冲，上升沿有效，此时锁存地址码，从而选通相应的模拟信号通道，以便进行 A/D 转换。

START：启动信号输入端，应在此脚施加正脉冲，当上升沿到达时，内部逐次逼近寄存器复位，在下降沿到达后，开始 A/D 转换过程。

EOC：转换结束输出信号（转换结束标志），高电平有效。

OE：输入允许信号，高电平有效。

CLOCK(CP)：时钟信号输入端，外接时钟频率一般为 640kHz。

VCC：+5V 单电源供电。

$V_{REF}(+)$、$V_{REF}(-)$：基准电压的正极、负极。一般 $V_{REF}(+)$接+5V 电源，$V_{REF}(-)$接地。

$D_7$–$D_0$：数字信号输出端。

（1）模拟量输入通道选择。

8 路模拟开关由 $A_2$、$A_1$、$A_0$ 3 地址输入端选通 8 路模拟信号中的任何一路进行 A/D 转换，地址译码与模拟输入通道的选通关系如表 5-47 所示。

表 5-47

| 被选模拟通道 | | $IN_0$ | $IN_1$ | $IN_2$ | $IN_3$ | $IN_4$ | $IN_5$ | $IN_6$ | $IN_7$ |
|---|---|---|---|---|---|---|---|---|---|
| 地址 | $A_2$ | 0 | 0 | 0 | 0 | 1 | 1 | 1 | 1 |
| | $A_1$ | 0 | 0 | 1 | 1 | 0 | 0 | 1 | 1 |
| | $A_0$ | 0 | 1 | 0 | 1 | 0 | 1 | 0 | 1 |

（2）A/D 转换过程。

在启动端（START）加启动脉冲（正脉冲），D/A 转换即开始。如将启动端（START）与转换结束端（EOC）直接相连，转换将是连续的，在用这种转换方式时，开始应在外部加启动脉冲。

## 5.5.2　D/A 转换

1. D/A 转换

顾名思义，D/A 转换器的功能就是将数字量转换为模拟量，即将输入的二进制数转换为相对应的模拟电量，示意如图 5-71 所示。

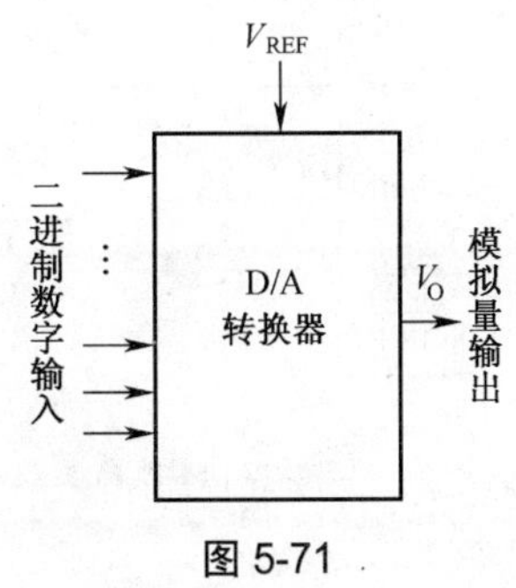


图 5-71

例如，用八位二进制数可以转换为 0～5V 的 D/A 转换器，当输入二进制数为$(0000000)_2$时，$V_O = V_{REF} \times \frac{(0000000)_2}{2^8-1} = 5 \times \frac{(1)_{10}}{255} = 19.6\text{mV}$；当输入二进制数为$(0001010)_2$时，$V_O = V_{REF} \times \frac{(0001010)_2}{2^8-1} = 5 \times \frac{(10)_{10}}{255} = 196\text{mV}$，若已知输入二进制数，求输出电压值可按以上示范方法求出，若 $U_{REF}$ 改变，则 $V_O$ 亦跟随改变。

2. D/A 转换器 DAC0832 介绍

DAC0832 是采用 CMOS 工艺制成的单片电流输出型 8 位数/模转换器。

DAC0832 的引脚功能说明如下。

$D_0$–$D_7$：数字信号输入端。

ILE：输入寄存器允许，高电平有效。

$\overline{CS}$：片选信号，低电平有效。

$\overline{WR_1}$：写信号 1，低电平有效。

$\overline{XFER}$：传送控制信号，低电平有效。

$\overline{WR_2}$：写信号 2，低电平有效。

$I_{OUT1}$，$I_{OUT2}$：DAC 电流输出端。

$R_{fB}$：反馈电阻，是集成在片内的外接运放的反馈电阻。

$V_{REF}$：基准电压（−10～+10）V。

$V_{CC}$ ：电源电压（+5～+15）V。

AGND：模拟地。

NGND：数字地。

DAC0832 输出的是电流，若要转换为电压，还必须经过一个外接的运算放大器，实验线路如图 5-72 所示。

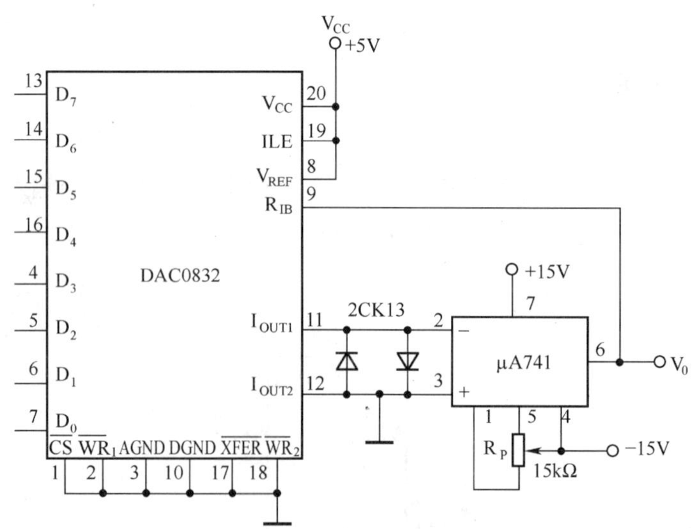


图 5-72　D/A 转换器实验线路

# 第二部分　工　作　页

电子琴电路制作与调试，建议采用个人与小组（4 人组）相结合方式完成工作任务，具体要求如下。

（1）小组分工。

| 项　　目 | 实施者 | 项　　目 | 实施者 |
|---|---|---|---|
| ① 组织学习 | | ④ 工具、器件准备 | |
| ② 产品调研 | | ⑤ 安装与调试 | |
| ③ 电路选用 | | ⑥ 项目小结 | |

（2）产品调研。

学生可以在网络上调研电子琴的价格和类型，并通过产品使用者了解产品使用的感受和要求，然后撰写调研报告上交。

（3）绘制产品电路框图、电路原理图并加以说明。

（4）电子琴电路的制作过程说明。

（5）项目小结。

# 第三部分　基础知识练习页

1．数字电路有哪些特点？

2．什么是数制？常用的数制有哪些？

3．二进制、十进制、十六进制之间如何转换？

4．什么是 BCD 码？常用的 BCD 码有哪几种？各有什么特点？

5．逻辑代数与普通代数有什么区别？

6．逻辑代数的基本运算有哪几种？

7．常用的复合逻辑运算有哪几种？

8．什么是逻辑函数？逻辑函数的表示方法有哪些？各有什么特点？

9．逻辑代数的基本公式有哪些？

10．为什么要对逻辑函数式进行简化？

11．常用的化简方法有哪几种？

12．常用的逻辑表达式有哪些？

13．常用的公式化简法有哪几种？

14．什么是逻辑门电路？

15．什么是正逻辑？什么是负逻辑？

16．集成门电路有哪几种类型？

17．什么是 TTL 集成门电路？

18．TTL 与非门电路由哪几部分组成？

19．什么是 TTL 与非门的电压传输特性？
20．TTL 与非门有哪些重要参数？
21．什么是“线与”逻辑？
22．什么是集电极开路门（OC 门）？
23．试解释三态门（TSL 门）？
24．使用 TTL 门电路时应注意哪些事项？
25．什么是 MOS 集成门电路。
26．使用 CMOS 门电路时应注意哪些事项？
27．什么是组合逻辑电路，有哪些特点？
28．常用的集成组合逻辑电路有哪些？
29．如何分析组合逻辑电路？
30．什么是编码器？常见的编码器有哪些？
31．什么是二进制编码器？试解释其工作原理。
32．什么是优先编码？二进制优先编码器有哪些特点？
33．什么是二-十进制编码器？试解释其工作原理。
34．8421BCD 优先编码器有哪些特点？
35．什么是译码器，有哪些类型？
36．二进制译码器是如何构成的，有哪些特点？
37．显示译码器有什么用途？它是怎样工作的？
38．什么是数据选择器？试解释其工作原理。
39．什么是数据分配器？试解释其工作原理。
40．什么是数值比较器？试解释其工作原理。
41．试解释半加器的半字意义。
42．什么是全加器？
43．什么是触发器？它有哪些特点？
44．触发器有哪些类型？
45．基本 RS 触发器是如何构成的？
46．基本 RS 触发器有哪些逻辑功能？
47．什么是同步触发器？
48．同步 RS 触发器是如何构成的？试解释其工作原理。
49．什么是同步 D 触发器？它有哪些特点？
50．什么是同步触发器的空翻现象？如何抑制空翻？
51．什么是主从 JK 触发器？它有哪些特点？
52．什么是 T 触发器和 T'触发器？
53．常用的集成触发器有哪些？
54．什么是时序逻辑电路？
55．什么是寄存器？
56．数码寄存器有什么功能？它是怎样工作的？

57．移位寄存器有什么功能？它是怎样工作的？
58．什么是计数器？它有哪些类型？
59．二进制计数器有哪些特点？
60．异步二进制加法计数器是如何构成的？试解释其工作原理。
61．同步二进制加法计数器是如何构成的？试解释其工作原理。
62．异步十进制加法计数器是如何构成的？试解释其工作原理。
63．为什么要进行模拟量和数字量的转换？
64．什么是 D/A 转换器？
65．D/A 转换器有哪些主要技术参数？
66．什么是 A/D 转换器？
67．A/D 转换器有哪些主要技术参数？